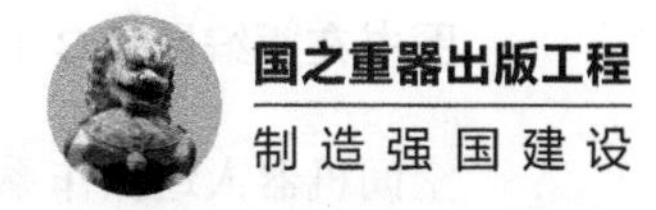


空间机器人系列

# 空间机器人遥操作系统及控制

# Space Robots Teleoperation: System and Control

梁斌 王学谦 陈章 著

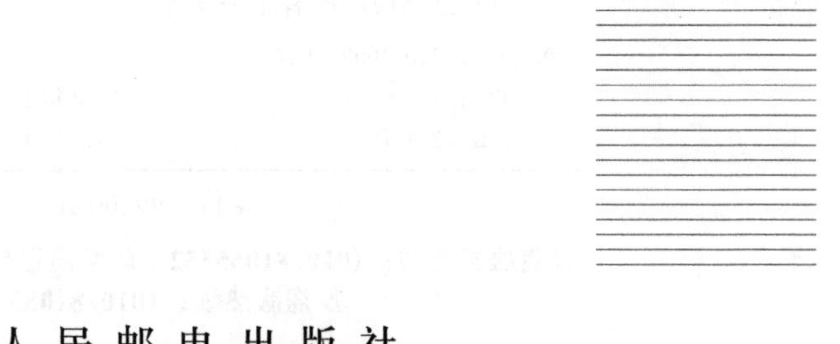

人民邮电出版社

北京

**图书在版编目（CIP）数据**

空间机器人遥操作系统及控制 / 梁斌，王学谦，陈章著. -- 北京 : 人民邮电出版社，2020.12（2022.11重印）
（国之重器出版工程. 空间机器人系列）
ISBN 978-7-115-54761-3

Ⅰ. ①空… Ⅱ. ①梁… ②王… ③陈… Ⅲ. ①空间机器人—机器人控制 Ⅳ. ①TP242.4

中国版本图书馆CIP数据核字(2020)第230879号

## 内容提要

本书基于作者多年来承担国家自然科学基金项目和国家高技术研究发展计划（863 计划）项目等取得的研究成果编写而成。本书首先回顾了空间机器人遥操作及其控制技术的研究意义和发展现状，然后阐述了空间机器人遥操作系统设计和双边遥操作系统模型及性能分析，并在此基础上对图形预测仿真及运动学参数辨识、空间机器人遥操作控制的相关理论及其方法进行了详细介绍，最后对空间机器人遥操作地面验证技术及地面实验研究进行了阐述。书中的理论方法紧密结合实际，可用于解决空间机器人在轨组装、维护等精细遥操作技术问题。

本书既可以作为高等学校航天类、自动化类等相关专业研究生的教材，也可以作为从事空间机器人遥操作技术研究及应用的科技工作者的参考书。

◆ 著　　　梁　斌　王学谦　陈　章
责任编辑　刘盛平
责任印制　杨林杰

◆ 人民邮电出版社出版发行　　北京市丰台区成寿寺路 11 号
邮编　100164　　电子邮件　315@ptpress.com.cn
网址　https://www.ptpress.com.cn
固安县铭成印刷有限公司印刷

◆ 开本：720×1000　1/16
印张：14.75　　　　2020 年 12 月第 1 版
字数：273 千字　　　2022 年 11 月河北第 3 次印刷

定价：99.00 元

读者服务热线：(010)81055552　印装质量热线：(010)81055316
反盗版热线：(010)81055315

# 《国之重器出版工程》
# 编辑委员会

**专家委员会委员**（按姓氏笔画排列）：

**于　全**　中国工程院院士
**王　越**　中国科学院院士、中国工程院院士
**王小谟**　中国工程院院士
**王少萍**　“长江学者奖励计划”特聘教授
**王建民**　清华大学软件学院院长
**王哲荣**　中国工程院院士
**尤肖虎**　“长江学者奖励计划”特聘教授
**邓玉林**　国际宇航科学院院士
**邓宗全**　中国工程院院士
**甘晓华**　中国工程院院士
**叶培建**　人民科学家、中国科学院院士
**朱英富**　中国工程院院士
**朵英贤**　中国工程院院士
**邬贺铨**　中国工程院院士
**刘大响**　中国工程院院士
**刘辛军**　“长江学者奖励计划”特聘教授
**刘怡昕**　中国工程院院士
**刘韵洁**　中国工程院院士
**孙逢春**　中国工程院院士
**苏东林**　中国工程院院士
**苏彦庆**　“长江学者奖励计划”特聘教授
**苏哲子**　中国工程院院士
**李寿平**　国际宇航科学院院士

**李伯虎** 中国工程院院士
**李应红** 中国科学院院士
**李春明** 中国兵器工业集团首席专家
**李莹辉** 国际宇航科学院院士
**李得天** 国际宇航科学院院士
**李新亚** 国家制造强国建设战略咨询委员会委员、中国机械工业联合会副会长
**杨绍卿** 中国工程院院士
**杨德森** 中国工程院院士
**吴伟仁** 中国工程院院士
**宋爱国** 国家杰出青年科学基金获得者
**张　彦** 电气电子工程师学会会士、英国工程技术学会会士
**张宏科** 北京交通大学下一代互联网互联设备国家工程实验室主任
**陆　军** 中国工程院院士
**陆建勋** 中国工程院院士
**陆燕荪** 国家制造强国建设战略咨询委员会委员、原机械工业部副部长
**陈　谋** 国家杰出青年科学基金获得者
**陈一坚** 中国工程院院士
**陈懋章** 中国工程院院士
**金东寒** 中国工程院院士
**周立伟** 中国工程院院士

**郑纬民**　中国工程院院士

**郑建华**　中国科学院院士

**屈贤明**　国家制造强国建设战略咨询委员会委员、工业和信息化部智能制造专家咨询委员会副主任

**项昌乐**　中国工程院院士

**赵沁平**　中国工程院院士

**郝　跃**　中国科学院院士

**柳百成**　中国工程院院士

**段海滨**　“长江学者奖励计划”特聘教授

**侯增广**　国家杰出青年科学基金获得者

**闻雪友**　中国工程院院士

**姜会林**　中国工程院院士

**徐德民**　中国工程院院士

**唐长红**　中国工程院院士

**黄　维**　中国科学院院士

**黄卫东**　“长江学者奖励计划”特聘教授

**黄先祥**　中国工程院院士

**康　锐**　“长江学者奖励计划”特聘教授

**董景辰**　工业和信息化部智能制造专家咨询委员会委员

**焦宗夏**　“长江学者奖励计划”特聘教授

**谭春林**　航天系统开发总师

# 前言

随着空间探索的深入，空间机器人在未来的在轨任务中将发挥越来越重要的作用。然而，受限于传感器设备、先进的规划与控制策略、控制器计算能力等的水平，空间机器人单靠自身还无法完全自主地完成复杂的任务。因此，遥操作技术在相当长一段时间内将是空间机器人执行在轨任务的重要手段。开展空间机器人遥操作系统及其控制技术研究,符合我国航天技术未来的发展方向,对执行我国未来空间机器人在轨组装、维护等遥操作重大专项任务至关重要。

空间机器人遥操作面临的主要问题是大时延和有限带宽。时延主要会带来两个方面的问题：一方面是操作员如何获得足够的、实时的从端信息；另一方面是操作员采用怎样的方法来克服时延的影响以有效控制从端机器人。时延会给遥操作的稳定性带来较大的困难，时延越大，遥操作的稳定性越难保证。有限带宽不仅增加了信息传输的时间延迟,还会限制信息传输的容量和发送频率。受限于我国目前的航天测控体系，遥控、遥测和数据传输通道带宽较低，因此，需要对遥操作指令、遥测信息和图像数据进行优化和压缩，以满足对空间机器人的实时控制。同时，为了保证空间机器人在轨任务的顺利执行，还必须对遥操作指令进行充分的验证。针对空间机器人遥操作系统大时延带来的稳定控制问题，空间遥操作的双边控制方法已经取得了较为丰富的研究成果，其中大部分研究工作的重点集中在如何保证遥操作系统在时延下的稳定性。然而，随着空间任务需求的不断提高，复杂的遥操作任务对双边控制提出了更高的要求，目前的双边控制方法依然存在一些需要提高和改进的地方：（1）高透明性的力信息交互是空间机器人完成精细遥操作任务的一个重要保障。如何寻求稳定性、透明性和跟踪性的统一是双边控制应用到空间机器人遥操作需要解决的一个首要问题；（2）在精细遥操作中，空间机器人不可避免地会和环境或对象发生作用，简单的速度跟随模式已经不能满足这种精细遥操作的需求。双边控制应同时具备自由运动状态下的位置同步性能和在约束状态下的力/位置调节能力，以及在多种不同工作模态间切换时的连续、稳定的操作能力；（3）空间机器人的作业环境往往是复杂、非结构化的，很难建立或预测环境模型，增强对环境的感知及自适应能力是提高遥操作性能的一个重要途径；（4）已有的解决时延稳定性问题的方法，大多对干扰和模型误差进行理想化处理。随着解决时延稳定性问题的方法越来越多，需要更多地考虑实际系统中非线性、系统干扰和模型误差等因素带来的影响；（5）作为一个典型的人在回路的系统，在设计控制方法时需要更多地考虑人的感知特性、操作特性等因素。

针对双边控制方法存在的问题，作者十多年来在国家自然科学基金项目和国家高技术研究发展计划（863 计划）项目等的支持下，取得了一系列的研究成果。本书正是在这些研究成果的基础上，系统深入地梳理与阐述了空间机器人遥操作系统及控制的相关基本理论和方法。本书可用于指导解决空间机器人遥操作应用过程中遇到的相关难题，书中所涉及的理论与方法大多已发表在国内外重要期刊或学术会议论文集中，并申请了多项国家发明专利，部分成果已成功应用于我国航天项目上，具有较高的创新意义和使用价值。

全书共 10 章。第 1 章主要介绍了国内外空间机器人遥操作项目情况，并对空间机器人遥操作中涉及的关键技术进行了综述。第 2 章首先介绍了空间机器人遥操作系统面临的问题及空间机器人系统功能与组成，然后结合我国空间机器人遥操作系统的实际需求，提出了空间机器人遥操作系统设计方案。第 3 章介绍了双边遥操作系统模型，并分析了双边遥操作系统设计中几项重要性能指标的内在联系。第 4 章介绍了图形预测仿真技术中的仿真环境与模型修正问题，建立了一套图形预测仿真子系统。第 5 章主要针对目前力反馈控制算法中稳定性判据过于保守导致透明性降低的缺陷，提出和介绍了一种基于小增益稳定理论的时延力反馈遥操作控制方法。第 6 章介绍了多工作模态复杂任务的双边遥操作控制算法。首先提出和介绍了一种基于四元数的变时延任务空间无源双边控制算法。以此为基础，结合空间机器人在执行任务时各个模态的特点，进一步设计了一种基于切换控制的变增益双边遥操作方法。第 7 章考虑空间机器人在约束环境中工作时存在的动力学不确定情况，提出和介绍了一种时延下的自适应双边控制算法；结合预测计算力矩和鲁棒控制技术，设计了具有确定暂态性能的自适应双边控制方法。第 5 章~第 7 章为空间机器人遥操作高精度控制技术。第 8 章针对空间机器人在复杂约束环境或非结构化环境中进行灵活操作的需求，设计了半自主双边控制框架，并结合从端混合阻抗控制及冗余机器人的遥操作，提出和介绍了具体的控制算法。第 9 章主要介绍了空间机器人遥操作中的地面验证技术研究，基于运动学等效原理及硬件在环境中的遥操作地面验证思想，建立了一套空间机器人遥操作地面验证子系统，以保证遥操作的安全性和可靠性。第10章以空间机器人遥操作地面验证子系统作为操作对象进行遥操作实验研究，以验证所设计遥操作系统的功能和性能。第 9 章和第 10 章为空间机器人遥操作系统的地面试验和验证。本书的完成是集体智慧的结晶，除了作者梁斌、王学谦和陈章外，课题组的李罡、王宇帅、田宇、欧阳湘凯等对本书编写也做出了贡献，在此一并表示感谢。

由于空间机器人遥操作技术在不断发展和完善中，对其功能和性能的要求也会越来越高，很多新思想、新技术不断涌现并被引入空间机器人遥操作的实际应用中，加之编写时间有限，书中难免有疏漏和不妥之处，敬请广大读者指正。

作者

2020 年 6 月

# 目 录

# 第1章 绪论

所谓遥操作，从字面上的含义就是对远程对象进行的操作。因此，遥操作的概念应该包含两方面的内容：一方面，操作员和被控对象之间存在距离限制和信息交互；另一方面，被控对象按照操作员的意图执行任务。遥操作中的“操作”泛指各种动作，而“遥”的含义比较模糊，可以指操作员与机器人之间的物理距离遥远，同时也可以指操作员和被控对象运动比例的改变，如医生做手术时操作的微型机器人。遥操作的主要功能是辅助操作员在危险、非结构环境下执行并完成复杂、不确定性的任务，通常这些环境对于操作员来说是很困难或者不可能进行操作的，如遥远的行星、核设施、战场或者深海环境。目前，几乎所有的空间机器人都具备遥操作工作模式。

## 1.1 空间机器人遥操作及其控制技术的研究意义

据统计，近年来全球平均每年发射 80～130 颗卫星，这其中有 2～3 颗卫星未能正确入轨，而正确入轨的卫星中，又有 5～10 颗在寿命初期（入轨后前 30 天）即失效，这导致了巨大的经济损失。“尼日利亚通信卫星一号”是我国第一颗整星出口的商业卫星，于 2007 年 5 月在西昌卫星发射中心升空，同年 7 月在轨交付尼日利亚用户，2008 年 11 月，卫星太阳能帆板驱动机构出现故障，电能耗尽，卫星在轨失效[1]。这不仅造成了巨大的经济损失，也使我国航天在国际上的声誉受到了损害。2006 年 10 月 29 日，“鑫诺二号”卫星虽然成功定轨，但由于太阳能帆板二次展开和天线展开未能完成，卫星无法正常工作，这颗耗资 20 亿元的卫星随即成为废星，使我国的“村村通”工程受到影响[2]。在国外，美国的哈勃空间望远镜由于最初设计时考虑了可在轨服务性，至今共成功进行了五次在轨维修，获得了大量珍贵的观测数据和图像，为人类揭开宇宙之谜做出了巨大贡献，并取得了巨大的社会效益和经济效益[3]。哈勃空间望远镜的巨大成功，证明了在轨服务技术的重要性。为了尽量挽回航天器故障带来的损失，各航天大国都在大力开展以航天器维修和生命延长为目的的在轨服务技术研究。

早在 20 世纪 80 年代，美国便开始了有人参与的空间在轨服务技术研究和实践，即宇航员通过航天飞机和空间机械臂等辅助机械设备来执行空间在轨服务任务。但在长期的研究和应用中发现，有人参与的在轨服务存在很大风险，宇航员的参与大大增加了航天器的运行成本，同时，太空行走也给宇航员的生命带来了极大的威胁。因此，传统的在轨服务局限于成本极高的在轨航天器，如国际空间站、哈勃空间望远镜等，难于普及。尤其是“挑战者号”和“哥伦比亚号”航天飞机的失事，不仅使人类的航天事业蒙受巨大损失，而且严重打击了有人在轨服务技术的发展。进入20世纪90年代后，国际社会对采用自由飞行机器人进行在轨服务达成了共识，并进行了一系列的地面研究和空间验证实验，如1993年德国航空航天中心（Deutsches Zentrum für Luft-und Raumfahrt，DLR）的ROTEX机器人、美国马里兰大学的Ranger机器人、日本的ETS-Ⅶ机器人、德国的ROKVISS机器人、美国的Orbital Express系统机械臂和Robonaut等。我国在空间机器人关键技术研究和地面验证方面已经进行了大量的工作，但还没有进行在轨实验。

空间机器人的出现将宇航员从危险的太空环境中解放出来，它主要通过遥操作方式或者自主方式进行在轨服务。这两种操作方式也是目前空间机器人操作的两种发展方向，部分学者根据自主方式取得的成就认为目前空间活动不再需要遥操作技术，采用自主方式就可以完成所有的任务。然而，自主方式所取得的成就主要集中在比较简单的任务，对于适应性要求很高的空间任务还不能胜任，尤其对突发、不可预测的机械故障的维修，还必须依赖遥操作技术。

## 1.2 空间机器人遥操作及其控制技术发展现状

### 1.2.1 国内外空间机器人遥操作技术现状

#### 1. 国外典型的空间机器人遥操作项目

为了减少宇航员空间活动的高风险性，节省时间和成本，人们对从地面进行遥操作的空间机器人在轨服务开展了大量的技术研究和实验验证。到目前为止，共进行了五个里程碑式的空间机器人遥操作项目：第一个里程碑是基于加拿大臂的遥操作，加拿大臂包括航天飞机遥控机械臂系统（Shuttle Remote Manipulator System，SRMS）和空间站遥控机械臂系统（Space Station

Remote Manipulator System，SSRMS）。其中，SRMS 是第一个可遥操作的空间机器人系统；第二个里程碑是基于德国 ROTEX 机器人的遥操作，ROTEX 机器人是第一个可从地面进行遥操作的空间机器人，属于舱内机器人；第三个里程碑是基于日本 ETS-Ⅶ机器人的遥操作，ETS-Ⅶ机器人是第一个舱外自由飞行空间机器人，具有地面遥操作和在轨自主控制的能力，完成了漂浮物体抓取、轨道可替换单元（Orbital Replacement Unit，ORU）更换、视觉监测、目标星操作与捕获等实验，为空间在轨服务积累了宝贵的经验；第四个里程碑是基于德国 ROKVISS 机器人的遥操作，ROKVISS 机器人是第一个采用高逼真遥现方式控制的高性能轻型机器人；第五个里程碑是基于美国 Orbital Express 系统机械臂的遥操作，它采用高度自主的方式进行了目标捕获和燃料加注等实验。

（1）基于加拿大臂的遥操作

SRMS（见图 1-1）由加拿大 MD Robotics 公司设计制造，1981 年 11 月在航天飞机“STS-2”任务中首次使用，可释放回收卫星、辅助宇航员进行舱外活动（Extra Vehicular Activity，EVA）。

SRMS 是第一个可遥操作的空间机器人系统，一般由两名宇航员进行操作：一名宇航员坐在航天飞机飞行甲板后部的控制室内操纵机械臂，另一名宇航员通过控制摄像机进行协助。SRMS 最为著名的应用是执行对哈勃空间望远镜的维修任务，到目前为止共进行了五次在轨维修。第一次维修发生在 1993 年 12 月，由“奋进号”航天飞机的“STS-61”任务完成，通过对光学系统的校正使哈勃空间望远镜重见“光明”。2009 年 5 月，七名宇航员乘坐“亚特兰蒂斯”号航天飞机通过五次太空行走对哈勃空间望远镜进行了最后一次维护。

SSRMS 是 SRMS 的第二代产品，与 SRMS 相比具有更高的运动精度并能进行力矩测量。SSRMS 和专用灵巧机械手（Special Purpose Dexterous Manipulator，SPDM）、活动基座系统（Mobile Remote Servicer Base System，MBS）共同组成了移动服务系统（Mobile Servicing System，MSS）（见图 1-2），在组装和维修空间站中发挥着重要作用。其中，SSRMS 和 MBS 在 2001 年 4 月被安装到国际空间站（任务代号为“STS-100”）。SPDM 又称为 Dextre 机器人，于 2008 年 3 月 11 日进行了安装和测试（任务代号为“STS-123”）。SPDM 可以附着在 MBS 上，对 SSRMS 捕获的物体进行操作，也可以附着在 SSRMS 末端，对目标进行操作。MSS 主要是通过宇航员在空间站内实现操作，宇航员的工作量比较大。为此，相关专家对 MSS 的地面遥操作技术进行了研究和验证，这样 MSS 通过地面控制就可以执行一些简单的任务[4-6]。

图 1-1 航天飞机遥控机械臂系统（SRMS）

图 1-2 移动服务系统（MSS）

(a) Dextre 机器人

(b) Ranger 机器人

图 1-3 哈勃空间望远镜机器人服务和脱轨项目

由于“哥伦比亚号”航天飞机失事，NASA 在 2004 年年末启动了哈勃空间望远镜机器人服务和脱轨项目（Hubble Robotic Servicing and De-orbit Mission, HRSDM）[7]，如图 1-3 所示。然而，哈勃空间望远镜最初设计时只考虑了用宇航员进行维护，而没有考虑用机器人进行在轨服务。其间，共有 25 家研究机构对机器人在轨服务项目进行了分析论证，最终 NASA 选择了加拿大的 Dextre 机器人作为最优解决方案。加拿大的 MDA 公司设计和建造了哈勃空间望远镜机器人飞行器的机器人服务单元，包括抓持臂以及安装在抓持臂上的灵巧机器人。抓持臂基于航天飞机机械臂进行设计，灵巧机器人基于空间站的 SPDM 进行设计[8]。MDA 公司完成了自主捕获自由飞行的哈勃空间望远镜的抓持机构以及目标识别和定位估计系统的工程模型的验证[9]，并采用主从和监督自主两种遥操作方式进行操作。马里兰大学的 Ranger 机器人最初就是为了维修哈勃空间望远镜而设计的，并进行了大量的研究和验证实验[10]。在 NASA 的支持下，马里兰大学对 Ranger 机器人灵巧服务系统进行了改进，并用于对哈勃空间望远镜进行维修[11]。2005 年 3 月，基于机器人维修的风险以及重新恢复起来的对航天飞机的信心，NASA 取消了机器人维修任务，然而相关机构仍然对空间机器人遥操作在轨服务开展了大量研究和地面验证，为未来的机器人在轨服务做好了准备。

（2）基于德国 ROTEX 机器人的遥操作

1993 年，ROTEX 机器人在“哥伦比亚号”航天飞机上成功地进行了空间飞行演示（任务代号为“STS-55”），它是世界上第一个具有地面遥操作能力和空间站宇航员操作能力的空间机器人系统[12]，如图 1-4 所示。

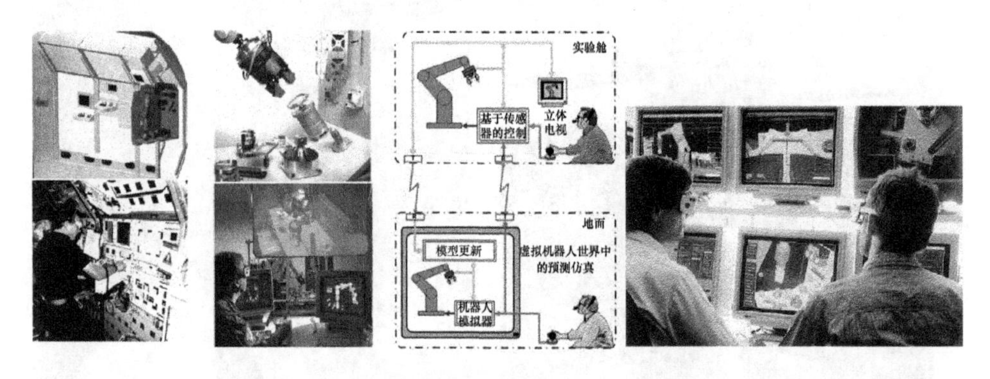


图 1-4　具有多种遥操作模式的 ROTEX 机器人

ROTEX 机器人演示了空间服务能力，完成了三类基本任务：桁架结构装配实验；ORU 操作实验；飘浮物体捕获实验。它具备三种遥操作模式：地面预编程模式、图形预测模式和基于传感器的遥编程模式[13-14]。

（3）基于日本 ETS-Ⅶ机器人的遥操作

日本的 ETS-Ⅶ于 1997 年 11 月 28 日成功发射，其上搭载的机器人是第一个舱外自由飞行机器人，研究人员对其首次进行了无人情况下的自主轨道交会与对接（RVD）和舱外空间机器人遥操作实验[15-17]，如图 1-5 所示。ETS-Ⅶ机器人包括遥编程和遥操纵两种遥操作模式，由于受带宽和大时延的限制，ETS-Ⅶ机器人采用了基于图形预测[15]、虚拟通道、虚拟墙、超级摄像机和双边力反馈[16,18]的方式来补偿时延，所做的遥操作实验均取得了成功。

图 1-5 ETS-Ⅶ机器人对接停靠试验

此外，借助 ETS-Ⅶ机器人，德国还实验了其采用虚拟现实的大时延遥操作系统 GETEX，如图 1-6 所示。该系统采用基于模型的双边控制方法，以 ETS-Ⅶ机器人为控制对象完成了遥操作曲面跟踪、插孔等实验。实验证明：由手控器传来的从端机器人虚拟力对操作人员的操作非常有帮助[19]。

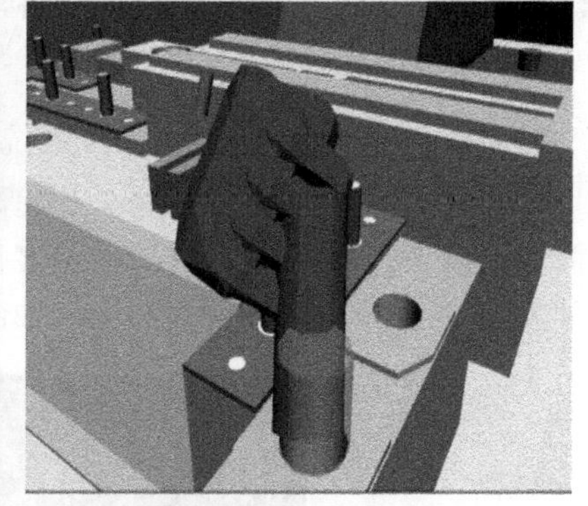

图 1-6 德国的大时延遥操作系统 GETEX

（4）基于德国 ROKVISS 机器人的遥操作

2005 年，ROKVISS 机器人被成功安装到国际空间站上并开展了飞行实验，主要目的是验证其开发的高度集成、轻型机器人关节元件和多种空间机器人遥操作控制模式，为未来用于空间服务的机器人设计和操作积累经验[20-21]，如图 1-7 所示。ROKVISS 机器人采用了三种遥操作模式：遥现模式、遥机器人模式和自主模式 [22]。ROKVISS 机器人的最大特点是利用力反射遥操作模式（即遥现模式）来完成连续操作[23]，操作通过力反馈控制设备来控制从端机器人，同步获得力反馈和视觉反馈。在以往的空间机器人遥操作中，闭环回路的时间延迟为 4～7 s，无法进行直接的力反馈操作。为了使回路时延尽量减小，遥现模式采用了 S 波段通信系统，并使用单独的对地天线。其通信链路上行码速率为 256 KB/s，下行码速率为 4 MB/s，其中包括 3.5 MB/s 的图像数据，同时对符合国际空间数据系统咨询委员会（Consultative Committee for Space Data Systems，CCSDS）标准的通信协议进行了裁剪，可以保证闭环时延小于 20 ms，时延抖动优于 1 ms。由于采用德国地面站与 ROKVISS 机器人直接连接使得每次连续的操作时间为 5～7 min，当采用中继卫星时增加了时延，但回路时延不会超过 500 ms。

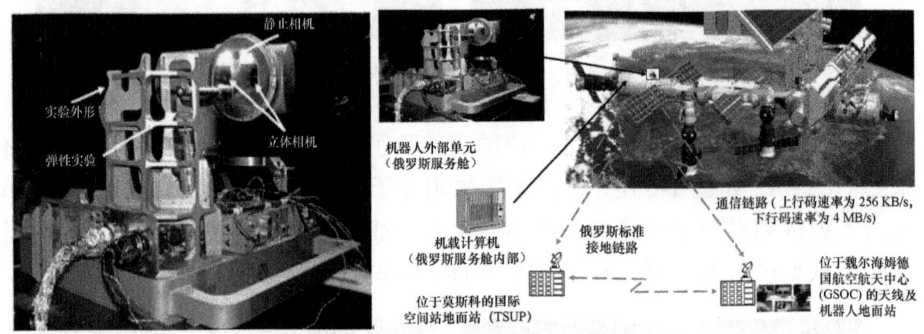


图 1-7　ROKVISS 机器人组成

（5）基于美国 Orbital Express 系统机械臂的遥操作

2007年3月8日，美国Orbital Express系统在卡纳维拉尔角通过“宇宙神-5”火箭发射升空，验证了卫星与卫星之间进行自动化在轨补充燃料、重新构型（更换部件）、修理等一系列能力，如图 1-8 所示。

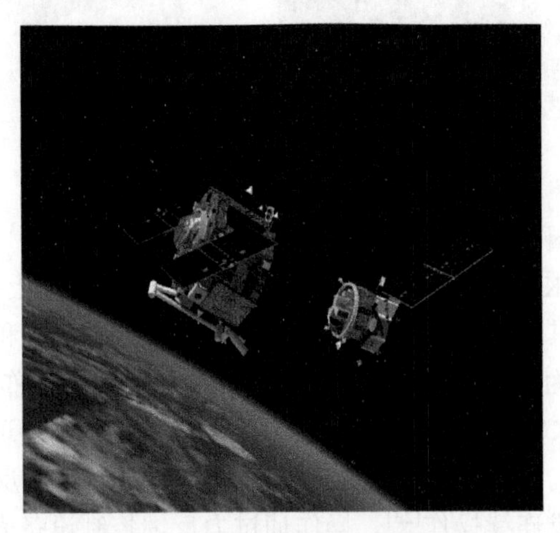

图 1-8　Orbital Express 系统

Orbital Express 系统由两个部分组成：较大的部分是服务卫星——“太空自动化运输机器人”(ASTRO),较小的部分是目标卫星——“未来星”(NextSat)。ASTRO 是自主能力比较高的空间机器人[24-26]。为实现其演示目标，Orbital Express 系统通过中继卫星与相关地面测控网的配合，为遥操作功能的实现提供了全轨道、全航时及全透明的信道链路，从而保证系统在地面专家的直接参与和决策下有效地完成任务。Orbital Express 系统地面部分与通信接口如图 1-9 所示。

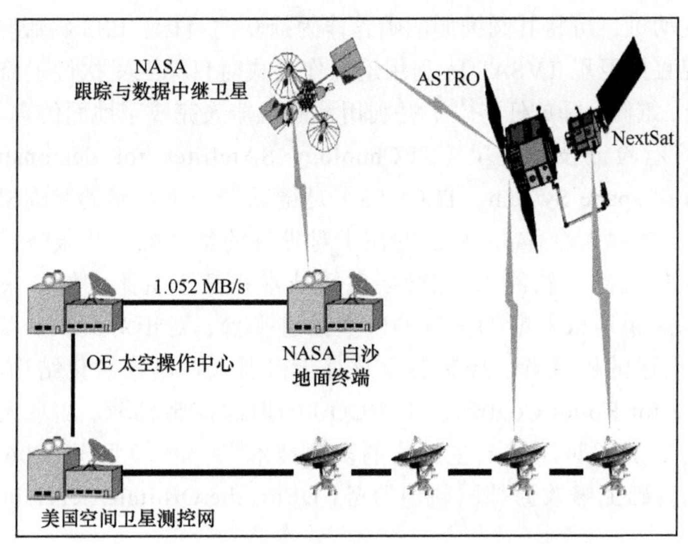


图 1-9　Orbital Express 系统地面部分与通信接口

## 2. 国外其他重要的空间机器人遥操作项目

除了上述典型的空间机器人遥操作系统外，国外还进行了多个空间机器人遥操作项目的研究和在轨验证[27]。1993 年，美国国家航空航天局（National Aeronautics and Space Administration，NASA）针对空间作业任务研制了具有初步临场感效果的飞行遥操作机器人服务车（Flight Telerobotic Servicer，FTS），它是美国最早的空间机器人项目，主要目的是设计能够在空间站执行装配、维修、服务、视觉监测等任务的空间遥操作机器人设备[28]。Ranger 是由 NASA 资助，马里兰大学负责研制的灵巧空间机器人系统，主要是为了满足哈勃空间望远镜的空间服务需要，并通过水浮系统对操作进行了地面验证[11,29]。自主舱外机器人摄像机（Autonomous Extravehicular Robotic Camera，AERCam）是由 NASA 约翰逊宇航中心（Johnson Space Center，JSC）开发的自由飞行相机，用于对宇航员舱外活动、航天飞机或空间站外部进行遥感监测[30]。从 2000 年开始，JSC 又开发了体积更小、性能更高的 Miniature AERCam[31]。Robonaut 是 NASA 正在开发的空间类人机器人。Robonaut 项目的核心是设计、建造和控制灵巧上肢，能够使用现成的舱外活动工具，在常规的工作点进行工作。Robonaut 能够在遥操作模式和有限自主模式下执行日常的维修服务，大大减少了宇航员舱外活动的负荷[32-33]。

德国的实验服务卫星（Experimental Servicing Satellite，ESS）是针对地球静止轨道（Geostationary Earth Orbit，GEO）通信卫星服务的，这颗卫星有一个远地点发动机，可将其圆锥形的喷管作为捕获的目标。ESS 将服务的对象选为德国电视直播卫星 TVSAT-1，利用遥操作模式对目标卫星执行了监测、接近、捕获、对接、维修、释放任务[34]，并利用地面机器人完成了地面仿真和验证[35]。空间系统演示验证技术卫星（TEChnology SAtellites for demonstration and verification of space System，TECSAS）是德国的一个在研的空间机器人项目（与俄罗斯、加拿大合作），其目的在于对先进的空间维修和服务系统中的关键技术（包括硬件和软件），如交会对接技术和基于机器人的捕获技术进行验证。其基座采用俄罗斯的多目的轨道推进平台，对于对接和捕获操作，则采用 DLR 自己的机械臂、控制器以及基于机器人控制模块化结构（Modular Architecture for Robot Control，MARCO）的地面控制环境。加拿大提供可服务的目标星，并验证了其自主操作的多项技术[36]。该项目于 2006 年 9 月停止，并在此基础上修改为德国轨道服务（DEutsche Orbitale Servicing，DEOS）任务项目。

日本的机械臂飞行验证（Manipulator Flight Demonstration，MFD）项目是日本的第一个空间机器人飞行实验项目，于 1996 年在航天飞机上进行了演示。实验主要包括三部分：评估微重力环境下机械臂的功能和性能；评估机器人控制系统的人机接口性能；演示地面遥操作实验[31]。同时，日本还为国际空间站建造了日本实验舱遥控机械臂系统（Japan Experiment Module Remote Manipulator System，JEMRMS），该系统由两个机械臂（主臂和小灵巧臂串联）和控制站组成，主要由宇航员操纵手控器来完成实验任务[37]。

### 3. 国内遥操作技术研究现状

我国在空间遥科学或空间遥操作技术方面的研究起步较晚，结合几十年来我国航天技术的发展基础，特别是在国家高技术研究发展计划（863 计划）的指导下，于 1993 年设立了航天领域遥科学及空间机器人技术专家组，集中力量，突出重点，有步骤、分阶段地开展了空间遥科学/遥操作与空间机器人等关键技术的跟踪、攻关和综合集成，并取得了一批重要成果。

（1）空间机器人地面模拟系统

空间机器人地面模拟系统是我国国家高技术研究发展计划（863计划）航天领域“九五”“十五”期间取得的一项重要技术成果，如图1-10所示。该系统以国家高技术航天领域空间机器人工程研究中心为主研制，通过主动式吊丝配重的伺服处理，在地面上消除了机器人各关节95%以上的重力负载，可有效模拟微重力条件下空间机器人任务规划、工件维护等技术操作，为开展空间机器人相关技术的研究与验证提供了有力条件。

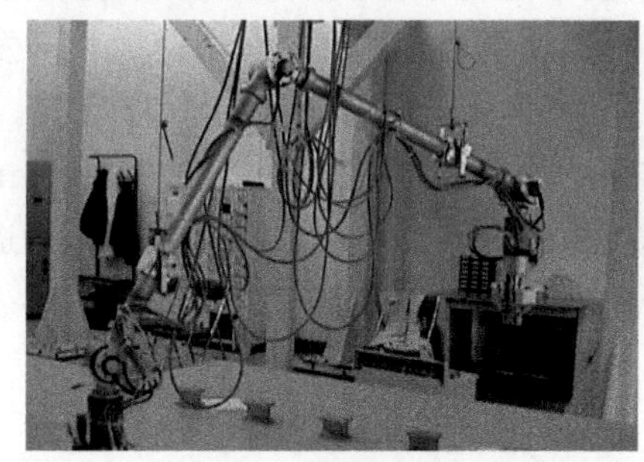

(a) 实验系统

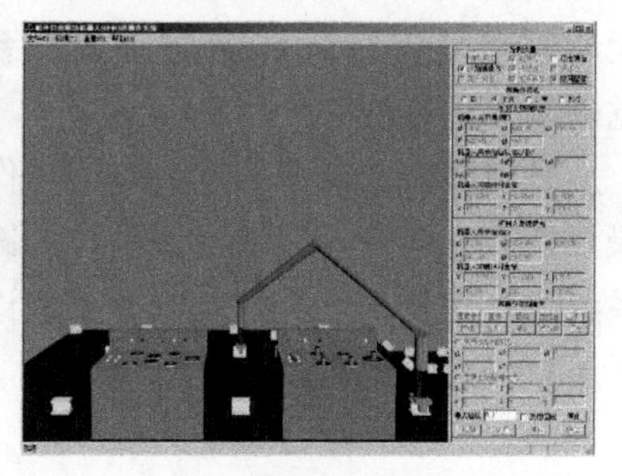

(b) 遥操作系统

图1-10　吊丝配重空间机器人地面模拟系统

（2）遥科学地面演示与验证系统

遥科学地面演示与验证系统由中国科学院力学研究所（简称“中科院力学所”）研制，是我国国家高技术研究发展计划（863计划）航天领域“九五”“十五”期间取得的另一项重要技术成果，如图1-11所示。该系统在遥科学系统总体建模技术、天地信道大容量数据实时压缩与恢复技术、CCSDS协议实时编码/解码技术、遥科学交互信息的综合分发与协调调度技术、飞行载荷遥科学接口嵌入技术、遥科学实验进程的“全景”式实时记录与事后分析技术、遥科学系统总体集成技术等遥科学关键技术上取得了突破[38]。

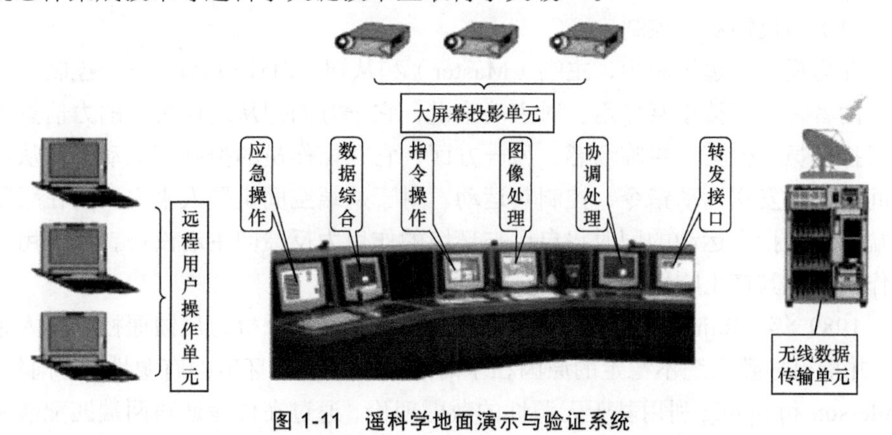


图1-11　遥科学地面演示与验证系统

同时，国内其他单位也开展了大量的遥操作技术研究工作。冯健翔等人对遥科学的概念及应用进行了研究[39]；中科院力学所对大时延空间遥操作中的模型修正等关键技术进行了研究[40]；华南理工大学对空间机器人遥操作和图形预测仿真系统进行了研究[41-42]；清华大学针对空间机器人中的大时延问题建立了遥操作仿真系统[43]；哈尔滨工业大学开发了空间机器人共享系统并对图形预测仿真技术进行了研究[44]；国防科技大学开发了基于 VR 技术的监控式大时延机器人系统并对力反馈双边控制技术进行了深入研究[45]；北京航空航天大学研究了基于 Internet 的遥操作系统和增强现实技术[46]；东南大学开发了力觉临场感遥操作系统[47]等。

从目前国内的情况来看，对遥操作系统的研究主要集中在基于 Internet 的遥操作技术方面，并取得了遥操作关键技术的突破。但针对空间机器人的遥操作系统研究比较少，并且基本处于理论研究、建立实验系统阶段，与国外先进水平还有一定的差距。

### 1.2.2 空间机器人遥操作时延问题控制技术

时延是空间机器人遥操作中面临的一个主要问题，它给遥操作的稳定性带来了很大的困难。国内外学者对遥操作中的时延问题进行了大量研究，对如何克服时延的影响提出了许多解决方法[48-49]。1965 年，Ferrel 在视觉反馈存在时延的情况下利用单边控制进行了第一个实验，采用了“运动-等待”策略来克服系统的不稳定性[50]。但是这种方式是以降低系统的工作效率为代价的，大部分时间花在等待上，而不是工作上。根据反馈控制环位置与通信类型的不同，目前针对时延问题的遥操作主要包括三种控制方法[51-52]：力反馈双边控制[53-54]、图形预测控制和监督控制[55]，如图 1-12 所示。

（1）力反馈双边控制

在力反馈双边控制中，主端（Master）和从端（Slave）都在一个控制回路中，两者之间直接相互作用。对主端来说，它一方面把从端反馈回的力信息作用于操作员，使其产生临场感；另一方面，它在操作员的控制下运动，向从端空间机器人发送运动指令，控制其运动。对于从端空间机器人来说，它在跟随主端设备的指令运动的同时将自己与环境的作用力反馈回主端设备，反作用于操作员，使其产生临场感。

1989 年，Raju 等人首先利用二端口网络理论来分析力反馈遥控机器人系统，并指出导致系统不稳定的原因在于时延造成了通信环节的有源性[56]。同年，Anderson 和 Spong 利用基于无源性的散射理论，通过在传输通路两端匹配端子来提供消耗能量的元件，从而保证了系统的稳定性[57]。1991 年，Niemeyer 和 Slotine 基于无源性理论，从能量传递的角度出发，提出了波变量的概念，可以在任意的定常时延下保证系统的稳定性，但变时延情况下跟踪性能变差，甚至不能保证系统的稳定性[58]。Kosuge 等人提出了“虚拟时延”的概念，将变化时延的最大值作为定常时延，克服了波变量的限制条件，但是由于引入了额外时延又使控制性能降低[59]。Hou 等人提出了一种新的基于无源性的控制方法，其中无源性处于被监测的状态，当无源性丢失时，需进行恢复[60]。此外，还有学者从 $H_\infty$[61]、滑模控制[62]等现代控制理论方向进行了研究[63]。双边控制策略在小时延（一般指小于 1 s 的时延）的情况下有较好的控制效果，而在大时延（时延一般大于 1 s）的情况下，要既保证系统的稳定性又具有良好的可操作性则显得无能为力。因此，很多学者将注意力转移到排除时延的方向，即图形预测控制和监督控制。

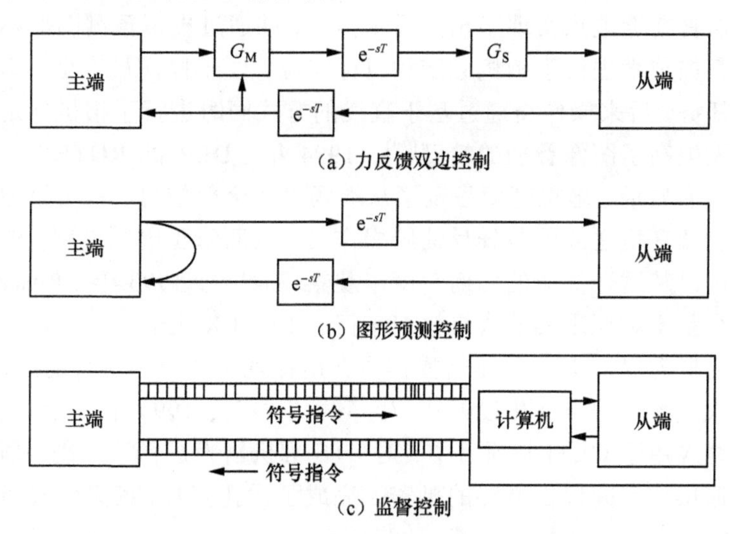


图 1-12 针对时延问题的遥操作控制方法

（2）图形预测控制

图形预测控制的基本思想是通过图形仿真和图像处理技术，建立遥操作的系统模型和仿真平台，根据当前的状态和控制输入，对系统状态进行预测，并以图形的方式显示给操作员。对于时延较小的遥操作系统，可以根据系统的当前状态和时间导数，通过泰勒展开式进行外推实现预测；对于大时延系统，必须建立系统运行的仿真模型，在模型中融合系统的当前状态、导数以及控制输入进行预演，其关键是要建立遥操作对象及其环境的精确数学模型。

1984 年，Noyes 和 Sheridan 设计了第一个用于遥操作的图形预测显示系统，

由计算机根据操作员发出的指令模拟生成从端机器人当前时刻的图像[64]。1989 年，Buzan 和 Sheridan 提出了基于模型的预测方法来解决大时延问题，通过建立机器人和环境的动力学来同时实现位置反馈和力反馈[65]。1990 年，Bejczy 等人基于从端机器人图形再现的思想提出了“幻影机器人”，分别采用线框和实体两种模型来表示虚拟预测机器人和真实机器人，通过相机标定技术，将虚拟机器人模型叠加在从端传回的时延图像上[66]。Conway 等人提出了遥操作时延控制中的同步问题，认为将基于时间、位置的预测显示控制与实际动作异步，可以加速对复杂任务的控制，从而节省时间，在容易完成的阶段去掉同步，在复杂阶段进行同步控制[67]。1993 年，美国喷气推进实验室（Jet Propulsion Laboratory，JPL）的 Kim 等人采用高逼真度图形预测显示技术与2500km外的美国Godard太空飞行中心提供的具有共享柔顺的遥操作机械手在大时延的情况下，完成了 ORU 的更换任务[68-69]。该项目中，通过图形仿真在近地点实现了预测显示接口，并通过虚拟预测图形和从端视频图像的叠加技术进行了相机标定和目标定位，便于操作员安全、高效地完成遥操作任务。后来操作员通过基于直线的方式同时进行了相机标定和目标定位，大大提高了图像叠加的精度[70]。1994 年，DLR 的 ROTEX 机器人采用直接的图形显示，虚拟环境呈现了从端场景的全部信息，并将模型与传感器检测的远端环境之间的差异反馈给操作员，从而修正虚拟模型。这种方式的优点是可以从适合任务的任何角度来观察场景[12]。1993 年，Rossmann 建立了第一个基于虚拟现实的人机接口来控制 ROTEX 机器人，提出了投射式虚拟现实的概念[71]，其实质是将操作员在虚拟现实环境中执行的虚拟任务，通过机器人或者其他自动化设备在实际环境中执行。1999 年，投射式虚拟现实又成功地应用于 GETEX 项目中，对 ETS-Ⅶ机器人进行了控制。项目从地面控制站遥操作空间自由漂浮的机器人完成了插孔实验，使系统具备实时碰撞检测功能[72-74]。

鉴于视觉预测显示的有效性，同时为了有效地解决系统中的时延问题以及为了使操作员能够感知虚拟机械手与虚拟环境接触的力信息而使其任务能够被高效、准确地完成，则需要在原有的视觉预测显示的基础上增加力反馈信息。1992 年，Kototu 基于 Bejczy 的思想，提出将工作环境和机器人作为整体来建立虚拟模型，给从端虚拟机器人加入了虚拟力反馈，并在 0.5 s 的时延下进行了实验[75]。这个虚拟力是估计虚拟机器人与虚拟环境的交互作用力，物体的几何模型是基于多面体表示的，虚拟力反馈是基于多面体刺穿深度的，但是研究没有考虑建模误差造成的影响。1993 年，Rosenberg 采用“虚拟夹具”来处理带时延力反馈的遥操作机器人控制，并用一个螺钉插入实例来验证这种方法的优势。然而，这种方法更注重为操作员提供视觉和力觉线索，辅助操作员更好地完成任务，而较少考虑提供真实的力反馈[76]。1996 年，Morikawa 等人通过建立“虚拟引导”模型引入了预测力反馈来引导从端机器人快速、安全地运动到期望位置[77]。1999 年，Burdea 总结了虚拟现实在时延处理和力反馈中的应用，指出该方法的两个缺点：从端机械臂、从端环境和任务模型过于简单；不适用于未建模的环境，所以虚拟现实技术控制方法单独使用时通用性不强[78]。2000 年，Penin 等人采用虚拟力势场的方法在手控器上产生力反馈，根据模型的静态和运动学特性、力反馈机械臂末端的位置、当前操作模式及束缚和接触数据库等产生虚拟力反馈，引导操作员进行遥操作[79]。东南大学的陈俊杰等人分析了“面-顶点”和“边-边”两种接触模式下的虚拟力检测算法，虚拟仿真机器人不但考虑刚度，而且考虑了惯性和阻尼[80]。

基于图形预测的控制技术在理想情况下，虚拟环境和真实环境没有任何差异，操作员在虚拟环境下的任何操作都可以在真实环境中得到复现。但是，在实际系统中，这种理想情况是不存在的。解决这个问题目前主要有两个方向：一是通过标定技术对模型进行修正[81]；二是采用对模型误差具有鲁棒性的控制方法。1996 年，Tsumaki 等人提出了对几何建模误差具有鲁棒性的控制方法[82]，在此基础上，1997 年又提出了对动力学建模误差具有鲁棒性的控制方案[83]。2004 年，他们又提出了基于力-运动混合的控制策略即基于模型的控制，并在 ETS-Ⅶ机器人上完成了表面跟踪和插孔任务[15]。

（3）监督控制

为了解决遥操作中的人机合作和交互问题，有学者提出了局部自主和操作员监控相结合的监督控制，经实验取得了较好的操作效果，并成为遥操作系统经典的控制方法之一[55]。在监督控制方式下，遥操作指令发送到远端空间机器人后，空间机器人在自己的闭环回路内执行控制任务，而该回路通常不存在时延，因此不会导致系统不稳定。监督控制方式将主端控制回路和从端控制回路分开，从而解决了大时延和通信环节的低带宽带来的问题。但是监督控制是从一个比较高的层次上进行控制，对远端的机器人的智能程度要求较高，受限于目前人工智能等技术的限制，其全局自主能力不足，并且远端对于环境的变化缺乏足够的感知和应变能力，因而灵活性差，在遇到差错和意外情况时很难依靠自身进行故障恢复。因此，目前的监督控制还处于比较低的级别，需要操作员较多的参与，利用人的感知、判断和决策能力来增强系统的适应能力。

遥编程控制方式是监督控制方式的一种，最初由 Funda 和 Richard 提出，用来解决遥操作过程中大时延对系统的影响[84-86]。其主要思想是将操作员的运动生成相应的符号指令传送到从端，从端执行机构将收到的指令分解成可执行的控制信息并自主地执行，同时向主端发回任务执行信息。当发生错误或遇到意外情况时，从端执行机构执行本地策略修正错误，或者等待操作员新的执行指令。由于在主端和从端之间传递的不是关节空间或操作空间的伺服控制指令，而是具有一定抽象程度的符号指令，故它要求从端机器人具有较高的局部自主能力[87]。

### 1.2.3 空间机器人路径规划技术

在设计空间机器人遥操作控制系统的时候，必须考虑空间机器人自身的特点。同地面机器人相比，空间机器人最显著的特点就是没有固定的本体（基座），因此，当机械臂运动时，本体由于动力学的耦合也将随之运动。此外，空间机器人在操作任务的过程中有许多不确定性。例如，负载的质量及惯量无法精确获知，系统所受的外部力和力矩（如重力梯度、太阳光光压等）也难以精确得到。因此，空间机器人的运动学和动力学与地面固定基座的机器人有显著不同，其规划和控制问题也更为复杂。空间机器人根据基座的控制策略不同分为四种模式[88]：基座位姿固定模式、基座位姿机动模式、基座姿态受控模式和自由漂浮模式。其中，基座位姿固定模式和基座位姿机动模式均采用基座上的喷气或动量轮来补偿空间机械手运动对基座位姿的干扰，但喷气会消耗十分珍贵的燃料。基座姿态受控模式仅控制基座的姿态而不控制基座的位置，可以节省燃料。在自由漂浮模式中，空间机器人基座的位置和姿态均不受控，因此不需要消耗燃料，从而延长了系统的工作时间并能使机械臂末端运动平缓[89]。

空间机器人在关节空间中的路径规划与地面机器人是相同的，规划技术非常成熟，然而空间机器人在笛卡儿空间中的路径规划比地面机器人复杂得多，国内外很多学者对空间机器人的路径规划技术进行了研究。Vafa 等人提出了虚拟机械臂的方法，并把该方法用于空间机器人的路径规划[90-91]。Nakamura 和 Mukherjee 讨论了空间机器人的非完整冗余特性，利用李雅普诺夫函数规划路径，并考虑了系统的非线性，但没能证明系统的稳定性[92-93]。Dubowskys 和 Torres 采用增强扰动图技术规划空间机械臂的运动，使机械臂对基座姿态的扰动最小[94]。Yoshida 和 Hashizume 等人提出了基于反作用零空间的零反作用机动，并在 ETS-Ⅶ机器人上进行了实验[95]。Papadopoulos 等人提出了利用多项式函数参数化的方法，仅通过控制机械臂的运动就使基座姿态和机械臂末端位姿同时达到期望状态[96]。徐文福等人对空间机器人连续路径规划、避奇异规划和目标捕获的自主规划进行了细致的研究[97-98]。一些优化算法应用于空间机器人的路径规划，如遗传[99-100]和粒子群优化（Particle Swarm Optimization，PSO）算法[101-104]等。

### 1.2.4　空间机器人地面验证技术

空间机器人的操作要求高可靠性，计算机仿真过程中的近似处理以及没有考虑到的因素都可能造成空间机器人操作任务的失败，甚至会损害机器人，因此在遥操作任务执行前必须对遥操作指令进行地面验证。到目前为止，应用于空间机器人遥操作地面验证的方法主要包括悬吊方式、气浮方式、水浮方式和运动学等效方式。针对 ETS-Ⅶ机器人，日本开发了专门的地面遥操作验证系统，可进行运动、时延通信和光照条件的模拟[105]。德国 DLR 为 ETS-Ⅶ机器人开发了在线模拟器，能够模拟远程的机器人各种指令、环境、各种控制模式、时序和环境交互，并且能预测机器人手臂运动时卫星的姿态[106]。同时，DLR 还设计实验设备对采用遥现方式进行在轨服务的可行性进行了地面验证，并开发了多种评估方法[107]。国内的哈尔滨工业大学、北京航空航天大学、东南大学等高校的学者[108-110]也对空间机器人的地面验证实验进行了研究。

#### 1.　悬吊方式

吊丝配重实验系统采用悬吊方式，通过滑轮组配重物的质量来补偿机器人的重力影响。该系统具有费用低、易维护等特点，但补偿重力不完全。美国卡内基梅隆大学研制的 $SM^2$ 空间机器人地面实验系统[111]（见图 1-13），以及我国航天科技集团有限公司第五研究院 502 所研制的舱外自由移动机器人系统[112]（Extravehicular Mobile Robot，EMR）都属于吊丝配重实验系统。

#### 2.　气浮方式

气浮式实验系统的最大优点是重力补偿比较彻底、建造周期短、费用低、易于实现等。缺点是一般只能进行平面的实验。采用气浮式实验系统的有加拿大 SRMS 和 SSRMS 地面实验系统、日本 JEMRMS 地面实验系统、美国斯坦福大学建造的双臂自由飞行空间机器人系统等[113]。图 1-14 和图 1-15 所示分别为加拿大 SSRMS 气浮地面实验系统和斯坦福大学双臂自由飞行空间机器人地面气浮实验系统。

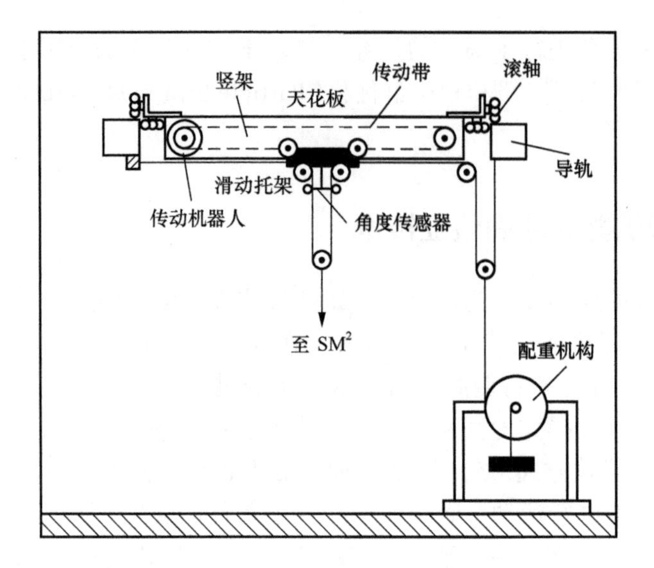


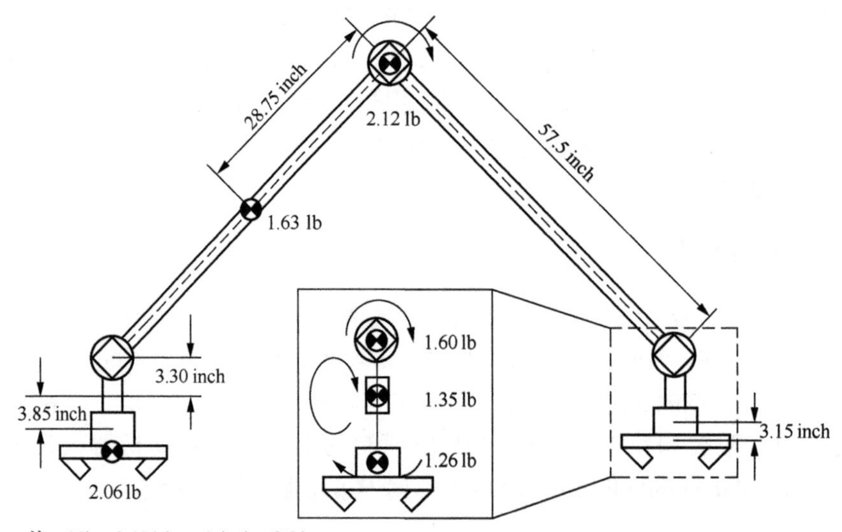


注：1 lb≈0.454 kg；1 inch≈2.54 cm

图 1-13 卡内基梅隆大学 SM$^2$ 空间机器人地面实验系统

### 3. 水浮方式

水浮式实验系统通过水的浮力来补偿机器人的重力影响，可实现空间机器人三维空间操作的物理仿真，但系统的维护费用高，实验时还需保证系统的密封性。美国马里兰大学研制的 Ranger 机器人水浮实验系统[114]以及意大利帕多瓦大学航天工业国际研究中心（Center of Studies and Activities of Space,

CISAS）研制的水浮实验系统[115]分别如图 1-16 和图 1-17 所示。

图 1-14 加拿大 SSRMS 气浮地面实验系统

图 1-15 斯坦福大学双臂自由飞行空间机器人地面气浮实验系统

图 1-16 Ranger 机器人水浮实验系统

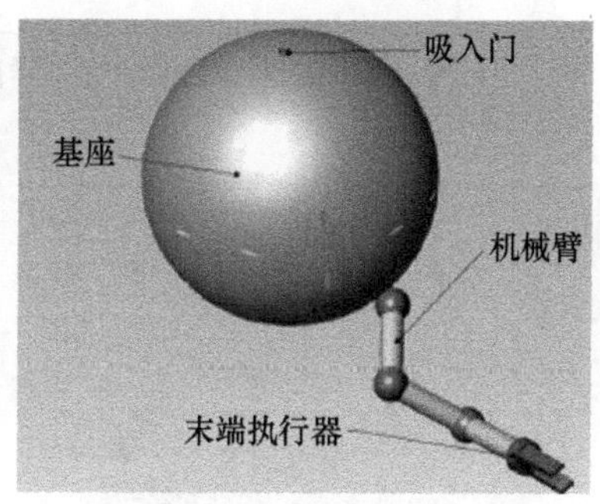


图 1-17 CISAS 水浮实验系统

## 4. 运动学等效方式

原型样机与数学模型相结合，也能进行微重力环境下的空间机器人地面实验，其基本原理是：通过精确的动力学模型，计算微重力环境下空间机器人的运动情况，再通过原型样机（或者采用运动学等效方式的工业机器人）来实现这一运动。美国麻省理工学院研制的 VES-Ⅱ机器人采用 Stewat 平台实现了基座的六自由度运动[35]，可进行自由漂浮下的空间机器人实验，如图 1-18 所示；DLR 采用两个工业机器人建立的空间机器人的地面实验系统[116]，如图 1-19 所示；加拿大的 SPDM 地面任务验证系统也属于此种类型，它可以用来进行运动学和动力学仿真[8]，以验证空间站的各种维修操作，并且提出了评判测试结果有效性的定量准则[117]，如图 1-20 所示。它利用配重来补偿地面的重力影响，采用的控制与飞行的 SPDM 完全一致，并可以进行碰撞动力学的仿真，是对空间机器人仿真最为理想的方式。

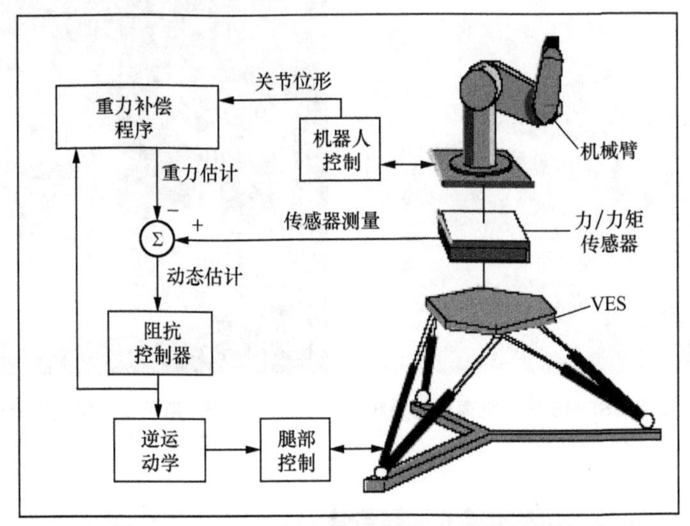


图 1-18　麻省理工学院研制的 VES-Ⅱ机器人系统

图 1-19　DLR 的空间机器人地面实验系统

图 1-20　SPDM 地面任务验证系统

# 1.3　本书主要研究内容及章节安排

遥操作系统是“空间机器人系统”的重要组成部分，是地面操作员针对空间机器人开展交互式远程操作与控制的关键系统，地面操作员通过遥操作系统与空间机器人构成一个天地大回路控制系统，可实现大时延条件下的实时控制。本书主要研究空间机器人遥操作及其控制的若干关键技术，第 1 章为绪论，主要介绍了空间机器人遥操作及其控制技术的研究意义、国内外空间机器人遥操作技术现状及相关技术的综述。第 2 章～第 10 章为本书的主要研究内容，包括五部分：第一部分为空间机器人遥操作系统设计（第 2 章）；第二部分为双边遥操作系统模型及性能分析（第 3 章）；第三部分为空间机器人遥操作关键技术，即图形预测仿真技术及运动学参数辨识（第 4 章）；第四部分为空间机器人遥操作控制技术的研究（第 5 章～第 8 章）；第五部分为空间机器人遥操作地面验证技术及地面实验研究（第 9 章～第 10 章）。

各章的具体内容如下：

第 1 章主要对国内外空间机器人遥操作项目进行了介绍，并对空间机器人遥操作中的关键技术进行了综述。

第 2 章首先介绍了空间机器人系统功能与组成，然后结合我国空间机器人遥操作系统的实际需求，提出了空间机器人遥操作系统方案设计。系统包括任务规划、主从/双边控制、预测仿真、信息处理和地面验证五个子系统。按自主能力从低到高，系统具备以下几种遥操作模式：主从模式、双边模式、共享模式、遥编程模式和自主模式。本章还提出了空间机器人遥操作分层控制体系结构，将各种遥操作模式有机地集成起来，通过各层的操作员接口为地面操作员提供了强大的交互能力。

第 3 章主要介绍了双边遥操作系统模型，并分析了双边遥操作系统设计中几项重要指标的内在联系。

第 4 章主要介绍了图形预测仿真技术中的仿真环境与模型修正问题。本章建立的图形预测仿真子系统具有如下特点：动力学建模与仿真模块将空间机器人的轨道动力学和多刚体动力学的建模与仿真集成在同一环境中；虚拟融合和视频融合模块同时显示预测状态和实际状态，增强了操作员的视觉反馈；基于有向包围盒的碰撞检测方法，同时满足了碰撞检测的实时性和精度。同时，针对空间机器人在发射后其运动学参数可能发生较大变化，本章还提出了线性简化与非线性优化相结合的空间机器人运动学参数辨识方法，既满足了大偏差条件下的辨识精度要求，又实现了运动学参数的在线辨识。

第 5 章主要针对目前力反馈控制算法中稳定性判据过于保守导致透明性降低的缺陷，提出了一种基于小增益稳定理论的时延力反馈控制算法。该算法在进行力反馈时综合考虑了操作员与从端接触力的关系，降低了稳定性判据的保守性，提高了力反馈透明性，并通过仿真及地面实验对所提出的方法进行了验证。

第 6 章介绍了多工作模态复杂任务的双边遥操作控制算法。本章首先提出了一种基于四元数的变时延任务空间无源双边控制算法。以此为基础，结合机器人在执行任务时各个模态的特点，本章又进一步设计了一种基于变增益切换的双边遥操作控制方法。

第 7 章考虑空间机器人在约束环境中工作时存在动力学不确定的情况，首先提出了一种时延下的自适应双边控制算法，然后结合预测计算力矩和鲁棒控制技术，进一步设计了具有确定暂态性能的自适应双边控制方法。

第 8 章针对空间机器人在复杂约束环境或非结构化环境中进行灵活操作的需求，设计了半自主自适应双边遥操作控制框架，并结合从端混合阻抗控制及冗余机器人的遥操作，提出了具体的控制算法。

第 9 章主要介绍了空间机器人遥操作中的地面验证技术。基于运动学等效原理及硬件在环中的遥操作地面验证思想，本章建立了一套空间机器人遥操作地面验证子系统，以确保遥操作的安全性和可靠性。地面验证子系统由天地通信模拟器模块、星载验证模块、空间机器人动力学模拟模块和基于运动学等效的物理验证模块组成。天地通信模拟器模块用于模拟天地通信时延和通信码传输速率；星载验证模块用于验证遥操作指令的解析、执行时序以及星载计算机的运算能力，控制计算机的软、硬件均与星载设备的一致；空间机器人动力学模拟模块提供空间机器人的反应结果；基于运动学等效的物理验证模块采用运动学等效原理，利用工业机器人来等效空间机器人末端的运动。

第 10 章以地面验证子系统作为操作对象进行遥操作实验研究，以验证所设计遥操作系统的功能和性能。地面验证子系统模拟真实的空间机器人，包括数据接口、通信协议、时延等。通过开展遥操作实验可以发现遥操作系统存在的问题，加以改进后可为后续遥操作系统的发展提供基础。

## 1.4 本章小结

本章首先介绍了空间机器人遥操作及其控制技术的研究意义，然后综述了国内外空间机器人遥操作项目情况，并对空间机器人遥操作中的关键技术进行了介绍，最后介绍了本书主要研究内容和章节安排。

## 参考文献

[1] 新华网. 中国研制并交付的尼日利亚通信卫星一号失效[EB/OL].（2008-11-12）[2020-05-01].

[2] 新闻晨报."鑫诺二号"年底抢救 失败将成太空垃圾[EB/OL].(2007-11-20)[2020-05-01].

[3] NASA. Servicing Mission 4-Overview-Introduction[EB/OL].(2009-08-13)[2020-05-01].

[4] LANDZETTEL K, BRUNNER B, SCHREIBER, et al. MSS ground control demo with MARCO[C]//The 6th International Symposium on Artificial Intelligence and Robotics & Automation in Space. Quebec, Canada: Canadian Space Agency, 2001:1-5.

[5] DUPUIS E, PIEDBOEUF J C, GILLETT R, et al. A test-bed for the demonstration of MSS ground control[C]//The 6th ESA Workshop on Advanced Space Technologies for Robotics and Automation.Noordwijk, The Netherlands: ESA, 2000:1-5.

[6] COLESHILL E, OSHINOWO L, REMBALA R, et al. Dextre: improving maintenance operations on the international space station[J]. Acta Astronautica, 2009, 64(9-10): 869-874.

[7] KING D. Hubble robotic servicing: stepping stone for futrue exploration missions[C]//The 1st Space Exploration Conference: Continuing the Voyage of Discovery. Reston, VA: AIAA, 2005:1-12.

[8] MCGUIRE J, ROBERTS B. Hubble robotic servicing and de-orbit mission: risk reduction and mitigation[C]//SPACE 2007 Conference & Exposition. Reston, VA: AIAA, 2007:1-38.

[9] LYN C, MOONEY G, BUSH D, et al. Computer vision systems for robotic servicing of the Hubble Space Telescope[C]//SPACE 2007 Conference & Exposition. Reston, VA: AIAA, 2007:1-13.

[10] AKIN D L. Robotic servicing for Hubble Space Telescope and Beyond[C]//SPACE 2004 Conference & Exposition. Reston, VA: AIAA, 2004:1-12.

[11] AKIN D L. Flight-ready robotic servicing for Hubble Space Telescope: a white paper [R].Response to NASA/Goddard Space Flight Center Request for Information on Hubble Space Telescope Servicing, 2003:1-16.

[12] HIRZINGER G, BRUNNER B, DIETRICH J, et al. ROTEX-the first remotely controlled robot in space[C]//The 1994 IEEE International Conference on Robotics and Automation. Piscataway, USA: IEEE, 1994:2604-2611.

[13] HIRZINGER G, BRUNNER B, DIETRICH J, et al. Sensor-based space robotics-Rotex and its telerobotic features[J]. IEEE Transaction on Robotics and Automation. 1993, 9(5):649-663.

[14] BRUNNER B, HIRZINGER G, LANDZETTEL K, et al. Multisensory shared autonomy and tele-sensor programming-key issues in the space robot technology experiment

ROTEX[C]//The 1993 IEEE/RSJ International conference on Intelligent Robots and Systems. Piscataway, USA: IEEE, 1993:2123-2139.

[15] YOON W K, GOSHOZONO T, KAWABE H, et al. Model-based space robot teleoperation of ETS-Ⅶ manipulator[J]. IEEE Transactions on Robotics and Automation. 2004, 20(3): 602-612.

[16] IMAIDA T, YOKOKOHJI Y, DOI T, et al. Ground-space bilateral teleoperation experiment using ETS-Ⅶ robot arm with direct kinesthetic coupling[C]//The 2001 IEEE International Conference on Robotics and Automation. Piscataway, USA: IEEE, 2001: 1031-1038.

[17] YOSHIDA K. Engineering Test Satellite Ⅶ flight experiments for space robot dynamics and control theories on laboratory test beds ten years ago, now in orbit[J]. The International Journal of Robotics Research. 2003, 22(5):321-335.

[18] IMAIDA T, YOKOKOHJI Y, DOI T, et al. Ground-space bilateral teleoperation of ETS-Ⅶ robot arm by direct bilateral coupling under 7-s time delay condition[J]. IEEE Transactions on Robotics and Automation. 2004, 20(3):499-511.

[19] LANDZETTEL K, BRUNNER B, HIRZINGER G, et al. A unified ground control and programming methodology for space robotics applications-demonstrations on ETS-Ⅶ [C]//The 31st International Symposium on Robotics. Montreal, Canada, 2000:422-427.

[20] PREUSCHE C, REINTSEMA D, LANDZETTEL K, et al. Robotics component verification on ISS ROKVISS-preliminary results for telepresence[C]//The 2006 IEEE/RSJ International Conference on Intelligent Robots and Systems. Piscataway, USA: IEEE, 2006:4595-4601.

[21] HIRZINGER G, LANDZETTEL K, REINTSEMA D, et al. ROKVISS - robotics component verification on ISS[C]//The 8th International Symposium on Artificial Intelligence, Robotics and Automation in Space. Noordwijk, The Netherlands: ESA, 2005:1-11.

[22] SCHAFER B, LANDZETTEL K, REBELE B, et al. ROKVISS: orbital testbed for tele-presence experiments, novel robotic components and dynamics models verification[C]// The 8th ESA Workshop on Advanced Space Technologies for Robotics and Automation. Noordwijk, The Netherlands: ESA, 2004:1-8.

[23] PREUSCHE G, REINTSEMA D, ORTMAIER T, et al. The DLR telepresence experience in space and surgery[C]//Joint International COE/HAM-SFB453. Tokyo, Japan: The 21st Century COE Project Office (Japan), 2005:35-40.

[24] POTTER S D. Orbital Express: leading the way to a new space architecture[C]//Space Core Technology Conference. Colorado Spring, 2002:1-12.

[25] FRIEND R B. Orbital Express program summary and mission overview[J]. SPIE

Defense and Security Symposium. Bellingham, WA: SPIE, 2008, 6958(3):1-11.

[26] 郭继峰，王平，崔乃刚. 大型空间结构在轨装配技术的发展[J]. 导弹与航天运载技术. 2006，283(3): 28-35.

[27] HIRZINGER G, LANDZETTEL K, BRUNNER B, et al. DIR’s robotics technologies for on-orbit servicing[J]. Advanced Robotics. 2004, 18(2):139-174.

[28] ANDARY J F, SPIDALIERE P D. The development test flight of the flight telerobotic servicer: design description and lessons learned[J]. IEEE Transactions on Robotics and Automation. 1993, 9(5): 664-674.

[29] PARRISH J C. The Ranger Telerobotic Shuttle Experiment: an on-orbit satellite servicer[C]//Proceedings of Fifth International Symposium on Artificial Intelligence, Robotics and Automation in Space. Noordwijk, The Netherlands: ESA, 1999: 225-232.

[30] BORST C W, VOLZ R A. Telerobotic ground control of a free-flying space camera[J]. Robotica. 2000, 18: 361-367.

[31] Nagatomo M, HARADA C, HISADOME Y， et al. Results of the Manipulator Flight Demonstration(Mfd) Flight Operation[C]//The 6th International Conference and Exposition on Engineering, Construction, and Operations in Space. Reston, VA: AIAA, 1998:1-7.

[32] BLUETHMANN W, AMBROSE R O, DIFTLER M A, et al. Robonaut: a robot designed to work with humans in space[J]. Autonomous Robots. 2003, 14(2): 179-197.

[33] O’MALLEY M K, HUGHES K J, MAGRUDER D F, et al. Simulated bilateral teleoperation of robonaut[C]//SPACE 2003 Conference & Exposition. Reston, VA: AIAA, 2003:1-8.

[34] SETTELMEYER E, LEHRL E, OESTERLIN W, et al. The Experimental Servicing Satellite-ESS[C]//The 21th ISTS Conference. Omiya, Japan, 1998.

[35] AGRAWAL S K, HIRZINGER G, LANDZETTEL K, et al. A new laboratory simulator for study of motion of free-floating robots relative to space targets[J]. IEEE Transactions on Robotics and Automation. 1996, 12(4): 627-633.

[36] ERICK DUPUIS M D E M. Autonomous operations for space robots[C]//The 55th International Astronautical Congress. Reston, VA: AIAA, 2004:1-8.

[37] SATO N, WAKABAYASHI Y. JEMRMS design features and topics from testing[C]// The 6th International Symposium on Artificial Intelligence, Robotics and Automation in Space. Quebec, Canada: CSA. 2001:1-7.

[38] 赵猛，张珩，陈靖波. 灵境遥操作技术及其发展[J]. 系统仿真学报. 2007，19(14): 3248-3252.

[39] 冯健翔，卢昱，周志勇，等. 遥科学初探[J]. 飞行器测控学报. 2000, 19(1):5-11.

[40] 赵猛，张珩. 不确定大时延下遥操作对象模型的在线修正方法[J]. 系统仿真学报. 2007, 19(19): 4473-4476.

[41] 张平，卢人庆，梁斌. 空间机器人遥操作管理系统可靠性分析和建模[J]. 华南理工大学学报(自然科学版). 2008, 36(1): 8-12.

[42] 张平，杨时杰，梁斌. 基于 Java 3D 的空间机器人运动仿真系统[J]. 计算机应用研究. 2007, 24(9): 19-21.

[43] 庄骏，邱平，孙增圻. 大时延环境下的分布式遥操作系统[J]. 清华大学学报(自然科学版). 2000, 40(1): 80-83.

[44] 蒋再男，刘宏，谢宗武，等. 3D 图形预测仿真及虚拟夹具的大时延遥操作技术[J]. 西安交通大学学报. 2008, 42(1): 78-81.

[45] 邓启文，韦庆，李泽湘. 大时延力反馈双边控制系统[J]. 机器人. 2005, 27(5): 410-413，419.

[46] 朱广超，王田苗，丑武胜，等. 基于增强现实的机器人遥操作系统研究[J]. 系统仿真学报. 2004, 16(5): 943-946.

[47] 刘威，宋爱国，李会军. 力觉临场感机器人基于在线修正虚拟模型的远程控制[J]. 东南大学学报(自然科学版). 2006, 36(2): 242-246.

[48] 李成，梁斌. 空间机器人的遥操作[J]. 宇航学报. 2001, 22(1): 95-98.

[49] 宋爱国，曹效英，陈俊杰，等. 临场感遥操作机器人中的关键技术研究现状[J]. 机器人. 2000, 22(7): 258-262.

[50] FERRELL W R. Remote manipulation with transmission delay[J]. IEEE Transactions on Human Factors in Electronics. 1965, HFE-6: 24-32.

[51] PENIN L F. Teleoperation with time delay: a survey and its use in space robotics[C]// The 6th ESA Workshop on Advanced Space Technologies for Robotics and Automation. Noordwijk, The Netherlands: ESA, 2002:1-8.

[52] STEIN M R. Behavior-based control for time-delayed teleoperation[D]. Philadelphia: University of Pennsylvania, 1994.

[53] 陈俊杰. 空间机器人遥操作克服时延影响的研究进展[J]. 测控技术. 2007, 26(2):1-4,7.

[54] NIEMEYER G D, SLOTINE J E. Telemanipulation with time delays[J]. The International Journal of Robotics Research. 2004, 23(9): 873-890.

[55] SHERIDAN T B. Human supervisory control of robot systems[C]//IEEE International Conference on Robotics and Automation. Piscataway, USA: IEEE, 1986,3:808-812.

[56] RAJU G J, VERGHESE G C, SHERIDAN T B. Design issues in 2-port network models

of bilateral remote manipulation[C]//IEEE International Conference on Robotics and Automation. Piscataway, USA: IEEE, 1989:1316-1321.

[57] ANDERSON R J, SPONG M W. Bilateral control of teleoperators with time delay [J]. IEEE Transactions on Automatic Control. 1989, 34(5):494-501.

[58] NIEMEYER G D, SLOTINE J E. Stable adaptive teleoperation[J]. IEEE Journal of Oceanic Engineering. 1991, 16(1):152-162.

[59] KOSUGE K, MURAYAMA H, TAKEO K. Bilateral feedback control of telemanipulators via computer network[C]//IEEE/RSJ International Conference on Intelligent Robots and Systems. Piscataway, USA: IEEE, 1996, 3:1380-1385.

[60] HOU Y, LUECKE G R. Time delayed teleoperation system control, a passivity-based method[C]//The 12th International Conference on Advanced Robotics. Piscataway, USA: IEEE, 2005:796-802.

[61] LEUNG G M H, FRANCIS B A, APKARIAN J. Bilateral controller for teleoperators with time delay via μ-synthesis[J]. IEEE Transactions on Robotics and Automation. 1995, 11(1): 105-116.

[62] PARK J H, CHO H C. Sliding-mode controller for bilateral teleoperation with varying time delay[C]//IEEE/ASME International Conference on Advanced Intelligent Mechatronics. Piscataway, USA: IEEE, 1999:311-316.

[63] HOKAYEM P F, SPONG M W. Bilateral teleoperation: an historical survey[J]. Automatica. 2006, 42(12):2035-2057.

[64] NOYES M, SHERIDAN T B. A novel predictor for telemanipulation through a time delay[C]//IEEE International Conference on Systems, Man and Cybernetics. Piscataway, USA: IEEE, 1984.

[65] BUZAN F T, SHERIDAN T B. A model-based predictive operator aid for telemanipulators with time delay[C]//IEEE International Conference on Systems, Man and Cybernetics. Piscataway, USA: IEEE, 1989:138-143.

[66] BEJCZY A K, KIM W S, VENEMA S C. The phantom robot: predictive displays for teleoperation with time delay[C]//IEEE International Conference on Robotics and Automation. Piscataway, USA: IEEE, 1990:546-551.

[67] CONWAY L, VOLZ R A, WALKER M W. Teleautonomous systems: projecting and coordinating intelligent action at a distance[J]. IEEE Transaction on Robotics and Automation. 1990, 6(2): 146-158.

[68] KIM W S, BEJCZY A K. Demonstration of a high-fidelity predictive/preview display technique for telerobotic servicing in space[J]. IEEE Transactions on Robotics and

Automation, 1993，9(5): 698-702.

[69] KIM W S. Virtual reality calibration for telerobotic servicing[C]//IEEE International Conference on Robotics and Automation. Piscataway, USA: IEEE, 1994:2769-2775.

[70] KIM W S, GENNERY D B, CHALFANT E C. Computer vision assisted semi-automatic virtual reality calibration[C]//IEEE International Conference on Robotics and Automation. Piscataway, USA: IEEE, 1997,2:1335-1340.

[71] ROSSMANN J. Virtual reality as a control and supervision tool for autonomous systems[C]//The 4th International Conference on Intelligent Autonomous System. Karlsruhe, Germany, 1995.

[72] FREUND E, ROSSMANN J. Projective virtual reality: a novel paradigm for the commanding and supervision of robots and automation components in space[C]// International Symposium on Artificial Intelligence, Robotics and Automation in Space. Noordwijk, The Netherlands: ESA, 1999:515-520.

[73] FREUND E, ROSSMANN J. Space robot commanding and supervision by means by projective virtual reality: the ERA experiences[C]//Intelligent Systems and Smart Manufacturing. Bellingham, WA: SPIE, 2001, 4195: 312-322.

[74] FREUND E, ROSSMANN J, SCHLUSE M . Real-time collision avoidance in space: the GETEX experiment[C]//Intelligent Systems and Smart Manufacturing. Bellingham, WA: SPIE, 2000, 4196: 255-266.

[75] KOTOKU T. A predictive display with force feedback and its application to remote manipulation system with transmission time delay[C]//IEEE/RSJ International Conference on Intelligent Robots and Systems. Piscataway, USA: IEEE, 1992:239-246.

[76] ROSENBERG L B. Virtual fixtures: perceptual tools for telerobotic manipulation[C]// IEEE Virtual Reality Annual International Symposium. Piscataway, USA: IEEE, 1993:76-82.

[77] MORIKAWA H, TAKANASHI N. Ground experiment system for space robots based on predictive bilateral control[C]//IEEE International Conference on Robotics and Automation. Piscataway, USA: IEEE, 1996:64-69.

[78] BURDEA G C. Invited review: the synergy between virtual reality and robotics[J]. IEEE Transaction on Robotics and Automation. 1999, 15(3): 400-410.

[79] PENIN L F, MATSUMOTO K, WAKABAYASHI S. Force reflection for time-delayed teleoperation of space robots[C]//IEEE International Conference on Robotics and Automation. Piscataway, USA: IEEE, 2000: 3120-3125.

[80] 陈俊杰，黄惟一，薛晓红. 遥操作机器人系统中的虚拟动力学检测算法[J]. 东南大

学学报(自然科学版). 2004, 34(2):235-239.

[81] 李会军，宋爱国. 增强现实中的摄像机径向畸变校正[J]. 传感技术学报. 2007, 20(2): 462-465.

[82] TSUMAKI Y, HOSHI Y, NARUSE H, et al. Virtual reality based teleoperation which tolerates geometrical modeling errors[C]//IEEE/RSJ International Conference on Intelligent Robots and Systems. Piscataway, USA: IEEE, 1996, 3:1023-1030.

[83] TSUMAKI Y, UCHIYAMA M. A model-based space teleoperation system with robustness against modeling errors[C]//IEEE International Conference on Robotics and Automation. Piscataway, USA: IEEE, 1997:1594-1599.

[84] FUNDA J, PAUL R P. Teleprogramming: overcoming communication delays in remote manipulation[C]//IEEE Interational Conference on Systems, Man and Cybernetics. Piscataway, USA: IEEE, 1990:873-875.

[85] FUNDA J, PAUL R P. Efficient control of a robotic system for time-delayed environments[J]. Advanced Robotics. 1991, 1:219-224.

[86] 李炎，贺汉根. 应用遥编程的大时延遥操作技术[J]. 机器人. 2001, 23(5):391-396.

[87] SHERIDAN T B. Space teleoperation through time delay: review and prognosis[J]. IEEE Transactions on Robotics and Automation. 1993, 9(5):592-606.

[88] DUBOWSKY S, PAPADOPOULOS E. The kinematics, dynamics, and control of free-flying and free-floating space robotic systems[J]. IEEE Transactions on Robotics and Automation. 1993, 9(5):531-543.

[89] PAPADOPOULOS E G. Teleoperation of free-floating space manipulator systems[C]// Applications in Optical Science and Engineering. Bellingham, WA: SPIE, 1992,1833: 122-133.

[90] VAFA Z, DUBOWSKY S. On the dynamics of space manipulator using the virtual manipulator with application to path planning[J]. The Journal of the Astronautical Science. 1990, 38(4):441-472.

[91] VAFA Z, DUBOWSKY S. On the dynamics of manipulators in space using the virtual manipulator approach[C]//IEEE International Conference on Robotics and Automation. Piscataway, USA: IEEE, 1987,4:579-585.

[92] NAKAMURA Y, MUKHERJEE R. Nonholonomic path planning of space robots[C]// IEEE International Conference on Robotics and Automation. Piscataway, USA: IEEE, 1989:1050-1055.

[93] NAKAMURA Y, MUKHERJEE R. Nonholonomic path planning of space robots via a bidirectional approach[J]. IEEE Transactions on Robotics and Automation. 1991,

7(4):500-514.
[94] DUBOWSKYS S, TORRES M. Path planning for space manipulators to minimizing spacecraft attitude disturbance[C]//IEEE International Conference on Robotics and Automation. Piscataway, USA: IEEE, 1991, 3:2522-2528.
[95] YOSHIDA K. ETS-Ⅶexperiments for space robot dynamics and attitude disturbance control[J] Lecture Notes in Control and Information Sciences. 2000, 271:209-218.
[96] PAPADOPOULOS E, TORTOPIDIS I, NANOS K. Smooth planning for free-floating space robots using polynomials[C]//IEEE International Conference on Robotics and Automation. Piscataway, USA: IEEE, 2005:4272-4276.
[97] 徐文福，刘宇，强文义，等. 自由漂浮空间机器人的笛卡儿空间连续路径规划[J]. 控制与决策. 2008, 23(3): 278-282.
[98] XU W F, LIANG B, LI C, et al. Path planning of free-floating robot in cartesian space using direct kinematics[J]. International Journal of Advanced Robotic Systems. 2007, 4(1):17-26.
[99] HOLLAND J H. Adaptation in natural and artificial system[M]. Cambridge, MA, USA: The MIT Press, 1992.
[100] GOLDBERG D E. Genetic Algorithms in search, optimization, and machine learning[M]. Boston, MA: Addison-Wesley Professional, 1989.
[101] KENNEDY J. Particle swam optimization[M]. Boston, MA: Springer, 2011.
[102] Eberhart R, Kennedy J. A new optimizer using particle swarm theory[C]//Sixth International Symposium on Micro Machine and Human Science. Piscataway, USA: IEEE, 1995:39-43.
[103] HASSAN R, COHANIM B, DE WECK O, et al. A comparision of particle swarm optimization and the genetic algorithm[C]//The 46th AIAA/ASME/ASCE/AHS/ASC Structures, Structural Dynamics and Materials Conference. Reston, VA: AIAA, 2005:1-13.
[104] 戈新生，孙鹏伟. 自由漂浮空间机械臂非完整运动规划的粒子群优化算法[J]. 机械工程学报. 2007, 43(4):34-38.
[105] ODA M. System engineering approach in designing the teleoperation system of the ETS-Ⅶrobot experiment satellite[C]//IEEE International Conference on Robotics and Automation. Piscataway, USA: IEEE, 1997:3054-3061.
[106] LANDZETTEL K, BRUNNER B, DEUTRICH K, et al. DLR's experiments on the ETS-Ⅶ space robot mission[C]//International Conference on Advanced Robotics. Piscataway, USA: IEEE, 1999:1-7.
[107] STOLL E, WALTER U, ARTIGAS J, et al. Ground verification of the feasibility of

telepresent on-orbit servicing[J]. Journal of Field Robotics. 2009, 26(3): 287-307.

[108] 洪炳熔，柳长安，郭恒业. 双臂自由飞行空间机器人地面实验平台系统设计[J]. 机器人. 2000, 22(2): 108-114.

[109] 丁希仑，战强，解玉文. 自由漂浮的空间机器人系统的动力学奇异特性分析及其运动规划[J]. 航空学报. 2001, 22(5): 474-477.

[110] 高龙琴，黄惟一，宋爱国. 交互式遥操作机器人实验平台中的通信时延问题研究[J]. 测控技术. 2005, 24(7): 42-45.

[111] XU Y S, BROWN H B, FRIEDMAN M, et al. Control system of the self-mobile space manipulator[J]. IEEE Transactions on Control Systems Technology. 1994, 2(3):207-219.

[112] 黄献龙，梁斌，陈建新，等. EMR 系统机器人运动学和工作空间的分析[J]. 控制工程. 2000(3): 1-6.

[113] ROBERTSON A, INALHAN G, HOW J P. Spacecraft formation flying control design for the orion mission[C]//AIAA Guidance, Navigation, and Control Conference and Exhibit. Reston, VA: AIAA, 1999:1562-1575.

[114] CARIGNAN C R, AKIN D L. The reaction stabilization of on-orbit robots[J]. IEEE Control Systems Magazine. 2000，20(6) 19-23.

[115] MENON C, BUSOLO S, COCUZZA S, et al. Issues and solutions for testing free-flying robots[J]. Acta Astronautica. 2007, 60(12):957-965.

[116] DUBOWSKY S, DURFEE W K, CORRIGAN T, et al. A laboratory test bed for space robotics: the VES Ⅱ [J]. IEEE/RSJ International Conference on Intelligent Robots and Systems. Piscataway, USA: IEEE, 1994, 3: 1562-1569.

[117] MA O, WANG J, MISRA S, et al. On the validation of SPDM task verification facility[J]. Journal of Robotic Systems. 2004, 21(5):219-235.

# 第 2 章
# 空间机器人遥操作系统设计

本章主要介绍课题组在承担国家高技术研究发展计划（863 计划）项目中所取得的遥操作方面的研究成果，对所采用的空间机器人遥操作系统的方案、控制模式、体系结构设计等进行了阐述。

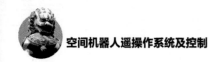

## | 2.1 空间机器人遥操作系统面临的问题 |

空间机器人的出现将宇航员从危险的太空环境中解放出来，“智能”与“自主”是空间机器人发展的最终目标，然而由于受技术水平的限制，在未来一段时间内，复杂的航天器在轨维修任务仍然离不开遥操作的方式。另外，即使空间机器人的智能与自主水平有了极大提高，遥操作作为一种有人参与、实时决策的高级手段，在任务执行过程的监控、异常情况的干预、突发事件的处理、星上算法的更新升级等工作中仍将发挥重要作用。因此，遥操作是空间机器人必备的一种操作模式。目前，所有已在轨演示的空间机器人系统，如日本的 ETS-Ⅶ机器人[1-3]、美国的 Orbital Express 系统机械臂[4-5]、德国的 ROTEX 机器人[6-7]和 ROKVISS 机器人[8-9]等，都具备遥操作的工作方式。目前，国外已经对空间机器人遥操作技术进行了大量的研究和在轨验证，而国内还处于关键技术攻关阶段，没有实际在轨运行的空间机器人及其遥操作系统。

空间机器人遥操作中最主要的问题是大时延和有限带宽。时延主要会带来两个方面的问题：一方面是操作员如何获得足够的、实时的从端信息；另一方面是操作员采用怎样的方法来克服时延以有效控制从端机器人。时延会给遥操作的稳定性控制带来很大的影响，时延越大，遥操作的稳定性越难保证。国内外学者对遥操作中的时延问题进行了大量研究，对如何克服时延的影响提出了了一些处理方法[10-31]。

有限的数据通信带宽是空间机器人遥操作面临的另一个问题。它不仅增加了信息传输的时间延迟，还会限制信息传输的容量和发送频率。受限于我国目前的航天测控体系，遥控、遥测和数据传输通道带宽比较低，因此，需要对遥操作指令、遥测信息和图像数据进行优化和压缩，以满足对空间机器人的实时控制。同时，为了保证空间机器人在轨任务的顺利执行，还必须对遥操作指令进行充分的验证。

基于以上考虑，课题组设计了空间机器人遥操作系统方案。所设计的系统由任务规划子系统、主从/双边控制子系统、预测仿真子系统、信息处理子系统和地面验证子系统五部分组成。遥操作系统遥操作模式按自主能力从低到高，包含主从模式、双边模式、共享模式、遥编程模式和自主模式五种。操作员可根据不同任务来选择相应的遥操作模式。课题组还设计了模块化的空间机器人遥操作分层控制体系结构，将各种遥操作模式有机地集成起来，为地面操作员提供了强大的交互能力。

## 2.2 空间机器人遥操作系统方案设计

### 2.2.1 空间机器人系统功能与组成

空间机器人系统由空间机器人和目标星组成，地面遥操作系统通过实验业务系统的遥操作支持平台实现对空间机器人系统的操作，通信链路包括地面测控系统和各种地面站，如图 2-1 所示。空间机器人包括飞行基座和空间机械手两个部分，其中飞行基座用于为空间机器人提供飞行能力，而空间机械手用来进行维修等空间操作。空间机械手是一个具有六自由度的机械臂，其端部装有一个手爪，配有手眼系统，能够利用自身的图像识别功能进行自主路径规划，实现对特定目标物体的操作。

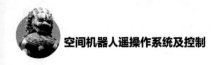

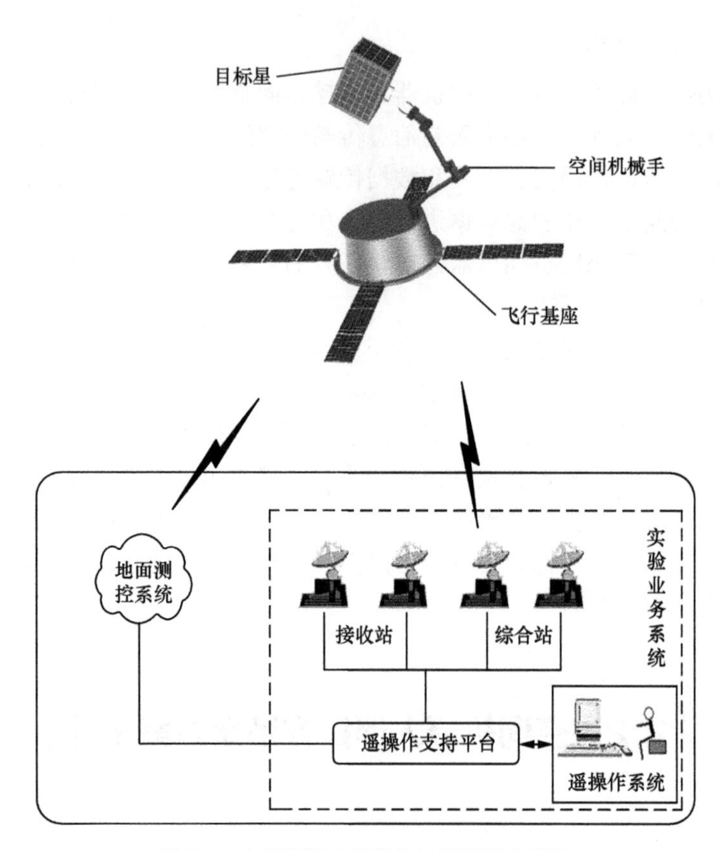


图 2-1　空间机器人系统与地面遥操作系统

## 2.2.2　空间机器人遥操作系统的功能要求和主要设计指标

### 1. 空间机器人遥操作系统的功能要求

（1）功能强大的人机交互界面；
（2）能充分发挥机器人的自主功能；
（3）为操作员提供充分的星上信息；
（4）在时延条件下完成实时操作；
（5）遥操作指令安全可靠。

### 2. 空间机器人遥操作系统的主要设计指标

（1）可采用主从、双边、共享、遥编程和自主等多种遥操作控制模式，对空间机器人实施遥操作；

（2）上下行回路时延小于 6 s 时，可完成稳定、透明的主从控制，遥操作指令的发送频率为 4 Hz；

（3）在现有的有限信道带宽和回路时延条件下，可实现对空间机器人稳定、可靠的操作，指令控制周期、控制精度与实验要求匹配，并具备安全检测与碰撞预警功能，确保遥操作过程的安全与可靠；

（4）保证任务期间所有的工作状态数据、遥操作指令和图像数据的实时存储和备份，备份时间不低于 20 min；

（5）各子系统处理时延小于 0.3 s；

（6）遥操作软件具有安全保护功能；

（7）主从/双边操作范围为 300 mm × 300 mm × 300 mm，力反馈精度为 0.5 N；

（8）天地通信模拟器能模拟遥操作 0～10 s 回路的时延；

（9）手眼视觉模拟图像与测量数据生成模块的输出频率优于 4 Hz。

### 2.2.3　空间机器人遥操作系统设计方案

天地通信时延、有限通信带宽是空间机器人遥操作中存在的主要问题。因此，设计的空间机器人遥操作系统应能够很好地解决这些问题。本书设计方案采用图形预测仿真来解决时延问题，然而图形预测的效果依赖于模型的精度，因此方案又增加了模型修正功能，以确保预测模型的精度。通信带宽不仅会造成信息传输的时间延迟，同时也会限制遥控、遥测与数传信息的容量和发送的频率。我国目前的航天测控体系仅为空间机器人提供了 2 KB/s 的遥控通道、4 KB/s 的遥测通道以及 50 MB/s 的数据传输通道，这就需要对遥操作指令、遥测信息和图像数据进行优化、压缩，以实现对空间机器人的实时控制。同时，空间机器人的航天特性决定了空间机器人遥操作系统要具有高安全性和可靠性，因此对遥操作的执行要进行充分的验证。空间机器人遥操作系统中的三维图形显示，动力学计算和图像处理部分需占用较多的计算资源，单台计算机难以保证系统性能，因此需要按功能将空间机器人遥操作系统划分为多个子系统并进行分布式设计。

根据这些系统需求，设计的空间机器人遥操作系统由任务规划子系统、主从/双边控制子系统、预测仿真子系统、信息处理子系统和地面验证子系统五部分统组成，如图 2-2 所示。遥操作支持平台用于支持遥操作系统进行相应的操作，即对遥控信息和遥测信息进行加工处理。

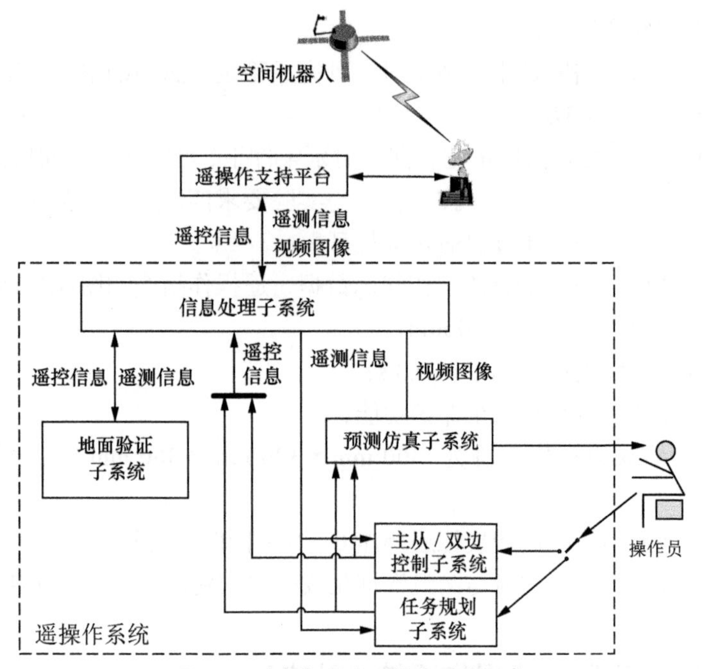


图 2-2　空间机器人遥操作系统组成

## 1. 任务规划子系统

任务规划子系统是空间机器人遥操作系统的核心部分，任务规划的好坏决定了遥操作任务执行的成败。任务规划子系统的主要功能是结合遥操作任务和遥操作模式，对遥操作任务进行分析、决策与分解，形成实现多种遥操作模式下的任务规划，生成空间机器人系统运动数据或任务序列。它包括任务分析、决策与分解模块，任务调度模块，笛卡儿空间路径规划模块，关节空间路径规划模块，故障模式下路径规划模块和任务规划安全检查模块，如图 2-3 所示。

（1）任务分析、决策与分解模块根据操作员下达的遥操作任务指令，对遥操作任务进行分解和分析，生成遥操作子任务序列并发送至任务调度模块，再由任务调度模块根据子任务要求产生任务指令。任务指令有三个级别：任务级指令、动作级指令及执行层指令（运动数据序列）。其中，任务级指令可分解为多个动作级指令，而每个动作级指令可由多组执行层指令（运动数据序列）来实现。

（2）时延问题使得单独的自主控制方式或者主从/双边控制方式都不能快速精确地完成遥操作任务，因此需要选择合适的控制方式来完成特定的遥操作任务。任务调度模块的功能就是根据遥操作模式和具体遥操作任务，为操作员选择具体任务级的空间机器人运动规划模式，并实现各种路径规划方式的平稳切换。

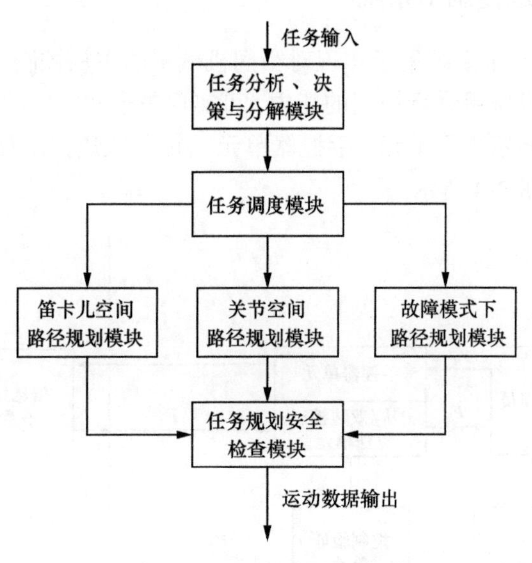


图 2-3　任务规划子系统组成

（3）笛卡儿空间路径规划模块的作用在于让空间机器人回避动力学和运动学奇异。在自由漂浮模式下，空间机器人系统的动力学奇异不仅与当前关节角、运动学参数（几何参数）有关，还与关节的运动历史、各连杆的动力学参数有关，其奇异情况比地面固定基座机器人复杂得多。因此，在进行笛卡儿空间路径规划时，需要首先产生空间机器人虚拟机械臂模型，然后再将地面固定基座机器人的奇异回避算法直接用于空间机器人系统。

（4）关节空间路径规划模块是以关节角度的函数来描述机器人的运动轨迹，并进行轨迹规划的。关节空间路径规划不必在直角坐标系中描述两个路径点之间的路径形状，计算简单、容易，并且由于关节空间与直角坐标空间之间并不是连续的对应关系，因此不会发生机构的奇异性问题。

（5）故障模式下路径规划模块用于处理由于恶劣空间环境可能导致的空间机械手在轨故障。除了在机械手的机械、电气、控制软件等的设计上考虑各种冗余和容错措施外，地面遥操作系统也要有相应的应对手段。

（6）空间机器人的机构以及末端执行器的运行约束，对于任务规划具有一定程度的限制，特别是对末端执行器是否能达到路径规划模块规划出来的路径点，或者在能达到的情况下，是否存在速度或者加速度的跳变或者超限，这些在形成遥控指令发送给机器人执行之前，需要通过任务规划安全检查模块来进行指令检查。

### 2. 主从/双边控制子系统

主从/双边控制子系统用于实现对空间机械手的主从控制和双边控制，具有对六自由度空间机械手进行控制的能力，可实现笛卡儿空间的位置、姿态控制。该子系统由操作显示界面单元、手控器单元、主从/双边控制算法单元和控制验证单元组成，如图 2-4 所示。

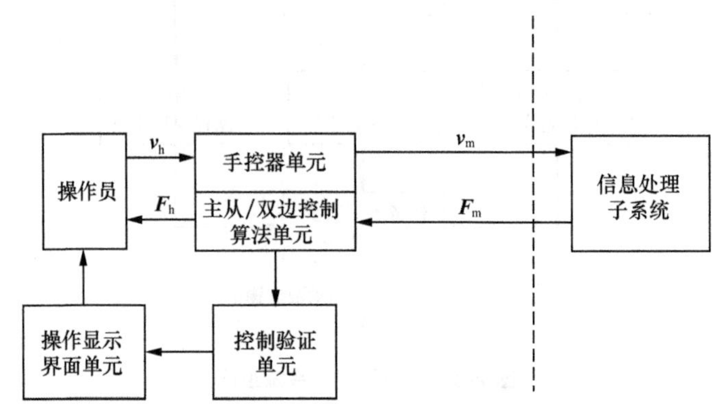


图 2-4　主从/双边控制子系统组成

（1）操作显示界面单元为操作员提供方便操作的信息。显示的内容包括虚拟力的视觉显示、空间机械手预测显示、安全区域显示等。

（2）手控器单元的主要作用是将操作员对手柄的操作转化成空间机器人的期望轨迹。手控器采用一个三自由度并联机构构建。

（3）主从/双边控制算法单元采用一台工业控制机，运行 Vxworks 实时操作系统，根据算法选择，实施相应的主从/双边控制。操作员直接操纵手控器，将手控器的位置或速度形成空间机械手运动指令，空间机械手根据接收到的运动指令，实施相应动作。

（4）控制验证单元负责运动指令上传前的安全检查。根据预测仿真单元的输出，判断当前发布的运动指令是否可行，如可行则送入上行链路，否则返回警告信息。

### 3. 预测仿真子系统

预测仿真子系统根据接收到的任务规划子系统或主从/双边控制子系统生成的遥操作指令和空间机器人工作状态、视频数据，对机器人的运动进行实时预测和监控，为操作员提供直观的机器人三维图形显示和增强现实的临场感，同时，对规划的机器人运动进行实时碰撞检测。预测仿真子系统采用模块化的设计方法，将系统按功能划分为相应的模块，如图 2-5 所示。各个模块之间的耦合度低，层次分明，符合设计模式“高聚合，低耦合”的要求，便于系统的开发和扩展。

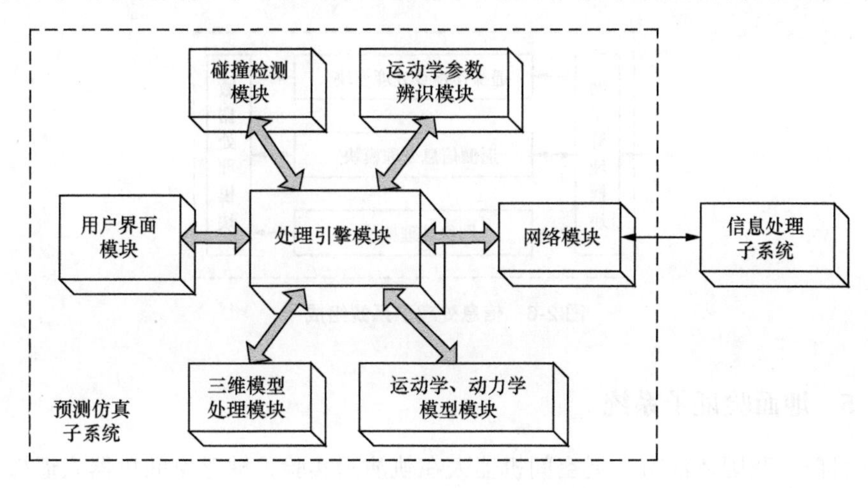


图 2-5　预测仿真子系统组成

预测仿真子系统包括用户界面模块，三维模型处理模块，运动学、动力学模型模块，碰撞检测模块，运动学参数辨识模块，网络模块和处理引擎模块。处理引擎模块是各模块间互相连接的桥梁，负责各种对象的生成、管理和调度。用户界面模块负责与操作员进行交互，提供人性化、友好的人机界面，显示状态数据、碰撞时发出视觉刺激信息并提供发生碰撞的位置信息，同时利用手控器实时控制机器人的运动。三维模型处理模块提供空间机器人及空间环境的三维模型，包括机器人、地球、轨道和星空的模型。运动学、动力学模型模块是本系统的核心模块，用于实时响应操作指令，对空间机器人的运行状态进行预测，以驱动图形显示。碰撞检测模块负责进行碰撞的检测，并在有危险发生时发出报警信号。运动学参数辨识模块用于辨识空间机器人的运动学参数，以保证预测的精度。网络模块负责与信息处理子系统进行信息交换。

## 4. 信息处理子系统

信息处理子系统是遥操作系统对外通信的桥梁和接口，由遥操作指令处理模块、遥测信息处理模块、图像处理模块、数据处理模块和网络管理模块组成，如图 2-6 所示。遥操作指令处理模块接收、保存遥操作指令，经安全性检查后发送给空间机器人。遥测信息处理模块接收遥测数据，分析处理后进行显示并转发至其他子系统。图像处理模块对接收到的图像数据按照规定的格式进行组帧，然后发送到预测仿真子系统。数据处理模块对遥操作指令、遥测信息和图像数据进行备份。网络管理模块实现遥操作系统内部的网络通信以及与遥操作支持平台间的网络通信，并提供遥操作系统的内部时间统一功能。

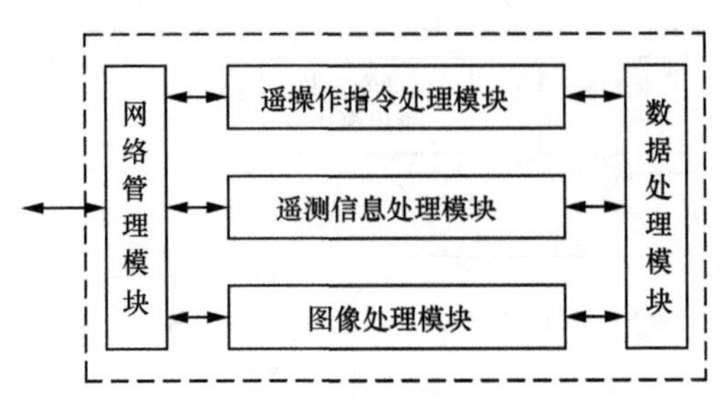


图 2-6　信息处理子系统组成

## 5. 地面验证子系统

目前，我国还没有开展空间机器人在轨演示实验，缺乏空间机器人遥操作方面的经验。为保证遥操作过程的安全，遥操作指令必须经过地面充分验证并确保安全后才能发送给空间机器人执行。地面验证子系统由天地通信模拟器模块、星载验证模块、空间机器人动力学模块和物理验证模块组成，如图 2-7 所示。

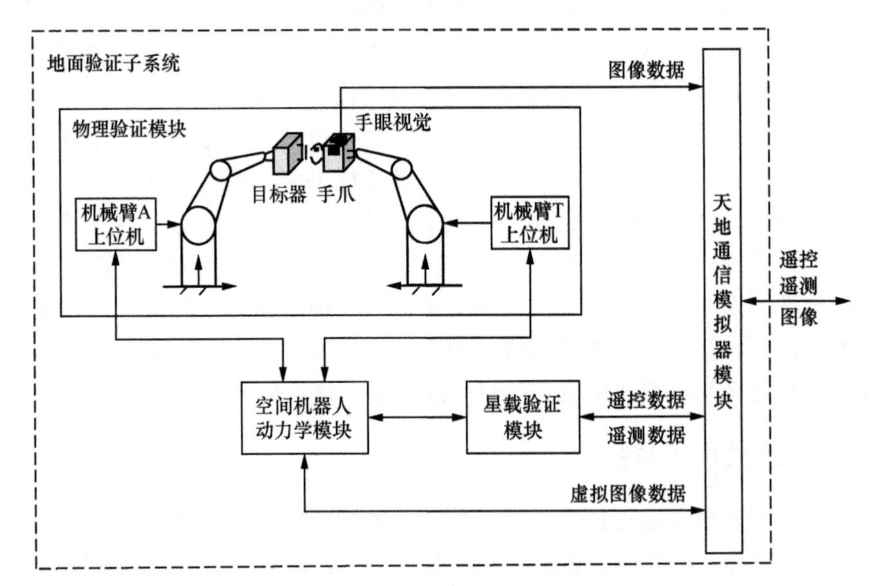


图 2-7　地面验证子系统组成

天地通信模拟器模块提供天地通信时延和带宽的模拟，以模拟真实的通信链路。星载验证模块用于对载荷计算机（空间机器人中央控制器）的运算能力

进行实际验证，以保证上传的运动指令使在轨的空间机器人能按规划的时序进行运动。空间机器人动力学模块根据星载验证模块输出的关节力矩生成空间机器人的状态信息，并生成手眼相机和全局相机的虚拟图像。物理验证模块根据运动学等效原理，在地面采用工业机器人来对空间机器人的末端运动进行物理验证。工业机器人末端安装了与星上相同的相机和手爪，以验证目标测量算法和物理的抓捕过程。

## 2.3　空间机器人遥操作控制模式设计

空间机器人遥操作系统根据时延问题的解决方式与机器人自主能力的高低设计了主从模式、双边模式、共享模式、遥编程模式和自主模式共五种基本遥操作模式，操作员可根据要完成的任务来选择相应的遥操作模式。其中，主从模式是早期遥操作系统采用的一种低级的遥操作方式，主手（手控器）完全控制从手（空间机器人）的运动，采用“运动-等待”的方式来解决大时延问题；双边模式是在主从模式的基础上增加了力反馈，通过控制算法来解决大时延问题。其监督控制所涉及的操作模式比较多，根据指令输入形式的不同一般又分为共享和监督自主两种。在共享模式中，指令在空间机器人运动的同时发送，空间机器人本地控制回路将收到的控制指令与本地控制指令进行融合。监督自主模式的特点是对控制指令反复地保存、仿真、修改后发送给从端机器人执行；遥编程模式是监督自主模式的一种形式；自主模式是监督自主模式的最终发展目标，所有空间机器人指令都由计算机生成，不需要操作员干预。这需要高度自主的空间机器人技术，包括自主规划、自主感知、自主决策、自主执行等，这也是空间机器人遥操作系统未来的重要发展方向。

### 1. 主从模式

在主从模式下，操作员直接操纵手控器，将手控器的位置或速度形成空间机器人运动指令，从手跟随该指令运动，所有的空间机器人运动指令都由操作员连续发送，这其中没有计算机产生的指令。这种遥操作模式一般也称为遥操纵模式。这种模式的指令发送一般采用手控器，遥操作质量由操作员决定，因此要求操作员有较高的操作技术，同时在操作过程中精神高度集中，操作员工作时劳动强度大，易疲劳，因而难以完成高精度操作。

主从模式下工作的遥操作系统的执行过程是操作员根据预测图形和遥测

视频图像利用手控器实时生成空间机器人控制指令，并按一定的时间间隔（250 ms）实时上传给空间机械手执行，从而实现主手对从手的随动控制，控制指令为空间机器人末端位置或者关节角。指令由主从/双边控制子系统生成，同时发送到地面验证子系统和预测仿真子系统进行验证，验证后的指令经信息处理子系统检查后再发送至遥操作支持平台。主从模式工作过程如图 2-8 所示。

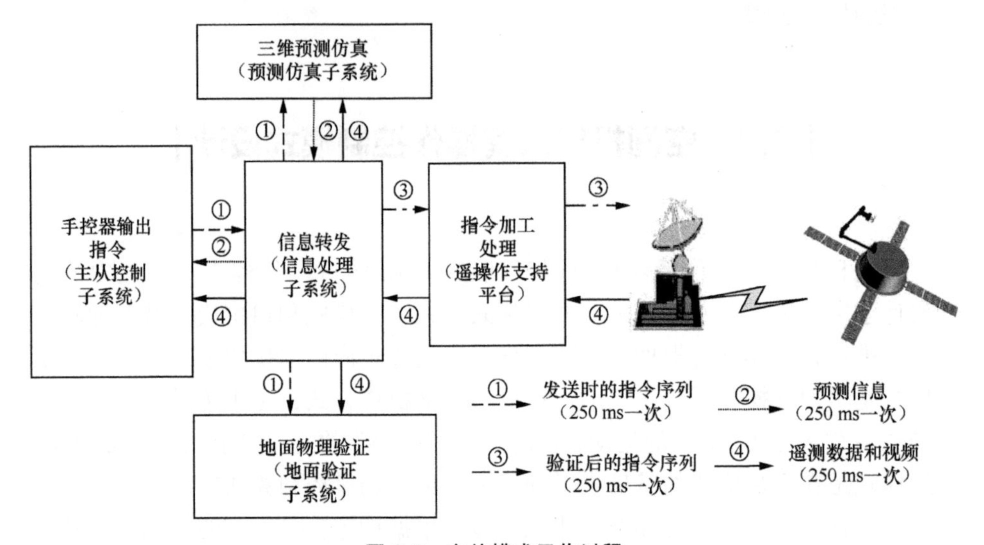


图 2-8　主从模式工作过程

## 2. 双边模式

双边模式和主从模式的不同在于双边模式中存在力反馈，增加了双边控制方法。双边模式中主端和从端都在一个控制回路中，两者之间直接相互作用，并通过设计控制算法克服通信时延的影响。对主手来说，它一方面把从端反馈回的力信息作用于操作员，使其产生临场感；另一方面，它在操作员的控制下运动，向从端发送运动指令，控制从手运动。对于从手来说，它在根据主手的指令运动的同时将自己与环境的作用力反馈回主端，反作用于操作员，使其产生临场感。由于不需要对从手的运动进行预测，双边控制方法能应用于非结构化且未知的从端环境。在双边控制中，反馈回主端的从手与环境的作用力使得主端操作员能感知从端环境，操作员根据感受到的从端环境决定下一步动作，从而把操作员的智能投射到远端，使得系统能够完成一些复杂的任务。

### 3. 共享模式

共享模式是让操作员和空间机器人在操作过程中责任共享，既允许操作员进行直接操作来发挥其判断决策能力，又保证空间机器人具有一定的自主性。在共享控制中，所有发送的遥操作指令都不是空间机器人运动的先验信息，遥操作的安全性依赖于操作员指令输入的安全性，或者通过实时的指令自动检查修改来保证。例如，在执行目标抓捕任务时，可以利用空间机器人的自主能力来控制其末端的姿态使手眼相机一直对准目标，而由操作员来控制空间机器人末端的位置。或者在执行一些接触型的任务时，由操作员控制空间机器人末端位姿而由机器人自主控制接触力的大小。

### 4. 遥编程模式

遥编程模式可以看成是一种涵盖最为广泛的控制模式，其基本思想在于：要求从端机器人拥有一定的自主控制能力，遥操作人员所发出的指令是一种“高级”的机器人运动指令，从端机器人接收此指令后，依靠自己的局部闭环控制器来自行执行它。由于其执行过程都在本地闭环进行，这样就可以避免传输延迟所引起的大时延对控制稳定性的影响。在遥编程模式下，由任务规划子系统生成的遥操作指令经信息处理子系统处理后被分别发送到预测仿真子系统和地面验证子系统，遥操作指令正确执行后等待发送到在轨机器人。遥操作指令验证在测控弧段前完成，为任务开展提供保证。其工作过程如图 2-9 所示。

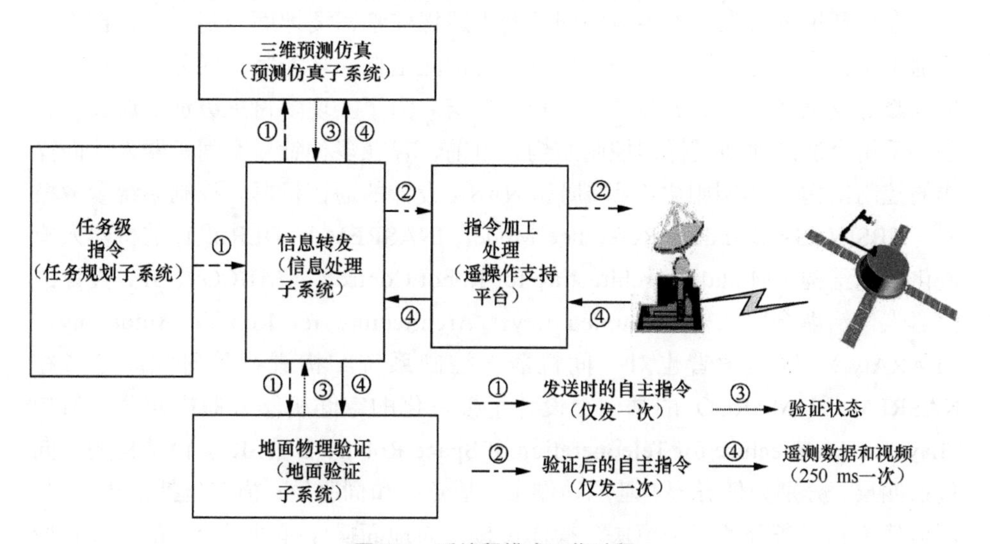


图 2-9 遥编程模式工作过程

### 5. 自主模式

操作员向从端的空间机器人发送一条任务级指令，空间机器人接收到指令后自主地规划、执行。这种操作模式是建立在空间机器人自主水平相当高的基础上的。目前，空间机器人还只能够执行一些比较简单的任务。

## 2.4 空间机器人遥操作控制体系结构设计

空间机器人遥操作要求上行控制具有强实时性，与传统程控和“等判”遥控方式不同，操作员需要根据现场信息和预测信息，实时、灵活地生成相应的决策信息，实现“随机应变”的实时遥操作。同时，为确保操作员能够及时、准确地对空间机器人实施遥操作，必须对天地大回路时延进行消解，克服天地大回路时延造成的控制滞后、闭环反馈控制系统鲁棒性差等影响，并对在轨现场进行再现，使地面操作“身临其境”。因此，需要将天地系统作为一个整体进行设计，以确保天地操控模型的等效性、控制回路的协调性和回路时延的有效性，并通过预测来消解天地大回路时延，通过综合处理下传信息和多种空间信息、利用虚拟现实技术重建在轨现场，为操作员提供“临场感”并采用“预判”方式实施空间机器人遥操作。

在可预见的将来，大多数空间机器人遥操作都需要地面控制，但是自主的级别不尽相同。对于简单的操作任务，可由星上自主功能完成任务，但对于卫星维修等复杂任务，则需要操作员较多参与。为了实现多自主级别的遥操作，必须采用合适的地面遥操作控制结构。目前，存在多种针对空间机器人地面操作的控制结构，如美国国家标准局和 NASA 设计的遥控机器人控制系统参考模型（NBS/NASA Standard Reference Model，NASREM）、DLR 设计的机器人模块化控制结构（Modular Architecture for Robot Control，MARCO）、JPL 设计的机器人自治耦合层架构（Coupled Layer Architecture for Robotic Autonomy，CLARAty）。国内学者也对空间机器人控制系统结构进行了研究。笔者在 NASREM 和 MARCO 的基础上设计了模块化的空间机器人遥操作分层结构（Layered Architecture for Teleoperation of Space Robot，LATSR）。该结构的纵向包括四层，分别为任务层、基本动作层、基元层和伺服层；横向包括信息处理、环境建模和任务分解三个模块。操作员接口为地面操作提供了介入的接口，所有的模块共享一个全局数据库和操作员接口模块，如图 2-10 所示。

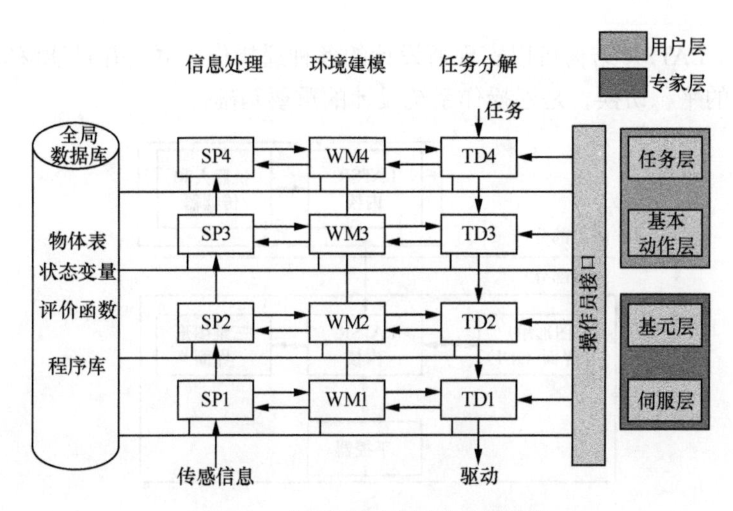


图 2-10　空间机器人遥操作分层结构

任务层将任务指令分解为空间机器人的基本运动序列，如 ORU 的更换任务可分解为空间机器人运动到捕获准备位置、空间机械手末端接近目标星、打开手爪、闭合手爪、空间机器人运动到目标位置等基本运动序列。基本动作层将基本运动分解为一串中间位姿数据，将面向任务的描述转变为面向空间机器人的描述，以“机械臂运动到捕获准备位置”为例，该基本运动分解为末端在笛卡儿空间的位姿序列。基元层主要进行动力学计算，生成平滑运动轨迹，执行动力学意义上较大的运动，对上面已分解的笛卡儿空间运动，经过该层的处理后转化为关节空间的运动。伺服层执行动力学意义上较小的运动，包括伺服关节位置、速度、力的控制。

LATSR 为每层都提供了操作员接口，并为地面操作员提供了强大的交互能力。各层接收的任务指令可以来自上层或者操作员，或者是二者的结合，可以实现自主级别的遥操作。遥操作系统需要地面系统和星上系统协同设计，包含相同的 LATSR 内核，遥操作接口结构如图 2-11 所示。地面部分包括图形用户界面（GUI）、LATSR 内核、三维图形界面和手控器。星上部分包括 LATSR 内核、机器人和传感器。

对于主从模式和双边模式，操作员利用手控器直接生成指令数据，然后发送到星上的基元层执行。对于共享模式，操作员利用手控器发送机器人末端位置数据到基元层，同时与星上自主生成的运动数据进行融合，然后共同完成对机器人的控制。在遥编程模式中，操作员通过图形用户界面生成字符型的指令发送到到星上的任务层或者基本动作层，由星上自主完成任务。完全自主模式是空间机器人遥操作发展的最终状态，由星上任务层接收到任务指令，然后自执行任务。LATSR 结构可以实现所设计的各种遥操作模式，并且能够完成各种模式之间的平稳切换，是遥操作系统设计的重要基础。

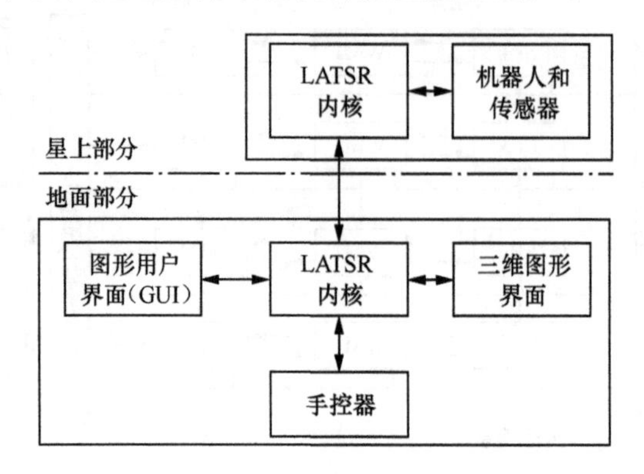


图 2-11 遥操作接口结构

# 2.5 本章小结

本章从我国目前空间机器人遥操作的实际需求和工程实施角度出发，提出了适合我国当前技术发展的遥操作系统设计方案，该系统包括任务规划、主从/双边控制、预测仿真、信息处理和地面验证五个子系统，具备主从、双边、共享、遥编程和自主等多种遥操作模式。该系统采用的空间机器人遥操作分层结构能够将各种遥操作模式有机结合起来，通过操作员接口为地面操作员提供强大的交互能力。该方案考虑了我国目前的测控能力，在此限制条件下有效地克服了时间延迟的影响并且保证了空间机器人遥操作的安全性。

# 参考文献

[1] YOON W K, GOSHOZONO T, KAWABE H, et al. Model-based space robot teleoperation of ETS-Ⅶmanipulator[J]. IEEE Transactions on Robotics and Automation. 2004, 20(3): 602-612.

[2] IMAIDA T, YOKOKOHJI Y, DOI T, et al. Ground-space bilateral teleoperation of ETS-

Ⅶ robot arm by direct bilateral coupling under 7-s time delay condition[J]. IEEE Transactions on Robotics and Automation. 2004, 20(3):499-511.

[3] ODA M. Experiences and lessons learned from the ETS-Ⅶ robot satellite[C]//IEEE International Conference on Robotics and Automation. Piscataway, USA: IEEE, 2000: 914-919.

[4] SHOEMAKER J, WRIGHT M. Orbital Express Space Operations Architecture program[C]// Spacecraft Platforms and Infrastructure. Bellingham, WA: SPIE, 2003,5419:57-65.

[5] FRIEND R B. Orbital Express program summary and mission overview[C]//Sensors and Systems for Space Applications Ⅱ. Bellingham, WA: SPIE, 2008, 6958:1-11.

[6] HIRZINGER G, BRUNNER B, DIETRICH J, et al. Sensor-based space robotics-ROTEX and its telerobotic features[J]. IEEE Transactions on Robotics and Automation. 1993, 9(5): 649-663.

[7] HIRZINGER G, LANDZETTEL K, FAGERER C. Telerobotics with large time delays-the ROTEX experience[C]//IEEE/RSJ/GI International Conference on Intelligent Robots and Systems. Piscataway, USA: IEEE, 1994: 571-578.

[8] PREUSCHE C, REINTSEMA D, LANDZETTEL K, et al. Robotics component verification on ISS ROKVISS-preliminary results for telepresence[C]//IEEE/RSJ International Conference on Intelligent Robots and Systems. Piscataway, USA: IEEE, 2006: 4595-4601.

[9] ALBU-SCHAFFER A, BERTLEFF W, REBELE B, et al. ROKVISS-robotics component verification on iss current experimental results on parameter identification [C]//IEEE International Conference on Robotics and Automation. Piscataway, USA: IEEE, 2006: 3879-3885.

[10] 李成，梁斌. 空间机器人的遥操作[J]. 宇航学报. 2001, 22(1):95-98.

[11] 张斌，黄攀峰，刘正雄，等. 基于虚拟夹具的交互式空间机器人遥操作实验[J]. 宇航学报. 2011, 32(2): 446-450.

[12] 王永，谢圆，周建亮. 空间机器人大时延遥操作技术研究综述[J]. 宇航学报. 2010, 31(2): 299-306.

[13] WANG X Q, XU W F, LIANG B, et al. General scheme of teleoperation for space robot[C]//IEEE/ASME International Conference on Advanced Intelligent Mechatronics. Piscataway, USA: IEEE, 2008: 341-346.

[14] NIEMEYER G, SLOTINE J E. Telemanipulation with time delays[J]. The International Journal of Robotics Research. 2004, 23(9): 873-890.

[15] FERREL W R. Remote manipulation with transmission delay[J]. IEEE Transaction on Human Factors in Electronics. 1965, 6(1):24-32.

[16] PENIN L F, MATSUMOTO K. Teleoperation with time delay: a survey and its use in space robotics[J]. Technical Report of National Aerospace Laboratory, 2002:1-8.

[17] STEIN M R. Behavior-based control for time-delayed teleoperation[D]. Philadelphia: University of Pennsylvania, 1994.

[18] 陈俊杰. 空间机器人遥操作克服时延影响的研究进展[J]. 测控技术. 2007, 26(2): 1-4,7.

[19] PENIN L F, MATSUMOTO K, WAKABAYASHI S. Force reflection for time-delayed teleoperation of space robots[C]//IEEE International Conference on Robotics and Automation. Piscataway, USA: IEEE, 2000,4: 3120-3125.

[20] ANDERSON R J, SPONG M W. Bilateral control of teleoperators with time delay[J]. IEEE Transactions on Automatic Control. 1989, 34(5): 494-501.

[21] LEUNG G M H, FRANCIS B A, APKARIAN J. Bilateral controller for teleoperators with time delay via $\mu$ -synthesis[J]. IEEE Transactions on Robotics and Automation. 1995, 11(1): 105-116.

[22] JONG H P, HYUN C C. Sliding-mode controller for bilateral teleoperation with varying time delay[C]//IEEE/ASME International Conference on Advanced Intelligent Mechatronics. Piscataway, USA: IEEE, 1999: 311-316.

[23] HOKAYEM P H, SPONG M W. Bilateral teleoperation: an historical survey[J]. Automatica. 2006, 42(12):2035-2057.

[24] CONWAY L, VOLZ R, WALKER M W. Teleautonomous systems: projecting and coordinating intelligent action at a distance[J]. IEEE Transaction on Robotics and Automation. 1990, 6(2): 146-158.

[25] KIM W S, BEJCZY A K. Demonstration of a high-fidelity predictive/preview display technique for telerobotic servicing in space[J]. IEEE Transactions on Robotics and Automation. 1993, 9(5): 698-702.

[26] KOTOKU T. A predictive display with force feedback and its application to remote manipulation system with transmission time delay[C]//IEEE/RSJ International Conference on Intelligent Robots and Systems. Piscataway, USA: IEEE, 1992: 239-246.

[27] SHERIDAN T B. Human supervisory control of robot systems[C]//IEEE International Conference on Robotics and Automation. Piscataway, USA: IEEE, 1986: 808-812.

[28] FUNDA J, PAUL R P. Teleprogramming: overcoming communication delays in remote manipulation[C]//IEEE Interational Conference on Systems, Man and Cybernetics. Piscataway, USA: IEEE, 1990: 873-875.

[29] FUNDA J, PAUL R P. Efficient control of a robotic system for time-delayed environments[C]//

IEEE Interational Conference on Advanced Robotics. 1991, 1: 219-224.
[30] 李炎，贺汉根. 应用遥编程的大时延遥操作技术[J]. 机器人. 2001, 23(5):391-396.
[31] SHERIDAN T B. Space teleoperation through time delay: review and prognosis[J]. IEEE Transactions on Robotics and Automation. 1993, 9(5): 592-606.

IEEE International Conference on Advanced Robotics. 1991, 1: 219-224.

[10] [illegible][J]. [illegible], 2001, 22(5): [illegible].

[11] SHERIDAN T B. Space teleoperation through time delay: review and prognosis[J]. IEEE Transactions on Robotics and Automation. 1993, 9(5): 592-606.

# 第3章 双边遥操作系统模型及性能分析

本章首先介绍了典型的双边遥操作系统的构成，然后为了便于进行双边控制器的设计，又对双边遥操作系统的动力学进行了建模，并对双边遥操作系统的动力学模型特点进行了分析，介绍了稳定性、透明性、跟踪性等双边遥操作系统设计过程中需要考虑的几个重要性能指标，最后通过理论分析描述了这些指标之间的关系。

# | 3.1 双边遥操作系统的构成与模型 |

一个典型的双边遥操作系统由五个部分组成，分别是操作员、主端机器人（一般称为手控器、主手）、通信链路（通信环节）、从端机器人（一般称为从手）以及与从端机器人发生交互的环境或对象，如图 3-1 所示。

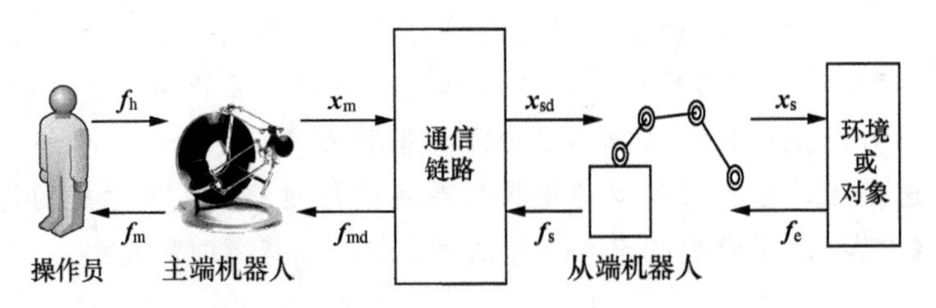


图 3-1 典型的双边遥操作系统的组成

## 3.1.1 主、从端机器人系统模型

主手与从手构成了双边遥操作系统的主体。一般而言，从手的结构由任务决定，而主手的形态则可以多种多样[1]。从机构构型上划分，主手有并联杆结构（如 Force Dimension 公司的 Delta、Omega 等系列），串联结构（如 PHANTOM 系列）

和并串联混合结构[2]，还有与人的肢体相配合的外骨骼式结构或手套等。相对而言，串联主手结构简单，操作空间较大；而并联主手结构一般刚度更高，惯量更小。

从运动学层面进行划分，主、从端机器人可以分为同构的和异构的。异构遥操作系统根据主、从端机器人自由度的关系，又可以分为非冗余的与冗余的。令主手与从手的速度雅可比矩阵分别为 $\boldsymbol{J}_\text{m}$ 与 $\boldsymbol{J}_\text{s}$，自由度分别为 $m$ 与 $n$，则可以用表 3-1 所示组合情况对遥操作系统进行划分。

**表 3-1　主、从端机器人构型组合**

| 类型 | 描述 | 说明 |
| --- | --- | --- |
| 同构 | $\boldsymbol{J}_\text{m} = \alpha \boldsymbol{J}_\text{s}$ | $\alpha$ 为常数 |
| 异构非冗余 | $\boldsymbol{J}_\text{m} \neq \alpha \boldsymbol{J}_\text{s}, m = n$ | |
| 异构主手冗余 | $\boldsymbol{J}_\text{m} \neq \alpha \boldsymbol{J}_\text{s}, m > n$ | |
| 异构从手冗余 | $\boldsymbol{J}_\text{m} \neq \alpha \boldsymbol{J}_\text{s}, m < n$ | |

在进行双边控制时，若主、从端机器人同构，则可以在关节空间对双端机器人进行同步。否则，若主、从端机器人异构，那么关节空间的同步没有意义，必须在任务空间即笛卡儿空间进行双边遥操作控制。

对主、从端机器人进行动力学建模时，一般采用欧拉-拉格朗日方法。拉格朗日公式从虚功和能量的角度出发，建立机器人关节状态与外力的映射关系。令主手与从手在关节空间的描述分别为 $\boldsymbol{q}_\text{m}$ 与 $\boldsymbol{q}_\text{s}$，且 $\boldsymbol{q}_\text{m}, \boldsymbol{q}_\text{s} \in \mathbb{R}^n$；在关节空间的控制力/力矩分别为 $\boldsymbol{\tau}_\text{m}$ 与 $\boldsymbol{\tau}_\text{s}$，$\boldsymbol{\tau}_\text{m}, \boldsymbol{\tau}_\text{s} \in \mathbb{R}^n$。则主、从端机器人在关节空间的动力学模型可以写成：

$$\begin{cases} \boldsymbol{M}_\text{m}(\boldsymbol{q}_\text{m})\ddot{\boldsymbol{q}}_\text{m} + \boldsymbol{C}_\text{m}(\boldsymbol{q}_\text{m}, \dot{\boldsymbol{q}}_\text{m})\dot{\boldsymbol{q}}_\text{m} + \boldsymbol{D}_\text{m}(\boldsymbol{q}_\text{m}, \dot{\boldsymbol{q}}_\text{m}) + \boldsymbol{g}_\text{m}(\boldsymbol{q}_\text{m}) = \boldsymbol{\tau}_\text{m} + \boldsymbol{J}_\text{m}^\text{T}\boldsymbol{F}_\text{h} \\ \boldsymbol{M}_\text{s}(\boldsymbol{q}_\text{s})\ddot{\boldsymbol{q}}_\text{s} + \boldsymbol{C}_\text{s}(\boldsymbol{q}_\text{s}, \dot{\boldsymbol{q}}_\text{s})\dot{\boldsymbol{q}}_\text{s} + \boldsymbol{D}_\text{s}(\boldsymbol{q}_\text{s}, \dot{\boldsymbol{q}}_\text{s}) + \boldsymbol{g}_\text{s}(\boldsymbol{q}_\text{s}) = \boldsymbol{\tau}_\text{s} + \boldsymbol{J}_\text{s}^\text{T}\boldsymbol{F}_\text{e} \end{cases} \tag{3-1}$$

式中，$\boldsymbol{M}_i(\boldsymbol{q}_i) \in \mathbb{R}^{n\times n}$（$i = \text{m,s}$）表示主、从端机器人的质量矩阵，是正定的二次型；$\boldsymbol{C}_i(\boldsymbol{q}_i, \dot{\boldsymbol{q}}_i) \in \mathbb{R}^{n\times 1}$（$i = \text{m,s}$）表示主、从端机器人的离心力和哥氏力矢量；$\boldsymbol{g}_i(\boldsymbol{q}_i) \in \mathbb{R}^{n\times 1}$（$i = \text{m,s}$）表示主、从端机器人的重力项，对于空间机器人而言，由于处于失重环境中，因此可以认为 $\boldsymbol{g}_\text{s}(\boldsymbol{q}_\text{s}) = \boldsymbol{0}$。值得说明的是，即使重力项 $\boldsymbol{g}_i(\boldsymbol{q}_i)$（$i = \text{m,s}$）存在，由于其只与关节角有关，可以通过前馈控制进行补偿，因此在进行控制器设计时经常采取简化重力项的处理手段；$\boldsymbol{D}_i(\boldsymbol{q}_i, \dot{\boldsymbol{q}}_i)$（$i = \text{m,s}$）表示主、从端机器人关节电机摩擦等其他非线性扰动项；$\boldsymbol{F}_\text{h}$ 表示操作员施加在主手末端的操作力，通过力的雅可比矩阵 $\boldsymbol{J}_\text{m}^\text{T}$ 映射到关节空间；$\boldsymbol{F}_\text{e}$ 表示从手与环境

或对象接触时从手末端受到的外界接触力，当从手与环境没有接触时，$\boldsymbol{F}_{\mathrm{e}}=\mathbf{0}$。

关于欧拉-拉格朗日方程（3-1），有以下几条常用的基本性质[3-4]：

**性质 3-1** 机器人的质量矩阵 $\boldsymbol{M}_i(\boldsymbol{q}_i)$（$i=\mathrm{m,s}$）正定且有界：

$$0<\lambda_{\min}\{\boldsymbol{M}_i(\boldsymbol{q}_i)\}\boldsymbol{I}\leqslant\boldsymbol{M}_i(\boldsymbol{q}_i)\leqslant\lambda_{\max}\{\boldsymbol{M}_i(\boldsymbol{q}_i)\}\boldsymbol{I}<\infty \tag{3-2}$$

式中，$\lambda_{\min}\{\cdot\}$ 与 $\lambda_{\max}\{\cdot\}$ 分别表示矩阵 $\boldsymbol{M}_i(\boldsymbol{q}_i)$ 的最小特征值和最大特征值。

**性质 3-2** 对于转动关节机器人，$\forall\,\boldsymbol{x},\boldsymbol{y},\boldsymbol{z}\in\mathbb{R}^n$，$\exists\,k_M,k'_M>0$，其质量矩阵满足以下不等式。

$$\begin{cases}\|\boldsymbol{M}_i(\boldsymbol{x})\boldsymbol{z}-\boldsymbol{M}_i(\boldsymbol{y})\boldsymbol{z}\|\leqslant k_M\|\boldsymbol{x}-\boldsymbol{y}\|\|\boldsymbol{z}\|\\ \|\boldsymbol{M}_i(\boldsymbol{x})\boldsymbol{y}\|\leqslant k'_M\|\boldsymbol{y}\|\end{cases}\quad(i=\mathrm{m,s}) \tag{3-3}$$

式中，常数 $k_M$ 可以由以下不等式确定。

$$k_M\geqslant n^2\left(\max\left|\frac{\partial\boldsymbol{M}(\boldsymbol{q})}{\partial\boldsymbol{q}}\right|\right) \tag{3-4}$$

**性质 3-3** $\boldsymbol{C}_i(\boldsymbol{q}_i,\dot{\boldsymbol{q}}_i)$（$i=\mathrm{m,s}$）的交换律与结合律：对于任意 $\boldsymbol{q},\boldsymbol{x},\boldsymbol{y},\boldsymbol{z}\in\mathbb{R}^n$，$\alpha\in\mathbb{R}$，有

$$\begin{cases}\boldsymbol{C}_i(\boldsymbol{q},\boldsymbol{x})\boldsymbol{y}=\boldsymbol{C}_i(\boldsymbol{q},\boldsymbol{y})\boldsymbol{x}\\ \boldsymbol{C}_i(\boldsymbol{q},\boldsymbol{z}+\alpha\boldsymbol{x})\boldsymbol{y}=\boldsymbol{C}_i(\boldsymbol{q},\boldsymbol{z})\boldsymbol{y}+\alpha\boldsymbol{C}_i(\boldsymbol{q},\boldsymbol{x})\boldsymbol{y}\end{cases} \tag{3-5}$$

**性质 3-4** 对于转动关节机器人，$\forall\boldsymbol{q},\boldsymbol{x},\boldsymbol{y}\in\mathbb{R}^n$，$\exists k_C>0$，$\boldsymbol{C}_i(\boldsymbol{q}_i,\dot{\boldsymbol{q}}_i)$（$i=\mathrm{m,s}$）满足以下不等式。

$$\|\boldsymbol{C}_i(\boldsymbol{q},\boldsymbol{x})\boldsymbol{y}\|\leqslant k_C\|\boldsymbol{x}\|\|\boldsymbol{y}\| \tag{3-6}$$

**性质 3-5** $\boldsymbol{C}_i(\boldsymbol{q}_i,\dot{\boldsymbol{q}}_i)$（$i=\mathrm{m,s}$）与质量矩阵 $\boldsymbol{M}_i(\boldsymbol{q}_i)$（$i=\mathrm{m,s}$）满足

$$\boldsymbol{x}^{\mathrm{T}}\left[\frac{1}{2}\dot{\boldsymbol{M}}_i(\boldsymbol{q}_i)-\boldsymbol{C}_i(\boldsymbol{q}_i,\dot{\boldsymbol{q}}_i)\right]\boldsymbol{x}=0,\qquad\forall\boldsymbol{x}\in\mathbb{R}^n \tag{3-7}$$

即 $\dot{\boldsymbol{M}}_i(\boldsymbol{q}_i)-2\boldsymbol{C}_i(\boldsymbol{q}_i,\dot{\boldsymbol{q}}_i)$ 为斜对称矩阵，且满足 $\dot{\boldsymbol{M}}_i(\boldsymbol{q}_i)=\boldsymbol{C}_i(\boldsymbol{q}_i,\dot{\boldsymbol{q}}_i)+\boldsymbol{C}_i^{\mathrm{T}}(\boldsymbol{q}_i,\dot{\boldsymbol{q}}_i)$。

**性质 3-6** 在合适的参数定义下，系统动力学模型可以写为线性参数化的形式，即

$$\boldsymbol{M}_i(\boldsymbol{q}_i)\ddot{\boldsymbol{q}}_i+\boldsymbol{C}_i(\boldsymbol{q}_i,\dot{\boldsymbol{q}}_i)\dot{\boldsymbol{q}}_i+\boldsymbol{D}_i\dot{\boldsymbol{q}}_i+\boldsymbol{g}_i(\boldsymbol{q}_i)=\boldsymbol{\tau}_i=\boldsymbol{Y}_i(\boldsymbol{q}_i,\dot{\boldsymbol{q}}_i,\ddot{\boldsymbol{q}}_i)\boldsymbol{\theta}_i\quad(i=\mathrm{m,s}) \tag{3-8}$$

### 3.1.2 操作员与环境模型

由于分别与主、从手进行交互，操作员与环境成为遥操作系统回路的重要环节，故必须对其动力学输入/输出特性进行研究。

操作员作为一个复杂的生理系统，其输入/输出的研究涉及心理学、神经学、肌电控制等多个前沿学科领域，而且人的行为特性还往往取决于任务的类型。因此对其进行动力学建模非常困难。到目前为止，对操作员人机交互的输入/输出行为进行建模的典型思路包括传递函数法、等效阻抗法、无源性理论、最优控制模型、模糊控制模型等方法[5]。传递函数法、最优控制模型和模糊控制模型都不太适用于进行力反馈双边控制系统的分析。

等效阻抗法将操作员与主手的交互等效为质量-弹簧-阻尼结构，如图 3-2 所示。

在图 3-2 中，$M_h$ 、$B_h$ 和 $K_h$ 分别表示操作员手臂的等效惯量、阻尼与刚度。用 $X_d$ 表示操作员的目标状态（期望位置），那么操作员作用力 $F_h$ 可以表示为：

$$M_h\ddot{X}_m + B_h\dot{X}_m + K_h(X_m - X_d) = -F_h \tag{3-9}$$

值得说明的是，操作员的阻抗在任务执行过程中不是固定不变的，而是往往根据任务的需求和操作员的状态而发生较大的变化[5]。例如，当操作员的手臂肌肉处于紧张状态时，等效刚度和等效惯量会较大；而当操作员手臂肌肉放松时，等效刚度和等效惯量都比较小。至于手臂的等效阻尼，则主要根据操作员自身的意愿进行调节。基于等效阻抗的操作员交互模型结构简单，物理意义明确，适合用于力反馈双边控制系统的设计和分析。这也是目前大多数研究均采用这种模型的原因。若要更准确地描述操作员与主手的人机交互，则需要结合人的神经系统，将操作员作为一个控制回路整体进行考虑，并利用心理学、神经学等多方面的知识对操作员的决策、肌电控制等多个环节进行分析和建模。

相对而言，由于环境的组成比较单一，从端机器人与其接触时的动力性特性更为明确。对于平稳的机器人—环境接触过程，一般也采用线性的阻尼-弹簧模型进行描述，该描述方法称为 Kelvin-Voigt 线性模型，如图 3-3 所示。

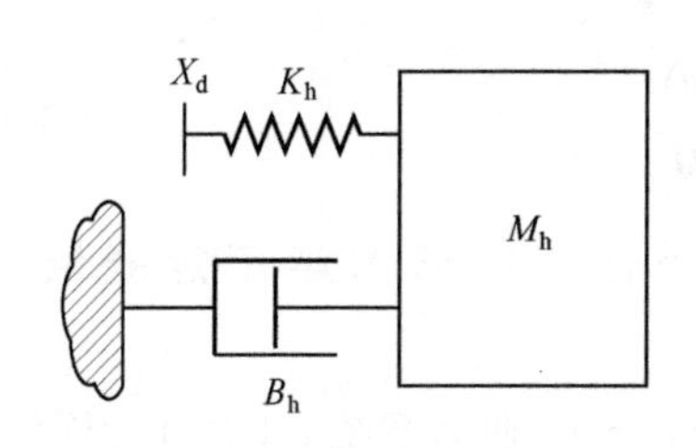


图 3-2　质量-弹簧-阻尼结构

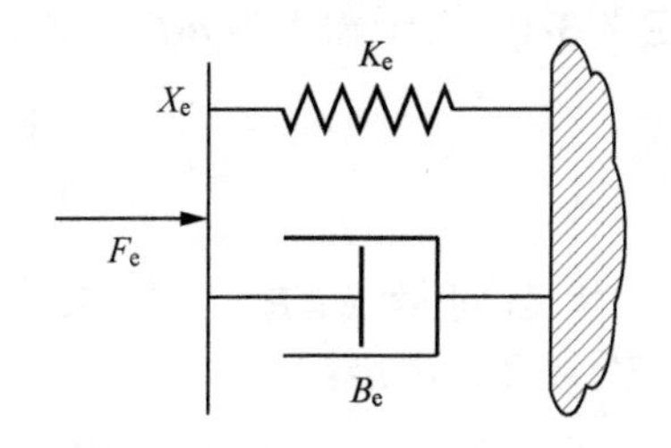


图 3-3　Kelvin-Voigt 线性模型

定义环境的弹性系数和阻尼分别为 $K_e$ 与 $B_e$ ，若环境的位置为 $X_e$ ，那么机器人受到的环境力为：

$$-F_{\mathrm{e}}=B_{\mathrm{e}}\dot{X}_{\mathrm{s}}+K_{\mathrm{e}}(X_{\mathrm{s}}-X_{\mathrm{e}}) \tag{3-10}$$

对于更复杂的环境或对象，其动力学特性可以用非线性的 Hunt-Crossley 模型进行描述[6]：

$$-F_{\mathrm{e}}=B_{\mathrm{e}}(X_{\mathrm{s}}-X_{\mathrm{e}})^{n}\dot{X}_{\mathrm{s}}+K_{\mathrm{e}}(X_{\mathrm{s}}-X_{\mathrm{e}})^{n} \tag{3-11}$$

高阶项的阻尼和刚度可以描述与环境接触深度不同时的非线性特点。然而由于该模型中的系数 $n$ 一般未知，故常用的估计方法也很难对这类非线性模型进行辨识。在轨服务任务中，空间机器人工作的环境或操作的对象一般是无黏滞的刚体，需要利用式（3-11）来体现其非线性特点的场合极少。因此通常情况下，可以用式（3-10）的模型对环境接触力进行表示，且 $B_{\mathrm{e}}$ 较小，$K_{\mathrm{e}}$ 较大。

在分析遥操作系统稳定性尤其是对时延的稳定性时，往往采用更抽象的方法对操作员和环境的特性进行描述。例如，操作员或环境的交互是否满足一般无源性条件等，本书在后面的章节中会采用这种方法。

## 3.2 双边遥操作系统稳定性分析

作为一个控制系统，稳定性是双边遥操作系统最基本的要求。由于通信环节中时延的存在，如何保证遥操作的稳定性一直是双边遥操作系统设计的重点和难点。本节结合无源性理论，从能量的角度分析时延下遥操作系统失稳的原因。

无源性的概念是在电网络理论里首先被提出来的，其定义如下[7]：

**定义 3-1**　对于输入为 $\boldsymbol{u}(t)\in\mathbb{R}^m$，输出为 $\boldsymbol{y}(t)\in\mathbb{R}^m$ 的系统

$$\begin{cases}\dot{\boldsymbol{x}}=\boldsymbol{f}(\boldsymbol{x},\boldsymbol{u})\\ \boldsymbol{y}=\boldsymbol{h}(\boldsymbol{x},\boldsymbol{u})\end{cases} \tag{3-12}$$

式中，状态向量 $\boldsymbol{x}\in\mathbb{R}^n$。如果存在一个连续可微的半正定能量函数 $V(\boldsymbol{x}):\mathbb{R}^n\rightarrow\mathbb{R}$，满足：

（1）$\dot{V}\leqslant\boldsymbol{u}^{\mathrm{T}}\boldsymbol{y}$（即 $V(t)-V(0)\leqslant\int_0^t\boldsymbol{u}^{\mathrm{T}}(\sigma)\boldsymbol{y}(\sigma)\mathrm{d}\sigma$），则称系统（3-12）为无源的；

（2）$\dot{V}=\boldsymbol{u}^{\mathrm{T}}\boldsymbol{y}$（即 $V(t)-V(0)=\int_0^t\boldsymbol{u}^{\mathrm{T}}(\sigma)\boldsymbol{y}(\sigma)\mathrm{d}\sigma$），则称系统（3-12）为无损的。

根据定义 3-1，可以得出系统无源的另一种定义：

**定义 3-2**　对于输入为 $\boldsymbol{u}(t)\in\mathbb{R}^m$，输出为 $\boldsymbol{y}(t)\in\mathbb{R}^m$ 的系统（3-12），如果存在常数 $\beta$，满足

$$\int_0^t \boldsymbol{u}^{\mathrm{T}}(\sigma)\boldsymbol{y}(\sigma)\mathrm{d}\sigma \geqslant \beta, \quad \forall t \geqslant 0 \tag{3-13}$$

那么称系统为无源的。

无源性的概念首先针对的是二端口网络，用 $f_1$、$f_2$ 和 $\dot{x}_1$、$\dot{x}_2$ 分别表示双端的力和速度，如图 3-4 所示。

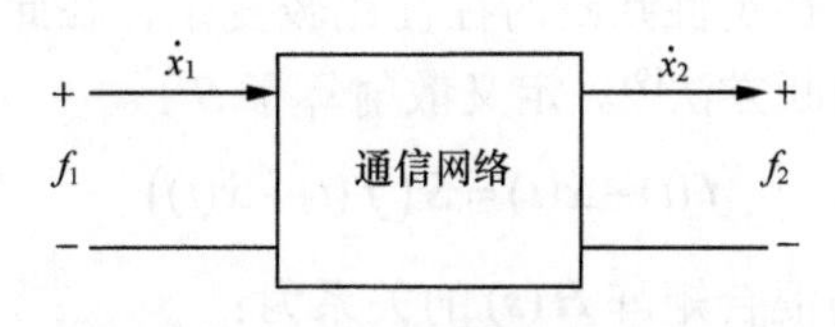


图 3-4　二端口网络

而双边遥操作系统可以方便地转换为二端口网络模型，如图 3-5 所示。

图 3-5　等效遥操作二端口网络

对于线性时不变（LTI）二端口网络，可以利用混合矩阵对遥操作系统的输入/输出进行描述：

$$\begin{bmatrix} F_{\mathrm{h}} \\ -\dot{X}_{\mathrm{s}} \end{bmatrix} = \boldsymbol{H} \begin{bmatrix} \dot{X}_{\mathrm{m}} \\ F_{\mathrm{e}} \end{bmatrix} = \begin{bmatrix} h_{11} & h_{12} \\ h_{21} & h_{22} \end{bmatrix} \begin{bmatrix} \dot{X}_{\mathrm{m}} \\ F_{\mathrm{e}} \end{bmatrix} \tag{3-14}$$

式中，$\boldsymbol{H}$ 即为混合矩阵。

无源系统有下面两个重要的性质：

（1）无源系统是绝对稳定的；

（2）由无源子系统所组成的（串联或并联）系统也是无源的。

由于无源系统的这两个特点，在分析时延对遥操作系统的影响时，可以单独对机器人和通信环节进行研究。如果时延环节能保证无源性，那么至少能证明通信时延没有破坏系统的稳定性。

对于二端口网络系统，Tavakoli 等人给出了其绝对稳定的判据[8]。

**判据 3-1**　遥操作系统（3-14）绝对稳定，当且仅当

（a）$h_{11}(s)$ 与 $h_{22}(s)$ 没有位于右半平面的极点；

（b）若 $h_{11}(s)$ 与 $h_{22}(s)$ 有极点位于虚轴，则该极点唯一且其留数为正实数；

（c）令 $s = \mathrm{j}\omega$，则对任意实数 $\omega$，应满足：

$$\begin{cases}\Re(h_{11})\geqslant 0\\ \Re(h_{22})\geqslant 0\\ 2\Re(h_{11})\Re(h_{22})-\Re(h_{12}h_{21})-\left|h_{12}h_{21}\right|\geqslant 0\end{cases} \tag{3-15}$$

式中，$\Re(\cdot)$表示取实部运算。

利用判据 3-1 进行稳定性判断时往往比较复杂，在此基础上提出的散射矩阵是一种更为便利的判断方法[9]。定义散射算子 $\boldsymbol{S}$：

$$\boldsymbol{f}(t)-\dot{\boldsymbol{x}}(t)=\boldsymbol{S}\left(\boldsymbol{f}(t)+\dot{\boldsymbol{x}}(t)\right) \tag{3-16}$$

则在频域中 $\boldsymbol{S}(s)$ 与混合矩阵 $\boldsymbol{H}(s)$ 的关系为：

$$\boldsymbol{S}(s)=\begin{pmatrix}1 & 0\\ 0 & -1\end{pmatrix}\left[\boldsymbol{H}(s)-\boldsymbol{I}\right]\left[\boldsymbol{H}(s)+\boldsymbol{I}\right]^{-1} \tag{3-17}$$

利用 $\boldsymbol{S}(s)$ 就可以对遥操作系统（3-14）的无源性进行判断：

**判据 3-2**　当且仅当$\left\|\boldsymbol{S}(\mathrm{j}\omega)\right\|_{\infty}\leqslant 1$时，系统（3-14）才是无源的。

根据判据 3-2，可以分析通信时延对系统无源性带来的影响。假设遥操作系统的通信环节中存在时长为 $T$ 的双向时延，即

$$\begin{cases}\dot{X}_{\mathrm{sd}}(t)=\dot{X}_{\mathrm{m}}(t-T)\\ F_{\mathrm{md}}=F_{\mathrm{s}}(t-T)\end{cases} \tag{3-18}$$

式中，$\dot{X}_{\mathrm{sd}}$ 表示从端机器人通过通信环节接收到的速度指令，$F_{\mathrm{md}}$ 表示主端接收到的从端力反馈信息。式（3-18）是一种常见的位置-力反馈双边遥操作形式，其混合矩阵为

$$\boldsymbol{H}(s)=\begin{pmatrix}0 & \mathrm{e}^{-sT}\\ -\mathrm{e}^{-sT} & 0\end{pmatrix} \tag{3-19}$$

利用式（3-17），可得出系统的散射矩阵

$$\boldsymbol{S}(s)=\begin{pmatrix}1 & 0\\ 0 & -1\end{pmatrix}\left[\boldsymbol{H}(s)-\boldsymbol{I}\right]\left[\boldsymbol{H}(s)+\boldsymbol{I}\right]^{-1}=\begin{bmatrix}-\tanh(sT) & \mathrm{sech}(sT)\\ \mathrm{sech}(sT) & \tanh(sT)\end{bmatrix} \tag{3-20}$$

不难得出：$\left\|\boldsymbol{S}\right\|=\sup_{\omega}\left(\left|\tan(\omega T)\right|+\left|\sec(\omega T)\right|\right)=\infty$，因此散射矩阵无界，表明时延的存在确实影响了系统的无源性，从而可能导致遥操作系统不稳定。

通过对通信环节进行控制可以使其在时延存在时也具有无源性。例如，对通信环节的输入/输出端口进行以下变换：

$$\begin{cases}F_{\mathrm{md}}(t)=F_{\mathrm{s}}(t-T)+Z_0\left[\dot{x}_{\mathrm{m}}(t)-\dot{X}_{\mathrm{sd}}(t-T)\right]\\ \dot{X}_{\mathrm{sd}}(t)=\dot{X}_{\mathrm{m}}(t-T)+Z_0^{-1}\left[F_{\mathrm{md}}(t-T)-F_{\mathrm{s}}(t)\right]\end{cases} \tag{3-21}$$

式中，$Z_0$ 是自定义的特征阻抗。按照式（3-21）所示的控制律可以计算出此时系统的散射矩阵

$$\boldsymbol{S}(s)=\begin{pmatrix}0 & \mathrm{e}^{-sT}\\ \mathrm{e}^{-sT} & 0\end{pmatrix} \tag{3-22}$$

即 $\|\boldsymbol{S}\|_\infty=1$，此时通信环节是无源（且无损）的。也就是说，通过对通信环节的输入/输出进行适当变换，使其具备了对时延的稳定性。

## 3.3　双边遥操作系统操作性分析

稳定性只是保证双边遥操作系统正常工作的一个基本前提。当进行实际工程任务时，为了提高工作效率，还要求遥操作系统具备良好的操作性。对于力反馈双边控制系统，操作性包括透明性和跟踪性两项指标。

一般认为，双边控制系统的透明性指操作员在主端所感受到的阻抗与机器人在从端所承受的阻抗的匹配程度。根据任务的不同，其具体定义会存在差异。在空间机器人遥操作中，由于机器人接触的主要是刚性对象，某些情况下可以直接利用反馈力与接触力的相似程度来表征遥操作的透明性。

跟踪性指的是主端的指令在从端的执行情况。借用 3.2 节的混合矩阵的概念可知，要使力反馈双边控制系统具备理想的操作性，则混合矩阵 $\boldsymbol{H}_{\text{理想}}$ 应当满足：

$$\boldsymbol{H}_{\text{理想}}(s)=\begin{bmatrix}0 & 1\\ -1 & 0\end{bmatrix} \tag{3-23}$$

此时，$F_\mathrm{h}=F_\mathrm{e}$，$\dot{X}_\mathrm{s}=\dot{X}_\mathrm{m}$，同时操作员感受到的阻抗等于从端机器人的阻抗，即 $Z_\mathrm{h}=F_\mathrm{h}/\dot{X}_\mathrm{m}=F_\mathrm{e}/\dot{X}_\mathrm{s}$。

已经有不少研究指出，系统的操作性（主要是透明性）和稳定性存在相互制约的关系[10-11]，在进行设计时很难两者兼顾，某种性能的提升往往是以牺牲另一种性能作为代价的。通过分析混合矩阵，理想的跟踪性要求 $h_{21}=-1$，$h_{22}=0$；而理想的透明性则要求 $h_{11}=0$，$h_{22}=0$，$h_{12}h_{21}=-1$。由此可知，只有当 $h_{12}=1$ 时，两个性能指标才有可能等价，考虑到时延存在时有 $h_{12}\neq 1$，故在实际设计时往往也需要权衡透明性与跟踪性这两个方面的关系[12]。

以 Ueda 等人提出的双边控制算法为例[13]，为了保证系统在力反馈下的稳定性，在控制器中加入了滤波环节，结合其控制律得到了遥操作系统混合矩阵

$$
\boldsymbol{H}=\begin{bmatrix} n^2(1-\mathrm{e}^{-2sT})/(1+\mathrm{e}^{-2sT}) & 2\mathrm{e}^{-sT}/(1+\mathrm{e}^{-2sT}) \\ -2\mathrm{e}^{-sT}/(1+\mathrm{e}^{-2sT}) & (1-\mathrm{e}^{-2sT})/\left[n^2(1+\mathrm{e}^{-2sT})\right] \end{bmatrix} \tag{3-24}
$$

式中，$n$ 表示缩放因子；$T$ 表示系统时延。根据前面的分析，为了提高跟踪性，需要 $h_{21}=-2\mathrm{e}^{-sT}/(1+\mathrm{e}^{-2sT})\to -1$，$h_{22}=(1-\mathrm{e}^{-2sT})/n^2(1+\mathrm{e}^{-2sT})\to 0$，由于 $h_{21}$ 中没有可以用于调节的参数，因此要求 $n$ 增大。从另一方面分析，$n$ 增大时将导致 $h_{11}=n^2(1-\mathrm{e}^{-2sT})/(1+\mathrm{e}^{-2sT})$ 也增大，与透明性要求的 $h_{11}\to 0$ 相矛盾。因此在这个方法里，透明性和跟踪性是存在冲突的。

另一种由 Imaida 等人所提出能保证时延下绝对稳定性的比例微分型双边控制器[14]，其混合矩阵

$$
\boldsymbol{H}=\begin{bmatrix} Z_{\mathrm{mc}}-\mathrm{e}^{-2sT}K_{\mathrm{m}}K_{\mathrm{s}}/\left(s^2Z_{\mathrm{sc}}\right) & \mathrm{e}^{-sT}K_{\mathrm{m}}/\left(sZ_{\mathrm{sc}}\right) \\ -\mathrm{e}^{-sT}K_{\mathrm{s}}/\left(sZ_{\mathrm{sc}}\right) & -1/Z_{\mathrm{sc}} \end{bmatrix} \tag{3-25}
$$

式中，$Z_{\mathrm{mc}}=m_{\mathrm{m}}+b_{\mathrm{m}}+D_{\mathrm{m}}+K_{\mathrm{m}}/s$；$Z_{\mathrm{sc}}=m_{\mathrm{s}}s+b_{\mathrm{s}}+D_{\mathrm{s}}+K_{\mathrm{s}}/s$；$m$ 和 $b$ 分别是质量和阻尼；$D$ 与 $K$ 分别是微分环节和比例环节的增益（PD 参数）；下标 m 与下标 s 分别代表主手和从手。

利用稳定性判据 3-1，可知系统稳定时，混合矩阵（3-25）应满足如下条件：

$$
(b_{\mathrm{m}}+D_{\mathrm{m}})(b_{\mathrm{s}}+D_{\mathrm{s}})\geqslant K_{\mathrm{m}}K_{\mathrm{s}}T^2 \tag{3-26}
$$

同样地，根据前面的分析，若要使系统具有良好的跟踪性，则有 $h_{21}=-1$，$h_{22}=0$，那么控制参数应满足

$$
\begin{cases} \left|h_{21}-(-1)\right|=\left|\dfrac{\mu\mathrm{e}^{-sT}}{\mu+K_{\mathrm{s}}}+(1-\mathrm{e}^{-Ts})\right|\to 0 \\ \left|h_{22}-0\right|=\left|\dfrac{-s}{\mu+K_{\mathrm{s}}}\right|\to 0 \end{cases} \tag{3-27}
$$

式中，$\mu=m_{\mathrm{s}}s^2+(b_{\mathrm{s}}+D_{\mathrm{s}})s$。

式（3-27）表明，为了提高跟踪性能，需要增大控制参数 $K_{\mathrm{s}}$，然而，根据稳定性判据（3-26）可知，增益 $K_{\mathrm{s}}$ 的增加会影响系统的稳定性。因此，在 $K_{\mathrm{s}}$ 增加的情况下，为了满足系统稳定的前提条件，需要对其他控制参数进行调节，此时有三种方案：

（a）$K_{\mathrm{s}}\uparrow\Rightarrow K_{\mathrm{m}}\downarrow$，$D_{\mathrm{m}},D_{\mathrm{s}}$ 不变；

（b）$K_{\mathrm{s}}\uparrow\Rightarrow D_{\mathrm{m}}\uparrow$，$K_{\mathrm{m}},D_{\mathrm{s}}$ 不变；

（c）$K_{\mathrm{s}}\uparrow\Rightarrow D_{\mathrm{s}}\uparrow$，$K_{\mathrm{m}},D_{\mathrm{m}}$ 不变。

考虑系统达到理想透明性的条件：

$$\begin{cases} h_{11} = m_{\mathrm{m}} + b_{\mathrm{m}} + D_{\mathrm{m}} + K_{\mathrm{m}}/s - \mathrm{e}^{-2sT} K_{\mathrm{m}} K_{\mathrm{s}} / \left(s^2 Z_{\mathrm{sc}}\right) \to 0 \\ h_{22} = -1/(m_{\mathrm{s}} s + b_{\mathrm{s}} + D_{\mathrm{s}} + K_{\mathrm{s}}/s) \to 0 \\ h_{12} h_{21} = -h_{21}^2 K_{\mathrm{m}} / K_{\mathrm{s}} \to -1 \end{cases} \tag{3-28}$$

由式（3-28）可知，在$|h_{12}h_{21}|<1$的情况下，以上三种方案都将导致$h_{12}h_{21}$远离 -1，从而降低系统的透明性。另外，若采用方案（b），那么$D_{\mathrm{m}}$增大将导致$h_{11}$增大，系统的透明性同样受到影响。因此在这种双边控制方法下，控制参数在很大范围内都无法做到系统稳定性、透明性和跟踪性的兼顾。

# 3.4　本章小结

本章首先对双边遥操作系统的结构及组成进行了介绍。一套完整的遥操作系统包括操作员、主手、通信环节、从手和环境（对象）五个部分。主手、从手和通信环节构成了主、从端机器人系统，是遥操作系统的主体。本章从动力学层面对主、从端机器人系统，操作员与主端机器人的交互，从端机器人与环境的交互进行了介绍和分析。

时延下双边遥操作系统的稳定性一直以来都是主要研究的问题，然而，随着遥操作任务要求的不断提高，操作性也越来越为人们所重视。本章详细介绍了操作性的两个重要性能指标：透明性和跟踪性，并分析了透明性、跟踪性和稳定性之间的关系。

# 参考文献

[1] 刘海波，席振鹏. 力反馈主手研究现状及其力控制方法研究[J]. 自动化技术与应用，2009, 28(3):1-5，11.

[2] 吴常铖，宋爱国. 一种七自由度力反馈手控器测控系统设计[J]. 测控技术，2013, 32(4): 70-73,77.

[3] SPONG M W, HUTCHINSON S, VIDYASAGAR M. Robot modeling and control[M]. New York, USA: John Wiley & Sons, 2006.

[4] PATEL R V, SHADPEY F. Control of Redundant Robot Manipulators[M]. Germany:

Springer-Verlag, 2005.

[5] 宋爱国，柯欣，潘礼正. 力觉临场感遥操作机器人(2)：操作者的输入输出特性建模[J]. 南京信息工程大学学报(自然科学版)，2013, 5(2): 97-105.

[6] 李会军. 空间遥操作机器人虚拟预测环境建模技术研究[D]. 南京: 东南大学, 2005.

[7] HOKAYEM P F, SPONG M W. Bilateral teleoperation: an historical survey[J]. Automatica, 2006, 42(12): 2035-2057.

[8] TAVAKOLI M, AZIMINEJAD A, PATEL R V, et al. High-fidelity bilateral teleoperation systems and the effect of multimodal haptics[J]. IEEE Transactions on Systems, Man, and Cybernetics, Part B: Cybernetics, 2007, 37(6): 1512-1528.

[9] 张永林，宋爱国. 时延遥操作系统控制的波变量法[J]. 信息与控制，2007, 36(5): 616-622,633.

[10] LAWRENCE D A. Stability and transparency in bilateral teleoperation[J]. IEEE Transactions on Robotics and Automation, 1993, 9(5): 624-637.

[11] HANNAFORD B. Stability and performance tradeoffs in bi-lateral telemanipulation [C]//IEEE International Conference on Robotics and Automation. Piscataway, USA: IEEE, 1989: 1764-1767.

[12] PYUNG H C, JONGHYUN K. Telepresence index for bilateral teleoperations[J]. IEEE Transactions on Systems, Man, and Cybernetics, Part B: Cybernetics, 2012, 42(1): 81-92.

[13] UEDA J, YOSHIKAWA T. Force-reflecting bilateral teleoperation with time delay by signal filtering[J]. IEEE Transactions on Robotics and Automation, 2004, 20(3): 613-619.

[14] IMAIDA T, YOKOKOHJI Y, ODA M, et al. Ground-space bilateral teleoperation of ETS-Ⅶrobot arm by direct bilateral coupling under 7-s time delay condition[J]. IEEE Transactions on Robotics and Automation, 2004, 20(3):499-511.

# 第4章 图形预测仿真及运动学参数辨识研究

空间机器人与地面操作员之间存在较大的时延，而双边控制一般在时延小于1 s时才有较好的操作性能，因此，需要依靠图形预测仿真技术在大时延条件下进行遥操作。图形预测仿真子系统除了逼真的仿真环境，同时还应具备模型修正的功能。

空间机器人是由卫星基座和空间机械手两部分组成的一类特殊的、复杂的机器人，因此，仿真环境的建立是图形预测仿真的一个技术难点。仿真环境的建立关键在于解决以下几个关键问题[1]：（1）将卫星运动仿真和空间机械手运动仿真集成到一起，以解决各部分独立仿真的缺陷，从而可进行包括从接近、捕获到在轨维修的空间机器人在轨任务全过程仿真；（2）系统采用三维建模软件建立的逼真几何模型可以避免三维模型的简化带来的操作员误操作；（3）采用层次有向包围盒方法进行空间机器人空间碰撞检测，既保证了检测精度，也满足了检测的实时性要求；（4）采用视频融合技术来辅助操作员，增加了操作员的视觉反馈，进而可提高其操作效能。

系统建模误差和累积误差会降低空间机器人图形预测的精度和效果，甚至造成误操作。因此，这需要修正模型以提高预测仿真的精度。

## 4.1 图形预测仿真流程

图形预测仿真是解决大时延下遥操作的主要方法。在图形预测仿真技术中，操作员直接控制仿真机器人，从而产生控制序列，使实际机器人在一定的时延后重复仿真机器人的操作。目前的空间机器人遥操作系统大都采用了这一方法[2]。预测控制的思想是通过在主端建立空间机器人和环境的虚拟模型，对从端进行视觉和力觉的预测，操作员对虚拟模型进行操作而不会受到时延的影响[3]。预测仿真方法分为两种：一种是根据系统当前状态和时间导数，通过泰勒级数进行外推，适用于时延较小的情况；另一种是建立系统运行的仿真模型，在模型中融合系统的当前状态、导数以及控制输入，然后让仿真系统以较实际过程快得多的速度或者实时速度运行。在大时延空间机器人遥操作情况下，可采用第二种方法来建立空间机器人的仿真模型并根据当前和历史输入、状态反馈数据进行预测仿真，如图 4-1 所示。空间环境和工作状态的不同会使模型参数发生变化，因此必须对模型进行修正以保证和真实情况接近，否则预测是没有实际意义的。图 4-1 中的 $t_1$ 为上行时延，$t_2$ 为下行时延。仿真过程中会产生累积误差，故当接收到空间机器人的信息后，需对仿真过程的状态进行校准，以消除仿真的累积误差。

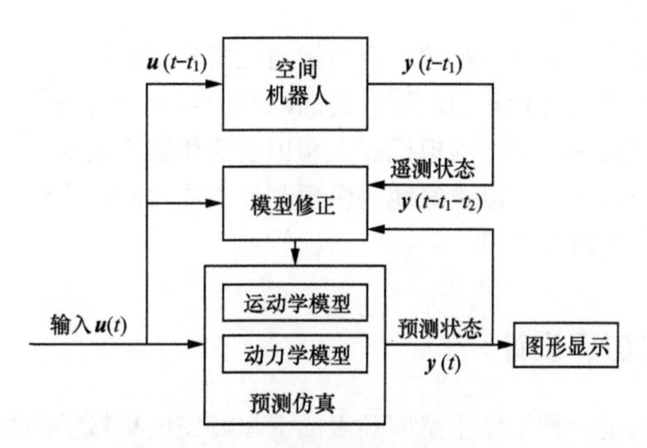


图 4-1　图形预测仿真原理

图形预测仿真的流程为：首先在本地计算机建立从端机器人及环境的仿真模型；然后操作员根据仿真模型的反应进行连续操作，而不必等从端传回状态信息和视频图像；同时将生成的遥操作指令经过安全检查和碰撞检测后连续发送给从端的机器人执行。由于操作员与仿真图形之间基本不存在时延，真实机器人在几秒的时延后跟随仿真图形的动作而动作，这样就消除了时间延迟的影响。

基于预测模型的遥操作首先根据真实对象建立预测模型，构成虚拟对象，并保证虚拟对象与真实对象一致，操作员可以向虚拟对象和真实对象同时发送遥操作指令，并通过预测模型实时输出状态响应信息，供操作员参考，而远端的真实对象则在一定的时延后重复仿真结果。该方法通过及时的仿真信息弥补了通信大时延造成的真实对象响应信息反馈不及时、不充分的缺陷，操作员仿佛在现场直接、连续、无时延地操作真实对象。准确的模型是保证遥操作有效克服大时延影响、高质量地完成任务的前提条件，但真实对象一般十分复杂，建模精度低，因此需要引入模型修正机制及时修正模型误差，以提高模型精度和系统的鲁棒性。

## 4.2　预测仿真环境的建立

本节根据第 2 章介绍的预测仿真子系统的方案，将卫星运动仿真和空间机械手运动仿真进行集成，建立了系统的三维模型，并采用基于层次有向包围盒的碰撞检测方法来保证检测的实时性。为了更有效地对比真实机器人与虚拟机器人的运动情况，系统在实现机器人三维虚拟仿真的基础上设计了两种融合方式：视频融合和虚拟融合。视频融合是指通过将真实机器人的运动视频信息与虚拟机器人的三维运动状态信息进行叠加以减少对环境的三维仿真建模；虚拟融合是指将用户控制的预测虚拟机器人和由真实机器人返回的状态值驱动的虚拟机器人进行叠加显示，以更好地提供预测状态和实际状态信息的对比。本节只介绍视频融合的相关知识。

### 4.2.1 集成仿真设计

空间机器人是一种工作于空间环境的卫星和空间机械手的结合体，宏观运动是指卫星轨道运动，微观运动是指卫星本体的姿态运动、卫星本体相对于轨道坐标系的平移运动以及空间机械手的关节运动。以往的空间机器人图形仿真系统分为独立的卫星运动仿真和空间机械手运动仿真，没有集成的环境来进行统一仿真[4]。卫星运动仿真一般采用 AGI 公司的卫星工具包（Satellite Tool Kit，STK）来分析复杂的航天任务。STK 出色的图形显示能力，使分析工作更为简单。它的 STK/VO 模块是一个动态的三维视觉环境，通过显示栩栩如生的太空环境、空中和地面资源、遥感器、卫星轨道、各种不同的视点和辅助分析工具（各种矢量指向），可直观理解复杂的飞行任务和轨道特性。目前，国内外对机器人图形仿真进行了大量的研究，既有商业软件，又有基于底层图形库开发的专用仿真系统。

基于 Java 3D 和 STK/X 图形库开发的专门应用于空间机器人的图形仿真系统（见图 4-2）可以对空间机器人发射、入轨和在轨操作进行全过程仿真。通过 STK/Connect 模块还可实现对 STK 核心功能的调用和交互。

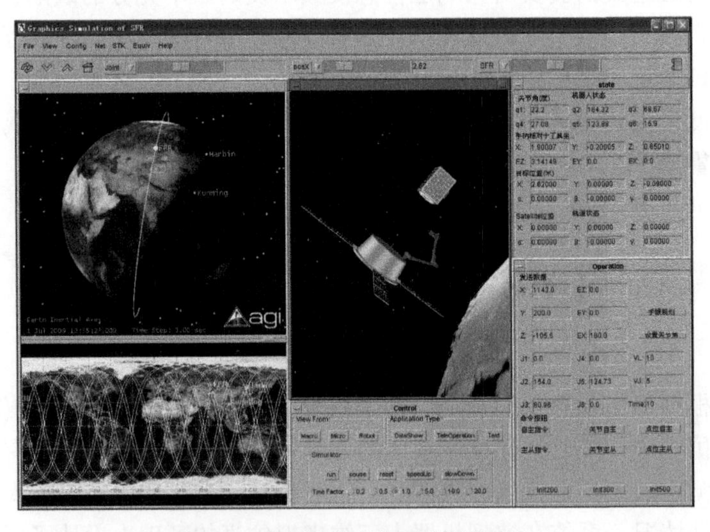

图 4-2　空间机器人的图形仿真系统

整个图形仿真系统由 Java 语言实现，可以保证系统的跨平台性。系统采用了模型-视图-控制（Model-View-Controller，MVC）模式， MVC 应用程序由模型层、视图层和控制层三个部分组成。模型层维护数据并提供数据访问方法，视图层绘制模型的部分数据或所有数据的可视图，控制层用来处理事件。视图层和模型层进行了有效的分离，可以保证用户界面自由配置。完全将程序进行分离是非常困难的，也没有必要。本书介绍的系统应用的是简化版本的模型-视图（Model-View，MV）模式，控制层被包含在视图层中。模型层管理应用程序的数据是由各种对象组成的。通过用户界面的输入、网络数据驱动和定时器驱动三种方式可改变模型数据状态，当模型数据状态改变后，它将通知视图层。视图层表现模型层的数据，包括三维图形显示和状态数据的显示，它响应用户输入，指示模型层相应地更新其数据。在得到模型数据改变的通知后，视图层获得新的模型状态并更新数据。三维图形显示由 Java 3D 实现，而状态数据显示的更改则需要设计来实现。

## 4.2.2　三维建模

预测仿真子系统需要逼真的仿真图形，所以要求建立的几何模型要精确。本系统中空间机器人模型由 Java 3D 和 Pro/E 共同建模。对于空间环境的建模则在 Java 3D 中完成，包括地球、轨道、太阳和星星。通过对一个高精度圆球，进行贴图来建立地球的几何模型。轨道是通过轨道六根数来确定轨道的位置和形状，然后通过 LineArray 类来实现的[5]。因为太阳到地球或者空间机器人的距离近似无穷远，故没有必要完全按照太阳的实际参数进行创建，可以按照比例关系创建一个红色的球体，同时添加一个平行光源。太空中的星星是通过提取星表中的数据建立的，首先需要建立和地心惯性坐标系对应的太空赤道坐标系，将星表中的数据提取为赤径和赤纬数据，利用 PointArray 类进行绘制。根据需要的星星数量可以选取不同的星表，以满足不同的需要。通过上面的步骤就建立了空间机器人几何模型和太空环境的模型，为预测仿真提供了基础。

为了进行正确的仿真，需要建立各个模型之间正确的坐标关系。首先建立地心惯性坐标系$\Sigma_o$和空间机器人轨道坐标系$\Sigma_c$。地心惯性坐标系中 $O_oY_o$ 在赤道面内，$O_oX_o$ 指向春分点；$O_oZ_o$ 轴垂直于赤道面，与地球的自转角速度矢量一致；$O_oY_o$ 轴与 $O_oX_o$ 轴和 $O_oZ_o$ 轴垂直，且 $O_oX_oY_oZ_o$ 构成直角坐标系。空间机器人轨道坐标系的坐标原点在空间机器人的瞬时质心，$O_cZ_c$ 轴指向地心，$O_cY_c$ 轴垂直于轨道面，与航天器的动量矩方向相反，$O_cX_c$ 轴在轨道平面内由右手法则确定，与飞行方向相同。由于空间机械手运动过程会造成系统的质心发生变化，故还需要建立一个空间机器人本体坐标系，与本体固连。微型目标器包括三种飞行状态：一是自由飞行状态，固连于微型目标器轨道坐标系；二是发射状态，与微型目标器本体坐标系固连；三是捕获状态，与空间机器人末端工具坐标系固连。其他坐标系的关系如图 4-3 所示。

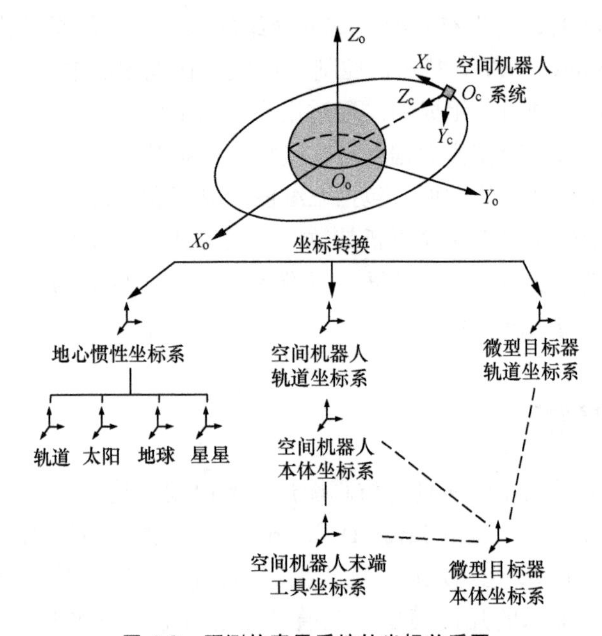


图 4-3　预测仿真子系统的坐标关系图

一般来说，应选择地心惯性坐标系与 Java 3D 的坐标系重合，但是机器人在地心惯性坐标系内的坐标为 $10^9$ m 级，而空间机械手操作为毫米级，这样会造成在 Java 3D 中图形显示的失真。预测仿真子系统采用了坐标转换的方法，将空间机器人轨道坐标系与 Java 3D 的坐标系重合，其他坐标系以此坐标系作为基准。地球、轨道、太阳和星星的坐标系都建立在地心惯性坐标系中，空间机器人本体坐标系和微型目标器本体坐标系建立在空间机器人轨道坐标系中，这个方法可以减小计算机运算误差，大大提高了仿真的精确度。地球的姿态通过星历计算得到春分点处的经度，按照仿真周期实时更新。太阳相对于地心惯性坐标系的位置矢量也由星历计算得到，同时将方向光源与太阳固连并设置相同的方向，就可进行有关太阳的仿真。

STK 中的卫星模型采用两种方式建立：简单的模型部分可直接进行文本编辑，复杂模型则采用外部模型导入方式。首先在三维建模软件中建立卫星的三维模型，然后将其转换为 STK 可视化模块的三维模型文件，通过仿真程序读取

模型文件，卫星模型可以在 STK 的三维窗口中快速显示。LightWave 是一款功能十分强大，操作比较方便的三维建模软件，AGI 公司只支持 LightWave 的图形格式。利用 LightWave 制作卫星模型的过程如下：把卫星模型的卫星主体和与卫星主体固连的活动部件均视为理想刚体，从而可以在三维建模软件中对卫星的主体和各个活动部件（如太阳能帆板、天线阵面）在不同的任务窗口分别建立独立的三维模型，并且给每个活动部件定义活动关节，以便通过外部程序对这些活动部件进行实时驱动。然后，在三维建模软件中新建一个任务窗口，按照用户的任务要求，定义卫星的本体坐标系，把该卫星的星体和各个活动部件在卫星的本体坐标系中，严格按照尺寸要求构建起来。为了减少三维物体表面的粗糙视觉，增加物体的表面细节，在构建卫星模型过程中会为卫星主体和各个活动部件选择合适的材质属性和纹理贴图，并进行光照渲染处理，使其对光照敏感，从而达到逼真的效果。卫星的三维模型构建完成后，保存为 LWO 格式文件，并利用 STK 的模型转换工具 LwConvert.exe 把 LWO 格式文件转换为可在 STK 三维窗口中快速显示的 MDL 格式文件。

### 4.2.3　视频融合

视频融合将从端反馈回的图像信息在主端与虚拟模型的图形在同一窗口中叠加显示。在视频融合时，操作员在预测图形的辅助下不受时延的影响，能够在同一窗口中同时观测到虚拟机器人和真实机器人的执行情况，这增加了操作员的操作可信度和对操作结果的心理认同感，这可以减轻操作员的心理负担和疲劳，提高遥操作的效率。同时，操作员可以方便地对虚拟机器人和真实机器人的运动情况进行对比分析，在必要的时候对仿真模型进行及时修正，或对从端机器人发出修正的指令，以消除系统的建模误差和运动积累误差，最终提高遥操作的精度。此外，由于虚拟机器人和真实机器人的运动情况可以在同一窗口中对比显示，这样可以促使操作员有效地集中注意力，便于操作员及时发现问题，增强了系统处理突发事件的能力。

一般视频融合由四部分组成：视频信息的采集、相机的标定、视频图像与仿真图形的叠加显示及模型的修正。相机的标定是指如何确定相机内部几何和光学参数（即内部参数）以及相机坐标系相对于地心惯性坐标系的位置和姿态（即外部参数）。内部几何和光学参数包括焦距、缩放系数、相机光轴与像平面的交点的像素坐标值及各种原因引起的图像畸变。国内外学者对相机标定问题进行了大量的研究，技术已经比较成熟，本章不再叙述。关于模型的修正将在 4.3 节介绍。

## 1. 视频信息的采集

由于我国目前没有真实的在轨机器人，无法采集真实的遥测视频图像，因此，本节通过三维图形仿真来模拟相机的遥测视频图像。空间机器人共有四个相机，分别是左眼相机、右眼相机、全局相机和交会相机，相机的设计参数如表 4-1 所示，模拟图像如图 4-4 所示。

表 4-1 相机参数

| 相机 | 视场角/（°） | 图像大小/像素 | 发送周期/ms | 安装坐标/mm |
|---|---|---|---|---|
| 左眼相机 | 40×40 | 512×512 | 250 | （52, −5, 352） |
| 右眼相机 | 40×40 | 512×512 | 250 | （52, 5, 352） |
| 全局相机 | 48×48 | 1024×1024 | 500 | （1400, 255, 358） |
| 交会相机 | 46×46 | 512×512 | 500 | （1400, 48, 58） |

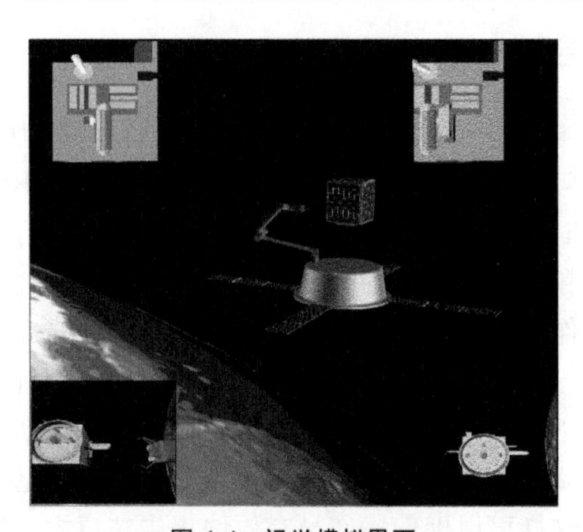

图 4-4 视觉模拟界面

## 2. 视频图像与仿真图形的叠加显示

视频图像与仿真图形的叠加显示是指将真实机器人运动视频信息和虚拟机器人的三维运动状态信息投影成二维运动状态信息后一起显示出来。而为了得到虚拟机器人的三维运动状态信息的二维投影，可以将其想象成用一个虚拟的相机对三维仿真虚拟机器人“照相”所得到的图像。叠加显示的实现方法是在仿真环境中，将空间机器人下行视频图像作为背景调入虚拟场景中，将空间

机器人在理想位姿的虚拟图形和当前真实位姿的实际图像叠加显示，以便于操作员实时监视机器人的运动并在必要时及时做出调整，如图 4-5 所示。

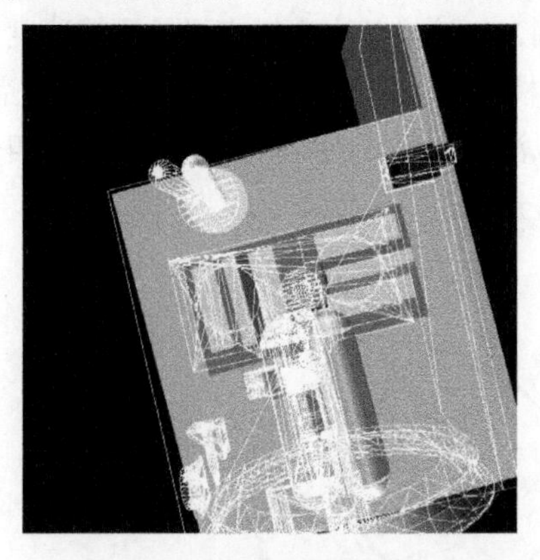

(a) 左眼相机

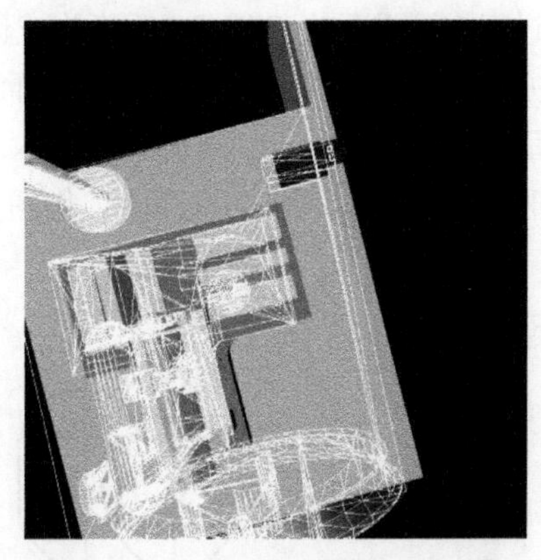

(b) 右眼相机

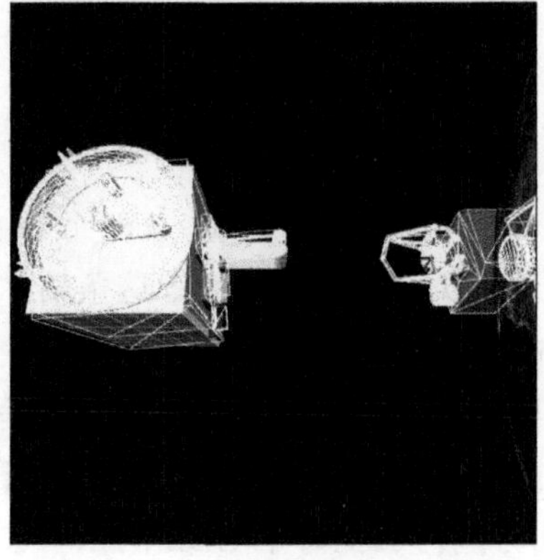

(c) 全局相机

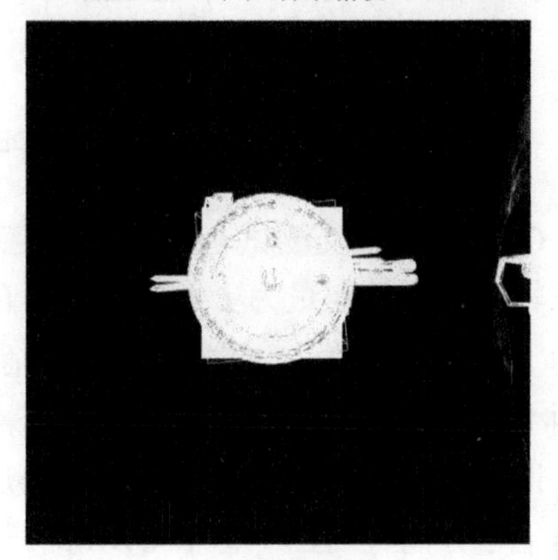

(d) 交会相机

图 4-5 视频融合

## 4.2.4 碰撞检测

碰撞检测功能有两个：一个是检测空间机器人的三维模型是否会与虚拟三维场景里面的其他物体相碰撞，如果会发生碰撞，则停止机器人的运动；另一个是根据空间机器人遥测数据对空间机器人运动的趋势进行预测，当预测到将有碰撞的危险发生时，应立即停止对机器人的操作。碰撞检测功能是机器人运动路径规划和障碍规避的基础，国内外研究有效的碰撞检测算法由来已久，但由于三维空间潜藏着许多难以克服的困难，目前尚少有高效、通用的空间碰撞检测算法。空间机器人三维模型中的零件大多是圆柱体、长方体等规则形状，并且在空间机械手的运动过程中没有变形，因此采用层次有向包围盒（Oriented Bounding Box，OBB）方法进行碰撞检测。模型为刚体时，可以离线生成各个部分的层次有向包围盒，故仿真过程中不需要花费时间来重新生成包围盒，这样就大大提高了检测的速度。对于长方体，用包围体包络时非常精确，而圆柱体在被包围时，有一定的过包围空间，需采取增加包围盒的方法来逼近圆柱体，以满足所需要的检测精度，当采用四个包围盒时，最大误差为半径的 8.2%，如图 4-6 所示。

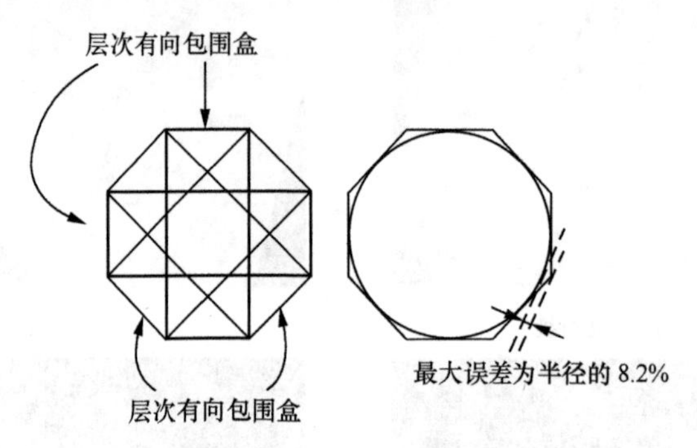


图 4-6　OBB 逼近圆柱体

OBB 间的相交测试基于分离轴定理，如图 4-7 所示。若 $A$、$B$ 两个 OBB 在一条轴线上（轴向量为 $\boldsymbol{L}$）的投影不重叠（即 $|\boldsymbol{T}\cdot\boldsymbol{L}|>r_a+r_b$），则这条轴称为分离轴。若一对 OBB 间存在一条分离轴，则可以判定这两个 OBB 不相交。对任何两个不相交的凸三维多面体，其分离轴要么与任一多面体的某一个面垂直，要么同时垂直于每个多面体的某一条边。因此，对于一对 OBB，只需测试 15 条可能是分离轴的轴（每个 OBB 的三个面方向再加上每个 OBB 的三个边的两两组合），只要找到一条这样的分离轴，就可以判定这两个 OBB 是不相交的，如果这 15 条轴都不能将这两个 OBB 分离，则它们是相交的。两个 OBB 的相交测试最多需要 15 次比较运算、60 次加减运算、81 次乘法运算和 24 次绝对值运算。

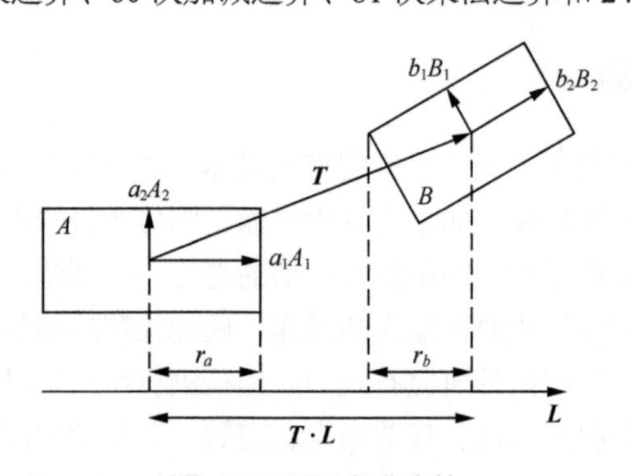


图 4-7　OBB 的分离轴

采用基于层次有向包围盒的方式进行碰撞检测，既保证了碰撞检测速度又保证了检测的精度。带有层次有向包围盒的空间机器人模型如图 4-8 所示。

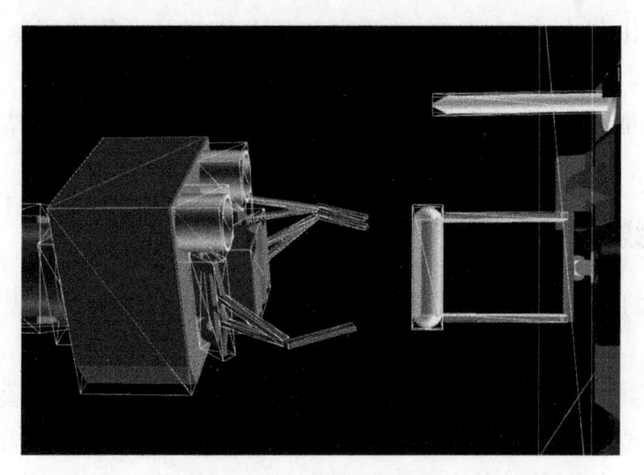

图 4-8　带有层次有向包围盒的空间机器人模型

## | 4.3　基于运动学参数辨识的模型修正 |

图形预测仿真有效地克服了大时延的影响，但其对模型误差十分敏感，常常需要对其进行模型修正[6]。空间机器人在进入飞行轨道之后，由于受到空间极冷、极热工作环境的影响，其运动学参数可能会发生一定的变化，这样，原有关节角和实际末端执行器位姿之间的函数关系将会发生变化，进而影响空间机器人的操作。为了纠正运动学偏差，可以将空间机器人的手眼视觉作为测量部件，对其运动学模型进行在轨标定，进而重新建立起关节角和末端执行器位姿之间正确的关系。在空间机器人在轨运行期间，受成本限制，空间机器人运动模型主要依赖自身的视觉系统进行标定。

基于线性简化的参数辨识方法应用的前提是参数的偏差足够小。例如，常用的最小二乘法在参数偏差较大时的辨识误差很大，甚至无法得到合理结果。为此，本节提出了线性简化与非线性优化相结合的空间机器人运动学参数辨识方法，即采用最小二乘法与 PSO 算法相结合的辨识策略。对入轨的初次辨识，采用 PSO 算法对非线性模型进行离线辨识；而在后续的飞行任务中，运动学参数不会发生大的变化，则采用最小二乘法进行在线辨识。该方法既能满足大偏差条件下的辨识精度要求，又能实现运动学参数的在线辨识。

### 4.3.1 运动学参数辨识模型

本节基于机器人修正的 D-H 模型和微分变换关系建立了基于线性假设的参数辨识模型，采用最小二乘法对运动学参数进行辨识。同时，在机器人正向运动学模型的基础上建立了非线性参数辨识模型，并采用 PSO 算法对运动学参数进行了辨识。

#### 1. 基于线性假设的参数辨识模型

$n$ 自由度的机器人运动学方程用 D-H 连杆变换齐次坐标来表示，D-H 参数的不足之处是：对于连杆 $i$（$i$=1,2,⋯,$n$），当 $\alpha_i \to 0$ 时，$|d_i| \to \infty$，即当相邻两个连杆的关节轴线平行或接近平行时，关节轴线的微小变化将引起参数 $d_i$ 较大的变化，因此需要采用修正的 D-H 参数来克服上述不足。修正后的 D-H 模型仍然有四个参数，分别是关节角 $\theta_i$、连杆长度 $a_i$、扭角 $\alpha_i$ 和 $\beta_i$，即当相邻关节平行时，位移 $d_i$ 由扭角 $\beta_i$ 代替。上面两种情况下的统一表达式可用五个参数表示。当相邻关节平行时，$d_i$ 取值为零，相邻关节不平行时，$\beta_i$ 取值为零，该变换为

$$\boldsymbol{A}_i = \mathrm{rot}(z,\theta_i)\mathrm{trans}(z,d_i)\mathrm{trans}(x,a_i)\mathrm{rot}(x,\alpha_i)\mathrm{rot}(y,\beta_i) \tag{4-1}$$

即

$$\boldsymbol{A}_i = \begin{bmatrix} \mathrm{c}\theta_i\mathrm{c}\beta_i - \mathrm{s}\theta_i\mathrm{s}\alpha_i\mathrm{s}\beta_i & -\mathrm{s}\theta_i\mathrm{c}\alpha_i & \mathrm{c}\theta_i\mathrm{s}\beta_i + \mathrm{s}\theta_i\mathrm{s}\alpha_i\mathrm{c}\beta_i & a_i\mathrm{c}\theta_i \\ \mathrm{s}\theta_i\mathrm{c}\beta_i + \mathrm{c}\theta_i\mathrm{s}\alpha_i\mathrm{s}\beta_i & \mathrm{c}\theta_i\mathrm{c}\alpha_i & \mathrm{s}\theta_i\mathrm{s}\beta_i - \mathrm{c}\theta_i\mathrm{s}\alpha_i\mathrm{c}\beta_i & a_i\mathrm{s}\theta_i \\ -\mathrm{c}\alpha_i\mathrm{s}\beta_i & \mathrm{s}\alpha_i & \mathrm{c}\alpha_i\mathrm{c}\beta_i & d_i \\ 0 & 0 & 0 & 1 \end{bmatrix} \tag{4-2}$$

式中，$\mathrm{c}\theta_i$ 表示 $\cos\theta_i$，$\mathrm{s}\theta_i$ 表示 $\sin\theta_i$，其余以此类推。由于机器人加工、装配、工作环境变化造成实际的几何参数和名义参数不同，这些连杆误差用 $\delta a_i$、$\delta\alpha_i$、$\delta d_i$、$\delta\theta_i$、$\delta\beta_i$ 来表示。根据位置误差较小的事实，微分偏差可以认为是末端位姿的微分平移和旋转的结果。用 $\boldsymbol{A}_i^{\mathrm{N}}$ 和 $\boldsymbol{A}_i^{\mathrm{R}}$ 分别表示连杆 $i$ 的公称变换和实际变换，$\boldsymbol{\varDelta}_i$ 表示连杆 $i$ 坐标系的微分变换，则连杆 $i$ 的误差模型为

$$\mathrm{d}\left(\boldsymbol{A}_i^{\mathrm{N}}\right) = \boldsymbol{A}_i^{\mathrm{R}} - \boldsymbol{A}_i^{\mathrm{N}} = \boldsymbol{A}_i^{\mathrm{N}}\boldsymbol{\varDelta}_i \tag{4-3}$$

$\mathrm{d}\left(\boldsymbol{A}_i^{\mathrm{N}}\right)$ 可由式（4-2）求得

$$\mathrm{d}\left(\boldsymbol{A}_i^{\mathrm{N}}\right) = \frac{\partial \boldsymbol{A}_i^{\mathrm{N}}}{\partial \alpha_i}\delta\alpha_i + \frac{\partial \boldsymbol{A}_i^{\mathrm{N}}}{\partial a_i}\delta a_i + \frac{\partial \boldsymbol{A}_i^{\mathrm{N}}}{\partial \theta_i}\delta\theta_i + \frac{\partial \boldsymbol{A}_i^{\mathrm{N}}}{\partial d_i}\delta d_i + \frac{\partial \boldsymbol{A}_i^{\mathrm{N}}}{\partial \beta_i}\delta\beta_i \tag{4-4}$$

由式（4-3）和式（4-4）可得

$$\boldsymbol{\Delta}_i=\left(\boldsymbol{A}_i^{\mathrm{N}}\right)^{-1}\mathrm{d}\left(\boldsymbol{A}_i^{\mathrm{N}}\right)=\begin{bmatrix}0 & -\mathrm{s}\beta_i\delta\alpha_i-\mathrm{c}\alpha_i\mathrm{c}\beta_i\delta\theta_i & \mathrm{s}\alpha_i\delta\theta_i+\delta\beta_i & \mathrm{c}\beta_i\delta a_i+a_i\mathrm{s}\alpha_i\mathrm{s}\beta_i\delta\theta_i-\mathrm{c}\alpha_i\mathrm{s}\beta_i\delta d_i \\ \mathrm{s}\beta_i\delta\alpha_i+\mathrm{c}\alpha_i\mathrm{c}\beta_i\delta\theta_i & 0 & -\mathrm{c}\beta_i\delta\alpha_i+\mathrm{c}\alpha_i\mathrm{s}\beta_i\delta\theta_i & a_i\mathrm{c}\alpha_i\delta\theta_i+\mathrm{s}\alpha_i\delta d_i \\ -\mathrm{s}\alpha_i\delta\theta_i-\delta\beta_i & \mathrm{c}\beta_i\delta\alpha_i-\mathrm{c}\alpha_i\mathrm{s}\beta_i\delta\theta_i & 0 & \mathrm{s}\beta_i\delta a_i-a_i\mathrm{s}\alpha_i\mathrm{c}\beta_i\delta\theta_i+\mathrm{c}\alpha_i\mathrm{c}\beta_i\delta d_i \\ 0 & 0 & 0 & 0\end{bmatrix} \tag{4-5}$$

$\boldsymbol{\Delta}_i$ 由微分运动矢量 $\boldsymbol{e}_i$ 组成，其中前三个元素为位置误差，后三个元素为姿态误差。矢量 $\boldsymbol{e}_i$ 为

$$\boldsymbol{e}_i=\begin{bmatrix}{}^i\mathrm{d}x \\ {}^i\mathrm{d}y \\ {}^i\mathrm{d}z \\ {}^i\delta x \\ {}^i\delta y \\ {}^i\delta z\end{bmatrix}=\begin{bmatrix}\mathrm{c}\beta_i\delta a_i+a_i\mathrm{s}\alpha_i\mathrm{s}\beta_i\delta\theta_i-\mathrm{c}\alpha_i\mathrm{s}\beta_i\delta d_i \\ a_i\mathrm{c}\alpha_i\delta\theta_i+\mathrm{s}\alpha_i\delta d_i \\ \mathrm{s}\beta_i\delta a_i-a_i\mathrm{s}\alpha_i\mathrm{c}\beta_i\delta\theta_i+\mathrm{c}\alpha_i\mathrm{c}\beta_i\delta d_i \\ \mathrm{c}\beta_i\delta\alpha_i-\mathrm{c}\alpha_i\mathrm{s}\beta_i\delta\theta_i \\ \mathrm{s}\alpha_i\delta\theta_i+\delta\beta_i \\ \mathrm{s}\beta_i\delta\alpha_i+\mathrm{c}\alpha_i\mathrm{c}\beta_i\delta\theta_i\end{bmatrix} \tag{4-6}$$

用杆件误差 $\Delta\boldsymbol{x}_i=\begin{bmatrix}\delta\alpha_i & \delta a_i & \delta\beta_i & \delta\theta_i & \delta d_i\end{bmatrix}^{\mathrm{T}}$ 的形式可表示为

$$\boldsymbol{e}_i=\begin{bmatrix}0 & \mathrm{c}\beta_i & 0 & a_i\mathrm{s}\alpha_i\mathrm{s}\beta_i & -\mathrm{c}\alpha_i\mathrm{s}\beta_i \\ 0 & 0 & 0 & a_i\mathrm{c}\alpha_i & \mathrm{s}\alpha_i \\ 0 & \mathrm{s}\beta_i & 0 & -a_i\mathrm{s}\alpha_i\mathrm{c}\beta_i & \mathrm{c}\alpha_i\mathrm{c}\beta_i \\ \mathrm{c}\beta_i & 0 & 0 & -\mathrm{c}\alpha_i\mathrm{s}\beta_i & 0 \\ 0 & 0 & 1 & \mathrm{s}\alpha_i & 0 \\ \mathrm{s}\beta_i & 0 & 0 & \mathrm{c}\alpha_i\mathrm{c}\beta_i & 0\end{bmatrix}\begin{bmatrix}\delta\alpha_i \\ \delta a_i \\ \delta\beta_i \\ \delta\theta_i \\ \delta d_i\end{bmatrix}=\boldsymbol{G}_i\Delta\boldsymbol{x}_i \tag{4-7}$$

式（4-7）为连杆 $i$ 的参数误差引起的微分变化。由于要对机器人末端工具坐标系进行实际测量，因此，需将这些误差变换到工具坐标系上。由连杆 $i$ 到工具坐标系的微分变换可将式（4-7）的误差项转换到工具坐标系，其误差为

$$\begin{bmatrix}{}^{\mathrm{T}}\mathrm{d}x_i \\ {}^{\mathrm{T}}\mathrm{d}y_i \\ {}^{\mathrm{T}}\mathrm{d}z_i \\ {}^{\mathrm{T}}\delta x_i \\ {}^{\mathrm{T}}\delta y_i \\ {}^{\mathrm{T}}\delta z_i\end{bmatrix}=\begin{bmatrix}n_x & n_y & n_z & (\boldsymbol{p}\times\boldsymbol{n})_x & (\boldsymbol{p}\times\boldsymbol{n})_y & (\boldsymbol{p}\times\boldsymbol{n})_z \\ o_x & o_y & o_z & (\boldsymbol{p}\times\boldsymbol{o})_x & (\boldsymbol{p}\times\boldsymbol{o})_y & (\boldsymbol{p}\times\boldsymbol{o})_z \\ a_x & a_y & a_z & (\boldsymbol{p}\times\boldsymbol{a})_x & (\boldsymbol{p}\times\boldsymbol{a})_y & (\boldsymbol{p}\times\boldsymbol{a})_z \\ 0 & 0 & 0 & n_x & n_y & n_z \\ 0 & 0 & 0 & o_x & o_y & o_z \\ 0 & 0 & 0 & a_x & a_y & a_z\end{bmatrix}\boldsymbol{e}_i \tag{4-8}$$

或

$$ {}^{\mathrm{T}}\boldsymbol{e}_i = {}^{\mathrm{T}}\boldsymbol{J}_i\boldsymbol{e}_i \tag{4-9} $$

式中，${}^{\mathrm{T}}\boldsymbol{e}_i$ 为六维矢量，其前三个元素是由于连杆 $i$ 的参数误差所引起的位置误差，后三个元素是相应的姿态误差。${}^{\mathrm{T}}\boldsymbol{J}_i$ 代表 $6\times 6$ 的微分误差变换矩阵。

由此可得，工具坐标系的误差是所有单个误差变换到工具坐标系下的误差之和，即

$$ {}^{\mathrm{T}}\boldsymbol{e} = \sum_{i=1}^{6} {}^{\mathrm{T}}\boldsymbol{J}_i\boldsymbol{e}_i = \sum_{i=1}^{6} {}^{\mathrm{T}}\boldsymbol{J}_i\boldsymbol{G}_i\Delta x_i \tag{4-10} $$

也就是

$$ {}^{\mathrm{T}}\boldsymbol{e} = \left[{}^{\mathrm{T}}\boldsymbol{J}_1, {}^{\mathrm{T}}\boldsymbol{J}_2, \cdots, {}^{\mathrm{T}}\boldsymbol{J}_n\right]\begin{bmatrix}\Delta x_0\\ \Delta x_1\\ \cdots\\ \Delta x_n\end{bmatrix} \tag{4-11} $$

${}^{\mathrm{T}}\boldsymbol{e}$ 为在工具坐标系下的误差，然而，通常空间机器人利用手眼视觉对目标进行测量，其测量结果在本体坐标系下描述。因此，需要将误差由工具坐标系变换到本体坐标系下，即

$$ \boldsymbol{e} = \boldsymbol{J}\,{}^{\mathrm{T}}\boldsymbol{e} \tag{4-12} $$

式中，$\boldsymbol{J}$ 为工具坐标系到本体坐标系的微分变换矩阵。

利用最小二乘法，可求得机器人连杆参数的误差值。

### 2. 非线性辨识模型

当运动学参数初始误差比较大时，线性假设的前提条件不再成立，因而基于线性假设的参数辨识模型将不能获得较好的结果。因此，需要在正向运动学模型的基础上建立非线性的参数辨识模型，然后通过 PSO 算法来辨识模型参数。机器人正向运动学模型为

$$ \boldsymbol{T} = \boldsymbol{f}\left(a,\alpha,d,\theta,\beta\right) = \boldsymbol{A}_0\boldsymbol{A}_1\cdots\boldsymbol{A}_n \tag{4-13} $$

式中，$\boldsymbol{T}$ 为机器人末端位姿。定义第 $i$ 个微粒为

$$ \boldsymbol{X}_i = \left(\Delta\theta_1^i\cdots\Delta\theta_6^i, \Delta\alpha_1^i\cdots\Delta\alpha_6^i, \Delta d_1^i\Delta\beta^i\cdots\Delta d_6^i, \Delta a_1^i\cdots\Delta a_6^i\right)\in\mathbb{R}^{24} \tag{4-14} $$

末端位姿的测量数据为 $\boldsymbol{T}_{\mathrm{M}}$，迭代过程中的末端位姿为 $\boldsymbol{T}_1$，即

$$ \boldsymbol{T}_{\mathrm{M}} = \begin{bmatrix}\boldsymbol{n}_{\mathrm{M}} & \boldsymbol{o}_{\mathrm{M}} & \boldsymbol{a}_{\mathrm{M}} & \boldsymbol{P}_{\mathrm{M}}\\ 0 & 0 & 0 & 1\end{bmatrix} \tag{4-15} $$

$$\begin{aligned} \boldsymbol{T}_{\mathrm{I}} &= \boldsymbol{f}\left(a+\Delta a^{i}, \alpha+\Delta\alpha^{i}, d+\Delta d^{i}, \theta+\Delta\theta^{i}, \beta+\Delta\beta^{i}\right) \\ &= \begin{bmatrix} \boldsymbol{n}_{\mathrm{I}} & \boldsymbol{o}_{\mathrm{I}} & \boldsymbol{a}_{\mathrm{I}} & \boldsymbol{P}_{\mathrm{I}} \\ 0 & 0 & 0 & 1 \end{bmatrix} \end{aligned} \tag{4-16}$$

计算 $\boldsymbol{T}_{\mathrm{M}}$ 到 $\boldsymbol{T}_{\mathrm{I}}$ 的变换矩阵 $\Delta\boldsymbol{T}$，并将姿态矩阵转换为 *X-Y-Z* 欧拉角的形式，即

$$\left(\boldsymbol{d}_{\mathrm{p}}, \boldsymbol{\delta}\right) = \left(d_x, d_y, d_z, \delta_x, \delta_y, \delta_z\right) = \mathrm{EulerTrans}\left(\boldsymbol{T}_{\mathrm{M}}, \boldsymbol{T}_{\mathrm{I}}\right) \tag{4-17}$$

式中，$\boldsymbol{d}_{\mathrm{p}}=\left(d_x, d_y, d_z\right)$ 为末端位置误差，$\boldsymbol{\delta}=(\delta_x, \delta_y, \delta_z)$ 为末端姿态误差，EulerTrans( · )函数将矩阵 $\Delta\boldsymbol{T}$ 转换为欧拉角形式的末端位姿。

合成位置误差定义为

$$e_{\mathrm{P}} = \left\|\boldsymbol{P}_{\mathrm{M}} - \boldsymbol{P}_{\mathrm{I}}\right\| = \sqrt{\boldsymbol{d}_{\mathrm{p}}^{\mathrm{T}}\boldsymbol{d}_{\mathrm{p}}} \tag{4-18}$$

合成姿态误差 $\phi$ 按下面的方式计算，首先

$$\boldsymbol{e}_A = \frac{1}{2}\left[\boldsymbol{n}_{\mathrm{M}} \times \boldsymbol{n}_{\mathrm{I}} + \boldsymbol{o}_{\mathrm{M}} \times \boldsymbol{o}_{\mathrm{I}} + \boldsymbol{a}_{\mathrm{M}} \times \boldsymbol{a}_{\mathrm{I}}\right] = \boldsymbol{r}\sin\left(\phi\right) \tag{4-19}$$

上式表示机器人末端坐标系绕单位矢量 $\boldsymbol{r}$ 旋转 $\phi$ 角后，指向从 $\Sigma_{\mathrm{M}} \to \Sigma_{\mathrm{I}}$。通过式（4-19），可以求出 $\boldsymbol{r}$ 和 $\phi$：

$$\boldsymbol{r} = \frac{\boldsymbol{e}_A}{\left|\boldsymbol{e}_A\right|} \tag{4-20}$$

$$\phi = \arcsin\left(\left|\boldsymbol{e}_A\right|\right) \tag{4-21}$$

那么，机器人末端位姿精度的适应度函数 $H$ 选择如下：

$$H = \frac{\sum_{i=1}^{N} e_{\mathrm{P}i}}{N \cdot P_{\mathrm{P}}} + \frac{\sum_{i=1}^{N} \phi_i}{N \cdot P_{\mathrm{A}}} \tag{4-22}$$

式中，$P_{\mathrm{P}}$ 是机器人末端的位置精度，为 2 mm；$P_{\mathrm{A}}$ 是机械臂末端的姿态精度，为 0.5° 。

当 $H \leqslant 2$ 时，则说明收敛结果基本满足精度要求；当 $H \leqslant 1$ 时，则说明收敛结果绝对满足精度要求；搜索到的参数可作为规划问题的解。然后，便可以利用 PSO 算法对机器人运动学参数进行辨识，迭代次数为 6000。

## 4.3.2 参数辨识条件

### 1. 预设参数偏差

机器人连杆预设的运动学参数偏差如表 4-2 所示。不难发现，表 4-2 所示

较常规 D-H 参数多了一列参数，这是因为本节所研究机器人关节 2 和关节 3 的轴线是平行的，因此需要利用改进的连杆运动学进行参数误差建模。然而，模型中总的独立参数没有变化，只是参数由 $\beta$ 取代了 $d$。为了对连杆参数偏差大小不同情况进行比较，本章分别在预设的一倍、三倍、五倍、十倍、十五倍的参数偏差条件下进行仿真。

表 4-2　预先设定的一倍参数偏差

| 连杆号 | $\Delta\alpha$/（°） | $\Delta a$/mm | $\Delta\beta$/（°） | $\Delta\theta$/（°） | $\Delta d$/mm |
|---|---|---|---|---|---|
| 1 | 0.2958 | 0.1872 | — | −0.1687 | −1.0794 |
| 2 | 0.2276 | 0.1162 | 0.1326 | 0.0996 | — |
| 3 | −0.1368 | −0.8032 | — | 0.2977 | −0.2089 |
| 4 | −0.2584 | −0.7577 | — | 0.1093 | 0.7628 |
| 5 | −0.0146 | −0.2995 | — | −0.1694 | 0.5252 |
| 6 | −0.0661 | −0.9487 | — | −0.0493 | −0.9343 |

### 2. 测量噪声

前面的误差模型仅考虑了空间机器人连杆本身的几何误差而忽略了标定设备本身的测量误差。事实上，某些测量设备的精度并不够高，因此，需要将测量噪声加入到误差模型中以便于使空间机器人标定更加精确。这里，假定随机测量噪声矢量 ${}^{m}\boldsymbol{e}\in\mathbb{R}^{6}$ 服从分量独立的零均值正态分布。如果测量精度为 $3\sigma$ 意义下的最大可能误差，则标准差为此值的 1/3。这种情况下，测量误差以 99.7%的概率落在所指定的误差域内。手眼相机位置测量精度为 1.8 mm（位置误差标准差为 0.6 mm），姿态测量精度为 0.48°（姿态误差标准差为 0.16°）。

### 3. 位姿测量数据的产生

采用仿真方法来生成机器人末端的位姿误差时，其步骤为：

（1）根据机器人的名义参数计算末端位姿 $\boldsymbol{T}_{\mathrm{N}}$

$$\boldsymbol{T}_{\mathrm{N}}=\boldsymbol{f}\left(a,\alpha,d,\theta,\beta\right) \tag{4-23}$$

（2）根据机器人的真实参数误差来计算真实末端位姿 $\boldsymbol{T}_{\mathrm{R}}$。其中，参数

$\Delta a, \Delta\alpha, \Delta d, \Delta\theta, \Delta\beta$ 为预先设置的参数误差。

$$\boldsymbol{T}_{\mathrm{R}} = \boldsymbol{f}\left(a+\Delta a, \alpha+\Delta\alpha, d+\Delta d, \theta+\Delta\theta, \beta+\Delta\beta\right) \tag{4-24}$$

（3）将测量误差加入到真实末端位姿中得到测量位姿 $\boldsymbol{T}_{\mathrm{I}}$。即单轴位置测量误差按照标准差为 0.6 mm 随机生成，单轴姿态测量误差按照标准差为 0.16° 随机生成，然后将测量误差加入到真实末端位姿中以获得测量值。

## 4.3.3　辨识结果

本节采用最小二乘算法和 PSO 算法进行参数辨识，选择 15 个测量点，分别对一倍、三倍、五倍、十倍和十五倍预设偏差的情况进行了仿真。每种情况仿真十次，受限于篇幅，下面仅详细列出一倍和十五倍预设偏差的辨识结果。利用辨识后的运动学参数取代原始参数，计算辨识修正后的机器人末端位姿误差来评价辨识修正的效果。

### 1. 最小二乘算法辨识结果

采用最小二乘算法的辨识结果，一倍预设偏差辨识结果如表 4-3 所示。辨识修正后，空间机器人末端的合成位置误差由 12.4329 mm 变为 1.5940 mm，合成姿态误差由 0.6159° 变为 0.2860°，机器人的精度有了较大的提高。表 4-4 所示为十五倍偏差条件下的辨识结果，辨识修正后，位置误差由 187.6616 mm 变为 17.1040 mm，姿态误差由 9.2955° 变为 0.7841°，位姿误差相对有了较大的提高，但是绝对精度相比一倍偏差条件下的辨识结果比较差。

**表 4-3　一倍偏差最小二乘算法辨识结果**

| 连杆号 | α/（°） | | a/mm | | β/（°） | | θ/（°） | | d/mm | |
|---|---|---|---|---|---|---|---|---|---|---|
| | 辨识值 | 偏差 | 辨识值 | 偏差 | 辨识值 | 偏差 | 辨识值 | 偏差 | 辨识值 | 偏差 |
| 1 | −89.6531 | 0.0512 | −0.2633 | −0.4505 | — | — | 89.8673 | 0.036 | −1.3647 | −0.2853 |
| 2 | 0.437 | 0.2094 | 985.4144 | 0.2982 | 0.0845 | −0.0481 | 0.1435 | 0.044 | — | — |
| 3 | 90.0161 | 0.1529 | −0.6286 | 0.1746 | — | — | 90.2568 | −0.041 | 0.5055 | 0.7144 |
| 4 | −89.9646 | 0.2938 | −1.7414 | −0.9837 | — | — | −0.07 | −0.1793 | −764.638 | −0.4004 |
| 5 | 89.53 | −0.4554 | −1.1379 | −0.8384 | — | — | −0.2437 | −0.0743 | −0.0013 | −0.5265 |
| 6 | 0.3118 | 0.3779 | 0.1922 | 1.1409 | — | — | −0.4566 | −0.4074 | 388.7795 | −0.2862 |

表 4-4　十五倍偏差最小二乘算法辨识结果

| 连杆号 | $\alpha$/（°） | | $a$/mm | | $\beta$/（°） | | $\theta$/（°） | | $d$/mm | |
|---|---|---|---|---|---|---|---|---|---|---|
| | 辨识值 | 偏差 | 辨识值 | 偏差 | 辨识值 | 偏差 | 辨识值 | 偏差 | 辨识值 | 偏差 |
| 1 | −85.7708 | 3.9334 | −7.3733 | −7.5605 | — | — | 87.3311 | −2.5002 | −22.0496 | −20.971 |
| 2 | 3.3834 | 3.1558 | 981.5692 | −3.547 | 2.0167 | 1.8841 | 1.7695 | 1.6699 | — | — |
| 3 | 88.0435 | −1.8197 | −9.6063 | −8.8031 | — | — | 94.312 | 4.0143 | −11.23 | −11.021 |
| 4 | −93.6497 | −3.3913 | −14.7656 | −14.008 | — | — | 2.1399 | 2.0305 | −740.283 | 23.954 |
| 5 | 89.1115 | −0.8739 | −5.003 | −4.7035 | — | — | −3.1081 | −2.9388 | −4.3858 | −4.911 |
| 6 | −0.4894 | −0.4233 | −9.1551 | −8.2064 | — | — | −1.0376 | −0.9884 | 377.5457 | −11.52 |

## 2. PSO 算法辨识结果

采用 PSO 算法的一倍偏差条件下辨识结果如表 4-5 所示，适应度函数如图 4-9 所示。

表 4-5　一倍偏差条件下 PSO 算法辨识结果

| 连杆号 | $\alpha$/（°） | | $a$/mm | | $\beta$/（°） | | $\theta$/（°） | | $d$/mm | |
|---|---|---|---|---|---|---|---|---|---|---|
| | 辨识值 | 偏差 | 辨识值 | 偏差 | 辨识值 | 偏差 | 辨识值 | 偏差 | 辨识值 | 偏差 |
| 1 | −89.6747 | 0.0295 | 0.3536 | 0.1664 | — | — | 89.8238 | −0.0075 | −1.2946 | −0.2152 |
| 2 | 0.2589 | 0.0313 | 984.5205 | −0.5957 | 0.2196 | 0.0870 | 0.0896 | −0.0100 | — | — |
| 3 | 89.9125 | 0.0493 | −1.0189 | −0.2157 | — | — | 90.1323 | −0.1654 | 0.5653 | 0.7742 |
| 4 | −90.1245 | 0.1339 | −1.3748 | −0.6171 | — | — | 0.0339 | −0.0755 | −764.987 | −0.75 |
| 5 | 89.9272 | −0.0582 | 0.0166 | 0.3161 | — | — | −0.0599 | 0.1095 | 0.0074 | −0.5178 |
| 6 | −0.0545 | 0.0116 | −1.8219 | −0.8732 | — | — | −0.0613 | −0.0120 | 388.6559 | −0.4098 |

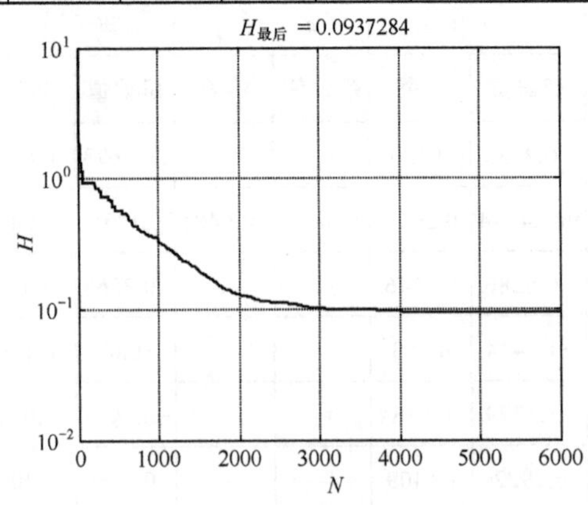


图 4-9　适应度函数

采用 PSO 算法的一倍偏差条件下辨识修正后，合成位置误差由 12.4329 mm 变为 0.7198 mm，合成姿态误差由 0.6159° 变为 0.1147° ，末端位姿精度有了较大提高。十五倍偏差条件下辨识结果如表 4-6 所示，辨识修正后，合成位置误差由 187.6616 mm 变为 0.7662 mm，合成姿态误差由 9.2955° 变为 0.1602° 。可以看出 PSO 算法的辨识效果与偏差大小基本没有关系，均能获得最优结果。

**表 4-6 十五倍偏差条件下 PSO 算法辨识结果**

| 连杆号 | α/（°） | | a/mm | | β/（°） | | θ/（°） | | d/mm | |
|---|---|---|---|---|---|---|---|---|---|---|
| | 辨识值 | 偏差 | 辨识值 | 偏差 | 辨识值 | 偏差 | 辨识值 | 偏差 | 辨识值 | 偏差 |
| 1 | −85.5872 | −0.0237 | 1.6494 | −1.1586 | — | — | 87.4591 | −0.0098 | −16.3046 | −0.1136 |
| 2 | 3.3794 | −0.0343 | 986.7945 | 0.0515 | 1.8874 | −0.1017 | 1.5535 | 0.0598 | — | — |
| 3 | 88.2501 | 0.3024 | −11.4292 | 0.6188 | — | — | 94.371 | −0.0946 | −2.178 | −1.0445 |
| 4 | −93.9238 | −0.0478 | −13.0731 | −1.7076 | — | — | 1.7073 | 0.0675 | −752.702 | 0.8563 |
| 5 | 89.6315 | −0.1493 | −4.5194 | −0.0269 | — | — | −2.3158 | 0.2247 | 7.2885 | −0.5895 |
| 6 | −0.8531 | 0.1387 | −12.9294 | 1.3011 | — | — | −0.8485 | −0.1094 | 376.7388 | 0.7533 |

## 3. 辨识结果对比分析

采用两种算法分别对一倍、三倍、五倍、十倍、十五倍的偏差进行了辨识，结果如表 4-7 所示，两种算法的辨识结果对比如图 4-10 所示。

**表 4-7 辨识结果分析表**

| 十五点测量 | | 预设偏差下位姿误差 | 最小二乘算法辨识修正后位姿误差 | | PSO 算法辨识修正后位姿误差 | |
|---|---|---|---|---|---|---|
| | | | 平均值 | 最大值 | 平均值 | 最大值 |
| 一倍偏差 | 位置/mm | 12.4329 | 1.5940 | 2.6292 | 0.7198 | 0.9126 |
| | 姿态/（°） | 0.6159 | 0.2860 | 0.8251 | 0.1147 | 0.1574 |
| 三倍偏差 | 位置/mm | 37.3373 | 1.6344 | 2.03 67 | 0.6822 | 0.9048 |
| | 姿态/（°） | 1.8507 | 0.1855 | 0.2522 | 0.1102 | 0.1528 |
| 五倍偏差 | 位置/mm | 62.2902 | 2.3166 | 3.3134 | 0.7504 | 0.9982 |
| | 姿态/（°） | 3.0889 | 0.2106 | 0.3473 | 0.1234 | 0.1727 |

续表

| 十五点测量 | | 预设偏差下位姿误差 | 最小二乘算法辨识修正后位姿误差 | | PSO 算法辨识修正后位姿误差 | |
|---|---|---|---|---|---|---|
| | | | 平均值 | 最大值 | 平均值 | 最大值 |
| 十倍偏差 | 位置/mm | 124.8620 | 7.1553 | 7.9594 | 0.6967 | 0.8306 |
| | 姿态/(°) | 6.1926 | 0.3503 | 0.4107 | 0.1218 | 0.1614 |
| 十五倍偏差 | 位置/mm | 187.6616 | 17.1040 | 17.9311 | 0.7662 | 1.1049 |
| | 姿态/(°) | 9.2955 | 0.7841 | 0.8760 | 0.1143 | 0.1602 |

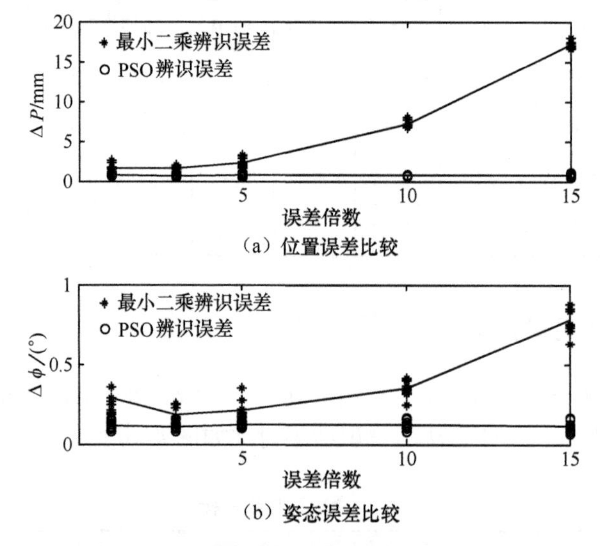


(a) 位置误差比较

(b) 姿态误差比较

**图 4-10 位置误差和姿态误差辨识结果对比**

可以看出,当机器人运动学参数的名义几何参数与真实几何参数偏差较小时，最小二乘算法与 PSO 算法的辨识结果相差很小。但是当几何参数偏差比较大时，最小二乘算法辨识结果与 PSO 算法辨识结果差别比较大，位置精度提高了 17 倍左右，姿态精度提高了 5 倍左右。造成这个结果的原因是：最小二乘算法所采用的模型为一阶线性模型，当偏差比较小时非线性影响较小，辨识结果比较好，但是，当偏差变大时非线性的影响较大，辨识结果比较差；而 PSO 算法为全局优化算法，采用了基于正运动学的模型，不存在近似问题，因此，无论偏差大小都具有比较好的辨识结果。

基于上面的仿真与结论，可以联合采用最小二乘算法与 PSO 算法来完成机

器人运动学参数辨识问题。初次进行运动学参数辨识时，由于初始偏差可能比较大，故采用 PSO 算法进行辨识，虽然计算效率比较低，但是能够获得高精度的辨识结果。而对于后期的参数辨识可采用最小二乘算法，由于经过模型修正后参数偏差较小，最小二乘算法就可以获得高精度的辨识结果，而且计算速度非常快，可实现实时在线辨识机器人运动学参数。

## 4.4　本章小结

本章基于图形预测仿真原理设计了空间机器人遥操作图形预测仿真子系统，对仿真环境建立和模型修正两方面内容进行了深入研究。

所开发的仿真环境具有以下几个特点：将空间机械手运动学仿真和卫星运动仿真集成到一起，可以同时开展空间机器人的轨道、姿态以及空间机械手关节运动仿真；采用视频融合的方式增强了操作员的视觉反馈；采用层次有向包围盒的碰撞检测方法，既保证了碰撞检测的速度又保证了检测的精度。

本章还介绍了线性简化与非线性优化相结合的空间机器人运动学参数辨识方法，对入轨的初次辨识，采用 PSO 算法对非线性模型进行离线辨识；而在后续的飞行任务中，运动学参数不会发生大的变化，可采用最小二乘法进行在线辨识。该方法既满足了大偏差条件下的辨识精度要求，又实现了机器人运动学参数的在线辨识。

## 参考文献

[1] 张涛，陈章，王学谦，等. 空间机器人遥操作关键技术综述与展望[J]. 空间控制技术与应用. 2014，40(6):1-9,30.

[2] Wang X Q, Liu H D, Xu W F, et al. A ground-based validation system of teleoperation for a space robot[J]. International Journal of Advanced Robotic Systems, 2012, 9:1-9.

[3] 王学谦，徐文福，梁斌，等. 空间机器人遥操作系统设计及研制[J]. 哈尔滨工业大学学报. 2010, 42(3):337-342.

[4] 王学谦，梁斌，徐文福，等. 空间机器人遥操作地面验证技术研究[J]. 机器人. 2009, 31(1): 8-14,19.

[5] 王学谦，梁斌，李成，等. 自由飞行空间机器人遥操作三维预测仿真系统研究[J]. 宇航学报. 2009, 30(1):402-408.

[6] Wang X Q, Xu W F, Liang B, et al. General scheme of teleoperation for space robot[C]//IEEE/ASME International Conference on Advanced Intelligent Mechatronics. Piscataway, USA: IEEE, 2008:341-346.

# 第5章 小增益稳定理论框架下的时延力反馈遥操作控制

透明性在力反馈双边控制中具有重要的现实意义。由于操作员直接与主手进行交互，因此主手力反馈算法的性能与透明性有着直接的关系。前面的分析已经指出，在进行双边遥操作系统设计时，系统的透明性与稳定性往往存在冲突，需要进行协调处理。

本章在小增益稳定理论框架下提出了一种针对双边遥操作的自适应力反馈方法。为了在保证系统稳定性的同时取得理想的透明性，该方法从全局角度考虑了从端接触力和操作员操纵力间的相互关系。依据操作员的操纵频带特性，该方法先设计出一种对操作员的作用力进行估计的输入观测器，然后对从手与环境的接触力进行无源正交分解，最后以输入估计值为基础，自适应地进行主端反馈力调节。在该方法中，反馈力的方向作为一个关键的因素被考虑进来，因此在对反馈力方向信息较为依赖的任务中，该方法有一定的优势。在设计时，利用小增益稳定理论证明了主手的输入/输出稳定性（Input to Output Stable，IOS），同时也推导了闭环遥操作回路的稳定性判据。本章最后对所设计的力反馈方法进行了仿真和实验，结果证明了该方法的有效性。

## | 5.1　力反馈的透明性与稳定性 |

对于力反馈双边遥操作系统，透明性最直接地取决于力反馈通道的反馈增益。力反馈增益越高，则能向主端提供越好的运动知觉和力触觉感受。然而，过高的反馈增益又会影响系统的稳定性。Daniel 等人最早对这个问题进行了研究[1]，为了保证遥操作的稳定性，他们认为系统闭环回路的总增益存在上限，并且以单自由度的遥操作模型为例，推导了关于回路增益的稳定性判据。Kuchenbecker 等人对力反馈增益影响系统稳定性的机理进行了详细的分析[2]。他们提出了诱导运动（Induced Master Motion, IMM）的概念，并利用诱导运动来解释系统失稳的原因。诱导运动指的是主手在从端反馈力作用下的运动。诱导运动不代表操作员的真实意图，然而其产生的噪声信号会作为参考指令传到从端。若从端机器人忠实地执行这些指令，主、从手间将出现不可预期的振荡，最终导致系统失稳。反馈力增益过高时产生诱导运动的概率就会增大。同时，Kuchenbecker 等人还从频域的角度对诱导运动进行了分析。他们首先对主手的人机交互过程进行辨识，利用基于模型的补偿器消除主手的诱导运动，以避免系统失稳。这种方法的缺陷有两点：一是对于非线性的主端，大多数情况下很难精确地分辨出哪些运动是由反馈力造成的；二是操作员的交互模型异常复杂，而且往往随任务变化，简单的模型往往无法真实地反映人机交互动

力学情况。相对来说，Polushin 等人[3]的方法更进了一步，只利用一个非常抽象的模型来对人机交互进行设定，假定操作员的行为从属于某一无源控制集合。不过这种假定在实际操作中并非一直能得到保证，操作员的控制策略往往难以预测且高度依赖于任务。

另一种目前主流的双边控制增强系统稳定的方法是在主端的本地控制回路引入阻尼。一方面，增加本地阻尼确实能很好地提高系统稳定裕度；但另一方面，此时系统透明性会变差，因为操作员同时也感受到了主端控制器的稳定调节力，而非纯粹的从端交互力，尤其在自由运动时，主手阻尼会给操作员带来一种黏滞感或迟钝感。此外，对反馈力信号或主端指令进行低通滤波也是增强系统稳定性的手段之一[2,4]，然而，前者牺牲了操作员对高频接触力的感知效果（而这在机器人与刚性环境接触时是非常重要的信息），后者则降低了系统的响应速度。总的来说，在进行双边遥操作时，目前尚未找到一种较好的能兼顾稳定性和透明性的力反馈控制方法。

在分析系统稳定性时，常常会借助于比较函数，本章后续内容会利用两类特殊的比较函数：$\mathcal{K}$ 类函数和 $\mathcal{KL}$ 类函数。其定义分别如下[5]：

**定义 5-1**　如果连续函数 $\gamma:\mathbb{R}^+\to\mathbb{R}^+$ 满足 $\gamma(0)=0$，且 $\gamma(x)\geqslant\gamma(y), \forall x>y\geqslant 0$，则称 $\gamma$ 属于 $\mathcal{G}$ 类函数。

**定义 5-2**　如果连续函数 $\gamma\in\mathcal{G}$，且 $\gamma$ 严格递增，则 $\gamma$ 属于 $\mathcal{K}$ 类函数。

**定义 5-3**　如果连续函数 $\gamma\in\mathcal{K}$，且 $x\to\infty$ 时 $\gamma(x)\to\infty$，则 $\gamma$ 属于 $\mathcal{K}_\infty$ 类函数。

**定义 5-4**　对于连续函数 $\beta:\mathbb{R}^+\times\mathbb{R}^+\to\mathbb{R}^+$，如果对于任意 $\beta(\cdot,t)\in\mathcal{K}, \forall t\geqslant 0$，$\beta(\cdot,x)$ 关于 $x$ 单调递减，且 $x\to\infty$ 时有 $\beta(\cdot,x)\to 0$，则 $\beta$ 属于 $\mathcal{KL}$ 类函数。

## 5.2　操作员作用力估计

前面已经阐明，对操作员的人机交互建立精确的数学模型并辨识是一项非常困难的任务。然而，考虑到主手的诱导运动等因素，为了保证系统的稳定性，在进行双边力反馈时又不得不考虑操作员对主手的作用力。因此本节以主手的动力学模型为基础，对操作员的作用力进行输入辨识。

主手的动力学模型可以用欧拉-拉格朗日方程进行表示，为了方便，这里单独给出主手的动力学方程：

$$\boldsymbol{M}(\boldsymbol{q})\ddot{\boldsymbol{q}}+\boldsymbol{C}(\boldsymbol{q},\dot{\boldsymbol{q}})\dot{\boldsymbol{q}}+\boldsymbol{g}(\boldsymbol{q})=\boldsymbol{F}_{\mathrm{h}}+\boldsymbol{F}_{\mathrm{rf}} \tag{5-1}$$

式中，$F_h$ 表示操作员施加的控制力矩；$F_{rf}$ 表示反馈力。两个力可以分别通过力雅可比阵由末端力映射得到。式（5-1）中没有出现主手的本地控制力矩 $F_m$，这是由于主手的本地控制力矩主要是为了补偿主手的惯量特性，所以可以认为式（5-1）中的质量参数矩阵 $M(q)$，科氏力项 $C(q,\dot{q})$ 和重力项 $g(q)$ 等都是考虑了主手本地控制力矩后的等效参量矩阵（向量）。

主端机器人的关节位置信息 $q$ 和关节速度信息 $\dot{q}$ 都可以通过关节的传感器（码盘等）得到。对于测量噪声及操作员的作用力，首先提出以下假设：

**假设 5-1** （1）关节速度 $\dot{q}$ 的测量噪声有上界；（2）操作员的作用力 $F_h$ 满足勒贝格可测（Lebesgue-measurable）且其变化率有界：$\sup\limits_{t\geqslant 0}\left|\dot{F}_h(t)\right|\leqslant d, d$ 为正常数。

实际系统一般都能满足上述两个假设条件，因此在假设 5-1 下进行研究是比较合理的。根据假设 5-1，系统动力学模型（5-1）可以改写为：

$$\begin{cases}\dfrac{\mathrm{d}}{\mathrm{d}t}(\underbrace{M(q)\dot{q}}_{x(t)})=\underbrace{\dot{M}(q)\dot{q}-C(q,\dot{q})\dot{q}-g(q)+F_{rf}}_{u(t)}+F_h \\ z(t)=M(q)\left[\dot{q}+\varepsilon(t)\right]\end{cases} \tag{5-2}$$

式中，$\varepsilon(t)$ 表示关节速度的测量噪声；$z(t)$ 是观测器的估计结果。

在进行操作员的作用力估计时，有必要结合操作员的行为特点消除噪声影响，使输入估计最大限度还原操作员的操作意图。Tanner 与 Niemeyer 的研究表明，操作员的输入/输出是一个极不对称的系统[6]。人的手臂能感受到频率高达 1kHz 以上的力信号，对高频信号比低频信号更为敏感；与之相反，操作员能输出的控制信号却属于低频范围，其输出信号的频率一般不高于 10 Hz。考虑到这种不对称特性，基于动力学模型（5-2），可提出一种直接的输入估计方法：

$$\hat{F}_h(s)=\frac{1}{\alpha s+1}\left[s\cdot z(s)-u(s)\right] \tag{5-3}$$

式中，$s$ 表示拉普拉斯算子；$\alpha$ 为增益。从式（5-3）可以看出估计过程中包含有低通滤波环节。同时，考虑到实际机器人系统的可测信号，定义中间变量 $\sigma(s)$ 和 $\zeta(s)$ 如下：

$$\begin{cases}\sigma(s)=-\dfrac{1}{\alpha^2 s+\alpha}z(s) \\ \zeta(s)=-\dfrac{1}{\alpha s+1}u(s)\end{cases} \tag{5-4}$$

联立式（5-3）与式（5-4），并对其进行反拉普拉斯变换，最终可得到以下操作员作用力输入估计算法：

$$
\begin{cases}
\hat{\boldsymbol{F}}_{\mathrm{h}}(t)=\dfrac{1}{\alpha}z(t)+\boldsymbol{\sigma}(t)+\boldsymbol{\zeta}(t) \\
\dot{\boldsymbol{\sigma}}(t)=-\dfrac{1}{\alpha^{2}}z(t)-\dfrac{1}{\alpha}\boldsymbol{\sigma}(t) \\
\dot{\boldsymbol{\zeta}}(t)=-\dfrac{1}{\alpha}\boldsymbol{u}(t)-\dfrac{1}{\alpha}\boldsymbol{\zeta}(t)
\end{cases} \tag{5-5}
$$

下面对式（5-5）的观测性能进行分析，有以下定理：

**定理 5-1**　考虑式（5-2）所表示的人机交互系统，存在两个正常数 $\xi_1$ 和 $\xi_2$，在假设 5-1 条件下，如果满足以下任一条件：

（i）关节角速度测量误差 $\boldsymbol{\varepsilon}(t)$ 有上界：$\sup\limits_{t\geqslant 0}|\boldsymbol{\varepsilon}(t)|\leqslant\xi_1$；

（ii）测量误差 $\boldsymbol{\varepsilon}(t)$ 的变化率属于勒贝格可测且有上界：$\sup\limits_{t\geqslant 0}|\dot{\boldsymbol{\varepsilon}}(t)|\leqslant\xi_2$。

那么当 $t\to\infty$ 时，算法（5-5）的操作员作用力估计误差有界。更确切地说，有以下结论：

（1）在条件（i）下，存在 $\beta_1\in\mathcal{KL}$，$\gamma_1^{(\boldsymbol{\varepsilon})}\in\mathcal{K}$，$\gamma_1^{(\boldsymbol{\tau})}\in\mathcal{K}$，使估计误差满足

$$
\left|\hat{\boldsymbol{F}}_{\mathrm{h}}-\boldsymbol{F}_{\mathrm{h}}\right|\leqslant\max\left\{\beta_1\left(\left|\hat{\boldsymbol{F}}_{\mathrm{h}}(0)-\boldsymbol{F}_{\mathrm{h}}(0)\right|,t\right),\gamma_1^{(\boldsymbol{\varepsilon})}\left(\sup_{t\geqslant 0}\left|\bar{\boldsymbol{\varepsilon}}(t)\right|\right),\gamma_1^{(\boldsymbol{\tau})}\left(\sup_{t\geqslant 0}\left|\dot{\boldsymbol{F}}_{\mathrm{h}}(t)\right|\right)\right\} \tag{5-6}
$$

（2）在条件（ii）下，同样存在 $\beta_2\in\mathcal{KL}$，$\gamma_2^{(\boldsymbol{\varepsilon})}\in\mathcal{K}$，$\gamma_2^{(\boldsymbol{\tau})}\in\mathcal{K}$，满足

$$
\left|\hat{\boldsymbol{F}}_{\mathrm{h}}-\boldsymbol{F}_{\mathrm{h}}\right|\leqslant\max\left\{\beta_2\left(\left|\hat{\boldsymbol{F}}_{\mathrm{h}}(0)-\boldsymbol{F}_{\mathrm{h}}(0)\right|,t\right),\gamma_2^{(\boldsymbol{\varepsilon})}\left(\sup_{t\geqslant 0}\left|\dot{\bar{\boldsymbol{\varepsilon}}}(t)\right|\right),\gamma_2^{(\boldsymbol{\tau})}\left(\sup_{t\geqslant 0}\left|\dot{\boldsymbol{F}}_{\mathrm{h}}(t)\right|\right)\right\} \tag{5-7}
$$

**证明：**

（1）定义变量 $\tilde{\boldsymbol{F}}_{\mathrm{h}}(t)$：

$$
\tilde{\boldsymbol{F}}_{\mathrm{h}}(t)=\frac{1}{\alpha}\boldsymbol{x}(t)+\boldsymbol{\sigma}(t)+\boldsymbol{\zeta}(t) \tag{5-8}
$$

则容易得到 $\tilde{\boldsymbol{F}}_{\mathrm{h}}(t)$ 与 $\hat{\boldsymbol{F}}_{\mathrm{h}}(t)$ 之间的关系为：

$$
\hat{\boldsymbol{F}}_{\mathrm{h}}(t)=\tilde{\boldsymbol{F}}_{\mathrm{h}}(t)-\frac{1}{\alpha}\boldsymbol{M}(\boldsymbol{q})\boldsymbol{\varepsilon}(t) \tag{5-9}
$$

定义变量 $\bar{\boldsymbol{\varepsilon}}(t)$ 为

$$
\bar{\boldsymbol{\varepsilon}}(t)=\boldsymbol{M}(\boldsymbol{q})\boldsymbol{\varepsilon}(t) \tag{5-10}
$$

考虑条件（i），并利用性质 3-1，即质量矩阵的正定有界性：

$$
0<\lambda_{\min}\{\boldsymbol{M}_i(\boldsymbol{q}_i)\}\boldsymbol{I}\leqslant\boldsymbol{M}_i(\boldsymbol{q}_i)\leqslant\lambda_{\max}\{\boldsymbol{M}_i(\boldsymbol{q}_i)\}\boldsymbol{I}<\infty \tag{5-11}
$$

可以得到一定存在正常数 $\bar{\xi}_1$，满足 $\sup\limits_{t\geqslant 0}|\bar{\boldsymbol{\varepsilon}}(t)|\leqslant\bar{\xi}_1$。

设李雅普诺夫函数 $V$ 为

$$V=\frac{1}{2}\left(\tilde{\boldsymbol{F}}_{\mathrm{h}}-\boldsymbol{F}_{\mathrm{h}}\right)^{\mathrm{T}}\left(\tilde{\boldsymbol{F}}_{\mathrm{h}}-\boldsymbol{F}_{\mathrm{h}}\right) \tag{5-12}$$

求$V$对时间$t$的导数，可以得到，

$$\begin{aligned}\dot{V}&=\left[\frac{1}{\alpha}\left(\boldsymbol{u}(t)+\boldsymbol{F}_{\mathrm{h}}\right)+\left(-\frac{1}{\alpha^2}\boldsymbol{z}(t)-\frac{1}{\alpha}\boldsymbol{\sigma}(t)\right)+\left(-\frac{1}{\alpha}\boldsymbol{u}(t)-\frac{1}{\alpha}\boldsymbol{\zeta}(t)\right)-\dot{\boldsymbol{F}}_{\mathrm{h}}\right]^{\mathrm{T}}\left(\tilde{\boldsymbol{F}}_{\mathrm{h}}-\boldsymbol{F}_{\mathrm{h}}\right)\\&=\left(\frac{1}{\alpha}\left(\boldsymbol{F}_{\mathrm{h}}-\tilde{\boldsymbol{F}}_{\mathrm{h}}\right)-\frac{1}{\alpha^2}\boldsymbol{M}(\boldsymbol{q})\boldsymbol{\varepsilon}(t)-\dot{\boldsymbol{F}}_{\mathrm{h}}\right)^{\mathrm{T}}\left(\tilde{\boldsymbol{F}}_{\mathrm{h}}-\boldsymbol{F}_{\mathrm{h}}\right)\\&=-\frac{1}{\alpha}\left(\tilde{\boldsymbol{F}}_{\mathrm{h}}-\boldsymbol{F}_{\mathrm{h}}\right)^{\mathrm{T}}\left(\tilde{\boldsymbol{F}}_{\mathrm{h}}-\boldsymbol{F}_{\mathrm{h}}\right)+\left(-\frac{1}{\alpha^2}\bar{\boldsymbol{\varepsilon}}(t)-\dot{\boldsymbol{F}}_{\mathrm{h}}\right)^{\mathrm{T}}\left(\tilde{\boldsymbol{F}}_{\mathrm{h}}-\boldsymbol{F}_{\mathrm{h}}\right)\\&\leqslant-\frac{1}{\alpha}V(t)+\frac{\alpha}{2}\left(\frac{1}{\alpha^2}\bar{\boldsymbol{\varepsilon}}(t)+\dot{\boldsymbol{F}}_{\mathrm{h}}(t)\right)^{\mathrm{T}}\left(\frac{1}{\alpha^2}\bar{\boldsymbol{\varepsilon}}(t)+\dot{\boldsymbol{F}}_{\mathrm{h}}(t)\right)\end{aligned} \tag{5-13}$$

可以得到$V(t)$的上界：

$$V(t)\leqslant\mathrm{e}^{-\frac{t}{\alpha}}V(0)+\frac{\alpha^2}{2}\left(\frac{1}{\alpha^2}\sup_{t\geqslant0}\left|\bar{\boldsymbol{\varepsilon}}(t)\right|+\sup_{t\geqslant0}\left|\dot{\boldsymbol{F}}_{\mathrm{h}}(t)\right|\right)^2\leqslant\mathrm{e}^{-\frac{t}{\alpha}}V(0)+\frac{\alpha^2}{2}\left(\frac{1}{\alpha^2}\bar{\xi}_1+d\right)^2 \tag{5-14}$$

因此$\tilde{\boldsymbol{F}}_{\mathrm{h}}$与$\boldsymbol{F}_{\mathrm{h}}$之间的误差是有界的，即

$$\left|\tilde{\boldsymbol{F}}_{\mathrm{h}}-\boldsymbol{F}_{\mathrm{h}}\right|\leqslant\sqrt{2\mathrm{e}^{-\frac{t}{\alpha}}V(0)+\alpha^2\left(\frac{1}{\alpha^2}\bar{\xi}_1+d\right)^2} \tag{5-15}$$

考虑式（5-9），可以得出当$t\to\infty$时，$\left|\hat{\boldsymbol{F}}_{\mathrm{h}}-\boldsymbol{F}_{\mathrm{h}}\right|$也是有界的，且

$$\left|\hat{\boldsymbol{F}}_{\mathrm{h}}-\boldsymbol{F}_{\mathrm{h}}\right|\in\left[-\left(\frac{2}{\alpha}\xi+\alpha d\right),\frac{2}{\alpha}\xi+\alpha d\right] \tag{5-16}$$

事实上，分析式（5-14），可将$\left[\tilde{\boldsymbol{F}}_{\mathrm{h}}(t)-\boldsymbol{F}_{\mathrm{h}}(t)\right]^{\mathrm{T}}\left[\tilde{\boldsymbol{F}}_{\mathrm{h}}(t)-\boldsymbol{F}_{\mathrm{h}}(t)\right]$的上界表示为更一般的形式：

$$\left(\tilde{\boldsymbol{F}}_{\mathrm{h}}(t)-\boldsymbol{F}_{\mathrm{h}}(t)\right)^{\mathrm{T}}\left(\tilde{\boldsymbol{F}}_{\mathrm{h}}-\boldsymbol{F}_{\mathrm{h}}\right)\leqslant\max\left\{2\mathrm{e}^{-\frac{t}{\alpha}}\left(\tilde{\boldsymbol{F}}_{\mathrm{h}}(0)-\boldsymbol{F}_{\mathrm{h}}(0)\right)^2,\alpha^2\left(\frac{1}{\alpha^2}\sup_{t\geqslant0}\left|\bar{\boldsymbol{\varepsilon}}(t)\right|+\sup_{t\geqslant0}\left|\dot{\boldsymbol{F}}_{\mathrm{h}}(t)\right|\right)\right\} \tag{5-17}$$

式（5-17）表明，存在$\tilde{\beta}_1$，$\tilde{\gamma}_1^{(\boldsymbol{\varepsilon})}$与$\tilde{\gamma}_1^{(\boldsymbol{\tau})}$，使得：

$$\left|\tilde{\boldsymbol{F}}_{\mathrm{h}}-\boldsymbol{F}_{\mathrm{h}}\right|\leqslant\max\left\{\tilde{\beta}_1\left(\left|\tilde{\boldsymbol{F}}_{\mathrm{h}}(0)-\boldsymbol{F}_{\mathrm{h}}(0)\right|,t\right),\tilde{\gamma}_1^{(\boldsymbol{\varepsilon})}\left(\sup_{t\geqslant0}\left|\bar{\boldsymbol{\varepsilon}}(t)\right|\right),\tilde{\gamma}_1^{(\boldsymbol{\tau})}\left(\sup_{t\geqslant0}\left|\dot{\boldsymbol{F}}_{\mathrm{h}}(t)\right|\right)\right\} \tag{5-18}$$

利用关系式$\left|\tilde{\boldsymbol{F}}_{\mathrm{h}}-\boldsymbol{F}_{\mathrm{h}}\right|=\left|\hat{\boldsymbol{F}}_{\mathrm{h}}-\boldsymbol{F}_{\mathrm{h}}-\bar{\boldsymbol{\varepsilon}}(t)\right|$，最终能得到：

$$\begin{aligned}\left|\hat{\boldsymbol{F}}_{\mathrm{h}}-\boldsymbol{F}_{\mathrm{h}}\right| &\leqslant\left|\tilde{\boldsymbol{F}}_{\mathrm{h}}-\boldsymbol{F}_{\mathrm{h}}\right|+\sup_{t\geqslant 0}\left|\overline{\boldsymbol{\varepsilon}}(t)\right| \\ &\leqslant\max\left\{\beta_1\left(\left|\tilde{\boldsymbol{F}}_{\mathrm{h}}(0)-\boldsymbol{F}_{\mathrm{h}}(0)\right|,t\right),\gamma_1^{(\boldsymbol{\varepsilon})}\left(\sup_{t\geqslant 0}\left|\overline{\boldsymbol{\varepsilon}}(t)\right|\right),\gamma_1^{(\boldsymbol{\tau})}\left(\sup_{t\geqslant 0}\left|\dot{\boldsymbol{F}}_{\mathrm{h}}(t)\right|\right)\right\}\end{aligned} \tag{5-19}$$

（2）在这种情况下，选取李雅普诺夫函数为

$$V=\frac{1}{2}\left(\hat{\boldsymbol{F}}_{\mathrm{h}}-\boldsymbol{F}_{\mathrm{h}}\right)^{\mathrm{T}}\left(\hat{\boldsymbol{F}}_{\mathrm{h}}-\boldsymbol{F}_{\mathrm{h}}\right) \tag{5-20}$$

可以得到李雅普诺夫函数 $V(t)$ 关于时间 $t$ 的导数为：

$$\begin{aligned}\dot{V}&=\left(\hat{\boldsymbol{F}}_{\mathrm{h}}-\boldsymbol{F}_{\mathrm{h}}\right)^{\mathrm{T}}\left(\dot{\hat{\boldsymbol{F}}}_{\mathrm{h}}-\dot{\boldsymbol{F}}_{\mathrm{h}}\right) \\ &=\left(\hat{\boldsymbol{F}}_{\mathrm{h}}-\boldsymbol{F}_{\mathrm{h}}\right)^{\mathrm{T}}\left[\frac{1}{\alpha}\left(\boldsymbol{u}(t)+\boldsymbol{F}_{\mathrm{h}}+\dot{\overline{\boldsymbol{\varepsilon}}}(t)\right)+\left(-\frac{1}{\alpha^2}z(t)-\frac{1}{\alpha}\boldsymbol{\sigma}(t)\right)+\left(-\frac{1}{\alpha}\boldsymbol{u}(t)-\frac{1}{\alpha}\boldsymbol{\zeta}(t)\right)-\dot{\boldsymbol{F}}_{\mathrm{h}}\right] \\ &=\left(\hat{\boldsymbol{F}}_{\mathrm{h}}-\boldsymbol{F}_{\mathrm{h}}\right)^{\mathrm{T}}\left(\frac{1}{\alpha}\boldsymbol{F}_{\mathrm{h}}-\frac{1}{\alpha}\hat{\boldsymbol{F}}_{\mathrm{h}}+\frac{1}{\alpha}\dot{\overline{\boldsymbol{\varepsilon}}}(t)-\dot{\boldsymbol{F}}_{\mathrm{h}}\right) \\ &=-\frac{1}{\alpha}\left(\hat{\boldsymbol{F}}_{\mathrm{h}}-\boldsymbol{F}_{\mathrm{h}}\right)^{\mathrm{T}}\left(\hat{\boldsymbol{F}}_{\mathrm{h}}-\boldsymbol{F}_{\mathrm{h}}\right)+\left(\hat{\boldsymbol{F}}_{\mathrm{h}}-\boldsymbol{F}_{\mathrm{h}}\right)^{\mathrm{T}}\left(\frac{1}{\alpha}\dot{\overline{\boldsymbol{\varepsilon}}}(t)-\dot{\boldsymbol{F}}_{\mathrm{h}}\right) \\ &\leqslant-\frac{1}{2\alpha}\left(\hat{\boldsymbol{F}}_{\mathrm{h}}-\boldsymbol{F}_{\mathrm{h}}\right)^{\mathrm{T}}\left(\hat{\boldsymbol{F}}_{\mathrm{h}}-\boldsymbol{F}_{\mathrm{h}}\right)+\frac{\alpha}{2}\left(\frac{1}{\alpha}\dot{\overline{\boldsymbol{\varepsilon}}}(t)-\dot{\boldsymbol{F}}_{\mathrm{h}}\right)^{\mathrm{T}}\left(\frac{1}{\alpha}\dot{\overline{\boldsymbol{\varepsilon}}}(t)-\dot{\boldsymbol{F}}_{\mathrm{h}}\right)\end{aligned} \tag{5-21}$$

与情况（1）的证明过程类似，存在正常数 $\overline{\xi}_2$ 满足 $\sup_{t\geqslant 0}\left|\dot{\overline{\boldsymbol{\varepsilon}}}(t)\right|\leqslant\overline{\xi}_2$ 。$V(t)$ 有上界：

$$V(t)\leqslant \mathrm{e}^{-\frac{1}{\alpha}t}V(0)+\frac{\alpha^2}{2}\left(\frac{1}{\alpha}\overline{\xi}_2+d\right)^2 \tag{5-22}$$

那么能得到估计误差 $\left|\hat{\boldsymbol{F}}_{\mathrm{h}}-\boldsymbol{F}_{\mathrm{h}}\right|$ 有界，即

$$\left|\hat{\boldsymbol{F}}_{\mathrm{h}}-\boldsymbol{F}_{\mathrm{h}}\right|\in\left[-\frac{1}{\sqrt{2}}\left(\overline{\xi}_2+\alpha d\right),\frac{1}{\sqrt{2}}\left(\overline{\xi}_2+\alpha d\right)\right],\ (t\to\infty) \tag{5-23}$$

依照与情况（1）类似的思路，不等式（5-7）最终能得证。

证毕。

定理 5-1 说明了操作员估计器估计误差的有界性，可作为后续遥操作系统闭环回路稳定性分析的基础。

## 5.3　基于正交投影的力反馈方法

最简单直观的力反馈方法就是向操作员施加与从端接触力完全相同的反馈

力。这种反馈方式忠实地复现了从端的力信号，操作员能感受到与从端机器人相同的接触力，理论上具有良好的透明性。然而这样简单的力反馈方式存在潜在的风险。例如，当从端的环境或对象具有很高的刚度时，机器人与环境的碰撞将会产生高频的、剧烈的碰撞力。若直接向主端进行反馈，操作员可能很难维持主手的稳定，继而引发诱导运动，在双边控制回路中产生振荡。因此主手的力反馈不仅需要展现从端力的变化趋势，还要根据操作员的操作力自适应地进行调节。

在本节后续的分析中，利用基于无源性或最速梯度控制策略，构造了两个集合，即无源操作区和非无源操作区。相应地，为了表征操作员的输入与这两个集合之间的关系，提出了无源距离和无源裕度的概念。在对这些概念进行定义前，首先对主手的控制系统做一个基本的假设：在没有外界力的作用下，主手的本地控制系统是输入-状态稳定的（Input to State Stable, ISS）。

**假设 5-2** 将式（5-1）写为更一般化的常微分方程的形式：

$$\dot{\boldsymbol{x}}_{\mathrm{m}}=\boldsymbol{g}(\boldsymbol{x}_{\mathrm{m}})+\boldsymbol{h}(\boldsymbol{x}_{\mathrm{m}})\boldsymbol{u}_{\mathrm{m}} \tag{5-24}$$

系统（5-24）是 ISS 的，即对于连续光滑的能量函数 $V(\boldsymbol{x}_{\mathrm{m}}(t)):\mathbb{R}^n\rightarrow\mathbb{R}^+$，有 $\underline{\alpha},\bar{\alpha}\in\mathcal{K}_\infty$：

$$\underline{\alpha}(|\boldsymbol{x}_{\mathrm{m}}(t)|)\leqslant V(\boldsymbol{x}_{\mathrm{m}}(t))\leqslant\bar{\alpha}(|\boldsymbol{x}_{\mathrm{m}}(t)|),\ \forall\boldsymbol{x}_{\mathrm{m}}(t)\in\mathbb{R}^n \tag{5-25}$$

则存在 $\alpha_{\mathrm{m}}\in\mathcal{K}_\infty$，$\gamma_{\mathrm{m}}\in\mathcal{K}$，使下式成立：

$$\begin{aligned}\dot{V}(\boldsymbol{x}_{\mathrm{m}}(t))&:=\nabla V(\boldsymbol{x}_{\mathrm{m}}(t))\left[\boldsymbol{g}(\boldsymbol{x}_{\mathrm{m}})+\boldsymbol{h}(\boldsymbol{x}_{\mathrm{m}})\boldsymbol{u}_{\mathrm{m}}\right]\\&\leqslant-\alpha_{\mathrm{m}}(|\boldsymbol{x}_{\mathrm{m}}(t)|)+\gamma_{\mathrm{m}}(|\boldsymbol{u}_{\mathrm{m}}(t)|),\qquad\forall\boldsymbol{x}_{\mathrm{m}}(t),\boldsymbol{u}_{\mathrm{m}}(t)\in\mathbb{R}^n\end{aligned} \tag{5-26}$$

对于形如式（5-24）的系统，一定存在一个基于无源性的稳定控制集，即

$$\varXi(\boldsymbol{x}_{\mathrm{m}}):=\left\{\eta\cdot\left(\frac{\partial V}{\partial\boldsymbol{x}_{\mathrm{m}}}\right)^{\mathrm{T}}\boldsymbol{h}(\boldsymbol{x}_{\mathrm{m}}),\eta\in\left(-\infty,0\right]\right\} \tag{5-27}$$

利用无源稳定控制集的概念，通过判断操作员的作用力在集合（5-27）上的投影，可以将操作员的动作分为两个集合：无源操作区 $\varTheta$ 和非无源操作区 $\varTheta^\perp$。进一步地，我们提出了无源裕度和无源距离的概念。

**定义 5-5** 当操作员的作用力处于无源操作区 $\varTheta$ 时，无源裕度 $\boldsymbol{\zeta}\in\mathbb{R}^+$ 表示操作员离非无源操作区的距离；当操作员的作用力处于非无源操作区时，无源距离 $\boldsymbol{\psi}\in\mathbb{R}^+$ 表示操作员离无源操作区的距离。

前面已经指出，主端的反馈力 $\boldsymbol{F}_{\mathrm{r}}$ 需要综合考虑从端的接触力 $\boldsymbol{F}_{\mathrm{e}}$ 和操作员的作用力 $\boldsymbol{F}_{\mathrm{h}}$。从稳定性的角度出发，无论是 $\boldsymbol{F}_{\mathrm{r}}$ 的幅值还是方向，都不能为了透明性而随意选择。

首先对 $\boldsymbol{F}_{\rm h}$ 和 $\boldsymbol{F}_{\rm e}$ 的关系进行分析。借用无源操作区和非无源操作区的概念，可以将 $\boldsymbol{F}_{\rm h}$ 和 $\boldsymbol{F}_{\rm e}$ 的组合分为下列四种情况：

（i）$\boldsymbol{F}_{\rm h}\in\Theta,\ \boldsymbol{F}_{\rm e}\in\Theta^{\perp}$；

（ii）$\boldsymbol{F}_{\rm h}\in\Theta^{\perp},\ \boldsymbol{F}_{\rm e}\in\Theta$；

（iii）$\boldsymbol{F}_{\rm h}\in\Theta,\ \boldsymbol{F}_{\rm e}\in\Theta$；

（iv）$\boldsymbol{F}_{\rm h}\in\Theta^{\perp},\ \boldsymbol{F}_{\rm e}\in\Theta^{\perp}$。

在本节中，我们只考虑一般性的情况，即操作力与接触力基本处于相反方向的情形，即 $\boldsymbol{F}_{\rm h}$ 与 $\boldsymbol{F}_{\rm e}$ 满足 $\boldsymbol{F}_{\rm h}^{\rm T}\boldsymbol{F}_{\rm e}\leqslant 0$。相反，如果 $\boldsymbol{F}_{\rm h}^{\rm T}\boldsymbol{F}_{\rm e}>0$，则意味着操作员对机器人的推力与环境对机器人的作用力是一个方向，这种情况下，从端的反馈力会完全切断或者只是通过很小的增益反馈至操作员[3]。

目前大部分的研究工作针对的都是 $\boldsymbol{F}_{\rm h}$ 与 $\boldsymbol{F}_{\rm e}$ 共线这种特殊情况（由于对象多为单自由度的遥操作），此时两个力之间的角度为 π，则上述四种组合中，只有（i）和（ii）可能出现。然而在实际应用中，$\boldsymbol{F}_{\rm h}$ 与 $\boldsymbol{F}_{\rm e}$ 往往并非共线的，因此（iii）与（iv）都有存在的可能。为了便于分析，图 5-1 所示分别展示了这四种操作情况。

下面在 $\Xi(\boldsymbol{x}_{\rm m})$ 及其正交补 $\Xi^{\perp}(\boldsymbol{x}_{\rm m})$ 的张成子空间内进行系统稳定性分析。定义环境接触力到这两个空间的正交投影分别为 $\boldsymbol{F}_{\rm e}^{\Xi}$ 和 $\boldsymbol{F}_{\rm e}^{\perp\Xi}$，并定义 $\boldsymbol{F}_{\rm h}$ 的估计值为 $\bar{\boldsymbol{F}}_{\rm h}$。通过正交投影，$\boldsymbol{F}_{\rm e}$ 与 $\bar{\boldsymbol{F}}_{\rm h}$ 都被分解为两个分量。其中，在子空间 $\Xi(\boldsymbol{x}_{\rm m})$ 内的分量与系统稳定性有关，而在子空间 $\Xi^{\perp}(\boldsymbol{x}_{\rm m})$ 内的分量则与系统稳定性无关。在设计力反馈算法时，首先考虑其在 $\Xi(\boldsymbol{x}_{\rm m})$ 内的分量以保证系统的稳定性。在稳定性得到保证的情况下，对 $\boldsymbol{F}_{\rm e}^{\perp\Xi}$ 进行调节，以提高主手力反馈的透明性。接下来就四种操作情况分别进行讨论。

（1）情况（i）

在这种情况下，$\boldsymbol{F}_{\rm e}^{\Xi}$ 的反馈可能会破坏系统的稳定性。但另一方面，此时操作员的作用力属于 $\Theta$ 空间，是一个稳定输入。因此最终 $\boldsymbol{F}_{\rm e}^{\Xi}$ 的反馈取决于 $\boldsymbol{F}_{\rm e}^{\Xi}$ 与 $\bar{\boldsymbol{F}}_{\rm h}^{\Xi}$ 的幅值大小。如果 $\left|\boldsymbol{F}_{\rm e}^{\Xi}\right|$ 比 $\left|\bar{\boldsymbol{F}}_{\rm h}^{\Xi}\right|$ 小，那么反馈力应该由 $\boldsymbol{F}_{\rm e}^{\Xi}$ 决定；反之，$\boldsymbol{F}_{\rm r}$ 的幅值必须由 $\left|\bar{\boldsymbol{F}}_{\rm h}^{\Xi}\right|$ 决定才能维持系统的稳定性。在确定 $\boldsymbol{F}_{\rm e}^{\Xi}$ 之后，对分量 $\boldsymbol{F}_{\rm e}^{\perp\Xi}$ 的反馈增益进行调节，在本书中，调节的原则是保证 $\boldsymbol{F}_{\rm r}$ 的方向不失真。

（2）情况（ii）与情况（iii）

在这两种情况下，$\boldsymbol{F}_{\rm e}$ 的反馈量都是稳定输入，因此反馈增益的调节可以独立于 $\bar{\boldsymbol{F}}_{\rm h}$。

（3）情况（iv）

这种情况下，$\bar{\boldsymbol{F}}_{\rm h}$ 与 $\boldsymbol{F}_{\rm e}^{\Xi}$ 都是不稳定输入，因此调节 $\boldsymbol{F}_{\rm e}$ 的反馈增益时，需要对 $\left|\boldsymbol{F}_{\rm e}^{\Xi}\right|+\left|\bar{\boldsymbol{F}}_{\rm h}^{\Xi}\right|$ 进行限制。如果 $\left|\bar{\boldsymbol{F}}_{\rm h}^{\Xi}\right|$ 过大，则 $\left|\boldsymbol{F}_{\rm e}^{\Xi}\right|$ 应该适当减小；反之亦然。

根据以上分析，提出了以下基于 $\boldsymbol{F}_{\mathrm{e}}$ 正交投影的双边控制力反馈算法：

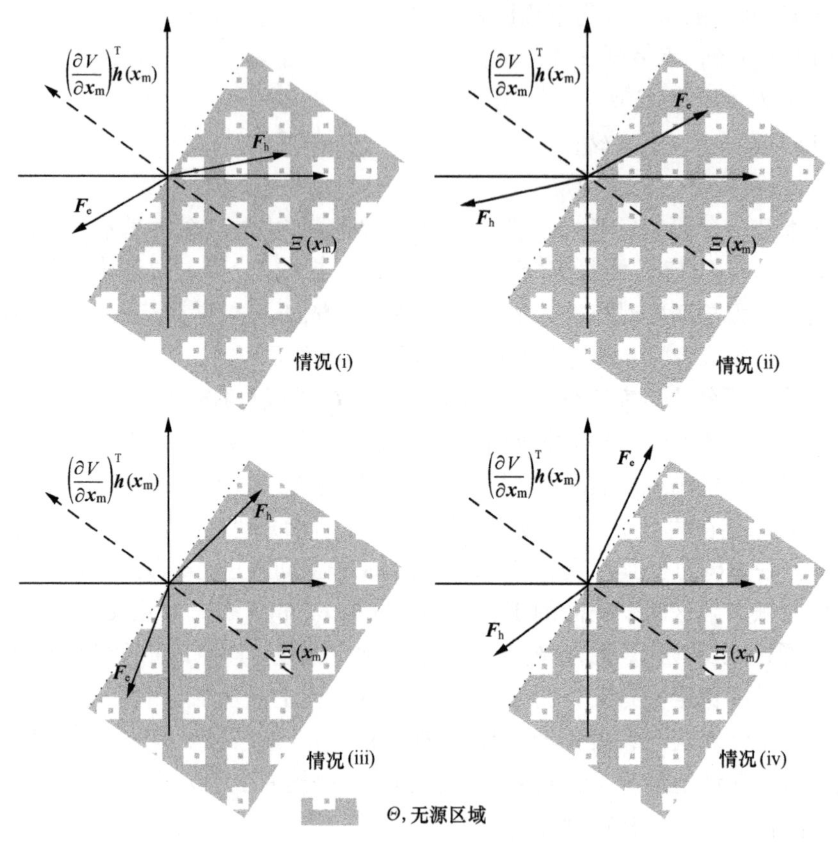


图 5-1　$\boldsymbol{F}_{\mathrm{h}}$、$\boldsymbol{F}_{\mathrm{e}}$ 的四种操作情况

$$
\boldsymbol{F}_{\mathrm{r}}=\begin{cases}
-\chi_1\left(\left|\overline{\boldsymbol{F}}_{\mathrm{h}}^{\Xi}\right|\mathrm{Sat}\left(\left|\boldsymbol{F}_{\mathrm{e}}^{\Xi}\right|/\left|\overline{\boldsymbol{F}}_{\mathrm{h}}^{\Xi}\right|\right)\right)\dfrac{\overline{\boldsymbol{F}}_{\mathrm{h}}^{\Xi}}{\left|\overline{\boldsymbol{F}}_{\mathrm{h}}^{\Xi}\right|}+ \\
\dfrac{\chi_1\left(\left|\overline{\boldsymbol{F}}_{\mathrm{h}}^{\Xi}\right|\mathrm{Sat}\left(\left|\boldsymbol{F}_{\mathrm{e}}^{\Xi}\right|/\left|\overline{\boldsymbol{F}}_{\mathrm{h}}^{\Xi}\right|\right)\right)}{\left|\boldsymbol{F}_{\mathrm{e}}^{\Xi}\right|}\boldsymbol{F}_{\mathrm{e}}^{\perp\Xi} & ,\ \overline{\boldsymbol{F}}_{\mathrm{h}}\in\Theta,\quad \boldsymbol{F}_{\mathrm{e}}\in\Theta^{\perp} \\
\chi_2\left(\left|\boldsymbol{F}_{\mathrm{e}}\right|\right)\dfrac{\boldsymbol{F}_{\mathrm{e}}}{\left|\boldsymbol{F}_{\mathrm{e}}\right|} & ,\ \overline{\boldsymbol{F}}_{\mathrm{h}}\in\Theta^{\perp},\boldsymbol{F}_{\mathrm{e}}\in\Theta \\
\chi_3\left(\left|\boldsymbol{F}_{\mathrm{e}}\right|\right)\dfrac{\boldsymbol{F}_{\mathrm{e}}}{\left|\boldsymbol{F}_{\mathrm{e}}\right|} & ,\ \overline{\boldsymbol{F}}_{\mathrm{h}}\in\Theta,\quad \boldsymbol{F}_{\mathrm{e}}\in\Theta \\
\dfrac{\chi_4\left(\left|\overline{\boldsymbol{F}}_{\mathrm{h}}^{\Xi}\right|\mathrm{Sat}\left(\left|\boldsymbol{F}_{\mathrm{e}}^{\Xi}\right|/\left|\overline{\boldsymbol{F}}_{\mathrm{h}}^{\Xi}\right|\right)\right)}{\left|\boldsymbol{F}_{\mathrm{e}}^{\Xi}\right|}\boldsymbol{F}_{\mathrm{e}} & ,\ \overline{\boldsymbol{F}}_{\mathrm{h}}\in\Theta^{\perp},\boldsymbol{F}_{\mathrm{e}}\in\Theta^{\perp}
\end{cases}
\tag{5-28}
$$

式中，$\chi_i:\mathbb{R}^+\to\mathbb{R}^+$（$i$=1,2,3,4）是一个连续函数且满足 $\chi_i(\cdot)\in\mathcal{G}$；$\mathrm{Sat}(\cdot):\mathbb{R}^+\to\mathbb{R}^+$ 是饱和函数，用于 $\left|\boldsymbol{F}_\mathrm{e}^{\Xi}\right|$ 与 $\left|\bar{\boldsymbol{F}}_\mathrm{h}^{\Xi}\right|$ 的比较。饱和函数的作用是保证 $\chi_i(\cdot)$ 不高于 $\left|\bar{\boldsymbol{F}}_\mathrm{h}^{\Xi}\right|$，其定义如下：

$$\mathrm{Sat}(x)=\begin{cases}x & ,x\in[0,1)\\ 1 & ,x\in[1,+\infty)\end{cases} \tag{5-29}$$

算法（5-28）中体现的核心思想是当系统没有“趋于不稳定”的趋势时，力反馈算法优先考虑带给操作员的透明性；反之，若遥操作系统“趋于不稳定”，则力反馈算法则首先要保证系统的稳定性。例如，当从端所受到的接触力处于无源操作区时，可以相应地增加力反馈增益以提升透明性，虽然反馈增益的提高有可能在主手引入诱导运动，但此时系统的整体稳定性却不会受到影响。而当接触力处于非无源操作区时，反馈增益的选择就要更加受限一些。相对于其他一些已有的力反馈算法，本算法的另一个特性是能保证反馈力相对于从端接触力在方向上的一致性，在需要反馈力作为引导信息的接触任务中，反馈力方向的正确性具有重要的作用。为了避免主手产生诱导运动，一些算法[2,7]改变了反馈力的方向，虽然能保证稳定性，却牺牲了力反馈的透明性。本节的分析表明，并非所有的诱导运动都会破坏系统稳定性，过于强调消除诱导运动会牺牲某些真实的从端环境信息。

# 5.4 性能分析

## 5.4.1 系统稳定性分析

本节主要分析力反馈算法下主手子系统以及闭环遥操作回路系统的稳定性。以下引理首先论述了以观测值 $\bar{\boldsymbol{F}}_\mathrm{h}$ 作为输入的等效主手子系统的稳定性。

**引理 5-1**　考虑子系统：

$$\begin{cases}\dot{\boldsymbol{x}}_\mathrm{m}=\boldsymbol{g}(\boldsymbol{x}_\mathrm{m})+\boldsymbol{h}(\boldsymbol{x}_\mathrm{m})(\bar{\boldsymbol{F}}_\mathrm{h}+\boldsymbol{F}_\mathrm{r})\\ \boldsymbol{F}_\mathrm{r}=\boldsymbol{f}_\mathrm{r}(\bar{\boldsymbol{F}}_\mathrm{h},\boldsymbol{F}_\mathrm{e})\end{cases} \tag{5-30}$$

式中，$\boldsymbol{f}_\mathrm{r}(\cdot)$ 表示反馈力，其表达式如（5-28）所示。存在 $\chi^*\in\mathcal{K}_\infty$，对于所有的 $s\geqslant0$，有 $\max\{\chi_1(s),2\chi_4(s)\}\leqslant\chi^*(s)$，系统（5-30）关于状态 $\boldsymbol{x}_\mathrm{m}$ 与输入 $\{\bar{\boldsymbol{\zeta}}_\mathrm{h},\bar{\boldsymbol{\psi}}_\mathrm{h},\boldsymbol{F}_\mathrm{e}\}$ 是输入-状态稳定的。其中，$\bar{\boldsymbol{\zeta}}_\mathrm{h}$ 与 $\bar{\boldsymbol{\psi}}_\mathrm{h}$ 分别为 $\bar{\boldsymbol{F}}_\mathrm{h}$ 的无源裕度或无源距离（见定

义 5-5）。

**证明：** 前面已经说明，存在$\underline{\alpha}, \overline{\alpha}, \alpha_{\mathrm{m}} \in \mathcal{K}_{\infty}$以及$\gamma \in \mathcal{K}$使$V_{\mathrm{m}}: \mathbb{R}^{n} \to \mathbb{R}^{+}$满足式（5-25）和式（5-26），选取$V_{\mathrm{m}}$作为 ISS 李雅普诺夫函数，则$V_{\mathrm{m}}$对于时间的导数为：

$$\dot{V}(\boldsymbol{x}_{\mathrm{m}}(t)) := \nabla V(\boldsymbol{x}_{\mathrm{m}}(t))\left[\boldsymbol{g}(\boldsymbol{x}_{\mathrm{m}}) + \boldsymbol{h}(\boldsymbol{x}_{\mathrm{m}})(\overline{\boldsymbol{F}}_{\mathrm{h}} + \boldsymbol{F}_{\mathrm{r}})\right] \tag{5-31}$$

根据式（5-26）能推导出：

$$\nabla V(\boldsymbol{x}_{\mathrm{m}}(t))\boldsymbol{g}(\boldsymbol{x}_{\mathrm{m}}) \leqslant -\alpha_{\mathrm{m}}(|\boldsymbol{x}_{\mathrm{m}}(t)|), \forall \boldsymbol{x}_{\mathrm{m}}(t) \in \mathbb{R}^{n} \tag{5-32}$$

根据图 5-1 所示的四种操作情况，分别对$\nabla V(\boldsymbol{x}_{\mathrm{m}}(t))\left[\boldsymbol{g}(\boldsymbol{x}_{\mathrm{m}}) + \boldsymbol{h}(\boldsymbol{x}_{\mathrm{m}})(\overline{\boldsymbol{F}}_{\mathrm{h}} + \boldsymbol{F}_{\mathrm{r}})\right]$的性质进行分析。

（1）$\boldsymbol{F}_{\mathrm{h}} \in \Theta$，$\boldsymbol{F}_{\mathrm{e}} \in \Theta^{\perp}$

此时有：

$$\begin{aligned}&\nabla V(\boldsymbol{x}_{\mathrm{m}}(t))\left[\boldsymbol{g}(\boldsymbol{x}_{\mathrm{m}}) + \boldsymbol{h}(\boldsymbol{x}_{\mathrm{m}})(\overline{\boldsymbol{F}}_{\mathrm{h}} + \boldsymbol{F}_{\mathrm{r}})\right] = \nabla V(\boldsymbol{x}_{\mathrm{m}}(t))\boldsymbol{g}(\boldsymbol{x}_{\mathrm{m}}) + \\ &\nabla V(\boldsymbol{x}_{\mathrm{m}}(t))\boldsymbol{h}(\boldsymbol{x}_{\mathrm{m}})\left(\overline{\boldsymbol{F}}_{\mathrm{h}} - \chi_{1}\left(\left|\overline{\boldsymbol{F}}_{\mathrm{h}}^{\Xi}\right|\mathrm{Sat}\left(\left|\boldsymbol{F}_{\mathrm{e}}^{\Xi}\right|/\left|\overline{\boldsymbol{F}}_{\mathrm{h}}^{\Xi}\right|\right)\right)\frac{\overline{\boldsymbol{F}}_{\mathrm{h}}^{\Xi}}{\left|\overline{\boldsymbol{F}}_{\mathrm{h}}^{\Xi}\right|} + \frac{\chi_{1}\left(\left|\overline{\boldsymbol{F}}_{\mathrm{h}}^{\Xi}\right|\mathrm{Sat}\left(\left|\boldsymbol{F}_{\mathrm{e}}^{\Xi}\right|/\left|\overline{\boldsymbol{F}}_{\mathrm{h}}^{\Xi}\right|\right)\right)}{\left|\boldsymbol{F}_{\mathrm{e}}^{\Xi}\right|}\boldsymbol{F}_{\mathrm{e}}^{\perp\Xi}\right)\end{aligned} \tag{5-33}$$

若$\left|\boldsymbol{F}_{\mathrm{e}}^{\Xi}\right| \geqslant \left|\overline{\boldsymbol{F}}_{\mathrm{h}}^{\Xi}\right|$，则有：

$$\nabla V(\boldsymbol{x}_{\mathrm{m}}(t))\boldsymbol{h}(\boldsymbol{x}_{\mathrm{m}})(\overline{\boldsymbol{F}}_{\mathrm{h}} + \boldsymbol{F}_{\mathrm{r}}) = \nabla V(\boldsymbol{x}_{\mathrm{m}}(t))\boldsymbol{h}(\boldsymbol{x}_{\mathrm{m}})\left(\overline{\boldsymbol{F}}_{\mathrm{h}} - \chi_{1}\left(\left|\overline{\boldsymbol{F}}_{\mathrm{h}}^{\Xi}\right|\right)\overline{\boldsymbol{F}}_{\mathrm{h}}^{\Xi}/\left|\overline{\boldsymbol{F}}_{\mathrm{h}}^{\Xi}\right|\right) \tag{5-34}$$

考虑函数$\left[\chi_{1} - \mathbb{I}\right](\cdot)$。其中，$\mathbb{I}(\cdot): \mathbb{R}^{+} \to \mathbb{R}^{+}$为单位函数，即对于所有$x \geqslant 0$，有$\mathbb{I}(x) = x$。若$\left[\chi_{1} - \mathbb{I}\right](\cdot) \in \mathcal{G}$，则有：

$$\begin{aligned}&\nabla V(\boldsymbol{x}_{\mathrm{m}}(t))\boldsymbol{g}(\boldsymbol{x}_{\mathrm{m}}) + \nabla V(\boldsymbol{x}_{\mathrm{m}}(t))\boldsymbol{h}(\boldsymbol{x}_{\mathrm{m}})\left(\overline{\boldsymbol{F}}_{\mathrm{h}} - \chi_{1}\left(\left|\overline{\boldsymbol{F}}_{\mathrm{h}}^{\Xi}\right|\right)\overline{\boldsymbol{F}}_{\mathrm{h}}^{\Xi}/\left|\overline{\boldsymbol{F}}_{\mathrm{h}}^{\Xi}\right|\right)\\ &= \nabla V(\boldsymbol{x}_{\mathrm{m}}(t))\boldsymbol{g}(\boldsymbol{x}_{\mathrm{m}}) + \nabla V(\boldsymbol{x}_{\mathrm{m}}(t))\boldsymbol{h}(\boldsymbol{x}_{\mathrm{m}})\left(\left[\mathbb{I} - \chi_{1}\right]\left(\left|\overline{\boldsymbol{F}}_{\mathrm{h}}^{\Xi}\right|\right)\overline{\boldsymbol{F}}_{\mathrm{h}}^{\Xi}/\left|\overline{\boldsymbol{F}}_{\mathrm{h}}^{\Xi}\right|\right)\\ &\leqslant -\alpha_{\mathrm{m}}(|\boldsymbol{x}_{\mathrm{m}}(t)|) + \gamma\left[\chi_{1} - \mathbb{I}\right](|\boldsymbol{\zeta}_{\mathrm{h}}|)\end{aligned} \tag{5-35}$$

反之，若$\left[\chi_{1} - \mathbb{I}\right](\cdot) \notin \mathcal{G}$，由于$\chi_{1} \in \mathcal{G}$，因此可以直接得到：

$$\begin{aligned}&\nabla V(\boldsymbol{x}_{\mathrm{m}}(t))\boldsymbol{g}(\boldsymbol{x}_{\mathrm{m}}) + \nabla V(\boldsymbol{x}_{\mathrm{m}}(t))\boldsymbol{h}(\boldsymbol{x}_{\mathrm{m}})\left(\overline{\boldsymbol{F}}_{\mathrm{h}} - \chi_{1}\left(\left|\overline{\boldsymbol{F}}_{\mathrm{h}}^{\Xi}\right|\right)\overline{\boldsymbol{F}}_{\mathrm{h}}^{\Xi}/\left|\overline{\boldsymbol{F}}_{\mathrm{h}}^{\Xi}\right|\right)\\ &\leqslant -\alpha_{\mathrm{m}}(|\boldsymbol{x}_{\mathrm{m}}(t)|)\end{aligned} \tag{5-36}$$

若$\left|\boldsymbol{F}_{\mathrm{e}}^{\Xi}\right| < \left|\overline{\boldsymbol{F}}_{\mathrm{h}}^{\Xi}\right|$，则式（5-34）可以写为：

$$\nabla V(\boldsymbol{x}_{\mathrm{m}}(t))\boldsymbol{h}(\boldsymbol{x}_{\mathrm{m}})(\bar{\boldsymbol{F}}_{\mathrm{h}}+\boldsymbol{F}_{\mathrm{r}})=\nabla V(\boldsymbol{x}_{\mathrm{m}}(t))\boldsymbol{h}(\boldsymbol{x}_{\mathrm{m}})\left[\bar{\boldsymbol{F}}_{\mathrm{h}}+\chi_1\left(\left|\boldsymbol{F}_{\mathrm{e}}\right|\right)\boldsymbol{F}_{\mathrm{e}}/\left|\boldsymbol{F}_{\mathrm{e}}\right|\right] \tag{5-37}$$

同样，取决于$\left[\chi_1-\mathbb{I}\right](\cdot)$是否属于$\mathcal{G}$类函数，式（5-33）的上界可以确定为：

$$\begin{aligned}
&\nabla V(\boldsymbol{x}_{\mathrm{m}}(t))\boldsymbol{g}(\boldsymbol{x}_{\mathrm{m}})+\nabla V(\boldsymbol{x}_{\mathrm{m}}(t))\boldsymbol{h}(\boldsymbol{x}_{\mathrm{m}})(\bar{\boldsymbol{F}}_{\mathrm{h}}+\boldsymbol{F}_{\mathrm{r}})\\
&=\nabla V(\boldsymbol{x}_{\mathrm{m}}(t))\boldsymbol{g}(\boldsymbol{x}_{\mathrm{m}})+\nabla V(\boldsymbol{x}_{\mathrm{m}}(t))\boldsymbol{h}(\boldsymbol{x}_{\mathrm{m}})\left(\bar{\boldsymbol{F}}_{\mathrm{h}}+\chi_1\left(\left|\boldsymbol{F}_{\mathrm{e}}^{\Xi}\right|\right)\boldsymbol{F}_{\mathrm{e}}^{\Xi}/\left|\boldsymbol{F}_{\mathrm{e}}^{\Xi}\right|+\chi_1\left(\left|\boldsymbol{F}_{\mathrm{e}}^{\perp\Xi}\right|\right)\boldsymbol{F}_{\mathrm{e}}^{\perp\Xi}/\left|\boldsymbol{F}_{\mathrm{e}}^{\perp\Xi}\right|\right)\\
&\leqslant\begin{cases}-\alpha_{\mathrm{m}}(|\boldsymbol{x}_{\mathrm{m}}(t)|), & \text{如果}\left[\chi_1-\mathbb{I}\right](\cdot)\notin\mathcal{G}\\ -\alpha_{\mathrm{m}}(|\boldsymbol{x}_{\mathrm{m}}(t)|)+\gamma\left(\max(\bar{\zeta}_{\mathrm{h}},\chi_1|\boldsymbol{F}_{\mathrm{e}}|)\right), & \text{如果}\left[\chi_1-\mathbb{I}\right](\cdot)\in\mathcal{G}\end{cases}
\end{aligned} \tag{5-38}$$

（2）$\boldsymbol{F}_{\mathrm{h}}\in\Theta,\boldsymbol{F}_{\mathrm{e}}\in\Theta$

利用式（5-28），有

$$\begin{aligned}
&\nabla V(\boldsymbol{x}_{\mathrm{m}}(t))\left[\boldsymbol{g}(\boldsymbol{x}_{\mathrm{m}})+\boldsymbol{h}(\boldsymbol{x}_{\mathrm{m}})(\bar{\boldsymbol{F}}_{\mathrm{h}}+\boldsymbol{F}_{\mathrm{r}})\right]\\
&=\nabla V(\boldsymbol{x}_{\mathrm{m}}(t))\boldsymbol{g}(\boldsymbol{x}_{\mathrm{m}})+\nabla V(\boldsymbol{x}_{\mathrm{m}}(t))\boldsymbol{h}(\boldsymbol{x}_{\mathrm{m}})(\bar{\boldsymbol{F}}_{\mathrm{h}}+\chi_2(|\boldsymbol{F}_{\mathrm{e}}|)\frac{\boldsymbol{F}_{\mathrm{e}}}{|\boldsymbol{F}_{\mathrm{e}}|})\\
&\leqslant-\alpha_{\mathrm{m}}(|\boldsymbol{x}_{\mathrm{m}}(t)|)
\end{aligned} \tag{5-39}$$

（3）$\boldsymbol{F}_{\mathrm{h}}\in\Theta^{\perp},\boldsymbol{F}_{\mathrm{e}}\in\Theta$

此时需要用到无源距离：

$$\begin{aligned}
&\nabla V(\boldsymbol{x}_{\mathrm{m}}(t))\left[\boldsymbol{g}(\boldsymbol{x}_{\mathrm{m}})+\boldsymbol{h}(\boldsymbol{x}_{\mathrm{m}})(\bar{\boldsymbol{F}}_{\mathrm{h}}+\boldsymbol{F}_{\mathrm{r}})\right]\\
&=\nabla V(\boldsymbol{x}_{\mathrm{m}}(t))\boldsymbol{g}(\boldsymbol{x}_{\mathrm{m}})+\nabla V(\boldsymbol{x}_{\mathrm{m}}(t))\boldsymbol{h}(\boldsymbol{x}_{\mathrm{m}})(\bar{\boldsymbol{F}}_{\mathrm{h}}+\chi_3(|\boldsymbol{F}_{\mathrm{e}}|)\frac{\boldsymbol{F}_{\mathrm{e}}}{|\boldsymbol{F}_{\mathrm{e}}|})\\
&\leqslant-\alpha_{\mathrm{m}}(|\boldsymbol{x}_{\mathrm{m}}(t)|)+\nabla V(\boldsymbol{x}_{\mathrm{m}}(t))\boldsymbol{h}(\boldsymbol{x}_{\mathrm{m}})(\bar{\boldsymbol{F}}_{\mathrm{h}}^{\Xi})\\
&\leqslant-\alpha_{\mathrm{m}}(|\boldsymbol{x}_{\mathrm{m}}(t)|)+\gamma(|\bar{\boldsymbol{\psi}}_{\mathrm{h}}|)
\end{aligned} \tag{5-40}$$

（4）$\boldsymbol{F}_{\mathrm{h}}\in\Theta^{\perp},\boldsymbol{F}_{\mathrm{e}}\in\Theta^{\perp}$

这种情况下，$V_{\mathrm{m}}$对于时间的导数满足

$$\begin{aligned}
&\nabla V(\boldsymbol{x}_{\mathrm{m}}(t))\left[\boldsymbol{g}(\boldsymbol{x}_{\mathrm{m}})+\boldsymbol{h}(\boldsymbol{x}_{\mathrm{m}})(\bar{\boldsymbol{F}}_{\mathrm{h}}+\boldsymbol{F}_{\mathrm{r}})\right]\\
&=\nabla V(\boldsymbol{x}_{\mathrm{m}}(t))\boldsymbol{g}(\boldsymbol{x}_{\mathrm{m}})+\nabla V(\boldsymbol{x}_{\mathrm{m}}(t))\boldsymbol{h}(\boldsymbol{x}_{\mathrm{m}})\left(\bar{\boldsymbol{F}}_{\mathrm{h}}+\chi_4(|\boldsymbol{F}_{\mathrm{e}}|)\frac{\boldsymbol{F}_{\mathrm{e}}}{|\boldsymbol{F}_{\mathrm{e}}|}\right)\\
&\leqslant-\alpha_{\mathrm{m}}(|\boldsymbol{x}_{\mathrm{m}}(t)|)+L_{\mathrm{G}}V_{\mathrm{m}}(\bar{\boldsymbol{F}}_{\mathrm{h}}^{\Xi}+\chi_4(|\boldsymbol{F}_{\mathrm{e}}|)\boldsymbol{F}_{\mathrm{e}}^{\Xi}/|\boldsymbol{F}_{\mathrm{e}}^{\Xi}|)\\
&\leqslant-\alpha_{\mathrm{m}}(|\boldsymbol{x}_{\mathrm{m}}(t)|)+\gamma(\max(2|\bar{\boldsymbol{\psi}}_{\mathrm{h}}|,2\chi_4(|\boldsymbol{F}_{\mathrm{e}}|)))
\end{aligned} \tag{5-41}$$

式（5-35）、式（5-36）以及式（5-38）~式（5-41）能写成以下统一的形式：

$$\nabla V(\boldsymbol{x}_{\mathrm{m}}(t))\left[\boldsymbol{g}(\boldsymbol{x}_{\mathrm{m}})+\boldsymbol{h}(\boldsymbol{x}_{\mathrm{m}})(\bar{\boldsymbol{F}}_{\mathrm{h}}+\boldsymbol{F}_{\mathrm{r}})\right] \leqslant -\alpha_{\mathrm{m}}(|\boldsymbol{x}_{\mathrm{m}}(t)|)+\gamma_{\mathrm{m}}(\max(|\bar{\boldsymbol{\zeta}}_{\mathrm{h}}|,2|\bar{\boldsymbol{\psi}}_{\mathrm{h}}|,\chi^{*}(|\boldsymbol{F}_{\mathrm{e}}|))) \tag{5-42}$$

式中，$\chi^{*}=\max\{\chi_1,2\chi_4\}$。

由于反馈控制律中存在切换，切换过程对系统稳定性的影响也需要进行分析。令$\sigma=\{1,2,3,4\}$为切换集，并以$\left\{|\bar{\boldsymbol{\zeta}}_{\mathrm{h}}|,2|\bar{\boldsymbol{\psi}}_{\mathrm{h}}|,\chi^{*}(|\boldsymbol{F}_{\mathrm{e}}|)\right\}$作为输入，不难得出

$$\nabla V(\boldsymbol{x}_{\mathrm{m}}(t))\left[g_{\sigma}(\boldsymbol{x}_{\mathrm{m}})+h_{\sigma}(\boldsymbol{x}_{\mathrm{m}})(\bar{\boldsymbol{F}}_{\mathrm{h}}+\boldsymbol{F}_{\mathrm{r}})\right]\leqslant -\alpha_{\mathrm{m}}(|\boldsymbol{x}_{\mathrm{m}}(t)|)+\gamma_{\mathrm{m}}(|u_{\sigma}(t)|) \tag{5-43}$$

从式（5-43）可以建立一个统一的 ISS 李雅普诺夫函数三元组$(V_{\mathrm{m}},\alpha_{\mathrm{m}},\gamma_{\mathrm{m}})$，由于$V_{\mathrm{m}}$的光滑性，根据 Mancilla-Aguilar 的定理 5-1[8]，可以得出切换系统是一致输入-状态稳定的（UISS）。

结合式（5-42），可以得出子系统（5-30）关于输入$\bar{\zeta}_{\mathrm{h}}$，$\bar{\psi}_{\mathrm{h}}$和$|\boldsymbol{F}_{\mathrm{e}}|$是输入-状态稳定的。引理 5-1 得证。

联合定理 5-1 和引理 5-1，可以得出以$\boldsymbol{F}_{\mathrm{h}}$为输入的主手子系统的稳定性结论。

**定理 5-2** 在式（5-30）所表示的$\boldsymbol{f}_{\mathrm{r}}(\cdot)$输入作用下，子系统（5-44）是输入-状态稳定的。

$$\begin{cases}\dot{\boldsymbol{x}}_{\mathrm{m}}=\boldsymbol{g}(\boldsymbol{x}_{\mathrm{m}})+\boldsymbol{h}(\boldsymbol{x}_{\mathrm{m}})(\boldsymbol{F}_{\mathrm{h}}+\boldsymbol{F}_{\mathrm{r}})\\ \boldsymbol{F}_{\mathrm{r}}=\boldsymbol{f}_{\mathrm{r}}(\bar{\boldsymbol{F}}_{\mathrm{h}},\boldsymbol{F}_{\mathrm{e}})\end{cases} \tag{5-44}$$

**证明**：主手子系统的输入可以表示为

$$\boldsymbol{F}_{\mathrm{h}}+\boldsymbol{F}_{\mathrm{r}}=\boldsymbol{F}_{\mathrm{h}}-\bar{\boldsymbol{F}}_{\mathrm{h}}+\bar{\boldsymbol{F}}_{\mathrm{h}}+\boldsymbol{F}_{\mathrm{r}} \tag{5-45}$$

定理 5-1 已经表明了$t\to\infty$时$|\boldsymbol{F}_{\mathrm{h}}-\bar{\boldsymbol{F}}_{\mathrm{h}}|$的有界性，特别地，有

$$|\boldsymbol{F}_{\mathrm{h}}-\bar{\boldsymbol{F}}_{\mathrm{h}}|\leqslant\max\left\{\beta^{*}\left(|\boldsymbol{F}_{\mathrm{h}}(0)-\bar{\boldsymbol{F}}_{\mathrm{h}}(0)|,t\right),\gamma_{(\boldsymbol{\varepsilon})}^{*}\left(\sup_{t\geqslant 0}|\bar{\boldsymbol{\varepsilon}}(t)|\right),\gamma_{(\boldsymbol{F})}^{*}\left(\sup_{t\geqslant 0}|\dot{\boldsymbol{F}}_{\mathrm{h}}(t)|\right)\right\} \tag{5-46}$$

ISS 李雅普诺夫函数对时间的导数为：

$$\begin{aligned}\dot{V}(\boldsymbol{x}_{\mathrm{m}}(t))&:=\nabla V(\boldsymbol{x}_{\mathrm{m}}(t))\left[\boldsymbol{g}(\boldsymbol{x}_{\mathrm{m}})+\boldsymbol{h}(\boldsymbol{x}_{\mathrm{m}})(\boldsymbol{F}_{\mathrm{h}}+\boldsymbol{F}_{\mathrm{r}})\right]\\&=\nabla V(\boldsymbol{x}_{\mathrm{m}}(t))\boldsymbol{g}(\boldsymbol{x}_{\mathrm{m}})+\nabla V\left[\boldsymbol{x}_{\mathrm{m}}(t))\boldsymbol{h}(\boldsymbol{x}_{\mathrm{m}})\right](\boldsymbol{F}_{\mathrm{h}}-\bar{\boldsymbol{F}}_{\mathrm{h}}+\bar{\boldsymbol{F}}_{\mathrm{h}}+\boldsymbol{F}_{\mathrm{r}})\\&\leqslant\nabla V(\boldsymbol{x}_{\mathrm{m}}(t))\boldsymbol{g}(\boldsymbol{x}_{\mathrm{m}})+|\nabla V(\boldsymbol{x}_{\mathrm{m}}(t))\boldsymbol{h}(\boldsymbol{x}_{\mathrm{m}})||\boldsymbol{F}_{\mathrm{h}}-\bar{\boldsymbol{F}}_{\mathrm{h}}|+\\&\quad\nabla V(\boldsymbol{x}_{\mathrm{m}}(t))\boldsymbol{h}(\boldsymbol{x}_{\mathrm{m}})\left(\bar{\boldsymbol{F}}_{\mathrm{h}}+\boldsymbol{F}_{\mathrm{r}}\right)\end{aligned} \tag{5-47}$$

利用如下不等式：

$$\nabla V(\boldsymbol{x}_{\mathrm{m}}(t))\boldsymbol{g}(\boldsymbol{x}_{\mathrm{m}})+|\nabla V(\boldsymbol{x}_{\mathrm{m}}(t))\boldsymbol{h}(\boldsymbol{x}_{\mathrm{m}})||\boldsymbol{u}_{\mathrm{m}}(t)| \leqslant -\alpha_{\mathrm{m}}\left(|\boldsymbol{x}_{\mathrm{m}}(t)|\right)+\gamma_{\mathrm{m}}\left(|\boldsymbol{u}_{\mathrm{m}}(t)|\right) \tag{5-48}$$

有：

$$
\begin{aligned}
&\nabla V(\boldsymbol{x}_{\mathrm{m}}(t))\left[\boldsymbol{g}(\boldsymbol{x}_{\mathrm{m}})+\boldsymbol{h}(\boldsymbol{x}_{\mathrm{m}})(\boldsymbol{F}_{\mathrm{h}}+\boldsymbol{F}_{\mathrm{r}})\right] \\
&\leqslant -\alpha_{\mathrm{m}}\left(\left|\boldsymbol{x}_{\mathrm{m}}(t)\right|\right)+\gamma_{\mathrm{m}}\left(\max\left\{2\left|\boldsymbol{F}_{\mathrm{h}}-\bar{\boldsymbol{F}}_{\mathrm{h}}\right|,2\left|\bar{\boldsymbol{\zeta}}_{\mathrm{h}}\right|,4\left|\bar{\boldsymbol{\psi}}_{\mathrm{h}}\right|,2\chi^{*}(\left|\boldsymbol{F}_{\mathrm{e}}\right|)\right\}\right)
\end{aligned}
\quad (5\text{-}49)
$$

式中，$\left|\boldsymbol{F}_{\mathrm{h}}-\bar{\boldsymbol{F}}_{\mathrm{h}}\right|$ 满足不等式（5-46），因此可以得出系统（5-44）关于输入 $\left|\boldsymbol{F}_{\mathrm{h}}(0)-\bar{\boldsymbol{F}}_{\mathrm{h}}(0)\right|$、$\left|\bar{\boldsymbol{\varepsilon}}(t)\right|$、$\left|\dot{\boldsymbol{F}}_{\mathrm{h}}(t)\right|$、$\left|\bar{\boldsymbol{\zeta}}_{\mathrm{h}}\right|$、$\left|\bar{\boldsymbol{\psi}}_{\mathrm{h}}\right|$ 以及 $\left|\boldsymbol{F}_{\mathrm{e}}\right|$ 是输入-状态稳定的。

证毕。

下面对遥操作闭环系统的稳定性进行分析。由于闭环回路包括了从端机器人，而从端机器人的本地控制内回路控制并不是本章研究的重点，因此这里首先对其进行以下假设。

**假设 5-3**　从端机器人系统在本地控制回路下是输入-输出稳定的，IOS 增益为 $\gamma_{\mathrm{s}}$。

在分析时，通信环节中的时延也需要进行考虑。定义从端机器人系统的输入指令为 $u_{\mathrm{s}}(t): y_{\mathrm{m}}(t-T_{\mathrm{l}}(t))$，而从端机器人系统的输出指令为 $y_{\mathrm{s}}(t): f_{\mathrm{e}}(t+T_{\mathrm{r}}(t))$。其中，$T_{\mathrm{l}}(t)$ 与 $T_{\mathrm{r}}(t)$ 表示前向与后向通道的时延。则对于闭环回路系统，有如下结论成立：

**定理 5-3**　对于采用力反馈算法（5-50）的双边遥操作系统，如果满足以下小增益稳定判据：

$$
\gamma_{\mathrm{s}}\circ 2\chi^{*}(s)<\mathbb{I}(s),\quad s\in\mathbb{R}^{+} \quad (5\text{-}50)
$$

则系统关于 $\left\{\left|\boldsymbol{F}_{\mathrm{h}}(0)-\bar{\boldsymbol{F}}_{\mathrm{h}}(0)\right|,\left|\bar{\boldsymbol{\varepsilon}}(t)\right|,\left|\dot{\boldsymbol{F}}_{\mathrm{h}}(t)\right|,\left|\boldsymbol{F}_{\mathrm{h}}^{\Xi}(t)\right|\right\}$ 是输入-状态稳定的。

**证明**：主手对从端的输出包括了主端机器人的状态信息，很显然从 $\left|\boldsymbol{F}_{\mathrm{e}}\right|$ 到主端输出 $y_{\mathrm{m}}(t)$ 的 IOS 增益为 $2\chi^{*}$。

根据多通道小增益理论[9]，如果增益满足 $\gamma_{\mathrm{s}}\circ 2\chi^{*}(s)<\mathbb{I}(s)$，则系统关于 $\left\{\left|\boldsymbol{F}_{\mathrm{h}}(0)-\bar{\boldsymbol{F}}_{\mathrm{h}}(0)\right|,\left|\bar{\boldsymbol{\varepsilon}}(t)\right|,\left|\dot{\boldsymbol{F}}_{\mathrm{h}}(t)\right|,\left|\bar{\boldsymbol{\zeta}}_{\mathrm{h}}\right|,\left|\bar{\boldsymbol{\psi}}_{\mathrm{h}}\right|\right\}$ 是输入-状态稳定的。

利用不等式 $\bar{\boldsymbol{\zeta}}_{\mathrm{h}}(t)\leqslant\left|\boldsymbol{F}_{\mathrm{h}}^{\Xi}(t)\right|+\left|\bar{\boldsymbol{\zeta}}_{\mathrm{h}}(t)-\boldsymbol{F}_{\mathrm{h}}^{\Xi}(t)\right|$，并考虑 $\bar{\boldsymbol{F}}_{\mathrm{h}}(t)$ 与 $\bar{\boldsymbol{\zeta}}_{\mathrm{h}}(t)$ 间的关系，可以推导出 $\left|\boldsymbol{F}_{\mathrm{h}}^{\Xi}(t)-\bar{\boldsymbol{\zeta}}_{\mathrm{h}}(t)\right|$ 的有界性：

$$
\begin{aligned}
&\left|\boldsymbol{F}_{\mathrm{h}}^{\Xi}(t)-\bar{\boldsymbol{\zeta}}_{\mathrm{h}}(t)\right|=\mu^{*}\left|\boldsymbol{F}_{\mathrm{h}}(t)-\bar{\boldsymbol{F}}_{\mathrm{h}}(t)\right| \\
&\leqslant\max\left\{\mu^{*}\circ\beta^{*}\left(\left|\boldsymbol{F}_{\mathrm{h}}(0)-\bar{\boldsymbol{F}}_{\mathrm{h}}(0)\right|,t\right),\mu^{*}\circ\gamma_{(\boldsymbol{\varepsilon})}^{*}\left(\sup_{t\geqslant 0}\left|\bar{\boldsymbol{\varepsilon}}(t)\right|\right),\mu^{*}\circ\gamma_{(\boldsymbol{F})}^{*}\left(\sup_{t\geqslant 0}\left|\dot{\boldsymbol{F}}_{\mathrm{h}}(t)\right|\right)\right\}
\end{aligned}
\quad (5\text{-}51)
$$

因此闭环遥操作系统关于 $\left\{\left|\boldsymbol{F}_{\mathrm{h}}(0)-\bar{\boldsymbol{F}}_{\mathrm{h}}(0)\right|,\left|\bar{\boldsymbol{\varepsilon}}(t)\right|,\left|\dot{\boldsymbol{F}}_{\mathrm{h}}(t)\right|,\left|\boldsymbol{F}_{\mathrm{h}}^{\Xi}(t)\right|\right\}$ 是输入-状态稳定的。

证毕。

## 5.4.2 力觉感受及透明性分析

力反馈双边控制中操作员的力觉体验质量也是一项重要的性能指标。由于本章所提的力反馈算法是分段进行设计的，因此在不同情况间进行切换时，有可能会产生反馈力跳变的现象。本节从幅值和方向两个方面对操作员的力觉体验进行研究。

对反馈力的连续性进行分析时，以常值操作力 $\boldsymbol{F}_h$ 作为前提。这是因为当操作员的操作力变化时，从端反作用力也会发生突变；而操作力固定时，更便于分析反馈力随环境接触力的变化情况。

从式（5-28）中可以看出，在任何一种操作状态中，连续的环境接触力 $\boldsymbol{F}_e$ 都会产生连续的反馈力 $\boldsymbol{F}_r$，因此本节主要分析切换发生时反馈力的连续性。在 $\boldsymbol{F}_h$ 固定的情况下，切换只存在于情况（i）与情况（ii）之间，以及情况（iii）与情况（iv）之间。在情况（ii）与情况（iii）下，$|\boldsymbol{F}_r|$ 取决于 $\boldsymbol{F}_e$，而在情况（i）与情况（iv）下，$|\boldsymbol{F}_r|$ 由 $\boldsymbol{F}_h$ 与 $\boldsymbol{F}_e$ 综合决定。更具体地分析，当 $|\boldsymbol{F}_e^{\Xi}|/|\bar{\boldsymbol{F}}_h^{\Xi}| \leqslant 1$ 时，即使在情况（i）与情况（iv）中，$|\boldsymbol{F}_r|$ 也只和 $\boldsymbol{F}_e$ 有关，此时选取合适的 $\chi_2$ 与 $\chi_3$，就能保证 $|\boldsymbol{F}_r|$ 在四种情况中切换时的稳定性。而当 $|\boldsymbol{F}_e^{\Xi}|/|\bar{\boldsymbol{F}}_h^{\Xi}| > 1$ 时，$|\boldsymbol{F}_h^{\Xi}|$ 会对 $|\boldsymbol{F}_r|$ 产生影响，由于 $\boldsymbol{F}_h$ 具有随机性和任意性的特点，选取一个合适的 $\chi_i$ 来保证 $|\boldsymbol{F}_r|$ 的连续性是很难的。对这种情况，也有另一种解释，即此时牺牲了一定的力觉感受性能来保证系统的稳定性。表 5-1 所示为力觉感受性能矩阵，表中给出了 $|\boldsymbol{F}_r|$ 在各种状态切换过程中的连续性。可以看出，除了少数情况下系统的稳定性成为首要考虑以外，大多数情况下，$|\boldsymbol{F}_r|$ 的连续性能得到保证。

**表 5-1　力觉感受性能矩阵**

| | | 情况（i） | 情况（ii） | | 情况（iii） | 情况（iv） |
|---|---|---|---|---|---|---|
| $\lvert\boldsymbol{F}_e^{\Xi}\rvert/\lvert\bar{\boldsymbol{F}}_h^{\Xi}\rvert \leqslant 1$ | 情况（i） | Y | Y | 情况（iii） | Y | Y |
| | 情况（ii） | Y | Y | 情况（iv） | Y | Y |
| $\lvert\boldsymbol{F}_e^{\Xi}\rvert/\lvert\bar{\boldsymbol{F}}_h^{\Xi}\rvert > 1$ | 情况（i） | Y | N | 情况（iii） | Y | N |
| | 情况（ii） | N | Y | 情况（iv） | N | Y |

注：Y 表示连续变化；N 表示 $|\boldsymbol{F}_r|$ 可能出现跳变。

本章所提出的算法另一优点是在反馈力方向上的准确性。为了说明这种优势，下面与文献[3]提出的力反馈算法进行对比。

$$\boldsymbol{F}_{\mathrm{r}}=\frac{\alpha(|\hat{\boldsymbol{F}}_{\mathrm{e}}|)}{|\hat{\boldsymbol{F}}_{\mathrm{e}}|}\hat{\boldsymbol{F}}_{\mathrm{e}}+\frac{[\mathbb{I}-\alpha](|\hat{\boldsymbol{\phi}}_{\mathrm{env}}|)}{|\hat{\boldsymbol{\phi}}_{\mathrm{env}}|}\hat{\boldsymbol{\phi}}_{\mathrm{env}} \tag{5-52}$$

在算法（5-52）中，$\hat{\boldsymbol{\phi}}_{\mathrm{env}}$ 与 $\hat{\boldsymbol{F}}_{\mathrm{h}}$ 具有相同的方向。当 $\hat{\boldsymbol{F}}_{\mathrm{e}}$ 与 $\hat{\boldsymbol{F}}_{\mathrm{h}}$ 不共线时，$\boldsymbol{F}_{\mathrm{r}}$ 与 $\hat{\boldsymbol{F}}_{\mathrm{e}}$ 的方向存在一个偏差，只有当增益函数选取为 $\alpha(\cdot)=\mathbb{I}(\cdot)$ 时此偏差才能消除。然而，若选择 $\alpha(\cdot)=\mathbb{I}(\cdot)$，那么算法（5-52）就变为 $\boldsymbol{F}_{\mathrm{r}}=\alpha(|\hat{\boldsymbol{F}}_{\mathrm{e}}|)\hat{\boldsymbol{F}}_{\mathrm{e}}/|\hat{\boldsymbol{F}}_{\mathrm{e}}|$。这意味着反馈力 $\boldsymbol{F}_{\mathrm{r}}$ 将一直与 $\boldsymbol{F}_{\mathrm{h}}$ 无关，算法的稳定性判据将存在较大的保守性。而在算法（5-28）中，$\boldsymbol{F}_{\mathrm{r}}$ 与 $\boldsymbol{F}_{\mathrm{e}}$ 将始终保持一致，提高透明性的同时也避免了保守的稳定性判据。

# 5.5　仿真与实验验证

本节通过仿真和地面实验对所设计的力反馈控制算法进行验证。地面遥操作实验系统包括一个七自由度的力反馈手控器[10]和一个六自由度的工业机器人。在工业机器人末端，安装有一个 ATI 的 Delta 六轴力/力矩传感器，其采样频率为 1kHz。工业机器人本地回路由一个计算机主机进行控制，主端与从端的通信通过 UDP 网络实现，实验平台如图 5-2 所示。

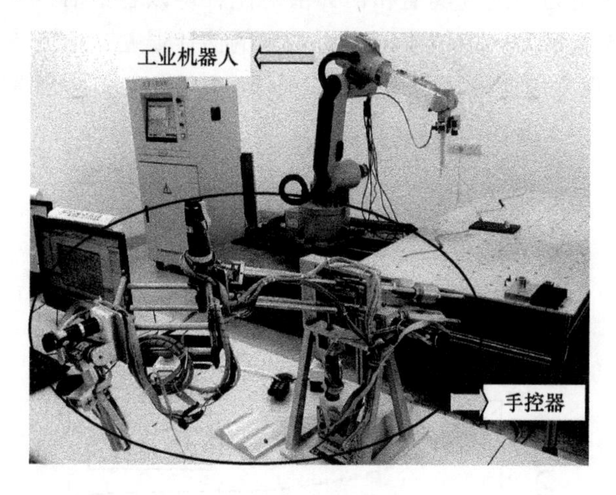


图 5-2　实验平台

## 5.5.1　数值仿真结果

由于手控器上没有安装力传感器，本节首先通过数值仿真对操作员作用力估计算法进行验证。在仿真中，考虑一个两连杆的机械臂，其动力学模型（5-1）的参数矩阵为：

$$M(q)=\begin{bmatrix}6.733+6\cos q_2 & 3.4+6\cos q_2\\ 3.4+6\cos q_2 & 3.4\end{bmatrix}，C(q,\dot{q})=\begin{bmatrix}-6\dot{q}_2\sin q_2 & -3\dot{q}_2\sin q_2\\ 3\dot{q}_1\sin q_2 & 0\end{bmatrix}$$

两连杆的杆长分别为 $l_1=1\,\text{m}, l_2=2\,\text{m}$。初始状态时，机械臂的关节角都为 0，末端位置为[3 m 0 0]。操作员对机械臂的末端施加作用力，末端的目标位置为[1.7758 m 2.3457 m 0]。机械臂的本地内回路控制算法采用自适应控制方法[11]。

算法（5-5）中 $\alpha$ 的选择对估计效果有着重要的影响，$\alpha$ 决定了低通滤波器（5-3）的截止频率。若 $\alpha$ 的值过高，观测器的滞后效应将会非常明显，同时初始误差也将会持续很长的时间（定理 5-1 也说明了误差界随着 $\alpha$ 增大而增大）。另一方面，$\alpha$ 的取值太小时，截止频率过高，超过正常动作频率范围的高频噪声会引入到估计结果。在仿真中，选择 $\alpha=0.1$，对应截止频率为 10 Hz。为了模拟真实情况，在关节测量速度中还加入了高斯白噪声。仿真结果如图 5-3～图 5-5 所示。

图 5-3 所示为仿真过程中机械臂所受到的控制力矩和操作力曲线。图 5-4 所示为操作员作用力矩的真实值和估计值对比，可以看出估计算法具有较好的准确度。图 5-5 所示为 $\alpha$ 取值不同时所对应的估计误差，由图 5-5 所示可以看出，$\alpha=10$ 时，误差收敛速度显著变慢；而 $\alpha=0.01$ 时，高频分量噪声明显，这个对比结果也证实了前面的分析结论。

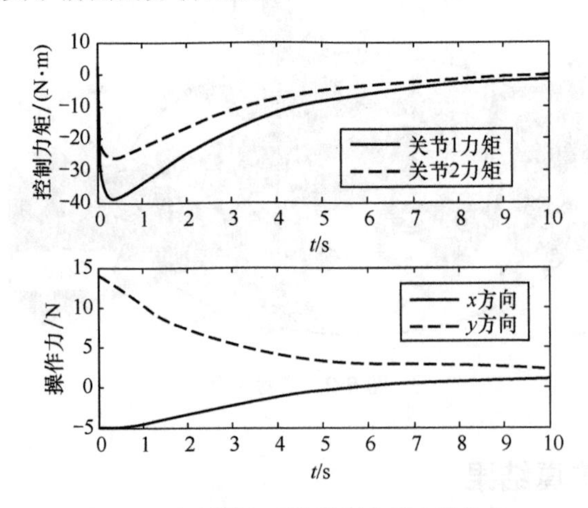


图 5-3　机械臂所受的控制力矩和操作力

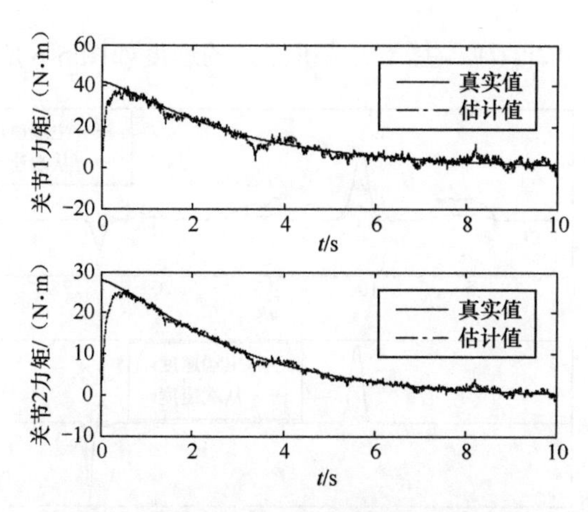


图 5-4　操作员作用力矩真实值和估计值

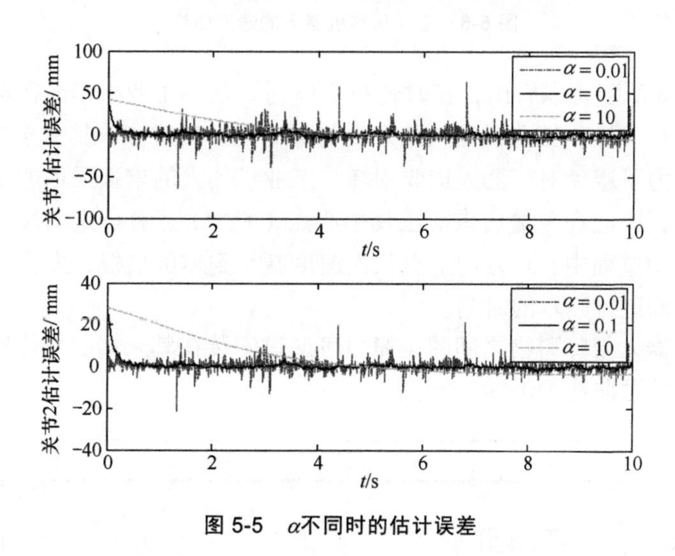


图 5-5　$\alpha$不同时的估计误差

## 5.5.2　实验结果分析

在地面实验平台上进行了两组实验对算法进行验证。为了便于数据分析，从端工业机器人的末端执行器只在水平范围内运动（基座标系的 $x$-$y$ 平面）。

在第一组实验中，从端机工业机器人的末端初始处于自由空间。实验开始时，操作员沿着特定的方向移动手控器，工业机器人跟随手控器运动，直到工业机器人的末端与沿着 $y$ 方向的直线障碍发生接触，障碍物的坐标为 $y$=0.94m。从端工业机器人的输入指令为主端手控器末端的速度信号，缩放比例为 0.2，

即 $u_s(t)=0.2y_m(t)=0.2v_m(t)$。主、从端机器人的速度如图 5-6 所示。

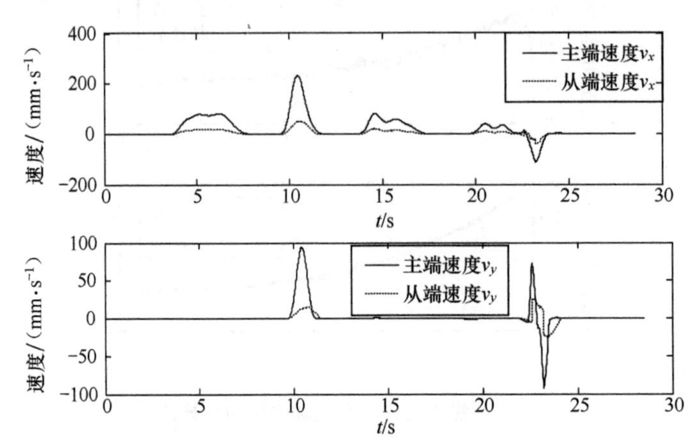


图 5-6 主、从端机器人的速度曲线

从图 5-6 所示可以看出，在时刻 $t<23\,\mathrm{s}$ 时，从端工业机器人在自由空间运动。在时刻 $t=23\,\mathrm{s}$，工业机器人的末端与障碍物发生碰撞，其 $x$ 方向的运动受到了阻碍。为了避免对机器人造成损坏，工业机器人的末端采用的是具有弹性的柔性材料，因此在碰撞后末端工具中心点（TCP）还有一定的位移和速度。另外，在运动过程中，$x$ 方向上有三次速度减小到零的情况，发生在主端手控器对工作空间进行归零的时刻。

工业机器人与障碍物之间的碰撞力可通过安装在其末端的力传感器测得，碰撞力与反馈力曲线如图 5-7 所示。

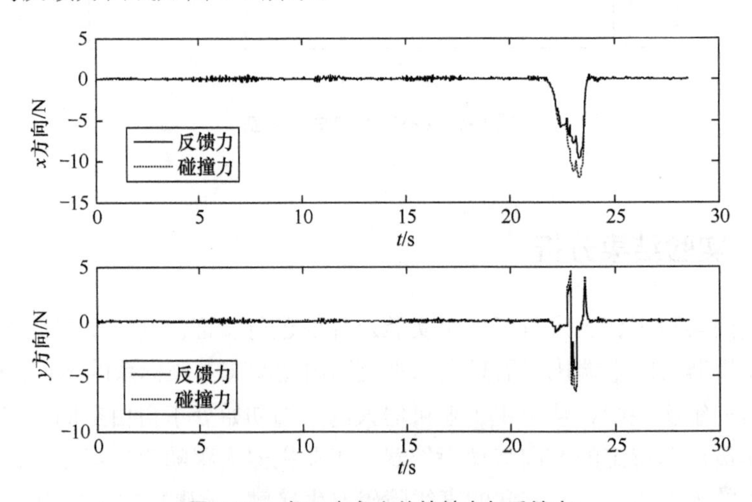


图 5-7 $x$ 与 $y$ 方向上的接触力与反馈力

从图 5-7 所示可以看出，反馈力与接触力变化的趋势基本是统一的。在自由空间运动时，接触力为零，仅存在一定的力传感器测量噪声。在加速阶段，由于惯性力的存在，这种噪声会更明显一些。碰撞发生时，反馈力与接触力大小相同。随着接触力增大，过高的反馈增益可能会破坏遥操作的稳定性，此时通过对接触力进行正交投影和分解，生成了不同的反馈力。图中可以看出此时反馈力比接触力幅值要小，但是依然正确地反映了接触力的变化趋势。在 $y$ 方向产生的力是碰撞发生后，操作员调整手控器时工业机器人与障碍物之间发生的摩擦力。对操作力的估计曲线图 5-8 所示。

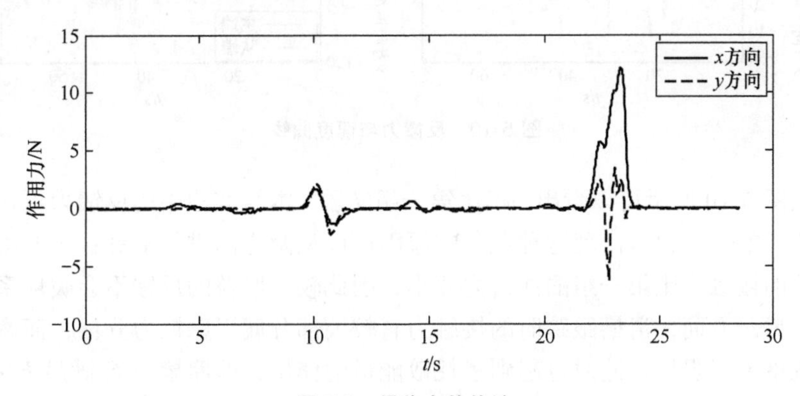


图 5-8　操作力的估计

第二组实验是滑槽曲线跟踪实验（见图 5-9）。在实验中，操作员根据力反馈信息，控制手控器引导工业机器人的末端在滑槽中运动。与第一组实验不同的是，这组实验中工业机器人在运动时一直与环境发生接触。另外，为了验证算法在时延下的稳定性，遥操作系统中加入了 2 s 的回路时延。

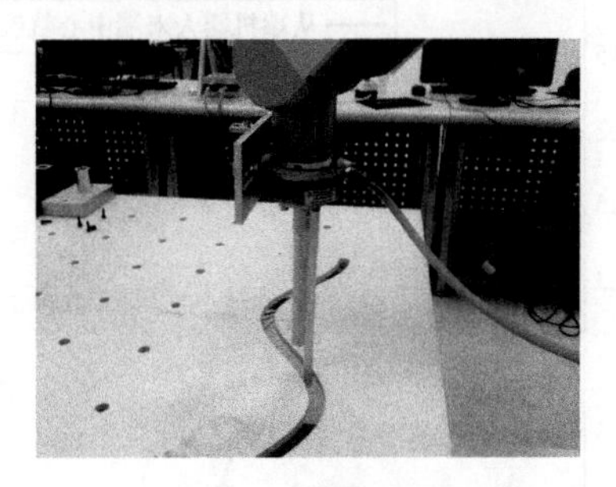

图 5-9　滑槽跟踪实验

本组实验中不会产生大的冲击力，因此速度缩放比例取值可以稍大，在这里选取为 0.5，即 $u_s(t)=0.5y_m(t)=0.5v_m(t)$，主、从端机器人的反馈力与速度信息如图 5-10 所示。

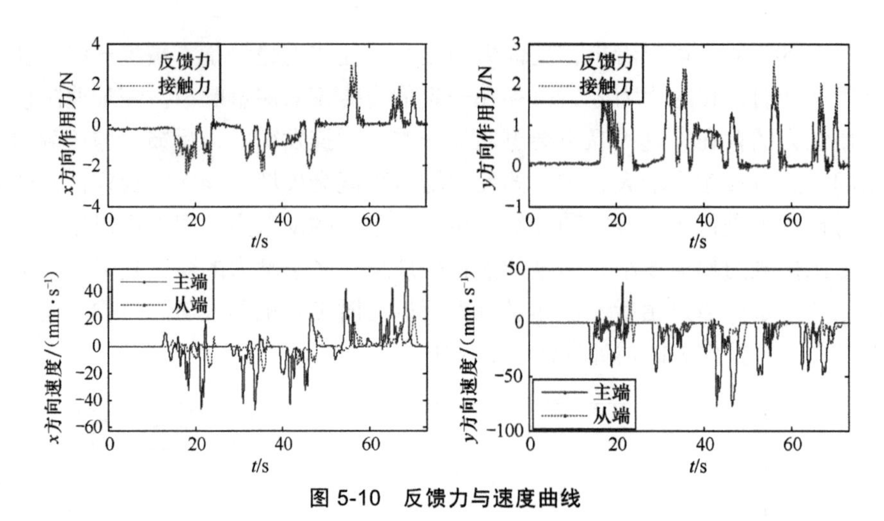


图 5-10 反馈力与速度曲线

从图 5-10 所示可以看出，相比第一组实验，本组实验中的反馈力更接近工业机器人的接触力。出现这种现象的原因可以从两方面进行解释：一方面，本组实验的接触力比第一组的冲击力要小，因此较高增益的反馈不会破坏系统稳定性；另一方面，滑槽跟踪时的接触力有较大部分属于摩擦力分量，而摩擦力为系统带入了阻尼，同时也起到了耗散能量的作用，即摩擦力 $\boldsymbol{F}_{\mathrm{f}}$ 满足 $\boldsymbol{F}_{\mathrm{f}} \in \Theta$ 。依据定理 5-2，为了获得良好的透明性， $\chi_2(\cdot)$ 与 $\chi_3(\cdot)$ 都设为 $\mathbb{I}$ ，反馈力能完全再现工业机器人与环境的接触情况。

由于时延的存在，工业机器人的响应相对主端的指令存在一定的滞后（见图 5-10 所示的速度曲线所示），虽然如此，系统在操作过程中依然保持了稳定性。图 5-11 所示为工业机器人末端的运动轨迹。

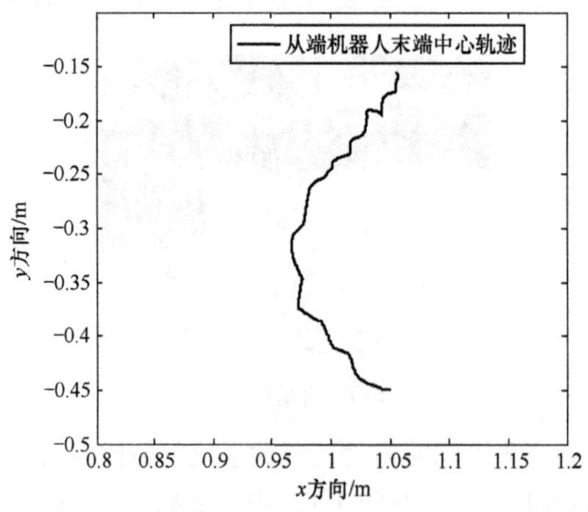


图 5-11 从端 TCP 轨迹

为了展现本方法的优势，本节进行了一组对比试验。分别用文献[3]的力反馈方法和本章所提的力反馈算法进行滑槽跟踪，两种方法的反馈力方向如图 5-12 所示。从图 5-12 中可以看出，文献[3]的反馈力方向经常会产生偏差，最多时能达到 60°，而本章所设计的方法能严格保证反馈力方向的正确性。

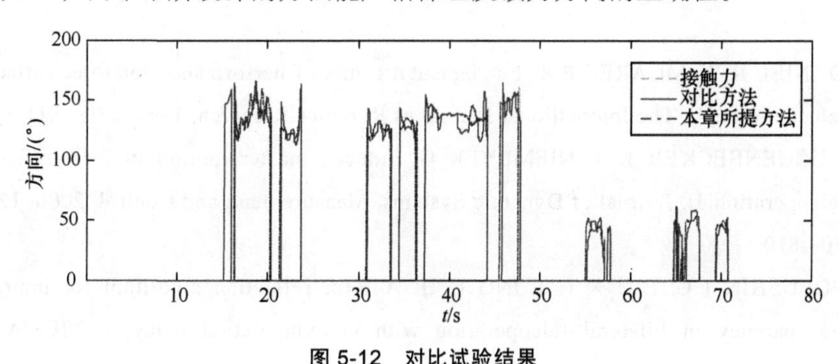


图 5-12　对比试验结果

# 5.6　本章小结

本章针对时延遥操作系统，在小增益定理与多通道输入/输出小增益稳定性理论框架下，基于从端力的无源正交投影，提出了一种力反馈算法。

相比一般的双边力反馈算法，该方法的特点在于进行力反馈时，结合操作员的动作特性，综合考虑了操作员与手控器间的人机交互信息。通过这种处理，很大程度上减少了主端的诱导运动。诱导运动会使力反馈遥操作回路发生振荡，这是影响遥操作稳定性的主要因素之一，因此这种方法在一定程度上提高了系统稳定性。

传统的方法为了保证时延遥操作系统的回路稳定性，往往会对力反馈的增益进行较大的限制，从而严重影响了系统透明性。本章提出无源空间、无源裕度等新概念，在多通道小增益稳定性理论框架下，首次对反馈力与人机交互作用的关系以及它们对系统稳定性的影响进行了详尽的分析。在此基础上，基于末端力在无源空间的正交投影和分解，进一步设计了力反馈控制算法。相比近年来所提出的算法，该方法的稳定性判据具有更低的保守性，容许更高的力反馈增益，因此在遥操作的透明度上有较明显的性能提升。

理论分析证明了其稳定性和力觉感受性能，同时仿真和地面实验也展现了该方法的有效性和在系统透明性上的优势。

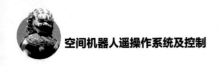

# | 参考文献 |

[1] DANIEL R W, MCAREE P R. Fundamental limits of performance for force reflecting teleoperation[J]. The International Journal of Robotics Research, 1998, 17(8):811-830.

[2] KUCHENBECKER K J, NIEMEYER G. Induced master motion in force-reflecting teleoperation[J]. Journal of Dynamic Systems, Measurement, and Control, 2006, 128(4): 800-810.

[3] POLUSHIN I G, LIU X P, LUNG C H. A force-reflection algorithm for improved transparency in bilateral teleoperation with communication delay[J]. IEEE/ASME Transactions on Mechatronics, 2007, 12(3):361-374.

[4] SPEICH J E, FITE K, GOLDFARB M. A method for simultaneously increasing transparency and stability robustness in bilateral telemanipulation[C]//IEEE International Conference on Robotics and Automation. Piscataway, USA: IEEE, 2000: 2671-2676.

[5] KHALIL H K. Nonlinear systems[M].3rd ed. Upper Saddle River, New Jersey: Prentice Hall, 2002.

[6] TANNER N A, NIEMEYER G. High-frequency acceleration feedback in wave variable telerobotics[J]. IEEE/ASME Transactions on Mechatronics, 2006, 11(2): 119-127.

[7] POLUSHIN I G, LIU X P, LUNG C H. Stability of bilateral teleoperators with generalized projection-based force reflection algorithms[J]. Automatica, 2012, 48(6): 1005-1016.

[8] MANCILLA-AGUILAR J L, GARCIA R A. On converse Lyapunov theorems for ISS and iISS switched nonlinear systems[J]. Systems & control letters, 2001, 42(1): 47-53.

[9] POLUSHIN I, MARQUEZ H J, TAYEBI A, et al. A multichannel IOS small gain theorem for systems with multiple time-varying communication delays[J]. IEEE Transactions on Automatic Control, 2009, 54(2): 404-409.

[10] 吴常铖，宋爱国. 一种七自由度力反馈手控器测控系统设计[J]. 测控技术，2013, 32(4):70-73,77.

[11] SLOTINE J E, LI W. On the adaptive control of robot manipulators[J]. The International Journal of Robotics Research, 1987, 6(3): 49-59.

# 第6章 基于无源性的变增益双边遥操作控制

从主、从两端传输的信号类型以及传感器的配置上进行划分，双边控制主要包括两种结构：力反射型和位置误差型。前者顾名思义，由主端向从端传递位置/速度指令，从端进行位置或速度跟随；从端同时向主端直接传递反馈力信号。这种结构适合从端机器人带有力传感器的情况，此时能直接获取与外界的接触力信息并真实地反馈至操作员。第 5 章的力反馈算法就是针对这种结构而提出的。另一种 PE 双边控制，其主、从端双向传递的都是位置/速度信号：主端向从端传递位置/速度信息，作为从端的输入指令；从端同时也向主端反馈从端的位置/速度信息。根据双端的位置/速度偏差，主、从端机器人进行同步，也同时通过控制作用力向操作员完成力反馈。PE 双边控制结构非常适合从端缺少力传感器的情况，其适应性更强，同时也能根据位置或速度偏差量灵活地进行力反馈双边控制算法设计。

本章对 PE 型的双边遥操作控制方法进行研究。由于任务空间的遥操作应用范围更广，对操作员也更直观，因此本章针对任务空间的双边控制进行算法设计。本章的研究提高了遥操作系统的综合性能（稳定性、透明性与跟踪性）。另外，考虑复杂遥操作任务中多工作模态的特点，本章还设计了适用于在多工作模态下进行连续稳定操作的双边控制算法。

## 6.1 基于四元数的变时延任务空间无源双边控制

与关节空间的遥操作不同，多自由度机器人在任务空间的遥操作同时涉及了机器人末端的位置和姿态两方面的控制。以六自由度的空间机器人为例，其位置信息一般在 $\mathbb{R}^3$ 空间进行表示，而其姿态信息一般由旋转矩阵表示：$\boldsymbol{R}_i \in \mathrm{SO}(3)$，因此在任务空间，需要双端机器人在 $\mathbb{R}^3 \times \mathrm{SO}(3)$ 内进行同步。为了保证时延稳定性，主流的双边控制方法都是基于无源控制的形式，以力-速度二端口网络的无源映射为依据，考察系统的无源性。但是涉及姿态时，由于 $\mathrm{SO}(3)$ 的特殊性，需要在一个统一的无源映射框架下对系统进行分析，该无源映射的形式既能描述 $\mathbb{R}^3$ 内的平动，又能描述在 $\mathrm{SO}(3)$ 内的转动特性。本章采用一种改进四元数的方法对位姿进行描述，同时在统一的无源映射框架下维持双边控制在变时延下的稳定性。

### 6.1.1 任务空间运动学表示

以 $\{\boldsymbol{x}_i, \boldsymbol{R}_i\}$ 表示机器人在任务空间的位姿状态，其中下标 $i = \mathrm{m,s}$ 分别表示主手和从手。前面已经说明，$\boldsymbol{x}_i \in \mathbb{R}^3$，$\boldsymbol{R}_i \in \mathrm{SO}(3)$。根据旋转矩阵与角速度的关系，有

$$\dot{\boldsymbol{R}}_i = \boldsymbol{R}_i \boldsymbol{\omega}_i^{\times} \tag{6-1}$$

式中，$\boldsymbol{\omega}_i \in \mathbb{R}^3$ 表示角速度向量；$\boldsymbol{\omega}_i^{\times}$ 表示由 $\boldsymbol{\omega}_i$ 构成的叉乘矩阵。机器人在任务空间的速度状态可以表示为 $\dot{\boldsymbol{X}}_i^{\mathrm{T}} = [\dot{\boldsymbol{x}}_i^{\mathrm{T}} \quad \boldsymbol{\omega}_i^{\mathrm{T}}]$，且由机器人运动学可以得到：

$$\dot{\boldsymbol{X}}_i = \boldsymbol{J}_i(\boldsymbol{q}_i)\dot{\boldsymbol{q}}_i, \quad i = \mathrm{m,s} \tag{6-2}$$

任务空间中位置误差依旧表示为 $\boldsymbol{x}_{\mathrm{s}} - \boldsymbol{x}_{\mathrm{m}}$，而姿态同步误差可以利用旋转矩阵进行表示：

$$\Delta\boldsymbol{R}(t) = \boldsymbol{R}_{\mathrm{s}}^{\mathrm{T}}(t)\boldsymbol{R}_{\mathrm{m}}(t) \tag{6-3}$$

SO(3) 空间内姿态误差对时间的导数为：

$$\frac{\mathrm{d}}{\mathrm{d}t}\Delta\boldsymbol{R}(t) = \Delta\boldsymbol{R}(t)\left[\boldsymbol{\omega}_{\mathrm{m}} - \Delta\boldsymbol{R}^{\mathrm{T}}(t)\boldsymbol{\omega}_{\mathrm{s}}\right] \tag{6-4}$$

为了便于在统一的无源性判据框架下进行任务空间双边控制的设计，考虑到四元数无奇异点的优良属性，本章采用一种基于四元数的姿态表示方法[1]。

定义四元数向量 $\boldsymbol{q}(\cdot) = [\tilde{\boldsymbol{q}}^{\mathrm{T}}(\cdot) \quad q_{\mathrm{s}}(\cdot)]^{\mathrm{T}}$。其中，$\tilde{\boldsymbol{q}}^{\mathrm{T}}(\cdot)$ 为矢量，且 $\tilde{\boldsymbol{q}}^{\mathrm{T}}(\cdot) \in \mathbb{R}^3$；$q_{\mathrm{s}}(\cdot)$ 为标量，$q_{\mathrm{s}}(\cdot) \in \mathbb{R}$。那么姿态误差 $\Delta\boldsymbol{R}(t)$ 的四元数为：

$$\begin{cases} \tilde{\boldsymbol{q}}(\Delta\boldsymbol{R}) = -q_{\mathrm{s}}(\boldsymbol{R}_{\mathrm{m}})\tilde{\boldsymbol{q}}(\boldsymbol{R}_{\mathrm{s}}) + q_{\mathrm{s}}(\boldsymbol{R}_{\mathrm{s}})\tilde{\boldsymbol{q}}(\boldsymbol{R}_{\mathrm{m}}) - \tilde{\boldsymbol{q}}(\boldsymbol{R}_{\mathrm{s}}) \times \tilde{\boldsymbol{q}}(\boldsymbol{R}_{\mathrm{m}}) \\ q_{\mathrm{s}}(\Delta\boldsymbol{R}) = q_{\mathrm{s}}(\boldsymbol{R}_{\mathrm{s}})q_{\mathrm{s}}(\boldsymbol{R}_{\mathrm{m}}) + \tilde{\boldsymbol{q}}^{\mathrm{T}}(\boldsymbol{R}_{\mathrm{s}})\tilde{\boldsymbol{q}}(\boldsymbol{R}_{\mathrm{m}}) \end{cases} \tag{6-5}$$

其对时间的导数为：

$$\begin{cases} \dot{\tilde{\boldsymbol{q}}}(\Delta\boldsymbol{R}) = \dfrac{1}{2}\left[\tilde{\boldsymbol{q}}(\Delta\boldsymbol{R})^{\times} + q_{\mathrm{s}}(\Delta\boldsymbol{R})\boldsymbol{I}\right](\boldsymbol{\omega}_{\mathrm{m}} - \Delta\boldsymbol{R}^{\mathrm{T}}\boldsymbol{\omega}_{\mathrm{s}}) \\ \dot{q}_{\mathrm{s}}(\Delta\boldsymbol{R}) = -\dfrac{1}{2}\tilde{\boldsymbol{q}}^{\mathrm{T}}(\Delta\boldsymbol{R})(\boldsymbol{\omega}_{\mathrm{m}} - \Delta\boldsymbol{R}^{\mathrm{T}}\boldsymbol{\omega}_{\mathrm{s}}) \end{cases} \tag{6-6}$$

### 6.1.2 变时延下的类 PD 双边控制设计

由于本章考虑的问题主要是控制系统自身在时延下的稳定性，因此分析前首先对操作员以及环境的交互进行以下假设。

**假设 6-1** 操作员—主手、环境—从手之间的交互属于无源系统，即对于任意 $t \geqslant 0$，存在 $\sigma_{\mathrm{m}}, \sigma_{\mathrm{s}} \in \mathbb{R}^+$，使

$$\int_0^t \dot{\boldsymbol{X}}_{\mathrm{m}}^{\mathrm{T}}\boldsymbol{F}_{\mathrm{h}}\mathrm{d}\delta \geqslant -\sigma_{\mathrm{m}}, \quad \int_0^t \dot{\boldsymbol{X}}_{\mathrm{s}}^{\mathrm{T}}\boldsymbol{F}_{\mathrm{e}}\mathrm{d}\delta \geqslant -\sigma_{\mathrm{s}} \tag{6-7}$$

另外，对于时延通信环节也做以下假设。

**假设 6-2** 前向通道时延 $T_{\mathrm{l}}(t)$ 及后向通道时延 $T_{\mathrm{r}}(t)$ 存在上界，即对任意 $t \geqslant 0$，$\exists T_{\mathrm{M}}^{\mathrm{l}}, T_{\mathrm{M}}^{\mathrm{r}} \in \mathbb{R}^+ < \infty$，满足 $0 \leqslant T_{\mathrm{l}}(t) \leqslant T_{\mathrm{M}}^{\mathrm{l}}$，$0 \leqslant T_{\mathrm{r}}(t) \leqslant T_{\mathrm{M}}^{\mathrm{r}}$。

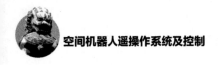

**假设 6-3** 时延长度的变化率有界，特别地，对于 $T_1(t)$ 与 $T_r(t)$，有

$$\left|\frac{\mathrm{d}T_1(t)}{\mathrm{d}t}\right|<1,\ \left|\frac{\mathrm{d}T_r(t)}{\mathrm{d}t}\right|<1 \tag{6-8}$$

假设 6-1 假定了操作员及环境的无源性。由于无源系统的级联仍能保持无源，因此此时若能保证双边控制系统的无源性，则遥操作闭环回路系统的稳定性就能得到保证。假设 6-2 对时延作了限定，大部分实际的系统都满足时延有界，且上界可测。假设 6-3 对时延时长的变化率作了一定的限制。事实上，当时延时长增加时，式（6-8）对 $T_1(t)$ 与 $T_r(t)$ 总能成立。

Nuno 等人[2]提出了一种关节空间的类 PD 双边控制算法，并指出了耗散因子能对时延变化所产生的能量进行耗散，文献[1]也提出了一种针对固定时延的任务空间双边控制。受其启发，提出下列形式的类 PD 双边控制算法：

$$\begin{aligned}
\boldsymbol{\tau}_{\mathrm{m}} &= \boldsymbol{J}_{\mathrm{m}}^{\mathrm{T}}\left\{\boldsymbol{K}_{\mathrm{d}}\begin{pmatrix}\zeta_{\mathrm{r}}\dot{\boldsymbol{x}}_{\mathrm{s}}(t-T_{\mathrm{r}})-\dot{\boldsymbol{x}}_{\mathrm{m}}\\ \zeta_{\mathrm{r}}\boldsymbol{R}_{\mathrm{m}}^{\mathrm{T}}\boldsymbol{R}_{\mathrm{s}}(t-T_{\mathrm{r}})\boldsymbol{\omega}_{\mathrm{s}}(t-T_{\mathrm{r}})-\boldsymbol{\omega}_{\mathrm{m}}\end{pmatrix}+\boldsymbol{K}_{\mathrm{p}}\begin{pmatrix}\boldsymbol{x}_{\mathrm{s}}(t-T_{\mathrm{r}})-\boldsymbol{x}_{\mathrm{m}}\\ \tilde{\boldsymbol{q}}(\boldsymbol{R}_{\mathrm{m}}^{\mathrm{T}}\boldsymbol{R}_{\mathrm{s}}(t-T_{\mathrm{r}}))\end{pmatrix}-\boldsymbol{D}_{\mathrm{m_damp}}\dot{\boldsymbol{X}}_{\mathrm{m}}\right\}\\
\boldsymbol{\tau}_{\mathrm{s}} &= \boldsymbol{J}_{\mathrm{s}}^{\mathrm{T}}\left\{\boldsymbol{K}_{\mathrm{d}}\begin{pmatrix}\zeta_{1}\dot{\boldsymbol{x}}_{\mathrm{m}}(t-T_{1})-\dot{\boldsymbol{x}}_{\mathrm{s}}\\ \zeta_{1}\boldsymbol{R}_{\mathrm{s}}^{\mathrm{T}}\boldsymbol{R}_{\mathrm{m}}(t-T_{1})\boldsymbol{\omega}_{\mathrm{m}}(t-T_{1})-\boldsymbol{\omega}_{\mathrm{s}}\end{pmatrix}+\boldsymbol{K}_{\mathrm{p}}\begin{pmatrix}\boldsymbol{x}_{\mathrm{m}}(t-T_{1})-\boldsymbol{x}_{\mathrm{s}}\\ \tilde{\boldsymbol{q}}(\boldsymbol{R}_{\mathrm{s}}^{\mathrm{T}}\boldsymbol{R}_{\mathrm{m}}(t-T_{1}))\end{pmatrix}-\boldsymbol{D}_{\mathrm{s_damp}}\dot{\boldsymbol{X}}_{\mathrm{s}}\right\}
\end{aligned} \tag{6-9}$$

式中，$\boldsymbol{K}_{\mathrm{d}}=\mathrm{diag}\left(k_{\mathrm{d}x}\boldsymbol{I}\quad k_{\mathrm{d}\omega}\boldsymbol{I}\right)$是对角方块阵，$\boldsymbol{I}$ 是单位矩阵，而 $k_{\mathrm{d}x}\boldsymbol{I}$ 与 $k_{\mathrm{d}\omega}\boldsymbol{I}$ 都为正定阵；$\boldsymbol{K}_{\mathrm{p}}=\mathrm{diag}\left(k_{\mathrm{p}x}\boldsymbol{I}\quad k_{\mathrm{p}\omega}\boldsymbol{I}\right)$ 也是对角阵，其中 $k_{\mathrm{p}x}>0$，$k_{\mathrm{p}\omega}>0$；$\boldsymbol{D}_{\mathrm{m\_damp}}$ 与 $\boldsymbol{D}_{\mathrm{s\_damp}}$ 为本地阻尼项，$\boldsymbol{D}_{\mathrm{m\_damp}}=\mathrm{diag}\left(d_{\mathrm{m}x}\boldsymbol{I}\quad d_{\mathrm{m}\omega}\boldsymbol{I}\right)>0$，$\boldsymbol{D}_{\mathrm{s\_damp}}=\mathrm{diag}(d_{\mathrm{s}x}\boldsymbol{I}\quad d_{\mathrm{s}\omega}\boldsymbol{I})>0$；$\zeta_1$ 与 $\zeta_{\mathrm{r}}$ 为耗散因子，分别定义为 $\zeta_1^2=1-\dot{T}_1(t)$，$\zeta_{\mathrm{r}}^2=1-\dot{T}_{\mathrm{r}}(t)$。注意到假设 6-3 保证了 $\zeta_1$ 与 $\zeta_{\mathrm{r}}$ 的存在。此外，在设计控制算法时，本节没有考虑机器人的重力项（重力项可以利用前馈控制进行补偿），故动力学方程可简化为：

$$\begin{cases}\boldsymbol{M}_{\mathrm{m}}(\boldsymbol{q}_{\mathrm{m}})\ddot{\boldsymbol{q}}_{\mathrm{m}}+\boldsymbol{C}_{\mathrm{m}}(\boldsymbol{q}_{\mathrm{m}},\dot{\boldsymbol{q}}_{\mathrm{m}})\dot{\boldsymbol{q}}_{\mathrm{m}}=\boldsymbol{\tau}_{\mathrm{m}}-\boldsymbol{J}_{\mathrm{m}}^{\mathrm{T}}(\boldsymbol{q}_{\mathrm{m}})\boldsymbol{F}_{\mathrm{h}}\\ \boldsymbol{M}_{\mathrm{s}}(\boldsymbol{q}_{\mathrm{s}})\ddot{\boldsymbol{q}}_{\mathrm{s}}+\boldsymbol{C}_{\mathrm{s}}(\boldsymbol{q}_{\mathrm{s}},\dot{\boldsymbol{q}}_{\mathrm{s}})\dot{\boldsymbol{q}}_{\mathrm{s}}=\boldsymbol{\tau}_{\mathrm{s}}-\boldsymbol{J}_{\mathrm{s}}^{\mathrm{T}}(\boldsymbol{q}_{\mathrm{s}})\boldsymbol{F}_{\mathrm{e}}\end{cases} \tag{6-10}$$

在给出本节主要结论前，下面首先介绍一条后续证明过程中需要利用的引理[2]。

**引理 6-1** 对于相同维数的两个向量 $\boldsymbol{\alpha}(t)$、$\boldsymbol{\beta}(t)$，以及有界变时延，即 $0\leqslant T(t)\leqslant T_{\max}$，存在以下不等式：

$$-2\int_0^t\boldsymbol{\alpha}^{\mathrm{T}}(u)\int_0^{-T(u)}\boldsymbol{\beta}(u-\upsilon)\mathrm{d}\upsilon\mathrm{d}u\leqslant\lambda\|\boldsymbol{\alpha}\|_2^2+\frac{T_{\max}^2}{\lambda}\|\boldsymbol{\beta}\|_2^2 \tag{6-11}$$

式中，$\lambda$ 是任意正的常数。引理 6-1 的证明可参阅文献[2]。

对于本章所提出的双边控制算法，有以下结论：

**定理 6-1** 考虑非奇异状态的遥操作系统（6-10），在双边控制算法（6-9）作用下，如果控制增益满足以下不等式：

$$\begin{aligned}&2d_{mx}/k_{px}>\lambda_1+\frac{T_{\mathrm{M}}^{\mathrm{l}\,2}}{\lambda_2},2d_{sx}/k_{px}>\lambda_2+\frac{T_{\mathrm{M}}^{\mathrm{r}\,2}}{\lambda_1},\\&d_{\mathrm{m}\omega}/k_{\mathrm{p}\omega}>\frac{\lambda_{\mathrm{m}}}{4}+\frac{T_{\mathrm{M}}^{\mathrm{l}\,2}}{4\lambda_{\mathrm{s}}},d_{\mathrm{s}\omega}/k_{\mathrm{p}\omega}>\frac{\lambda_{\mathrm{s}}}{4}+\frac{T_{\mathrm{M}}^{\mathrm{r}\,2}}{4\lambda_{\mathrm{m}}}\end{aligned}\tag{6-12}$$

式中，$\lambda_i(i=1,2,\mathrm{m},\mathrm{s})$为正的常数，那么以下结论成立：

（Ⅰ）**稳定性** 双边系统（6-10）是稳定的，主、从端机器人在任务空间的误差和速度有界：$\{\dot{\boldsymbol{q}}_{\mathrm{m}},\dot{\boldsymbol{q}}_{\mathrm{s}},\boldsymbol{x}_{\mathrm{m}}-\boldsymbol{x}_{\mathrm{s}}\}\in\mathcal{L}_\infty$，$\boldsymbol{x}_{\mathrm{m}}(t)-\boldsymbol{x}_{\mathrm{s}}(t-T_{\mathrm{r}})\in\mathcal{L}_\infty$，$\{\dot{\boldsymbol{X}}_{\mathrm{m}},\dot{\boldsymbol{X}}_{\mathrm{s}}\}\in\mathcal{L}_2$。

（Ⅱ）**跟踪性** 在自由运动状态下（主、从端机器人都与外界没有发生接触），主从机器人在任务空间的位置与速度误差随时间收敛到零。

（Ⅲ）**透明性** 当主手或从手中任何一个处于稳态时（速度与加速度为零），双边控制可以取得理想的透明性，即

（a）$\ddot{\boldsymbol{X}}_{\mathrm{m}}=\dot{\boldsymbol{X}}_{\mathrm{m}}=\boldsymbol{0}\Rightarrow\dot{\boldsymbol{X}}_{\mathrm{s}}\to\boldsymbol{0},\boldsymbol{F}_{\mathrm{h}}\to\boldsymbol{F}_{\mathrm{e}}$

（b）$\ddot{\boldsymbol{X}}_{\mathrm{s}}=\dot{\boldsymbol{X}}_{\mathrm{s}}=\boldsymbol{0}\Rightarrow\dot{\boldsymbol{X}}_{\mathrm{m}}\to\boldsymbol{0},\boldsymbol{F}_{\mathrm{e}}\to\boldsymbol{F}_{\mathrm{h}}$

**证明**：证明过程分别针对定理的三个结论进行展开。

（Ⅰ）对于系统（6-10），选择如下李雅普诺夫-克拉索夫斯基函数：

$$\begin{aligned}V=&\underbrace{\frac{1}{2}\dot{\boldsymbol{q}}_{\mathrm{m}}^{\mathrm{T}}\boldsymbol{M}_{\mathrm{m}}(\boldsymbol{q}_{\mathrm{m}})\dot{\boldsymbol{q}}_{\mathrm{m}}}_{V_1}+\underbrace{\frac{1}{2}\dot{\boldsymbol{q}}_{\mathrm{s}}^{\mathrm{T}}\boldsymbol{M}_{\mathrm{s}}(\boldsymbol{q}_{\mathrm{s}})\dot{\boldsymbol{q}}_{\mathrm{s}}}_{V_2}+\underbrace{\frac{1}{2}\int_{t-T_{\mathrm{l}}}^{t}\begin{bmatrix}\dot{\boldsymbol{x}}_{\mathrm{m}}^{\mathrm{T}} & (\boldsymbol{R}_{\mathrm{m}}\boldsymbol{\omega}_{\mathrm{m}})^{\mathrm{T}}\end{bmatrix}\boldsymbol{K}_{\mathrm{d}}\begin{bmatrix}\dot{\boldsymbol{x}}_{\mathrm{m}}\\ \boldsymbol{R}_{\mathrm{m}}\boldsymbol{\omega}_{\mathrm{m}}\end{bmatrix}\mathrm{d}\sigma}_{V_3}+\\&\underbrace{\frac{1}{2}\int_{t-T_{\mathrm{r}}}^{t}\begin{bmatrix}\dot{\boldsymbol{x}}_{\mathrm{s}}^{\mathrm{T}} & (\boldsymbol{R}_{\mathrm{s}}\boldsymbol{\omega}_{\mathrm{s}})^{\mathrm{T}}\end{bmatrix}\boldsymbol{K}_{\mathrm{d}}\begin{bmatrix}\dot{\boldsymbol{x}}_{\mathrm{s}}\\ \boldsymbol{R}_{\mathrm{s}}\boldsymbol{\omega}_{\mathrm{s}}\end{bmatrix}\mathrm{d}\sigma}_{V_4}+\underbrace{k_{\mathrm{p}\omega}\left[1-q_{\mathrm{s}}(\boldsymbol{R}_{\mathrm{s}}^{\mathrm{T}}\boldsymbol{R}_{\mathrm{m}})\right]}_{V_5}+\\&\underbrace{k_{\mathrm{p}\omega}[1-q_{\mathrm{s}}(\boldsymbol{R}_{\mathrm{m}}^{\mathrm{T}}\boldsymbol{R}_{\mathrm{s}})]}_{V_6}+\underbrace{\int_0^t(\dot{\boldsymbol{X}}_{\mathrm{m}}^{\mathrm{T}}\boldsymbol{F}_{\mathrm{h}}+\dot{\boldsymbol{X}}_{\mathrm{s}}^{\mathrm{T}}\boldsymbol{F}_{\mathrm{e}})\mathrm{d}\delta+\sigma_{\mathrm{m}}+\sigma_{\mathrm{s}}}_{V_7}+\underbrace{\frac{1}{2}(\boldsymbol{x}_{\mathrm{m}}-\boldsymbol{x}_{\mathrm{s}})^{\mathrm{T}}k_{px}(\boldsymbol{x}_{\mathrm{m}}-\boldsymbol{x}_{\mathrm{s}})}_{V_8}\end{aligned}\tag{6-13}$$

四元数的性质以及假设 6-1 说明了$V_5$，$V_6$与$V_7$的正定性，因此函数（6-13）是正定的，且$V$也是径向无界的。

将控制律（6-9）代入式（6-10），得到闭环动力学模型：

$$
\begin{aligned}
\boldsymbol{M}_{\mathrm{m}}(\boldsymbol{q}_{\mathrm{m}})\ddot{\boldsymbol{q}}_{\mathrm{m}}+\boldsymbol{C}_{\mathrm{m}}(\boldsymbol{q}_{\mathrm{m}},\dot{\boldsymbol{q}}_{\mathrm{m}})\dot{\boldsymbol{q}}_{\mathrm{m}}&=\boldsymbol{J}_{\mathrm{m}}^{\mathrm{T}}\left\{\boldsymbol{K}_{\mathrm{d}}\begin{pmatrix}\zeta_{\mathrm{r}}\dot{\boldsymbol{x}}_{\mathrm{s}}(t-T_{\mathrm{r}})-\dot{\boldsymbol{x}}_{\mathrm{m}}\\ \zeta_{\mathrm{r}}\boldsymbol{R}_{\mathrm{m}}^{\mathrm{T}}\boldsymbol{R}_{\mathrm{s}}(t-T_{\mathrm{r}})\boldsymbol{\omega}_{\mathrm{s}}(t-T_{\mathrm{r}})-\boldsymbol{\omega}_{\mathrm{m}}\end{pmatrix}+\right.\\
&\left.\boldsymbol{K}_{\mathrm{p}}\begin{pmatrix}\boldsymbol{x}_{\mathrm{s}}(t-T_{\mathrm{r}})-\boldsymbol{x}_{\mathrm{m}}\\ \tilde{\boldsymbol{q}}(\boldsymbol{R}_{\mathrm{m}}^{\mathrm{T}}\boldsymbol{R}_{\mathrm{s}}(t-T_{\mathrm{r}}))\end{pmatrix}-\boldsymbol{D}_{\mathrm{m\_damp}}\dot{\boldsymbol{X}}_{\mathrm{m}}-\boldsymbol{F}_{\mathrm{h}}\right\}\\
\boldsymbol{M}_{\mathrm{s}}(\boldsymbol{q}_{\mathrm{s}})\ddot{\boldsymbol{q}}_{\mathrm{s}}+\boldsymbol{C}_{\mathrm{s}}(\boldsymbol{q}_{\mathrm{s}},\dot{\boldsymbol{q}}_{\mathrm{s}})\dot{\boldsymbol{q}}_{\mathrm{s}}&=\boldsymbol{J}_{\mathrm{s}}^{\mathrm{T}}\left\{\boldsymbol{K}_{\mathrm{d}}\begin{pmatrix}\zeta_{\mathrm{l}}\dot{\boldsymbol{x}}_{\mathrm{m}}(t-T_{\mathrm{l}})-\dot{\boldsymbol{x}}_{\mathrm{s}}\\ \zeta_{\mathrm{l}}\boldsymbol{R}_{\mathrm{s}}^{\mathrm{T}}\boldsymbol{R}_{\mathrm{m}}(t-T_{\mathrm{l}})\boldsymbol{\omega}_{\mathrm{m}}(t-T_{\mathrm{l}})-\boldsymbol{\omega}_{\mathrm{s}}\end{pmatrix}+\right.\\
&\left.\boldsymbol{K}_{\mathrm{p}}\begin{pmatrix}\boldsymbol{x}_{\mathrm{m}}(t-T_{\mathrm{l}})-\boldsymbol{x}_{\mathrm{s}}\\ \tilde{\boldsymbol{q}}(\boldsymbol{R}_{\mathrm{s}}^{\mathrm{T}}\boldsymbol{R}_{\mathrm{m}}(t-T_{\mathrm{l}}))\end{pmatrix}-\boldsymbol{D}_{\mathrm{s\_damp}}\dot{\boldsymbol{X}}_{\mathrm{s}}-\boldsymbol{F}_{\mathrm{e}}\right\}
\end{aligned}
\tag{6-14}
$$

计算李雅普诺夫-克拉索夫斯基函数$V$对时间的导数：

$$
\dot{V}=\dot{V}_1+\dot{V}_2+\dot{V}_3+\dot{V}_4+\dot{V}_5+\dot{V}_6+\dot{V}_7+\dot{V}_8 \tag{6-15}
$$

利用闭环方程（6-14），可得

$$
\begin{aligned}
\dot{V}_1&=\dot{\boldsymbol{q}}_{\mathrm{m}}^{\mathrm{T}}(\boldsymbol{\tau}_{\mathrm{m}}-\boldsymbol{J}_{\mathrm{m}}^{\mathrm{T}}\boldsymbol{F}_{\mathrm{h}})\\
&=\underbrace{\begin{bmatrix}\dot{\boldsymbol{x}}_{\mathrm{m}}^{\mathrm{T}} & (\boldsymbol{R}_{\mathrm{m}}\boldsymbol{\omega}_{\mathrm{m}})^{\mathrm{T}}\end{bmatrix}\boldsymbol{K}_{\mathrm{d}}\begin{pmatrix}\zeta_{\mathrm{r}}\dot{\boldsymbol{x}}_{\mathrm{s}}(t-T_{\mathrm{r}})-\dot{\boldsymbol{x}}_{\mathrm{m}}\\ \zeta_{\mathrm{r}}\boldsymbol{R}_{\mathrm{s}}(t-T_{\mathrm{r}})\boldsymbol{\omega}_{\mathrm{s}}(t-T_{\mathrm{r}})-\boldsymbol{R}_{\mathrm{m}}\boldsymbol{\omega}_{\mathrm{m}}\end{pmatrix}}_{\dot{V}_{1-1}}+\\
&\underbrace{\begin{bmatrix}\dot{\boldsymbol{x}}_{\mathrm{m}}^{\mathrm{T}} & \boldsymbol{\omega}_{\mathrm{m}}^{\mathrm{T}}\end{bmatrix}\boldsymbol{K}_{\mathrm{p}}\begin{pmatrix}\boldsymbol{x}_{\mathrm{s}}(t-T_{\mathrm{r}})-\boldsymbol{x}_{\mathrm{m}}\\ \tilde{\boldsymbol{q}}(\boldsymbol{R}_{\mathrm{m}}^{\mathrm{T}}\boldsymbol{R}_{\mathrm{s}}(t-T_{\mathrm{r}}))\end{pmatrix}}_{\dot{V}_{1-2}}+\underbrace{\begin{bmatrix}\dot{\boldsymbol{x}}_{\mathrm{m}}^{\mathrm{T}} & \boldsymbol{\omega}_{\mathrm{m}}^{\mathrm{T}}\end{bmatrix}\left(-\boldsymbol{D}_{\mathrm{m\_damp}}\dot{\boldsymbol{X}}_{\mathrm{m}}-\boldsymbol{F}_{\mathrm{h}}\right)}_{\dot{V}_{1-3}}
\end{aligned}
\tag{6-16}
$$

$$
\begin{aligned}
\dot{V}_2&=\underbrace{\begin{bmatrix}\dot{\boldsymbol{x}}_{\mathrm{s}}^{\mathrm{T}} & (\boldsymbol{R}_{\mathrm{s}}\boldsymbol{\omega}_{\mathrm{s}})^{\mathrm{T}}\end{bmatrix}\boldsymbol{K}_{\mathrm{d}}\begin{pmatrix}\zeta_{\mathrm{l}}\dot{\boldsymbol{x}}_{\mathrm{m}}(t-T_{\mathrm{l}})-\dot{\boldsymbol{x}}_{\mathrm{s}}\\ \zeta_{\mathrm{l}}\boldsymbol{R}_{\mathrm{m}}(t-T_{\mathrm{l}})\boldsymbol{\omega}_{\mathrm{m}}(t-T_{\mathrm{l}})-\boldsymbol{R}_{\mathrm{s}}\boldsymbol{\omega}_{\mathrm{s}}\end{pmatrix}}_{\dot{V}_{2-1}}+\\
&\underbrace{\begin{bmatrix}\dot{\boldsymbol{x}}_{\mathrm{s}}^{\mathrm{T}} & \boldsymbol{\omega}_{\mathrm{s}}^{\mathrm{T}}\end{bmatrix}\boldsymbol{K}_{\mathrm{p}}\begin{pmatrix}\boldsymbol{x}_{\mathrm{m}}(t-T_{\mathrm{l}})-\boldsymbol{x}_{\mathrm{s}}\\ \tilde{\boldsymbol{q}}(\boldsymbol{R}_{\mathrm{s}}^{\mathrm{T}}\boldsymbol{R}_{\mathrm{m}}(t-T_{\mathrm{l}}))\end{pmatrix}}_{\dot{V}_{2-2}}+\underbrace{\begin{bmatrix}\dot{\boldsymbol{x}}_{\mathrm{s}}^{\mathrm{T}} & \boldsymbol{\omega}_{\mathrm{s}}^{\mathrm{T}}\end{bmatrix}\left(-\boldsymbol{D}_{\mathrm{s\_damp}}\dot{\boldsymbol{X}}_{\mathrm{s}}-\boldsymbol{F}_{\mathrm{e}}\right)}_{\dot{V}_{2-3}}
\end{aligned}
\tag{6-17}
$$

给定$\zeta_{\mathrm{l}}^2=1-\dot{T}_{\mathrm{l}}(t)$以及$\zeta_{\mathrm{r}}^2=1-\dot{T}_{\mathrm{r}}(t)$，可计算出$\dot{V}_3$与$\dot{V}_4$：

$$
\begin{aligned}
\dot{V}_3&=\frac{1}{2}\begin{bmatrix}\dot{\boldsymbol{x}}_{\mathrm{m}}^{\mathrm{T}} & (\boldsymbol{R}_{\mathrm{m}}\boldsymbol{\omega}_{\mathrm{m}})^{\mathrm{T}}\end{bmatrix}\boldsymbol{K}_{\mathrm{d}}\begin{bmatrix}\dot{\boldsymbol{x}}_{\mathrm{m}}\\ \boldsymbol{R}_{\mathrm{m}}\boldsymbol{\omega}_{\mathrm{m}}\end{bmatrix}-\\
&\frac{\zeta_{\mathrm{l}}^2}{2}\begin{bmatrix}\dot{\boldsymbol{x}}_{\mathrm{m}}^{\mathrm{T}}(t-T_{\mathrm{l}}) & (\boldsymbol{R}_{\mathrm{m}}\boldsymbol{\omega}_{\mathrm{m}})^{\mathrm{T}}(t-T_{\mathrm{l}})\end{bmatrix}\boldsymbol{K}_{\mathrm{d}}\begin{bmatrix}\dot{\boldsymbol{x}}_{\mathrm{m}}(t-T_{\mathrm{l}})\\ (\boldsymbol{R}_{\mathrm{m}}\boldsymbol{\omega}_{\mathrm{m}})(t-T_{\mathrm{l}})\end{bmatrix}\\
\dot{V}_4&=\frac{1}{2}\begin{bmatrix}\dot{\boldsymbol{x}}_{\mathrm{s}}^{\mathrm{T}} & (\boldsymbol{R}_{\mathrm{s}}\boldsymbol{\omega}_{\mathrm{s}})^{\mathrm{T}}\end{bmatrix}\boldsymbol{K}_{\mathrm{d}}\begin{bmatrix}\dot{\boldsymbol{x}}_{\mathrm{s}}\\ \boldsymbol{R}_{\mathrm{s}}\boldsymbol{\omega}_{\mathrm{s}}\end{bmatrix}-\\
&\frac{\zeta_{\mathrm{r}}^2}{2}\begin{bmatrix}\dot{\boldsymbol{x}}_{\mathrm{s}}^{\mathrm{T}}(t-T_{\mathrm{r}}) & (\boldsymbol{R}_{\mathrm{s}}\boldsymbol{\omega}_{\mathrm{s}})^{\mathrm{T}}(t-T_{\mathrm{r}})\end{bmatrix}\boldsymbol{K}_{\mathrm{d}}\begin{bmatrix}\dot{\boldsymbol{x}}_{\mathrm{s}}(t-T_{\mathrm{r}})\\ (\boldsymbol{R}_{\mathrm{s}}\boldsymbol{\omega}_{\mathrm{s}})(t-T_{\mathrm{r}})\end{bmatrix}
\end{aligned}
\tag{6-18}
$$

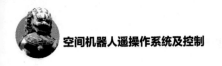

对$\dot{V}_1$与$\dot{V}_2$进行分解，并将式（6-15）拆分成以下三部分：

$$\begin{aligned}&\dot{V}_{1\text{-}1}+\dot{V}_{2\text{-}1}+\dot{V}_3+\dot{V}_4\\&=-\frac{1}{2}\begin{bmatrix}\zeta_{\rm r}\dot{\boldsymbol{x}}_{\rm s}(t-T_{\rm r})-\dot{\boldsymbol{x}}_{\rm m}\\ \zeta_{\rm r}(\boldsymbol{R}_{\rm s}\boldsymbol{\omega}_{\rm s})(t-T_{\rm r})-\boldsymbol{R}_{\rm m}\boldsymbol{\omega}_{\rm m}\end{bmatrix}^{\rm T}\boldsymbol{K}_{\rm d}\begin{bmatrix}\zeta_{\rm r}\dot{\boldsymbol{x}}_{\rm s}(t-T_{\rm r})-\dot{\boldsymbol{x}}_{\rm m}\\ \zeta_{\rm r}(\boldsymbol{R}_{\rm s}\boldsymbol{\omega}_{\rm s})(t-T_{\rm r})-\boldsymbol{R}_{\rm m}\boldsymbol{\omega}_{\rm m}\end{bmatrix}-\\&\quad\frac{1}{2}\begin{bmatrix}\zeta_{\rm l}\dot{\boldsymbol{x}}_{\rm m}(t-T_{\rm l})-\dot{\boldsymbol{x}}_{\rm s}\\ \zeta_{\rm l}(\boldsymbol{R}_{\rm m}\boldsymbol{\omega}_{\rm m})(t-T_{\rm l})-\boldsymbol{R}_{\rm s}\boldsymbol{\omega}_{\rm s}\end{bmatrix}^{\rm T}\boldsymbol{K}_{\rm d}\begin{bmatrix}\zeta_{\rm l}\dot{\boldsymbol{x}}_{\rm m}(t-T_{\rm l})-\dot{\boldsymbol{x}}_{\rm s}\\ \zeta_{\rm l}(\boldsymbol{R}_{\rm m}\boldsymbol{\omega}_{\rm m})(t-T_{\rm l})-\boldsymbol{R}_{\rm s}\boldsymbol{\omega}_{\rm s}\end{bmatrix}\end{aligned}\tag{6-19}$$

$$\begin{aligned}\dot{V}_{1\text{-}2}+\dot{V}_{2\text{-}2}+\dot{V}_5+\dot{V}_6+\dot{V}_8&=\underbrace{\dot{\boldsymbol{x}}_{\rm m}^{\rm T}k_{\rm px}\left[\boldsymbol{x}_{\rm s}(t-T_{\rm r})-\boldsymbol{x}_{\rm s}\right]+\dot{\boldsymbol{x}}_{\rm s}^{\rm T}k_{\rm px}\left[\boldsymbol{x}_{\rm m}(t-T_{\rm l})-\boldsymbol{x}_{\rm m}\right]}_{\Delta_1}+\\&\underbrace{\boldsymbol{\omega}_{\rm m}^{\rm T}k_{\rm p\omega}\left[\tilde{\boldsymbol{q}}(\boldsymbol{R}_{\rm m}^{\rm T}\boldsymbol{R}_{\rm s}(t-T_{\rm r}))-\tilde{\boldsymbol{q}}(\boldsymbol{R}_{\rm m}^{\rm T}\boldsymbol{R}_{\rm s})\right]}_{\Delta_2}+\underbrace{\boldsymbol{\omega}_{\rm s}^{\rm T}k_{\rm p\omega}\left[\tilde{\boldsymbol{q}}(\boldsymbol{R}_{\rm s}^{\rm T}\boldsymbol{R}_{\rm m}(t-T_{\rm l}))-\tilde{\boldsymbol{q}}(\boldsymbol{R}_{\rm s}^{\rm T}\boldsymbol{R}_{\rm m})\right]}_{\Delta_3}\end{aligned}\tag{6-20}$$

$$\begin{aligned}\dot{V}_{1\text{-}3}+\dot{V}_{2\text{-}3}+\dot{V}_7&=\begin{bmatrix}\dot{\boldsymbol{x}}_{\rm m}^{\rm T}&\boldsymbol{\omega}_{\rm m}^{\rm T}\end{bmatrix}\left(-\boldsymbol{D}_{\rm m\_damp}\dot{\boldsymbol{X}}_{\rm m}-\boldsymbol{F}_{\rm h}\right)+\\&\quad\begin{bmatrix}\dot{\boldsymbol{x}}_{\rm s}^{\rm T}&\boldsymbol{\omega}_{\rm s}^{\rm T}\end{bmatrix}\left(-\boldsymbol{D}_{\rm s\_damp}\dot{\boldsymbol{X}}_{\rm s}-\boldsymbol{F}_{\rm e}\right)+\dot{\boldsymbol{X}}_{\rm m}^{\rm T}\boldsymbol{F}_{\rm h}+\dot{\boldsymbol{X}}_{\rm s}^{\rm T}\boldsymbol{F}_{\rm e}\\&=-\dot{\boldsymbol{X}}_{\rm m}^{\rm T}\boldsymbol{D}_{\rm m\_damp}\dot{\boldsymbol{X}}_{\rm m}-\dot{\boldsymbol{X}}_{\rm s}^{\rm T}\boldsymbol{D}_{\rm s\_damp}\dot{\boldsymbol{X}}_{\rm s}\end{aligned}\tag{6-21}$$

注意式（6-19）与式（6-21）之和是负定的，接下来对式（6-20）的性质进行分析。令式（6-20）的第一项为$\Delta_1$，对$\Delta_1$从0到$t$范围内进行积分，可得，

$$\int_0^t\Delta_1{\rm d}\sigma=-\int_0^t\dot{\boldsymbol{x}}_{\rm m}^{\rm T}k_{\rm px}\int_0^{T_{\rm r}}\dot{\boldsymbol{x}}_{\rm s}(\sigma-\upsilon){\rm d}\upsilon{\rm d}\sigma-\int_0^t\dot{\boldsymbol{x}}_{\rm s}^{\rm T}k_{\rm px}\int_0^{T_{\rm l}}\dot{\boldsymbol{x}}_{\rm m}(\sigma-\upsilon){\rm d}\upsilon{\rm d}\sigma\tag{6-22}$$

利用引理6-1，可确定$\int_0^t\Delta_1{\rm d}\sigma$的上界：

$$\begin{aligned}\int_0^t\Delta_1{\rm d}\sigma&=-\int_0^t\dot{\boldsymbol{x}}_{\rm m}^{\rm T}k_{\rm px}\int_0^{T_{\rm r}}\dot{\boldsymbol{x}}_{\rm s}(\sigma-\upsilon){\rm d}\upsilon{\rm d}\sigma-\int_0^t\dot{\boldsymbol{x}}_{\rm s}^{\rm T}k_{\rm px}\int_0^{T_{\rm l}}\dot{\boldsymbol{x}}_{\rm m}(\sigma-\upsilon){\rm d}\upsilon{\rm d}\sigma\\&\leqslant\frac{1}{2}k_{\rm px}\left(\lambda_1\|\dot{\boldsymbol{x}}_{\rm m}\|_2^2+\frac{T_{\rm M}^{\rm r\,2}}{\lambda_1}\|\dot{\boldsymbol{x}}_{\rm s}\|_2^2\right)+\frac{1}{2}k_{\rm px}\left(\lambda_2\|\dot{\boldsymbol{x}}_{\rm s}\|_2^2+\frac{T_{\rm M}^{\rm l\,2}}{\lambda_2}\|\dot{\boldsymbol{x}}_{\rm m}\|_2^2\right)\\&=\frac{1}{2}k_{\rm px}\left(\lambda_1+\frac{T_{\rm M}^{\rm l\,2}}{\lambda_2}\right)\|\dot{\boldsymbol{x}}_{\rm m}\|_2^2+\frac{1}{2}k_{\rm px}\left(\lambda_2+\frac{T_{\rm M}^{\rm r\,2}}{\lambda_1}\right)\|\dot{\boldsymbol{x}}_{\rm s}\|_2^2\end{aligned}\tag{6-23}$$

利用式（6-5）和式（6-6），可以将$\Delta_2$和$\Delta_3$重新表示为：

$$\begin{aligned}\Delta_2&=-2k_{\rm p\omega}\left[\boldsymbol{q}_{\rm s}(\boldsymbol{R}_{\rm s}(t))-\boldsymbol{q}_{\rm s}(\boldsymbol{R}_{\rm s}(t-T_{\rm r}))\right]\dot{\boldsymbol{q}}_{\rm s}(\boldsymbol{R}_{\rm m})-\\&\quad 2k_{\rm p\omega}\left[\tilde{\boldsymbol{q}}(\boldsymbol{R}_{\rm s}(t))-\tilde{\boldsymbol{q}}(\boldsymbol{R}_{\rm s}(t-T_{\rm r}))\right]^{\rm T}\dot{\tilde{\boldsymbol{q}}}(\boldsymbol{R}_{\rm m})\\\Delta_3&=-2k_{\rm p\omega}\left[\boldsymbol{q}_{\rm s}(\boldsymbol{R}_{\rm m}(t))-\boldsymbol{q}_{\rm s}(\boldsymbol{R}_{\rm m}(t-T_{\rm l}))\right]\dot{\boldsymbol{q}}_{\rm s}(\boldsymbol{R}_{\rm s})-\\&\quad 2k_{\rm p\omega}\left[\tilde{\boldsymbol{q}}(\boldsymbol{R}_{\rm m}(t))-\tilde{\boldsymbol{q}}(\boldsymbol{R}_{\rm m}(t-T_{\rm l}))\right]^{\rm T}\dot{\tilde{\boldsymbol{q}}}(\boldsymbol{R}_{\rm s})\end{aligned}\tag{6-24}$$

同样，利用引理 6-1，$\int_0^t \Delta_2 \mathrm{d}t$ 与 $\int_0^t \Delta_3 \mathrm{d}t$ 的上界也可以确定：

$$\int_0^t \Delta_2 \mathrm{d}t \leqslant k_{\mathrm{p}\omega}\left[\lambda_{\mathrm{m1}}\left\|\dot{\boldsymbol{q}}_{\mathrm{s}}(\boldsymbol{R}_{\mathrm{m}})\right\|_2^2+\frac{T_{\mathrm{M}}^{\mathrm{r}\,2}}{\lambda_{\mathrm{m1}}}\left\|\dot{\boldsymbol{q}}_{\mathrm{s}}(\boldsymbol{R}_{\mathrm{s}})\right\|_2^2+\lambda_{\mathrm{m2}}\left\|\dot{\tilde{\boldsymbol{q}}}(\boldsymbol{R}_{\mathrm{m}})\right\|_2^2+\frac{T_{\mathrm{M}}^{\mathrm{r}\,2}}{\lambda_{\mathrm{m2}}}\left\|\dot{\tilde{\boldsymbol{q}}}(\boldsymbol{R}_{\mathrm{s}})\right\|_2^2\right] \tag{6-25}$$

令 $\lambda_{\mathrm{m1}}=\lambda_{\mathrm{m2}}=\lambda_{\mathrm{m}}$，同时考虑到关系式：

$$\dot{q}_{\mathrm{s}}^2(\boldsymbol{R})+\dot{\tilde{\boldsymbol{q}}}^{\mathrm{T}}(\boldsymbol{R})\dot{\tilde{\boldsymbol{q}}}(\boldsymbol{R})=\frac{1}{4}\boldsymbol{\omega}^{\mathrm{T}}\boldsymbol{\omega} \tag{6-26}$$

通过式（6-25）可以进一步推导出：

$$\int_0^t \Delta_2 \mathrm{d}t \leqslant k_{\mathrm{p}\omega}\left[\frac{\lambda_{\mathrm{m}}}{4}\int_0^t \boldsymbol{\omega}_{\mathrm{m}}^{\mathrm{T}}\boldsymbol{\omega}_{\mathrm{m}}\mathrm{d}\sigma+\frac{T_{\mathrm{M}}^{\mathrm{r}\,2}}{4\lambda_{\mathrm{m}}}\int_0^t \boldsymbol{\omega}_{\mathrm{s}}^{\mathrm{T}}\boldsymbol{\omega}_{\mathrm{s}}\mathrm{d}\sigma\right] \tag{6-27}$$

类似地，也可以推导出 $\int_0^t \Delta_3 \mathrm{d}t$ 的上界：

$$\int_0^t \Delta_3 \mathrm{d}t \leqslant k_{\mathrm{p}\omega}\left[\frac{\lambda_{\mathrm{s}}}{4}\int_0^t \boldsymbol{\omega}_{\mathrm{s}}^{\mathrm{T}}\boldsymbol{\omega}_{\mathrm{s}}\mathrm{d}\sigma+\frac{T_{\mathrm{M}}^{\mathrm{l}\,2}}{4\lambda_{\mathrm{s}}}\int_0^t \boldsymbol{\omega}_{\mathrm{m}}^{\mathrm{T}}\boldsymbol{\omega}_{\mathrm{m}}\mathrm{d}\sigma\right] \tag{6-28}$$

因此可推导出不等式成立：

$$\begin{aligned}V_{1-2}+V_{2-2}+V_5+V_6 \leqslant{} & \frac{1}{2}k_{\mathrm{p}x}\left(\lambda_1+\frac{T_{\mathrm{M}}^{\mathrm{l}\,2}}{\lambda_2}\right)\left\|\dot{\boldsymbol{x}}_{\mathrm{m}}\right\|_2^2+\frac{1}{2}k_{\mathrm{p}x}\left(\lambda_2+\frac{T_{\mathrm{M}}^{\mathrm{r}\,2}}{\lambda_1}\right)\left\|\dot{\boldsymbol{x}}_{\mathrm{s}}\right\|_2^2+\\ & k_{\mathrm{p}\omega}\left[\left(\frac{\lambda_{\mathrm{m}}}{4}+\frac{T_{\mathrm{M}}^{\mathrm{l}\,2}}{4\lambda_{\mathrm{s}}}\right)\left\|\boldsymbol{\omega}_{\mathrm{m}}\right\|_2^2+\left(\frac{T_{\mathrm{M}}^{\mathrm{r}\,2}}{4\lambda_{\mathrm{m}}}+\frac{\lambda_{\mathrm{s}}}{4}\right)\left\|\boldsymbol{\omega}_{\mathrm{s}}\right\|_2^2\right]\end{aligned} \tag{6-29}$$

联立式（6-13），式（6-19）～式（6-21）以及式（6-29），可得，

$$V(t)-V(0)\leqslant-\int_0^t \Delta(\sigma)\mathrm{d}\sigma-{}^{x}\Lambda_{\mathrm{m}}\left\|\dot{\boldsymbol{x}}_{\mathrm{m}}\right\|_2^2-{}^{x}\Lambda_{\mathrm{s}}\left\|\dot{\boldsymbol{x}}_{\mathrm{s}}\right\|_2^2-{}^{\omega}\Lambda_{\mathrm{m}}\left\|\boldsymbol{\omega}_{\mathrm{m}}\right\|_2^2-{}^{\omega}\Lambda_{\mathrm{s}}\left\|\boldsymbol{\omega}_{\mathrm{s}}\right\|_2^2 \tag{6-30}$$

式中，

$$\begin{aligned}\Delta(t)={} & \frac{1}{2}\begin{bmatrix}\zeta_{\mathrm{r}}\dot{\boldsymbol{x}}_{\mathrm{s}}(t-T_{\mathrm{r}})-\dot{\boldsymbol{x}}_{\mathrm{m}}\\ \zeta_{\mathrm{r}}(\boldsymbol{R}_{\mathrm{s}}\boldsymbol{\omega}_{\mathrm{s}})(t-T_{\mathrm{r}})-\boldsymbol{R}_{\mathrm{m}}\boldsymbol{\omega}_{\mathrm{m}}\end{bmatrix}^{\mathrm{T}}\boldsymbol{K}_{\mathrm{d}}\begin{bmatrix}\zeta_{\mathrm{r}}\dot{\boldsymbol{x}}_{\mathrm{s}}(t-T_{\mathrm{r}})-\dot{\boldsymbol{x}}_{\mathrm{m}}\\ \zeta_{\mathrm{r}}(\boldsymbol{R}_{\mathrm{s}}\boldsymbol{\omega}_{\mathrm{s}})(t-T_{\mathrm{r}})-\boldsymbol{R}_{\mathrm{m}}\boldsymbol{\omega}_{\mathrm{m}}\end{bmatrix}+\\ & \frac{1}{2}\begin{bmatrix}\zeta_{\mathrm{l}}\dot{\boldsymbol{x}}_{\mathrm{m}}(t-T_{\mathrm{l}})-\dot{\boldsymbol{x}}_{\mathrm{s}}\\ \zeta_{\mathrm{l}}(\boldsymbol{R}_{\mathrm{m}}\boldsymbol{\omega}_{\mathrm{m}})(t-T_{\mathrm{l}})-\boldsymbol{R}_{\mathrm{s}}\boldsymbol{\omega}_{\mathrm{s}}\end{bmatrix}^{\mathrm{T}}\boldsymbol{K}_{\mathrm{d}}\begin{bmatrix}\zeta_{\mathrm{l}}\dot{\boldsymbol{x}}_{\mathrm{m}}(t-T_{\mathrm{l}})-\dot{\boldsymbol{x}}_{\mathrm{s}}\\ \zeta_{\mathrm{l}}(\boldsymbol{R}_{\mathrm{m}}\boldsymbol{\omega}_{\mathrm{m}})(t-T_{\mathrm{l}})-\boldsymbol{R}_{\mathrm{s}}\boldsymbol{\omega}_{\mathrm{s}}\end{bmatrix}\end{aligned} \tag{6-31}$$

$$\begin{cases}{}^{x}\Lambda_{\mathrm{m}}=d_{\mathrm{m}x}-\dfrac{1}{2}k_{\mathrm{p}x}\left(\lambda_1+\dfrac{T_{\mathrm{M}}^{\mathrm{l}\,2}}{\lambda_2}\right),\ {}^{x}\Lambda_{\mathrm{s}}=d_{\mathrm{s}x}-\dfrac{1}{2}k_{\mathrm{p}x}\left(\lambda_2+\dfrac{T_{\mathrm{M}}^{\mathrm{r}\,2}}{\lambda_1}\right)\\ {}^{\omega}\Lambda_{\mathrm{m}}=d_{\mathrm{m}\omega}-k_{\mathrm{p}\omega}\left(\dfrac{\lambda_{\mathrm{m}}}{4}+\dfrac{T_{\mathrm{M}}^{\mathrm{l}\,2}}{4\lambda_{\mathrm{s}}}\right),\ {}^{\omega}\Lambda_{\mathrm{s}}=d_{\mathrm{s}\omega}-k_{\mathrm{p}\omega}\left(\dfrac{T_{\mathrm{M}}^{\mathrm{r}\,2}}{4\lambda_{\mathrm{m}}}+\dfrac{\lambda_{\mathrm{s}}}{4}\right)\end{cases} \tag{6-32}$$

如果根据式（6-33）选择参数$d_{\mathrm{m}x}$、$d_{\mathrm{s}x}$、$d_{\mathrm{m}\omega}$、$d_{\mathrm{s}\omega}$、$k_{\mathrm{p}x}$与$k_{\mathrm{p}\omega}$，且

$$\begin{cases} 2d_{\mathrm{m}x}/k_{\mathrm{p}x} > \lambda_1 + \dfrac{T_{\mathrm{M}}^{\mathrm{l}\,2}}{\lambda_2}, 2d_{\mathrm{s}x}/k_{\mathrm{p}x} > \lambda_2 + \dfrac{T_{\mathrm{M}}^{\mathrm{r}\,2}}{\lambda_1} \\ d_{\mathrm{m}\omega}/k_{\mathrm{p}\omega} > \dfrac{\lambda_{\mathrm{m}}}{4} + \dfrac{T_{\mathrm{M}}^{\mathrm{l}\,2}}{4\lambda_{\mathrm{s}}}, d_{\mathrm{s}\omega}/k_{\mathrm{p}\omega} > \dfrac{\lambda_{\mathrm{s}}}{4} + \dfrac{T_{\mathrm{M}}^{\mathrm{r}\,2}}{4\lambda_{\mathrm{m}}} \end{cases} \tag{6-33}$$

那么，${}^{x}\Lambda_{\mathrm{m}}$、${}^{x}\Lambda_{\mathrm{s}}$、${}^{\omega}\Lambda_{\mathrm{m}}$与${}^{\omega}\Lambda_{\mathrm{s}}$都是正的。相应地，李雅普诺夫-克拉索夫斯基函数(6-13)有界，即$0 < V(t) \leqslant V(0)$。由$V$的表达式可知，$\{\dot{\boldsymbol{q}}_{\mathrm{m}}, \dot{\boldsymbol{q}}_{\mathrm{s}}, \boldsymbol{x}_{\mathrm{m}} - \boldsymbol{x}_{\mathrm{s}}\} \in \mathcal{L}_\infty$。另外，由不等式（6-30）可知$\|\dot{\boldsymbol{x}}_{\mathrm{m}}\|_2^2$，$\|\dot{\boldsymbol{x}}_{\mathrm{s}}\|_2^2$，$\|\boldsymbol{\omega}_{\mathrm{m}}\|_2^2$与$\|\boldsymbol{\omega}_{\mathrm{s}}\|_2^2$均有界，因此可以得出$\{\dot{\boldsymbol{X}}_{\mathrm{m}}, \dot{\boldsymbol{X}}_{\mathrm{s}}\} \in \mathcal{L}_2$。

在时延下的主手和从手的位置误差$\boldsymbol{x}_{\mathrm{m}}(t) - \boldsymbol{x}_{\mathrm{s}}(t - T_{\mathrm{r}})$可以写为：

$$\boldsymbol{x}_{\mathrm{m}}(t) - \boldsymbol{x}_{\mathrm{s}}(t - T_{\mathrm{r}}) = \boldsymbol{x}_{\mathrm{m}}(t) - \boldsymbol{x}_{\mathrm{s}}(t) + \boldsymbol{x}_{\mathrm{s}}(t) - \boldsymbol{x}_{\mathrm{s}}(t - T_{\mathrm{r}}) \tag{6-34}$$

式中，$\boldsymbol{x}_{\mathrm{m}}(t) - \boldsymbol{x}_{\mathrm{s}}(t) \in \mathcal{L}_\infty$，$\boldsymbol{x}_{\mathrm{s}}(t) - \boldsymbol{x}_{\mathrm{s}}(t - T_{\mathrm{r}}) = \int_0^{T_{\mathrm{r}}} \dot{\boldsymbol{x}}_{\mathrm{s}}(t-\sigma)\mathrm{d}\sigma \leqslant T_{\mathrm{M}}^{\mathrm{r}\,2} \|\dot{\boldsymbol{x}}_{\mathrm{s}}\|_2^2 \in \mathcal{L}_\infty$，因此可以得到$\boldsymbol{x}_{\mathrm{m}}(t) - \boldsymbol{x}_{\mathrm{s}}(t - T_{\mathrm{r}}) \in \mathcal{L}_\infty$。

（Ⅱ）当操作员对主手没有作用力，且从手与环境也没有接触时，称双边遥操作系统处于自由运动状态，此时$\boldsymbol{F}_{\mathrm{h}} = \boldsymbol{F}_{\mathrm{e}} = \boldsymbol{0}$，闭环系统动力学可以写为：

$$\begin{aligned} \boldsymbol{M}_{\mathrm{m}}(\boldsymbol{q}_{\mathrm{m}})\ddot{\boldsymbol{q}}_{\mathrm{m}} + \boldsymbol{C}_{\mathrm{m}}(\boldsymbol{q}_{\mathrm{m}}, \dot{\boldsymbol{q}}_{\mathrm{m}})\dot{\boldsymbol{q}}_{\mathrm{m}} &= \boldsymbol{J}_{\mathrm{m}}^{\mathrm{T}} \left\{ \boldsymbol{K}_{\mathrm{d}} \begin{pmatrix} \zeta_{\mathrm{r}} \dot{\boldsymbol{x}}_{\mathrm{s}}(t - T_{\mathrm{r}}) - \dot{\boldsymbol{x}}_{\mathrm{m}} \\ \zeta_{\mathrm{r}} \boldsymbol{R}_{\mathrm{m}}^{\mathrm{T}} \boldsymbol{R}_{\mathrm{s}}(t - T_{\mathrm{r}}) \boldsymbol{\omega}_{\mathrm{s}}(t - T_{\mathrm{r}}) - \boldsymbol{\omega}_{\mathrm{m}} \end{pmatrix} + \right. \\ &\left. \boldsymbol{K}_{\mathrm{p}} \begin{pmatrix} \boldsymbol{x}_{\mathrm{s}}(t - T_{\mathrm{r}}) - \boldsymbol{x}_{\mathrm{m}} \\ \tilde{\boldsymbol{q}}(\boldsymbol{R}_{\mathrm{m}}^{\mathrm{T}} \boldsymbol{R}_{\mathrm{s}}(t - T_{\mathrm{r}})) \end{pmatrix} - \boldsymbol{D}_{\mathrm{m\_damp}} \dot{\boldsymbol{X}}_{\mathrm{m}} \right\} \\ \boldsymbol{M}_{\mathrm{s}}(\boldsymbol{q}_{\mathrm{s}})\ddot{\boldsymbol{q}}_{\mathrm{s}} + \boldsymbol{C}_{\mathrm{s}}(\boldsymbol{q}_{\mathrm{s}}, \dot{\boldsymbol{q}}_{\mathrm{s}})\dot{\boldsymbol{q}}_{\mathrm{s}} &= \boldsymbol{J}_{\mathrm{s}}^{\mathrm{T}} \left\{ \boldsymbol{K}_{\mathrm{d}} \begin{pmatrix} \zeta_{\mathrm{l}} \dot{\boldsymbol{x}}_{\mathrm{m}}(t - T_{\mathrm{l}}) - \dot{\boldsymbol{x}}_{\mathrm{s}} \\ \zeta_{\mathrm{l}} \boldsymbol{R}_{\mathrm{s}}^{\mathrm{T}} \boldsymbol{R}_{\mathrm{m}}(t - T_{\mathrm{l}}) \boldsymbol{\omega}_{\mathrm{m}}(t - T_{\mathrm{l}}) - \boldsymbol{\omega}_{\mathrm{s}} \end{pmatrix} + \right. \\ &\left. \boldsymbol{K}_{\mathrm{p}} \begin{pmatrix} \boldsymbol{x}_{\mathrm{m}}(t - T_{\mathrm{l}}) - \boldsymbol{x}_{\mathrm{s}} \\ \tilde{\boldsymbol{q}}(\boldsymbol{R}_{\mathrm{s}}^{\mathrm{T}} \boldsymbol{R}_{\mathrm{m}}(t - T_{\mathrm{l}})) \end{pmatrix} - \boldsymbol{D}_{\mathrm{s\_damp}} \dot{\boldsymbol{X}}_{\mathrm{s}} \right\} \end{aligned} \tag{6-35}$$

本结论的证明思路如下：首先证明$t \to \infty$时$\ddot{\boldsymbol{q}}_i$与$\dot{\boldsymbol{q}}_i$的渐近稳定性，然后证明$\boldsymbol{K}_{\mathrm{d}}$项与阻尼项渐近收敛，最后通过式（6-35）证明$\boldsymbol{x}_{\mathrm{s}}(t - T_{\mathrm{r}}) - \boldsymbol{x}_{\mathrm{m}}$与$\tilde{\boldsymbol{q}}(\boldsymbol{R}_{\mathrm{m}}^{\mathrm{T}} \boldsymbol{R}_{\mathrm{s}}(t - T_{\mathrm{r}}))$的收敛性。

将式（6-35）重新整理为如下形式：

$$\ddot{\boldsymbol{q}}_i = \boldsymbol{M}_i^{-1}(\boldsymbol{q}_i)\left[-\boldsymbol{C}_i(\boldsymbol{q}_i, \dot{\boldsymbol{q}}_i)\dot{\boldsymbol{q}}_i + \boldsymbol{\tau}_i\right],\ i = \mathrm{m, s} \tag{6-36}$$

结合分析能得出$\ddot{\boldsymbol{q}}_i \in \mathcal{L}_\infty$。由于系统处于非奇异状态，根据 Barbalat 引理[3]可知，当$t \to \infty$时$\dot{\boldsymbol{q}}_i \to \boldsymbol{0}$。对式（6-36）进行微分，可以发现$\mathrm{d}(\ddot{\boldsymbol{q}}_i)/\mathrm{d}t$是有界项

之和（假设 6-3 表明了 $\dot{\zeta}_i$ 的有界性），因此 $\mathrm{d}(\ddot{\boldsymbol{q}}_i)/\mathrm{d}t \in \mathcal{L}_\infty$ ，再次利用 Barbalat 引理，同样可以得到 $t \to \infty$ 时，$\ddot{\boldsymbol{q}}_i \to \boldsymbol{0}$ 。

考虑 $\dot{\boldsymbol{q}}_i$ 与 $\dot{\boldsymbol{X}}_i$ 间的映射关系 $\dot{\boldsymbol{X}}_i = \boldsymbol{J}_i(\boldsymbol{q}_i)\dot{\boldsymbol{q}}_i$ ，由前面的结论不难得出 $t \to \infty$ 时 $\dot{\boldsymbol{X}}_i \to \boldsymbol{0}$ ，同时也表明 $\boldsymbol{D}_{\mathrm{damp}}\dot{\boldsymbol{X}}_i \to \boldsymbol{0}$ 。另外，由于 $\zeta_i \in \mathcal{L}_\infty$ ，因此 $t \to \infty$ 时能得到：

$$\begin{pmatrix} \zeta_{\mathrm{r}}\dot{\boldsymbol{x}}_{\mathrm{s}}(t-T_{\mathrm{r}}) - \dot{\boldsymbol{x}}_{\mathrm{m}} \\ \zeta_{\mathrm{r}}\boldsymbol{R}_{\mathrm{m}}^{\mathrm{T}}\boldsymbol{R}_{\mathrm{s}}(t-T_{\mathrm{r}})\boldsymbol{\omega}_{\mathrm{s}}(t-T_{\mathrm{r}}) - \boldsymbol{\omega}_{\mathrm{m}} \end{pmatrix} \to \boldsymbol{0} \tag{6-37}$$

综上所述，当 $t \to \infty$ 且 $\boldsymbol{F}_{\mathrm{h}} = \boldsymbol{F}_{\mathrm{e}} = \boldsymbol{0}$ 时，主从手的双边同步误差满足 $\boldsymbol{x}_{\mathrm{s}}(t-T_{\mathrm{r}}) - \boldsymbol{x}_{\mathrm{m}} \to \boldsymbol{0}$ ，$\boldsymbol{R}_{\mathrm{m}}^{\mathrm{T}}\boldsymbol{R}_{\mathrm{s}}(t-T_{\mathrm{r}}) \to \boldsymbol{0}$ ，$\boldsymbol{x}_{\mathrm{m}}(t-T_{\mathrm{l}}) - \boldsymbol{x}_{\mathrm{s}} \to \boldsymbol{0}$ 以及 $\boldsymbol{R}_{\mathrm{s}}^{\mathrm{T}}\boldsymbol{R}_{\mathrm{m}}(t-T_{\mathrm{l}}) \to \boldsymbol{0}$ 。

（Ⅲ）当主手处于稳态时，有 $\ddot{\boldsymbol{q}}_{\mathrm{m}} = \dot{\boldsymbol{q}}_{\mathrm{m}} = \boldsymbol{0}$ 以及 $\ddot{\boldsymbol{X}}_{\mathrm{m}} = \dot{\boldsymbol{X}}_{\mathrm{m}} = \boldsymbol{0}$ 。利用（Ⅰ）的结论，可知这种情况下，$t \to \infty$ 时有 $\dot{\boldsymbol{X}}_{\mathrm{s}} \to \boldsymbol{0}$ 。反之亦然，当从手处于稳态时有 $\dot{\boldsymbol{X}}_{\mathrm{m}} \to \boldsymbol{0}$ 。代入动力学方程（6-14），有，

$$\begin{aligned} \boldsymbol{K}_{\mathrm{p}}\begin{pmatrix} \boldsymbol{x}_{\mathrm{s}}(t-T_{\mathrm{r}}) - \boldsymbol{x}_{\mathrm{m}} \\ \tilde{\boldsymbol{q}}(\boldsymbol{R}_{\mathrm{m}}^{\mathrm{T}}\boldsymbol{R}_{\mathrm{s}}(t-T_{\mathrm{r}})) \end{pmatrix} = \boldsymbol{F}_{\mathrm{h}} \\ \boldsymbol{K}_{\mathrm{p}}\begin{pmatrix} \boldsymbol{x}_{\mathrm{m}}(t-T_{\mathrm{l}}) - \boldsymbol{x}_{\mathrm{s}} \\ \tilde{\boldsymbol{q}}(\boldsymbol{R}_{\mathrm{s}}^{\mathrm{T}}\boldsymbol{R}_{\mathrm{m}}(t-T_{\mathrm{l}})) \end{pmatrix} = \boldsymbol{F}_{\mathrm{e}} \end{aligned} \tag{6-38}$$

注意到稳态时 $\dot{\boldsymbol{X}}_i = \boldsymbol{0}$ ,有 $\boldsymbol{x}_{\mathrm{s}}(t-T_{\mathrm{r}}) = \boldsymbol{x}_{\mathrm{s}}(t)$ ，$\boldsymbol{R}_{\mathrm{s}}(t-T_{\mathrm{r}}) = \boldsymbol{R}_{\mathrm{s}}(t)$ ，$\boldsymbol{x}_{\mathrm{m}}(t-T_{\mathrm{l}}) = \boldsymbol{x}_{\mathrm{m}}(t)$ 以及 $\boldsymbol{R}_{\mathrm{m}}(t-T_{\mathrm{l}}) = \boldsymbol{R}_{\mathrm{m}}(t)$ 。因此下式成立：

$$\boldsymbol{F}_{\mathrm{h}} = \boldsymbol{K}_{\mathrm{p}}\begin{pmatrix} \boldsymbol{x}_{\mathrm{s}}(t) - \boldsymbol{x}_{\mathrm{m}} \\ \tilde{\boldsymbol{q}}(\boldsymbol{R}_{\mathrm{m}}^{\mathrm{T}}\boldsymbol{R}_{\mathrm{s}}(t)) \end{pmatrix} = -\boldsymbol{F}_{\mathrm{e}} \tag{6-39}$$

证毕。

**注 6-1** 在不等式（6-33）中，正常数 $\lambda_i\ (i = 1,2,\mathrm{m},\mathrm{s})$ 的取值理论上可以任意选择，因此控制参数矩阵 $\boldsymbol{K}_{\mathrm{d}}$ 、$\boldsymbol{K}_{\mathrm{p}}$ 、$\boldsymbol{D}_{\mathrm{m\_damp}}$ 与 $\boldsymbol{D}_{\mathrm{s\_damp}}$ 在设计时具有较高的灵活性。本节中，比例与微分控制项的增益参数设置成了相同值，这只是为了理论证明方便，并不是必需的。实际上，主手与从手之间的控制增益比可以设定为各自需要的值，且不会影响系统稳定性。证明时，在李雅普诺夫-克拉索夫斯基函数（6-13）中相应的项乘上比例系数，也可以推导出相同的结论。例如，若主手与从手的比例增益分别为 $K_{\mathrm{pm}}$ 与 $K_{\mathrm{ps}}$ ，那么在 $V_2$ 前乘以比例系数 $K_{\mathrm{pm}}/K_{\mathrm{ps}}$ ，同样能推导出稳定性结论。

**注 6-2** 耗散因子 $\zeta_i\ (i = \mathrm{l},\mathrm{r})$ 的作用是对时延变化产生的多余能量进行耗散，证明过程中可以发现：时延变化所引入的能量由 $\dot{V}_3 + \dot{V}_4$ 体现出来，而通过 $\dot{V}_{1\text{-}1} + \dot{V}_{2\text{-}1}$ 进行了耗散。而当传输通道为固定时延时，有 $\dot{T}_i(t) = 0\ (i = \mathrm{l},\mathrm{r})$ ，意味着 $\zeta_i = 1\ (i = \mathrm{l},\mathrm{r})$ 。可见，文献[1]中的算法是本节所提的算法的一种特殊情况。

# 6.2 仿真分析

为了验证 6.2 节所设计双边控制算法的有效性，本节对其进行数值仿真验证。仿真在 MATLAB 7.10/Simulink 环境中进行。在仿真时，主手与从手都采用六自由度的 PUMA 结构机器人，并利用 Robotics Toolbox 工具包[4]进行建模。为了避免控制时位姿的耦合因素，遥操作在双边机器人的腕部点进行位姿的同步。在主手与从手之间通过 Simulink 模块引入前向和后向时延，为了模拟变时延的效果，可以将时延设置为正弦信号或三角波信号，本节选用的是三角波信号，三角波的峰值设为 0.8 s，三角波的斜率为±0.3。因此时延 $T_1$ 与 $T_r$ 的上界都为 0.8s。根据时延的变化率，选取耗散因子 $\zeta_i$ 为 0.8。

仿真任务设计分为三个阶段：第一阶段，操作员操纵主手沿着指定的方向运动，此时从手也在自由空间内做跟随运动；第二阶段，操作员继续操纵主手沿着原来方向运动，但是从手此时已与环境发生了接触，阻碍了从手的运动；第三阶段，操作员感受到从端反馈力，松开了主手，主手与从手回到自由运动状态。仿真任务的三个阶段能全面地验证遥操作系统在稳定状态和自由运动状态时的特性。

仿真时，环境刚度 $K_e = 500\,\mathrm{N/cm}$，环境阻尼 $B_e = 20\,\mathrm{N\cdot s/cm}$，$\lambda_1$、$\lambda_2$、$\lambda_m$ 与 $\lambda_s$ 均设为 1。根据定理 6-1，双边控制的增益选择为：$d_{mx} = d_{sx} = 1.2$，$d_{m\omega} = d_{s\omega} = 0.5$，$k_{px} = 2$，$k_{p\omega} = 0.9$，$k_{dx} = 1$ 以及 $k_{d\omega} = 0.4$。仿真结果如图 6-1～图 6-7 所示。

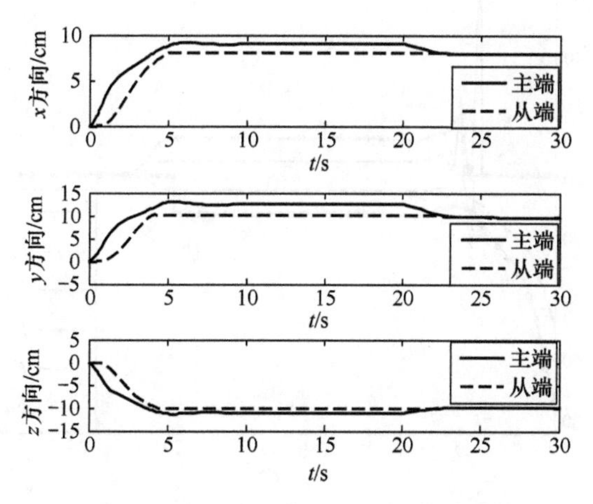


图 6-1 任务空间的主、从手末端位置

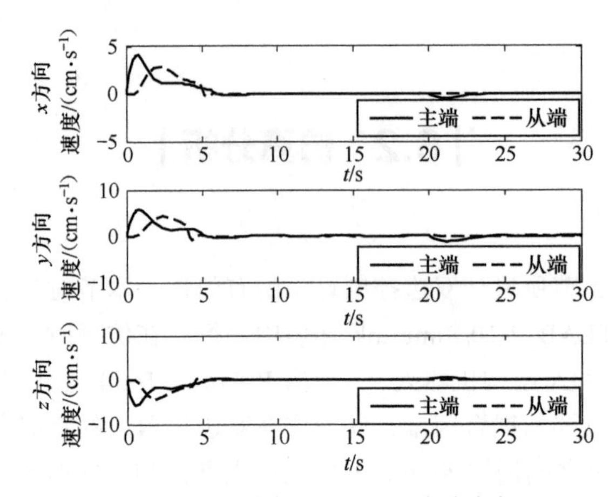


图 6-2　任务空间的主、从手末端速度

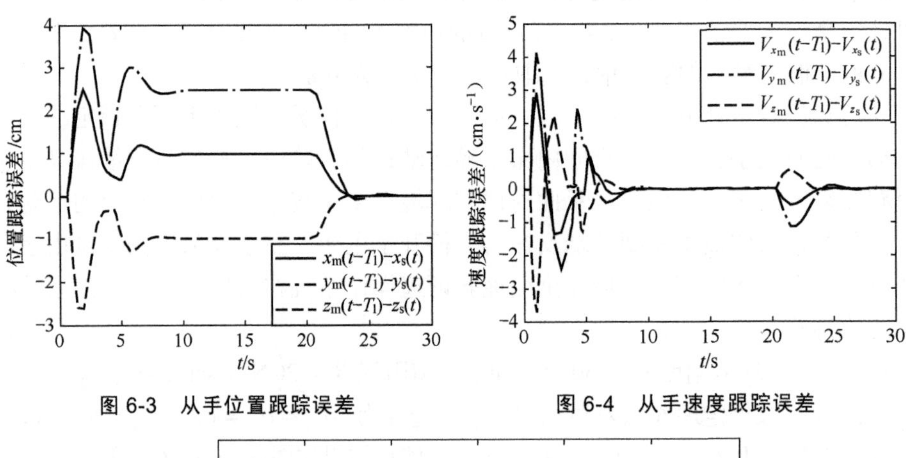


图 6-3　从手位置跟踪误差

图 6-4　从手速度跟踪误差

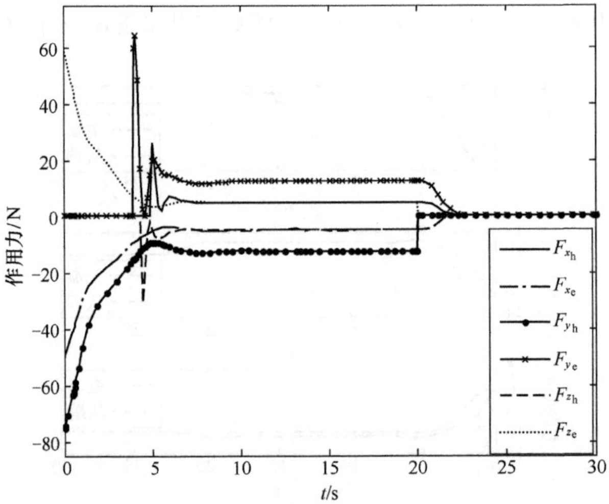

图 6-5　操作员的力和从端环境作用力曲线

从图 6-1 与图 6-3 所示可以看出，$t=0\sim5\,\text{s}$ 时，遥操作系统处于第一阶段，在时刻 $t=5\text{s}$ 时，从手与环境发生接触，此时从手的末端位置为 $[8\text{cm}\quad10\text{cm}\quad-10\text{cm}]$。操作员的目标位置为 $[10\text{cm}\quad15\text{cm}\quad-12\text{cm}]$，$t=5\sim20\,\text{s}$ 时，遥操作系统处于第二阶段，此时操作员继续控制主手向目标位置运动，而从手则由于与环境发生接触而运动受阻；$t>20\,\text{s}$ 时，遥操作系统处于第三阶段，此时操作员松开主手，主、从手通过自由运动进行同步。

如图 6-1 与图 6-3 所示，当主手的力不为零，即 $\boldsymbol{F}_\text{h}\neq\boldsymbol{0}$ 时，主手与从手之间存在位置同步误差，该误差为稳态误差且有界，这符合定理 6-1 中（I）的结论。另外也能看出，在操作员松开主手后，主手与从手的位置误差渐近收敛到零，这验证了定理 6-1 中结论（II）的正确性。图 6-2 与图 6-4 所示分别为主手与从手的速度及速度误差，可以看到，当 $\boldsymbol{F}_\text{h}\neq\boldsymbol{0}$ 时，速度误差收敛到零，意味着系统进入稳态，定理 6-1 中关于速度误差有界性的结论也得到了验证。图 6-5 所示为操作员施加在主手上的力和从手与环境的接触力。从图 6-5 所示看到从手与环境刚发生碰撞时，接触力产生了一定的振荡。当环境刚度增加时，该振荡会更明显。图 6-5 所示清楚地表明了，当遥操作系统处于稳态时（5～20 s），有 $\boldsymbol{F}_\text{h}=-\boldsymbol{F}_\text{e}$，这表明操作员感受到的反馈力与从手和环境之间的接触力相同，进而验证了定理 6-1（Ⅲ）的正确性。

主手与从手末端的角速度与姿态同步曲线情况也分别如图 6-6 所示。在姿态与位置解耦的情况下，姿态的同步误差并没有影响到末端位置的跟踪情况，这解释了为何姿态速度比位置同步速度要慢的现象。从图 6-6 所示可以看出，最终末端角速度收敛到零，且双边控制器消除了姿态同步误差。

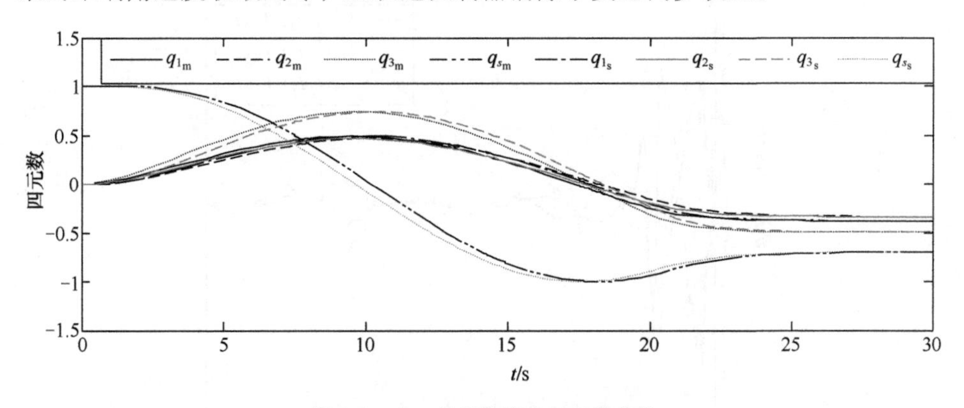


图 6-6　主、从手的姿态四元数曲线

为了说明双边控制器（6-9）中耗散因子 $\zeta_i$（$i$=l,r）的作用，本节进行了一组对比仿真，对比采用的控制器没有引入耗散因子[1]。前面已经说明耗散因子的主要作用是保持时延变化时系统的稳定性，因此在仿真时将时延变化率设置为较大（0.99），同时，时延的上界设为 2 s。耗散因子 $\zeta_i$（$i$=l,r）均取值为 0.1，其他控制参数取值与前面仿真一致。图 6-7 和图 6-8 所示分别给出了两种控制方式下主手与从手间的速度同步情况，通过对比可以看出，在没有耗散因子的情况下，双边控制器对时延的变化更加敏感，速度跟踪误差出现了剧烈的振荡，在快速操作时难以保证遥操作的稳定性。

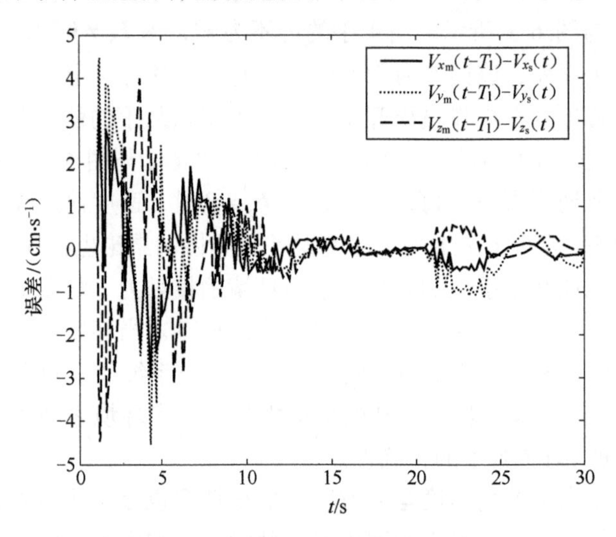


图 6-7　无耗散因子的速度跟踪误差图

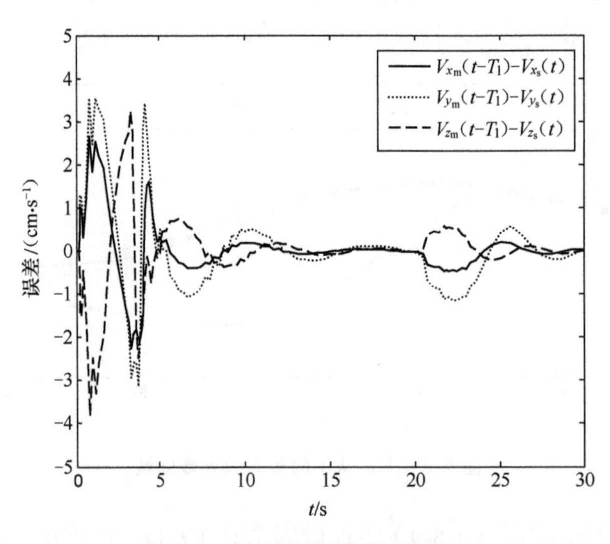


图 6-8　有耗散因子速度跟踪误差

# | 6.3　基于切换控制的变增益双边遥操作 |

在 6.2 节所提出的双边控制中，主手与从手采用了固定的控制增益。该双边控制器能保证自由运动时的跟踪性，在约束空间处于稳态时也能取得理想的透明性。然而，6.2 节的仿真结果显示，由于主手与从手具有相同的控制阻抗，操作员在自由运动时也会感受到较为明显的反馈力，此时透明性变差。同时，在从端与环境发生接触时，碰撞力较大，而且有振荡的现象。为了解决这些问题，本节以 6.2 节的双边控制方法为基础，提出一种基于变增益切换的双边控制律，保证了系统在各模态及过渡过程中的稳定性和操作性。

## 6.3.1　变增益控制法

在算法（6-9）中，$\boldsymbol{K}_{\mathrm{dm}}=\boldsymbol{K}_{\mathrm{ds}}=\boldsymbol{K}_{\mathrm{d}}$，$\boldsymbol{K}_{\mathrm{pm}}=\boldsymbol{K}_{\mathrm{ps}}=\boldsymbol{K}_{\mathrm{p}}$。若从操作性的角度考虑，当从端处于自由运动状态时，由于未受到环境作用力，$\boldsymbol{K}_{\mathrm{dm}}$ 与 $\boldsymbol{K}_{\mathrm{pm}}$ 应该较小，以降低主端的黏滞感，同时从端的控制参数 $\boldsymbol{K}_{\mathrm{ds}}$ 与 $\boldsymbol{K}_{\mathrm{ps}}$ 应该较大，以增强从端对主端的跟踪能力。当从端与环境接触时，控制参数的选择基于两种点：首先，为了避免过大的碰撞接触力，从端的控制增益不宜过大；其次，为了保证双端力觉传递的准确性，主端与从端的控制增益应该相等。对于这一问题，Ni 等人认为在约束空间状态下，主端的增益应该尽量大，而从端的增益应该尽量小[5]。该思路可以被认为是人为放大了主端反馈力的作用，以增强操作员对从端的接触力的敏感度。但另一方面，该方法无法保证稳定接触时力觉感知的准确性。因此在综合考虑机器人在各个阶段的运动特性和性能要求后，本节分别设计了不同的控制增益，提出了一种变增益切换的双边控制方法。将双边控制的典型操作过程分为下面三个阶段。

（1）自由运动段。此时从端运动不受约束，主端与从端的控制增益分别为 $\{\boldsymbol{K}_{\mathrm{dm}}^{\mathrm{F}},\boldsymbol{K}_{\mathrm{pm}}^{\mathrm{F}}\}$ 与 $\{\boldsymbol{K}_{\mathrm{ds}}^{\mathrm{F}},\boldsymbol{K}_{\mathrm{ps}}^{\mathrm{F}}\}$，且 $\boldsymbol{K}_{\mathrm{dm}}^{\mathrm{F}}<\boldsymbol{K}_{\mathrm{ds}}^{\mathrm{F}}$，$\boldsymbol{K}_{\mathrm{pm}}^{\mathrm{F}}<\boldsymbol{K}_{\mathrm{ps}}^{\mathrm{F}}$。其目的是为了降低主端的阻尼，加强从端的跟踪能力。

（2）过渡段。此时从端刚与环境发生接触但尚未稳定，选择主端与从端的控制增益分别为 $\{\boldsymbol{K}_{\mathrm{dm}}^{\mathrm{T}},\boldsymbol{K}_{\mathrm{pm}}^{\mathrm{T}}\}$ 和 $\{\boldsymbol{K}_{\mathrm{ds}}^{\mathrm{T}},\boldsymbol{K}_{\mathrm{ps}}^{\mathrm{T}}\}$，且 $\boldsymbol{K}_{\mathrm{dm}}^{\mathrm{T}}>\boldsymbol{K}_{\mathrm{ds}}^{\mathrm{T}}$，$\boldsymbol{K}_{\mathrm{pm}}^{\mathrm{T}}>\boldsymbol{K}_{\mathrm{ps}}^{\mathrm{T}}$。其目的是为了增加从端机器人在碰撞发生时的柔顺性，且通过增大反馈力提高操作员对碰

撞事件的敏感度。

（3）稳定接触段。此时从端与环境接触，并处于稳定状态。选定双端控制增益分别为 $\{\boldsymbol{K}_{\mathrm{dm}}^{\mathrm{C}},\boldsymbol{K}_{\mathrm{pm}}^{\mathrm{C}}\}$ 与 $\{\boldsymbol{K}_{\mathrm{ds}}^{\mathrm{C}},\boldsymbol{K}_{\mathrm{ps}}^{\mathrm{C}}\}$，且 $\boldsymbol{K}_{\mathrm{dm}}^{\mathrm{C}}=\boldsymbol{K}_{\mathrm{ds}}^{\mathrm{C}}<\boldsymbol{K}_{\mathrm{ds}}^{\mathrm{F}}$，$\boldsymbol{K}_{\mathrm{dm}}^{\mathrm{C}}=\boldsymbol{K}_{\mathrm{ds}}^{\mathrm{C}}<\boldsymbol{K}_{\mathrm{dm}}^{\mathrm{T}}$，$\boldsymbol{K}_{\mathrm{pm}}^{\mathrm{C}}=\boldsymbol{K}_{\mathrm{ps}}^{\mathrm{C}}<\boldsymbol{K}_{\mathrm{ps}}^{\mathrm{F}}$，$\boldsymbol{K}_{\mathrm{pm}}^{\mathrm{C}}=\boldsymbol{K}_{\mathrm{ps}}^{\mathrm{C}}<\boldsymbol{K}_{\mathrm{pm}}^{\mathrm{T}}$。其目的是为了保证与环境接触的柔顺性，降低操作员的力觉梯度，以提高力控的准确度，同时取得理想的透明性（$\boldsymbol{F}_{\mathrm{h}}=\boldsymbol{F}_{\mathrm{e}}$）。

根据系统所处的不同模态，可以将控制增益设定为下面三个集合。

（1）$\mathcal{K}_{\mathrm{F}}=\left\{\boldsymbol{K}_{\mathrm{dm}}^{\mathrm{l}},\boldsymbol{K}_{\mathrm{pm}}^{\mathrm{l}},\boldsymbol{K}_{\mathrm{ds}}^{\mathrm{h}},\boldsymbol{K}_{\mathrm{ps}}^{\mathrm{h}},\boldsymbol{\eta}_{\mathrm{F}}\right\}$；

（2）$\mathcal{K}_{\mathrm{T}}=\left\{\boldsymbol{K}_{\mathrm{dm}}^{\mathrm{h}},\boldsymbol{K}_{\mathrm{pm}}^{\mathrm{h}},\boldsymbol{K}_{\mathrm{ds}}^{\mathrm{l}},\boldsymbol{K}_{\mathrm{ps}}^{\mathrm{l}},\boldsymbol{\eta}_{\mathrm{T}}\right\}$；

（3）$\mathcal{K}_{\mathrm{C}}=\left\{\boldsymbol{K}_{\mathrm{dm}}^{\mathrm{l}},\boldsymbol{K}_{\mathrm{pm}}^{\mathrm{l}},\boldsymbol{K}_{\mathrm{ds}}^{\mathrm{l}},\boldsymbol{K}_{\mathrm{ps}}^{\mathrm{l}},\boldsymbol{\eta}_{\mathrm{C}}\right\}$。

按照定义，有 $\boldsymbol{K}_{\mathrm{dm}}^{\mathrm{l}}=\boldsymbol{K}_{\mathrm{ds}}^{\mathrm{l}}$，$\boldsymbol{K}_{\mathrm{pm}}^{\mathrm{l}}=\boldsymbol{K}_{\mathrm{ps}}^{\mathrm{l}}$，$\boldsymbol{\eta}_{\mathrm{C}}=\left|K_{\mathrm{dm}}^{\mathrm{l}}\right|/\left|K_{\mathrm{ds}}^{\mathrm{l}}\right|\boldsymbol{I}=\boldsymbol{I}$。另外，$\boldsymbol{\eta}_{\mathrm{F}}$ 与 $\boldsymbol{\eta}_{\mathrm{T}}$ 均为常数矩阵，且分别定义为：

$$\boldsymbol{\eta}_{\mathrm{F}}=\frac{\left|K_{\mathrm{dm}}^{\mathrm{l}}\right|}{\left|K_{\mathrm{ds}}^{\mathrm{h}}\right|}\boldsymbol{I}=\frac{\left|K_{\mathrm{pm}}^{\mathrm{l}}\right|}{\left|K_{\mathrm{ps}}^{\mathrm{h}}\right|}\boldsymbol{I},\quad \boldsymbol{\eta}_{\mathrm{T}}=\frac{\left|K_{\mathrm{dm}}^{\mathrm{h}}\right|}{\left|K_{\mathrm{ds}}^{\mathrm{l}}\right|}I=\frac{\left|K_{\mathrm{pm}}^{\mathrm{h}}\right|}{\left|K_{\mathrm{ps}}^{\mathrm{l}}\right|}\boldsymbol{I} \tag{6-40}$$

综上所述，提出统一形式的双边控制律为：

$$\begin{aligned}\boldsymbol{\tau}_{\mathrm{m}}&=\boldsymbol{J}_{\mathrm{m}}^{\mathrm{T}}\left\{\boldsymbol{K}_{\mathrm{dm}}\begin{pmatrix}\zeta_{\mathrm{r}}\dot{\boldsymbol{x}}_{\mathrm{s}}(t-T_{\mathrm{r}})-\dot{\boldsymbol{x}}_{\mathrm{m}}\\ \zeta_{\mathrm{r}}\boldsymbol{R}_{\mathrm{m}}^{\mathrm{T}}\boldsymbol{R}_{\mathrm{s}}(t-T_{\mathrm{r}})\boldsymbol{\omega}_{\mathrm{s}}(t-T_{\mathrm{r}})-\boldsymbol{\omega}_{\mathrm{m}}\end{pmatrix}+\boldsymbol{K}_{\mathrm{pm}}\begin{pmatrix}\boldsymbol{x}_{\mathrm{s}}(t-T_{\mathrm{r}})-\boldsymbol{x}_{\mathrm{m}}\\ \tilde{\boldsymbol{q}}(\boldsymbol{R}_{\mathrm{m}}^{\mathrm{T}}\boldsymbol{R}_{\mathrm{s}}(t-T_{\mathrm{r}}))\end{pmatrix}-\boldsymbol{D}_{\mathrm{m\_damp}}\dot{\boldsymbol{X}}_{\mathrm{m}}\right\}\\ \boldsymbol{\tau}_{\mathrm{s}}&=\boldsymbol{J}_{\mathrm{s}}^{\mathrm{T}}\left\{\boldsymbol{K}_{\mathrm{ds}}\begin{pmatrix}\zeta_{\mathrm{l}}\dot{\boldsymbol{x}}_{\mathrm{m}}(t-T_{\mathrm{l}})-\dot{\boldsymbol{x}}_{\mathrm{s}}\\ \zeta_{\mathrm{l}}\boldsymbol{R}_{\mathrm{s}}^{\mathrm{T}}\boldsymbol{R}_{\mathrm{m}}(t-T_{\mathrm{l}})\boldsymbol{\omega}_{\mathrm{m}}(t-T_{\mathrm{l}})-\boldsymbol{\omega}_{\mathrm{s}}\end{pmatrix}+\boldsymbol{K}_{\mathrm{ps}}\begin{pmatrix}\boldsymbol{x}_{\mathrm{m}}(t-T_{\mathrm{l}})-\boldsymbol{x}_{\mathrm{s}}\\ \tilde{\boldsymbol{q}}(\boldsymbol{R}_{\mathrm{s}}^{\mathrm{T}}\boldsymbol{R}_{\mathrm{m}}(t-T_{\mathrm{l}}))\end{pmatrix}-\boldsymbol{D}_{\mathrm{s\_damp}}\dot{\boldsymbol{X}}_{\mathrm{s}}\right\}\end{aligned} \tag{6-41}$$

## 6.3.2 稳定性分析

用 $S$ 表示双边机器人系统（6-40）、双边控制器（6-41）以及控制参数集 $\{\mathcal{K}_{\mathrm{F}},\mathcal{K}_{\mathrm{T}},\mathcal{K}_{\mathrm{C}}\}$ 所组成的闭环遥操作系统。对于系统 $S$，各模态下的渐近稳定性需要进行分析。考虑操作员和环境的阻抗模型，阻抗分别为 $\{\boldsymbol{B}_{\mathrm{h}},\boldsymbol{K}_{\mathrm{h}}\}$ 和 $\{\boldsymbol{B}_{\mathrm{e}},\boldsymbol{K}_{\mathrm{e}}\}$，即交互力满足以下关系式：

$$\begin{cases}-\boldsymbol{F}_{\mathrm{h}}=\boldsymbol{K}_{\mathrm{h}}(\boldsymbol{X}_{\mathrm{d}}-\boldsymbol{X}_{\mathrm{m}})-\boldsymbol{B}_{\mathrm{h}}\dot{\boldsymbol{X}}_{\mathrm{m}}\\ -\boldsymbol{F}_{\mathrm{e}}=\boldsymbol{K}_{\mathrm{e}}(\boldsymbol{X}_{\mathrm{e}}-\boldsymbol{X}_{\mathrm{s}})-\boldsymbol{B}_{\mathrm{e}}\dot{\boldsymbol{X}}_{\mathrm{s}}\end{cases} \tag{6-42}$$

### 1. 自由运动模态

此时从端不受环境作用力，若操作员的目标状态也处于非约束空间

（$|X_d|\leqslant|X_e|$），则目标状态点 $X_d$ 为系统平衡点。那么有以下结论：

**定理 6-2** 对于闭环系统 $S$，若 $F_e=0$，且 $|X_d|\leqslant|X_e|$，则系统状态 $\left[X_m^T, X_s^T, \dot{X}_m^T, \dot{X}_s^T\right]^T$ 渐近收敛至平衡点 $\{X_F^E \mid X_s = X_m = X_d, \dot{X}_m = \dot{X}_s = 0\}$。

**证明**：双边遥操作可以等效为由弹簧、阻尼和质量块组成的机械系统[5]。按此思路，系统总能量包括动能 $Q_F$ 和势能 $P_F$ 两部分，其中：

$$Q_F = \frac{1}{2}\dot{q}_m^T M_m(q_m)\dot{q}_m + \frac{1}{2|\eta_F|}\dot{q}_s^T M_s(q_s)\dot{q}_s \tag{6-43}$$

根据物理意义，系统的总势能 $P_F$ 可以表示为 $P_F = P_F^t + P_F^s + P_F^h$。其中，$P_F^t$ 表示通信时延环节引起的势能；$P_F^s$ 表示主、从端状态不同步产生的势能；$P_F^h$ 由操作员产生，表示由于当前状态与目标状态差异而产生的势能。势能的表达式分别为：

$$\begin{cases} P_F^t = \dfrac{1}{2}\displaystyle\int_{t-T_l}^{t}\left[\dot{x}_m^T \quad (R_m\omega_m)^T\right]K_{dm}\begin{bmatrix}\dot{x}_m \\ R_m\omega_m\end{bmatrix}d\sigma + \dfrac{1}{2}\displaystyle\int_{t-T_r}^{t}\left[\dot{x}_s^T \quad (R_s\omega_s)^T\right]K_{dm}\begin{bmatrix}\dot{x}_s \\ R_s\omega_s\end{bmatrix}d\sigma \\ P_F^s = k_{p\omega m}\left[1-q_s(R_s^T R_m(t-T_l))\right] + k_{p\omega m}\left[1-q_s(R_m^T R_s(t-T_r))\right] + \\ \qquad \dfrac{1}{4}(x_m(t-T_l)-x_s)^T k_{pxm}(x_m(t-T_l)-x_s) + \\ \qquad \dfrac{1}{4}(x_s(t-T_r)-x_m)^T k_{pxm}(x_s(t-T_r)-x_m) \\ P_F^h = \dfrac{1}{2}(X_d - X_m)^T K_h (X_d - X_m) \end{cases} \tag{6-44}$$

选定李雅普诺夫能量函数为

$$V_F = Q_F + P_F = Q_F + P_F^t + P_F^s + P_F^h \tag{6-45}$$

很明显，$V_F\geqslant 0$。当且仅当系统处于平衡点，即 $X_s = X_m = X_d$，$\dot{X}_m = \dot{X}_s = 0$ 时，$V_F = 0$。

$V_F$ 对时间的导数为：

$$\begin{aligned}\dot{V}_F = &-\frac{1}{2}\begin{bmatrix}\zeta_r\dot{x}_s(t-T_r)-\dot{x}_m \\ \zeta_r(R_s\omega_s)(t-T_r)-R_m\omega_m\end{bmatrix}^T K_{dm}\begin{bmatrix}\zeta_r\dot{x}_s(t-T_r)-\dot{x}_m \\ \zeta_r(R_s\omega_s)(t-T_r)-R_m\omega_m\end{bmatrix} - \\ &\frac{1}{2}\begin{bmatrix}\zeta_l\dot{x}_m(t-T_l)-\dot{x}_s \\ \zeta_l(R_m\omega_m)(t-T_l)-R_s\omega_s\end{bmatrix}^T K_{dm}\begin{bmatrix}\zeta_l\dot{x}_m(t-T_l)-\dot{x}_s \\ \zeta_l(R_m\omega_m)(t-T_l)-R_s\omega_s\end{bmatrix} - \\ &\dot{X}_m^T(D_{m\_damp}+B_h)\dot{X}_m - \dot{X}_s^T D_{s\_damp}\dot{X}_s\end{aligned} \tag{6-46}$$

式（6-46）表明 $\dot{V}_F\leqslant 0$。令满足 $\dot{V}_F(X_m, X_s, \dot{X}_m, \dot{X}_s)=0$ 的所有状态集为 $\Sigma$，根据不变集理论，此时 $S$ 的状态将收敛至 $\Sigma$ 的最大不变集 $\Lambda$。将系统平衡点

$\{\boldsymbol{X}_\mathrm{F}^\mathrm{E} | \boldsymbol{X}_\mathrm{s} = \boldsymbol{X}_\mathrm{m} = \boldsymbol{X}_\mathrm{d}, \dot{\boldsymbol{X}}_\mathrm{m} = \dot{\boldsymbol{X}}_\mathrm{s} = 0\}$ 代入 $\dot{V}_\mathrm{F}$，可知其满足 $\dot{V}_\mathrm{F}(\boldsymbol{X}_\mathrm{F}^\mathrm{E}) = 0$。下面用反证法证明最大不变集 $\varLambda$ 只包括系统平衡点 $\boldsymbol{X}_\mathrm{F}^\mathrm{E}$。

假设最大不变集 $\varLambda$ 另有其他状态点 $\bar{\boldsymbol{X}}^\mathrm{E}$，则根据式（6-46）可知，$\bar{\boldsymbol{X}}^\mathrm{E}$ 一定满足 $\{\bar{\boldsymbol{X}}^\mathrm{E} | \dot{\boldsymbol{X}}_\mathrm{m} = \dot{\boldsymbol{X}}_\mathrm{s} = 0\}$。

（1）若 $\bar{\boldsymbol{X}}^\mathrm{E}$ 取为 $\{\bar{\boldsymbol{X}}^\mathrm{E} | \dot{\boldsymbol{X}}_\mathrm{m} = \dot{\boldsymbol{X}}_\mathrm{s} = 0, \boldsymbol{X}_\mathrm{m} = \boldsymbol{X}_\mathrm{s} \neq \boldsymbol{X}_\mathrm{d}\}$ 并代入动力学方程（6-10），可知此时 $\boldsymbol{M}_\mathrm{m}(\boldsymbol{q}_\mathrm{m})\ddot{\boldsymbol{q}}_\mathrm{m} + \boldsymbol{C}_\mathrm{m}(\boldsymbol{q}_\mathrm{m}, \dot{\boldsymbol{q}}_\mathrm{m})\dot{\boldsymbol{q}}_\mathrm{m} \neq \boldsymbol{0}$，从而说明系统无法稳定在点 $\dot{\boldsymbol{q}}_\mathrm{m} = \boldsymbol{0}$，于是 $\dot{\boldsymbol{q}}_\mathrm{m} \neq \boldsymbol{0} \Rightarrow \dot{\boldsymbol{X}}_\mathrm{m} \neq \boldsymbol{0}$，与 $\bar{\boldsymbol{X}}^\mathrm{E} \in \varLambda$ 相矛盾。

（2）若 $\bar{\boldsymbol{X}}^\mathrm{E}$ 取为 $\{\bar{\boldsymbol{X}}^\mathrm{E} | \dot{\boldsymbol{X}}_\mathrm{m} = \dot{\boldsymbol{X}}_\mathrm{s} = \boldsymbol{0}, \boldsymbol{X}_\mathrm{m} \neq \boldsymbol{X}_\mathrm{s}\}$ 并代入动力学方程（6-10），可知此时 $\boldsymbol{M}_\mathrm{s}(\boldsymbol{q}_\mathrm{s})\ddot{\boldsymbol{q}}_\mathrm{s} + \boldsymbol{C}_\mathrm{s}(\boldsymbol{q}_\mathrm{s}, \dot{\boldsymbol{q}}_\mathrm{s})\dot{\boldsymbol{q}}_\mathrm{s} \neq \boldsymbol{0}$，从而说明系统无法稳定在点 $\dot{\boldsymbol{q}}_\mathrm{s} = \boldsymbol{0}$，于是有 $\dot{\boldsymbol{q}}_\mathrm{s} \neq 0 \Rightarrow \dot{\boldsymbol{X}}_\mathrm{s} \neq 0$，与 $\bar{\boldsymbol{X}}^\mathrm{E} \in \varLambda$ 相矛盾。

综上所述，状态点 $\bar{\boldsymbol{X}}^\mathrm{E}$ 必须满足 $\{\bar{\boldsymbol{X}}^\mathrm{E} | \boldsymbol{X}_\mathrm{s} = \boldsymbol{X}_\mathrm{m} = \boldsymbol{X}_\mathrm{d}, \dot{\boldsymbol{X}}_\mathrm{m} = \dot{\boldsymbol{X}}_\mathrm{s} = \boldsymbol{0}\}$，即 $\bar{\boldsymbol{X}}^\mathrm{E} = \boldsymbol{X}^\mathrm{E}$。因此 $\varLambda$ 只包含点 $\{\boldsymbol{X}_\mathrm{F}^\mathrm{E} | \boldsymbol{X}_\mathrm{s} = \boldsymbol{X}_\mathrm{m} = \boldsymbol{X}_\mathrm{d}, \dot{\boldsymbol{X}}_\mathrm{m} = \dot{\boldsymbol{X}}_\mathrm{s} = 0\}$，自由运动状态时 $S$ 渐近收敛到平衡点 $\boldsymbol{X}_\mathrm{F}^\mathrm{E}$。

证毕。

## 2. 约束运动模态

在约束运动时有 $|\boldsymbol{X}_\mathrm{s}| > |\boldsymbol{X}_\mathrm{e}|$，同时操作员的期望目标点处于约束空间内，即 $|\boldsymbol{X}_\mathrm{d}| > |\boldsymbol{X}_\mathrm{e}|$（否则将变为自由运动）。注意，系统此时的总能量还包括因环境形变而产生的势能 $P_\mathrm{C}^\mathrm{e}$：

$$P_\mathrm{C}^\mathrm{e} = \frac{1}{2}(\boldsymbol{X}_\mathrm{e} - \boldsymbol{X}_\mathrm{s})^\mathrm{T}\boldsymbol{K}_\mathrm{e}(\boldsymbol{X}_\mathrm{e} - \boldsymbol{X}_\mathrm{s}) \tag{6-47}$$

因此系统总能量为：

$$V_\mathrm{C} = Q_\mathrm{C} + P_\mathrm{C} = Q_\mathrm{C} + P_\mathrm{C}^\mathrm{t} + P_\mathrm{C}^\mathrm{s} + P_\mathrm{C}^\mathrm{h} + P_\mathrm{C}^\mathrm{e} \tag{6-48}$$

与自由运动模态不同的是，在约束空间，由于无法保证 $\boldsymbol{X}_\mathrm{d} = \boldsymbol{X}_\mathrm{m} = \boldsymbol{X}_\mathrm{s} = \boldsymbol{X}_\mathrm{e}$，因此 $V_\mathrm{C} > 0$。令系统平衡点为 $\{\boldsymbol{X}_\mathrm{C}^\mathrm{E} | \boldsymbol{X}_\mathrm{m} = \boldsymbol{X}_\mathrm{mr}, \boldsymbol{X}_\mathrm{s} = \boldsymbol{X}_\mathrm{sr}, \dot{\boldsymbol{X}}_\mathrm{m} = \dot{\boldsymbol{X}}_\mathrm{s} = \boldsymbol{0}\}$，且在平衡点时，系统的能量为 $V_\mathrm{C}(\boldsymbol{X}_\mathrm{C}^\mathrm{E}) = P_\mathrm{C}^\mathrm{R}$。那么对于闭环系统有以下结论：

**定理 6-3** 对于闭环系统 $S$，若 $|\boldsymbol{X}_\mathrm{d}| > |\boldsymbol{X}_\mathrm{e}|$，则系统状态 $[\boldsymbol{X}_\mathrm{m}^\mathrm{T}, \boldsymbol{X}_\mathrm{s}^\mathrm{T}, \dot{\boldsymbol{X}}_\mathrm{m}^\mathrm{T}, \dot{\boldsymbol{X}}_\mathrm{s}^\mathrm{T}]^\mathrm{T}$ 将收敛至平衡点 $\boldsymbol{X}_\mathrm{C}^\mathrm{E}$，且存在 $C_\mathrm{C} > P_\mathrm{C}^\mathrm{R}$，当 $V_\mathrm{C}(t) < C_\mathrm{C}$ 时，始终有 $|\boldsymbol{X}_\mathrm{s}| > |\boldsymbol{X}_\mathrm{e}|$。

**证明：**考虑系统在平衡点时的势能，

$$\begin{aligned} P_\mathrm{C}^\mathrm{R} = {} & 2k_{\mathrm{p}\omega\mathrm{m}}\left[1 - q_\mathrm{s}(\boldsymbol{R}_\mathrm{sr}^\mathrm{T}\boldsymbol{R}_\mathrm{mr})\right] + \frac{1}{2}(\boldsymbol{x}_\mathrm{mr} - \boldsymbol{x}_\mathrm{sr})^\mathrm{T} k_\mathrm{pxm}(\boldsymbol{x}_\mathrm{mr} - \boldsymbol{x}_\mathrm{sr}) + \\ & \frac{1}{2}(\boldsymbol{X}_\mathrm{d} - \boldsymbol{X}_\mathrm{mr})^\mathrm{T}\boldsymbol{K}_\mathrm{h}(\boldsymbol{X}_\mathrm{d} - \boldsymbol{X}_\mathrm{mr}) + \frac{1}{2}(\boldsymbol{X}_\mathrm{e} - \boldsymbol{X}_\mathrm{sr})^\mathrm{T}\boldsymbol{K}_\mathrm{e}(\boldsymbol{X}_\mathrm{e} - \boldsymbol{X}_\mathrm{sr}) \end{aligned} \tag{6-49}$$

取李雅普诺夫函数$\tilde{V}_{\mathrm{C}}(t)=V_{\mathrm{C}}(t)-P_{\mathrm{C}}^{\mathrm{R}}$，可知$\tilde{V}_{\mathrm{C}}(t)\geqslant 0$。当且仅当$\boldsymbol{X}=\boldsymbol{X}_{\mathrm{C}}^{\mathrm{E}}$时，$\tilde{V}_{\mathrm{C}}(t)=0$。对$\tilde{V}_{\mathrm{C}}(t)$求导并沿用定理6-2的证明思路，可以证明$\boldsymbol{X}$将收敛至平衡点$\{\boldsymbol{X}_{\mathrm{C}}^{\mathrm{E}}\big|\boldsymbol{X}_{\mathrm{m}}=\boldsymbol{X}_{\mathrm{mr}},\boldsymbol{X}_{\mathrm{s}}=\boldsymbol{X}_{\mathrm{sr}},\dot{\boldsymbol{X}}_{\mathrm{m}}=\dot{\boldsymbol{X}}_{\mathrm{s}}=0\}$。

当从端从约束运动转为自由运动时，有$\boldsymbol{X}_{\mathrm{s}}=\boldsymbol{X}_{\mathrm{e}}$。系统总能量满足

$$
\begin{aligned}
V_{\mathrm{C}}(t)&=\tilde{V}_{\mathrm{C}}(t)+P_{\mathrm{C}}^{\mathrm{R}}\\
&>\frac{1}{2}(\boldsymbol{X}_{\mathrm{s}}-\boldsymbol{X}_{\mathrm{sr}})^{\mathrm{T}}\boldsymbol{K}_{\mathrm{e}}(\boldsymbol{X}_{\mathrm{s}}-\boldsymbol{X}_{\mathrm{sr}})+P_{\mathrm{C}}^{\mathrm{R}}=\frac{1}{2}(\boldsymbol{X}_{\mathrm{e}}-\boldsymbol{X}_{\mathrm{sr}})^{\mathrm{T}}\boldsymbol{K}_{\mathrm{e}}(\boldsymbol{X}_{\mathrm{e}}-\boldsymbol{X}_{\mathrm{sr}})+P_{\mathrm{C}}^{\mathrm{R}}
\end{aligned}
\tag{6-50}
$$

令$C_{\mathrm{C}}=\frac{1}{2}(\boldsymbol{X}_{\mathrm{e}}-\boldsymbol{X}_{\mathrm{sr}})^{\mathrm{T}}\boldsymbol{K}_{\mathrm{e}}(\boldsymbol{X}_{\mathrm{e}}-\boldsymbol{X}_{\mathrm{sr}})+P_{\mathrm{C}}^{\mathrm{R}}$，有$C_{\mathrm{C}}>P_{\mathrm{C}}^{\mathrm{R}}$。换而言之，要使系统从约束运动变为自由运动，系统总能量必须满足$V_{\mathrm{C}}(t)>C_{\mathrm{C}}$；否则，系统状态一直满足$\boldsymbol{X}_{\mathrm{s}}>\boldsymbol{X}_{\mathrm{e}}$，并最终收敛至平衡点$\{\boldsymbol{X}_{\mathrm{C}}^{\mathrm{E}}\big|\boldsymbol{X}_{\mathrm{m}}=\boldsymbol{X}_{\mathrm{mr}},\boldsymbol{X}_{\mathrm{s}}=\boldsymbol{X}_{\mathrm{sr}},\dot{\boldsymbol{X}}_{\mathrm{m}}=\dot{\boldsymbol{X}}_{\mathrm{s}}=\boldsymbol{0}\}$。

证毕。

### 3. 固定增益下的切换稳定性

以$\mathcal{M}_{\mathrm{F}}$、$\mathcal{M}_{\mathrm{T}}$和$\mathcal{M}_{\mathrm{C}}$分别表示自由运动段、过渡段和稳定接触段时系统$S$所处的模态。本节对固定增益情况下（$\mathcal{K}_{\mathrm{F}}=\mathcal{K}_{\mathrm{C}}$），$S$从自由运动到约束运动$S:\mathcal{M}_{\mathrm{F}}\to\mathcal{M}_{\mathrm{C}}$的切换稳定性进行分析。

**假设 6-4**　在切换过程中，状态$\boldsymbol{X}_{\mathrm{m}}$、$\boldsymbol{X}_{\mathrm{s}}$、$\dot{\boldsymbol{X}}_{\mathrm{m}}$和$\dot{\boldsymbol{X}}_{\mathrm{s}}$保持连续，且在任意有限闭时区间$\left[t,t+\Delta t\right]$内，切换的次数有限。

假设6-4对切换系统作了一个基本限定，在此条件下，有下列引理：

**引理 6-2**　在假设6-4条件下，对于任意$i\,(i=1,2,3,\cdots)$，存在一个大于零的实数$\sigma$，使$\Delta V(t_i,t_{i+1})$满足

$$
\forall i\in\{1,2,3,\cdots\},\ \Delta V(t_i,t_{i+1})=\int_{t_i}^{t_{i+1}}\dot{V}(t)\mathrm{d}t\leqslant-\sigma<0 \tag{6-51}
$$

**证明：**利用反证法，假设不存在满足条件（6-51）的$\sigma$，即$\sigma=0$，那么意味着$\Delta V(t_i,t_{i+1})\to 0$，即$\dot{V}(t)\to 0$。而由定理6-3可知，$\dot{V}(t)=0$只在系统处于平衡点时才成立，从而与本节所研究的条件相悖，因此引理6-2成立。

**定理 6-4**　对于系统$S:\mathcal{M}_{\mathrm{F}}\to\mathcal{M}_{\mathrm{C}}$，若假设6-4成立，则在经过有限次切换后满足$S\in\mathcal{M}_{\mathrm{C}}$，且$\boldsymbol{X}$渐近收敛至平衡点$\{\boldsymbol{X}_{\mathrm{C}}^{\mathrm{E}}\big|\boldsymbol{X}_{\mathrm{m}}=\boldsymbol{X}_{\mathrm{mr}},\boldsymbol{X}_{\mathrm{s}}=\boldsymbol{X}_{\mathrm{sr}},\dot{\boldsymbol{X}}_{\mathrm{m}}=\dot{\boldsymbol{X}}_{\mathrm{s}}=\boldsymbol{0}\}$。

**证明：**从端机器人与环境发生接触时会发生振荡，此时$S$会在$\mathcal{M}_{\mathrm{F}}$与$\mathcal{M}_{\mathrm{C}}$之间进行多次切换。设切换的时间序列为$\{t_1,t_2,t_3,\cdots,t_i,t_{i+1},\cdots\}$，其中$i$为整数，并且有

$$\begin{cases} S \in \mathcal{M}_{\mathrm{F}}, V(t) = V_{\mathrm{F}}(t), \ \forall t \in (t_{2i-1}, t_{2i}) \\ S \in \mathcal{M}_{\mathrm{C}}, V(t) = V_{\mathrm{C}}(t), \ \forall t \in (t_{2i}, t_{2i+1}) \end{cases} \tag{6-52}$$

根据假设 6-4，可知能量函数$V(t)$分段连续，且$\forall i, t \in (t_i, t_{i+1})$，有$\dot{V}(t) \leqslant 0$。

引理 6-2 表明，每两次相邻切换的间隙，系统耗散的能量$\Delta V > 0$。若系统的初始总能量为$V_0$，那么最多经过$N = \lceil (V_0 - C_{\mathrm{C}})/\sigma \rceil$次切换后，系统的总能量满足$V(t) < C_{\mathrm{C}}$。定理 6-3 已经指出，此时系统状态会渐近收敛至$\boldsymbol{X}^{\mathrm{E}}$。因此在有限次切换后，系统将驻留在约束空间，且$\boldsymbol{X} \to \boldsymbol{X}^{\mathrm{E}}$。

证毕。

## 6.3.3 双边切换策略设计

前面分析了双边控制系统在各个模态下的稳定性以及固定增益下切换的收敛性。本节考虑变增益切换时系统的性能。模态间的转换如图 6-9 所示。

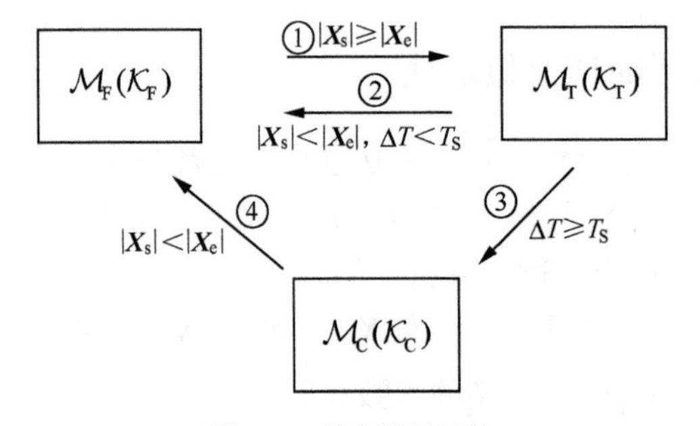


图 6-9 模态间的转换

在图 6-9 中，$T_{\mathrm{S}}$表示从接触到稳定下来的稳定时间。由于各模态控制增益不同，切换时会引起系统能量的跳变。注意到$K_{\mathrm{m}}^{\mathrm{l}} < K_{\mathrm{m}}^{\mathrm{h}}$，$K_{\mathrm{s}}^{\mathrm{l}} < K_{\mathrm{s}}^{\mathrm{h}}$且$\eta_{\mathrm{F}} < \eta_{\mathrm{T}}$，因此有$V_{\mathrm{F}} < V_{\mathrm{T}}$，即在切换过程①中，系统能量增大。在切换过程②中，系统能量减小。在切换过程③中，由于增益系数$K_{\mathrm{m}}$变小，因此$V_{\mathrm{T}} > V_{\mathrm{C}}$，系统总能量是减少的。过程④表示从约束模态到自由运动模态，此时系统平衡点在自由运动空间，不存在碰撞过渡段，定理 6-4 表明了过程④是稳定的，系统状态收敛于平衡点。

综上所述，切换对稳定性的影响主要体现在接触刚发生时，从端机器人会产生振荡，导致过程①与过程②会频繁交替出现。由于在过程①中能量会增大，因而可能造成系统失稳。不稳定切换如图 6-10 所示。

为了保证变增益切换控制的稳定性，引入临界模态$\mathcal{M}_{\mathrm{F}}(\mathcal{K}_{\mathrm{T}})$。在该模态中，从端处于自由运动状态，但其增益采用约束模态的控制参数$\mathcal{K}_{\mathrm{T}}$。本节的切换策

略设计如下：定义容许时间 $T_{\mathrm{P}}$，假设从端与环境发生碰撞的时刻为 $T_0$，若 $t > T_0 + T_{\mathrm{P}}$，则系统只在模态 $\mathcal{M}_{\mathrm{F}}(\mathcal{K}_{\mathrm{T}})$ 与 $\mathcal{M}_{\mathrm{T}}(\mathcal{K}_{\mathrm{T}})$ 之间进行切换，切换律的逻辑图如图 6-11 所示。

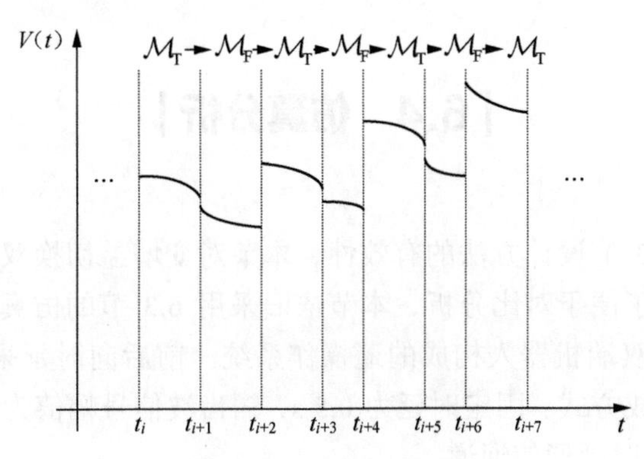


图 6-10　不稳定切换

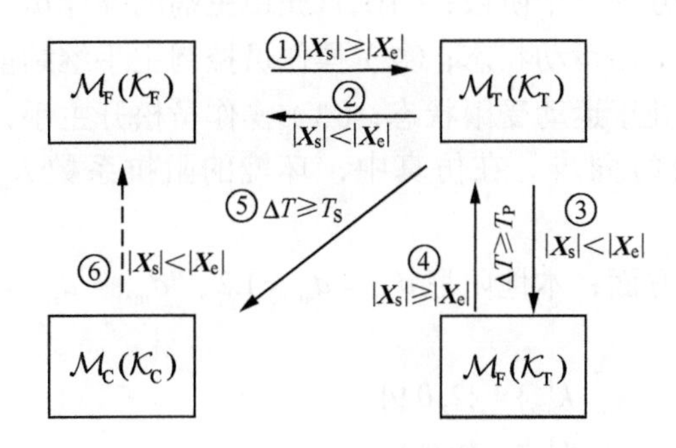


图 6-11　本节所设计的切换控制策略

值得说明的是，在实际工程应用中，如果末端没有力传感器，则接触事件往往难以精确界定。容许时间 $T_{\mathrm{P}}$ 的存在也降低了在接触发生时对控制参数切换的同步性要求。以上切换控制策略具有以下定理：

**定理 6-5**　对于双边系统 $S:\mathcal{M}_{\mathrm{F}}(\mathcal{K}_{\mathrm{F}}) \to \mathcal{M}_{\mathrm{C}}(\mathcal{K}_{\mathrm{C}})$，在切换控制的作用下，$S$ 经过有限次切换后渐近收敛到平衡点。

**证明：** 当 $t \in \left[T_0, T_0 + T_{\mathrm{P}}\right]$ 时，模态 $\mathcal{M}_{\mathrm{F}}(\mathcal{K}_{\mathrm{F}})$ 与 $\mathcal{M}_{\mathrm{T}}(\mathcal{K}_{\mathrm{T}})$ 间的切换次数有限，因此有 $V_{\mathrm{T}}(K_{\mathrm{T}}) \in \mathcal{L}_\infty$。同时利用定理 6-4，可知对于 $S:\mathcal{M}_{\mathrm{F}}(\mathcal{K}_{\mathrm{F}}) \to \mathcal{M}_{\mathrm{C}}(\mathcal{K}_{\mathrm{C}})$，存在有限的 $T_{\mathrm{S}}$，当 $\Delta T > T_{\mathrm{S}}$ 时，系统状态 $\boldsymbol{X}$ 将稳定到状态平衡点 $\boldsymbol{X}_{\mathrm{C}}^{\mathrm{E}}$。

最后，考虑切换过程⑤，分析能量函数 $V_{\mathrm{C}}(\mathcal{K}_{\mathrm{C}})$，有

$$
\begin{aligned}
V_{\mathrm{C}}(\mathcal{K}_{\mathrm{C}}) &= Q_{\mathrm{C}}(\mathcal{K}_{\mathrm{F}}) + P_{\mathrm{C}}^{\mathrm{t}}(\mathcal{K}_{\mathrm{C}}) + P_{\mathrm{C}}^{\mathrm{s}}(\mathcal{K}_{\mathrm{C}}) + P_{\mathrm{C}}^{\mathrm{h}}(\mathcal{K}_{\mathrm{C}}) + P_{\mathrm{C}}^{\mathrm{e}}(\mathcal{K}_{\mathrm{C}}) \\
&\leqslant V_{\mathrm{T}}(\mathcal{K}_{\mathrm{T}})
\end{aligned}
\tag{6-53}
$$

综上所述，并结合定理 6-2 和定理 6-3，最终能得到双边控制系统在切换规律下的稳定性结论。

证毕。

## 6.4 仿真分析

为了验证 6.3 节设计方法的有效性，本节对变增益切换双边控制算法进行了仿真验证。为了便于对比分析，本节依旧采用 6.3 节的仿真环境，同时也选取了与其相同的双端机器人构成的遥操作系统。前后向时延采用固定时延+锯齿波变时延的组成方式：固定时延为 0.5 s，锯齿波信号幅值为 0.2 s，最后形成上界为 0.7 s 的变时延通信通道。

仿真过程同样分为三个阶段：（1）首先由主端的操作员移动主手向目标运动，此时从端处于自由运动状态；（2）操作员控制主手继续前进，但从手已经与环境发生接触，处于运动受限状态；（3）操作员松开主手，主手与从手在双边控制器作用下进行同步。在仿真中，环境的阻抗系数 $K_{\mathrm{e}}=2\times10^{2}$ N/mm，$B_{\mathrm{e}}=20$ N·s/mm。

控制参数选择方面，本地阻尼 $d_{\mathrm{m}x}=d_{\mathrm{s}x}=1.2$，$d_{\mathrm{m}\omega}=d_{\mathrm{s}\omega}=0.5$。参数切换集选择如下：

（1）$K_{\mathrm{pm}}^{\mathrm{l}}=K_{\mathrm{ps}}^{\mathrm{l}}=\{k_{\mathrm{p}x}^{\mathrm{l}},k_{\mathrm{p}\omega}^{\mathrm{l}}\}=\{2,0.9\}$

（2）$K_{\mathrm{dm}}^{\mathrm{l}}=K_{\mathrm{ds}}^{\mathrm{l}}=\{k_{\mathrm{d}x}^{\mathrm{l}},k_{\mathrm{d}\omega}^{\mathrm{l}}\}=\{1,0.4\}$

（3）$K_{\mathrm{pm}}^{\mathrm{h}}=K_{\mathrm{ps}}^{\mathrm{h}}=\{k_{\mathrm{p}x}^{\mathrm{h}},k_{\mathrm{p}\omega}^{\mathrm{h}}\}=\{8,3.6\}$

（4）$K_{\mathrm{dm}}^{\mathrm{h}}=K_{\mathrm{ds}}^{\mathrm{h}}=\{k_{\mathrm{d}x}^{\mathrm{h}},k_{\mathrm{d}\omega}^{\mathrm{h}}\}=\{4,1.6\}$

根据控制参数可得 $\eta_{\mathrm{T}}=1/\eta_{\mathrm{F}}=4$。主手与从手末端在任务空间的轨迹分别如图 6-12 和图 6-13 所示。

从图 6-12 和图 6-13 所示可以看出，$t$<4 s 时，从端处于自由运动状态，其末端跟踪时延后的主端指令。在时刻 $t$=4 s 左右，从手与环境发生接触，系统进入约束运动模态。在大约 $t$=21 s 时，操作员松开主手，主手与从手又回到位置同步过程。主手与从手在任务空间的同步位置误差和速度误差分别如图 6-14 和图 6-15 所示。

对双边控制系统而言，此时更重要的是过渡段的稳定性和稳态接触段的透明性。图 6-16 所示给出了仿真过程中操作员的主端作用力和从手与环境的接触力。

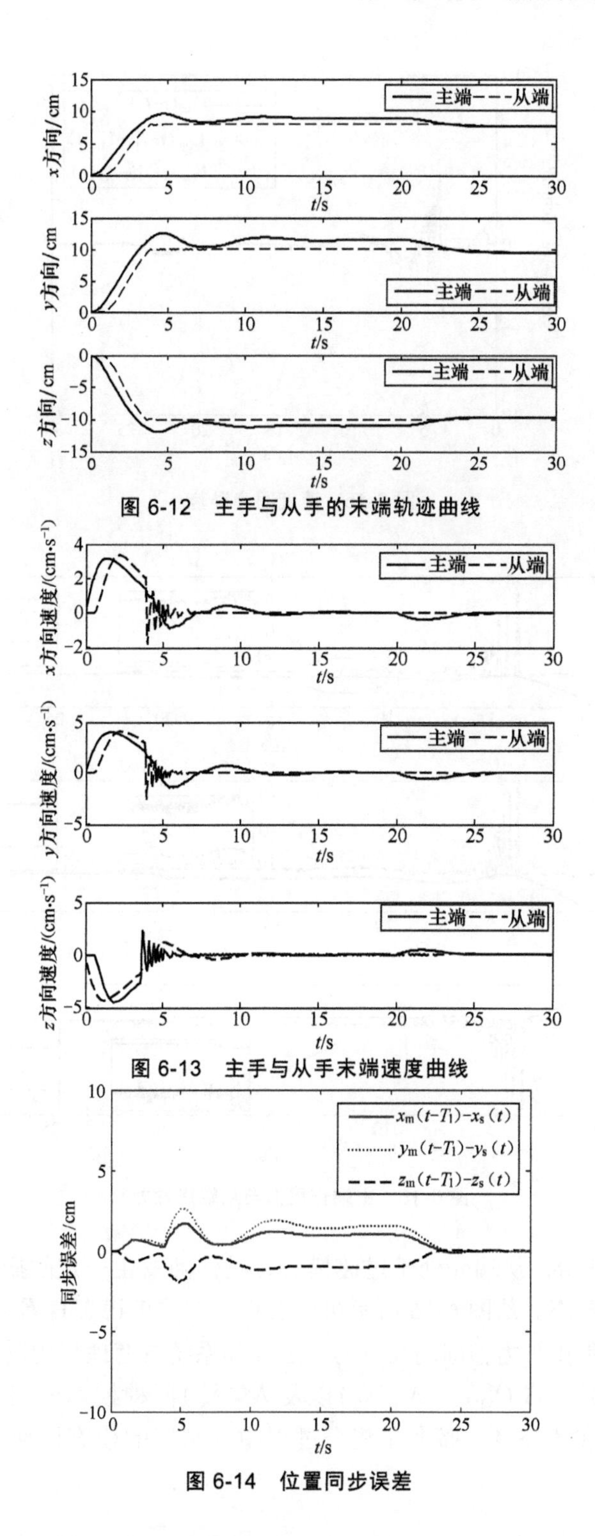


图 6-12　主手与从手的末端轨迹曲线

图 6-13　主手与从手末端速度曲线

图 6-14　位置同步误差

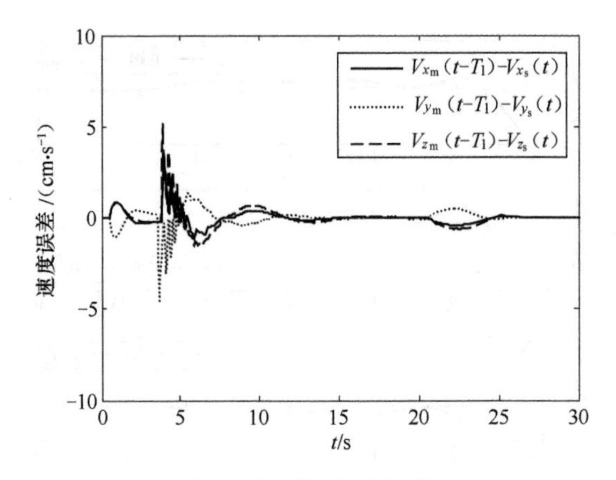


图 6-15　速度同步误差

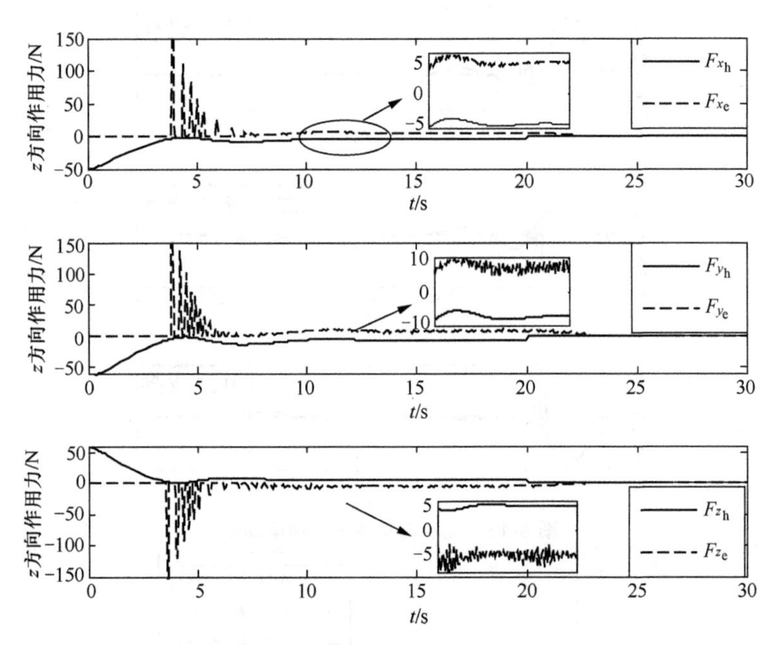


图 6-16　主端作用力与从端接触力

在 $t=5$ s 开始，从端先处于过渡模态，且伴随发生一定的振动。随后系统进入约束稳定模态。从图 6-16 所示可以发现，在约束稳态有 $\boldsymbol{F}_{\mathrm{h}}=-\boldsymbol{F}_{\mathrm{e}}$，即操作员受到了与从手接触力相同的反馈力，遥操作系统具有理想的透明性。

令 $\mathcal{M}_{\mathrm{F}}(\mathcal{K}_{\mathrm{F}})$、$\mathcal{M}_{\mathrm{T}}(\mathcal{K}_{\mathrm{T}})$、$\mathcal{M}_{\mathrm{F}}(\mathcal{K}_{\mathrm{T}})$ 以及 $\mathcal{M}_{\mathrm{C}}(\mathcal{K}_{\mathrm{C}})$ 四种模态分别为模态 1、模态 2、模态 3 和模态 4，那么在整个过程中控制器的模态切换过程如图 6-17 所示。

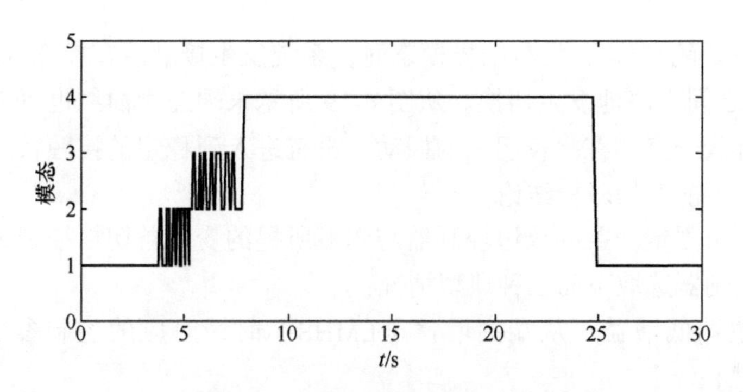


图 6-17　双边控制器模态切换过程

为了展现本节所提出的切换律在系统稳定性方面的优势，本节利用图 6-9 所示的无临界模态的切换律完成相同的任务作为对比仿真。图 6-18 所示为对比仿真的模态切换，图 6-19 所示给出了在对比仿真中，主手与从手在任务空间 $x$ 方向的轨迹。

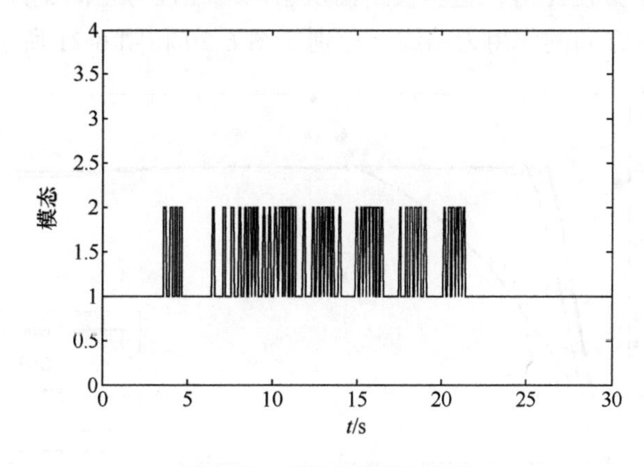


图 6-18　对比仿真模态切换

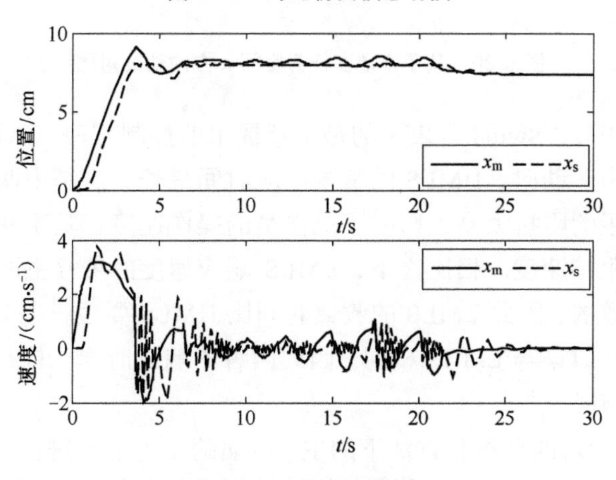


图 6-19　对比仿真结果

图 6-18 所示表明，没有临界模态时，系统发生接触后在模态 $\mathcal{M}_{\mathrm{F}}(\mathcal{K}_{\mathrm{F}})$ 和模态 $\mathcal{M}_{\mathrm{T}}(\mathcal{K}_{\mathrm{T}})$ 之间不停地发生切换。从图 6-19 所示末端速度曲线也可以看出，从手在过渡阶段一直存在比较明显的振动，没有进入到稳定的接触状态。这个对比结果验证了前面的分析结论。

最后，用固定增益的双边控制器与本节所提的变增益切换控制进行对比。固定增益控制器选取下面三种典型情况：

（1）主端低增益、从端高增益（LMHS）时，对应的控制参数为 $\{K_{\mathrm{dm}}^{\mathrm{l}}, K_{\mathrm{pm}}^{\mathrm{l}}, K_{\mathrm{ds}}^{\mathrm{h}}, K_{\mathrm{ps}}^{\mathrm{h}}\}$；

（2）主端高增益、从端低增益（HMLS）时，对应的控制参数为 $\{K_{\mathrm{dm}}^{\mathrm{h}}, K_{\mathrm{pm}}^{\mathrm{h}}, K_{\mathrm{ds}}^{\mathrm{l}}, K_{\mathrm{ps}}^{\mathrm{l}}\}$；

（3）主、从端均为低增益（LMLS）时，对应的控制参数为 $\{K_{\mathrm{dm}}^{\mathrm{l}}, K_{\mathrm{pm}}^{\mathrm{l}}, K_{\mathrm{ds}}^{\mathrm{l}}, K_{\mathrm{ps}}^{\mathrm{l}}\}$。

同样，为了方便比对，这里仅给出从手末端在任务空间 $x$ 方向的轨迹以及主手与从手在 $x$ 方向的作用力曲线，分别如图 6-20 和图 6-21 所示。

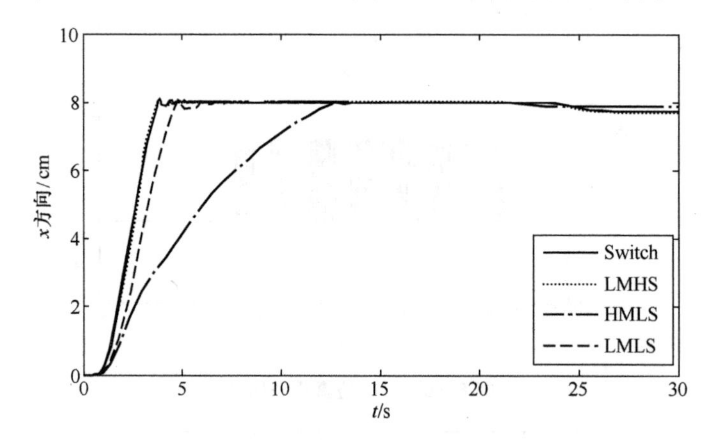


图 6-20　从手末端在任务空间 $x$ 方向轨迹对比

在图 6-20 中，“Switch”表示的是本章提出的控制方法。从图 6-20 所示可以看出，在自由运动时，HMLS 的从端响应时间最长。这是由两方面的原因造成的，首先主手的阻抗太高，影响了操作员的操作速度；其次从端的控制增益较低，降低了跟踪速度。相比之下，LMLS 响应速度的缓慢主要是由从端控制器的低增益导致的，因此 LMLS 的收敛时间比 HMLS 要短一些。由于自由运动时切换控制的参数集与 LMHS 相同，因此两者的响应时间一样，跟踪性明显优于 HMLS 和 LMLS。

图 6-21 所示对四种控制方法下的主、从端的受力情况进行了对比。在自由运动状态，主端操作员感受到的反馈力为 $F_{\mathrm{h}}^{\mathrm{Switch}} \approx F_{\mathrm{h}}^{\mathrm{LMHS}} \approx F_{\mathrm{h}}^{\mathrm{LMLS}} < F_{\mathrm{h}}^{\mathrm{HMLS}}$。在过渡

段，由于LMHS采用较大的从端控制增益，导致LMHS的振动现象最为显著，而且碰撞产生的冲击力也最大。过渡阶段从手的冲击力大小关系为$F_e^{HMLS} < F_e^{Switch} \approx F_e^{LMLS} < F_e^{LMHS}$。而如果对过渡段的时间进行比较，由于切换控制策略中加入了临界模态，可以发现切换控制的过渡时间为 2～3 s，明显优于LMLS控制下5 s的过渡时间。从图6-21（b）和图6-21（c）所示可以看出，在稳态接触阶段，LMHS和HMLS都无法取得理想的透明性（主端反馈力不等于从端机器人接触力），而从图6-21（a）所示中可以看出，$-F_h = F_e \approx 5\,\text{N}$，因此本章所设计的变增益切换控制方法在稳态时也具备良好的透明性。

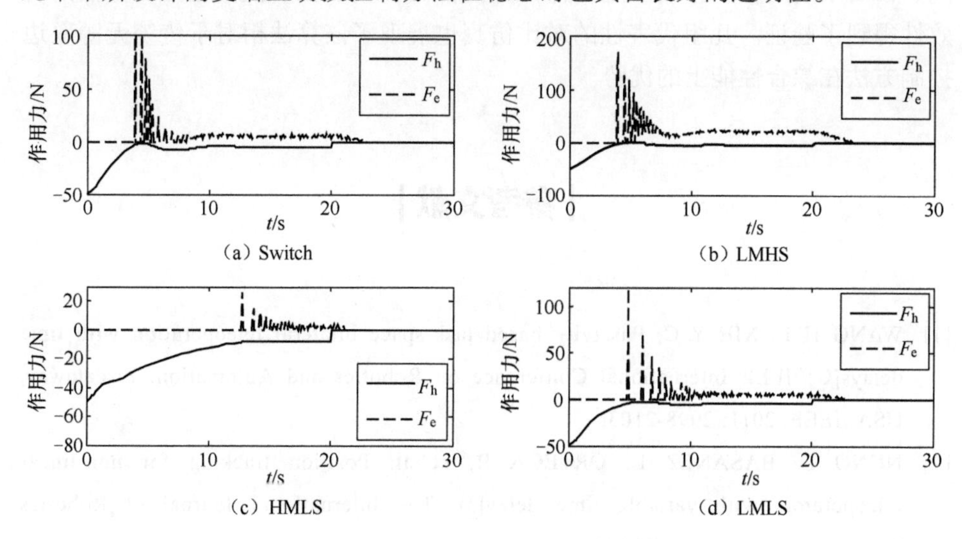


图6-21 主手与从手在x方向的作用力对比

# 6.5 本章小结

本章针对没有力传感器的情况下，利用位置误差双边控制模式，基于无源稳定理论，对任务空间的双边控制进行了介绍，提出了适用于包含多操作模态遥操作的双边控制算法。

该双边控制算法通过采用基于四元数的姿态同步误差表示，构建了统一的位姿无源映射框架，在此框架下，借助系统无源性理论推导出了变时延双边控制的稳定性判据。同时，通过耗散因子的引入，使该方法在面临变时延通信环节时，相比同类算法具有更好的稳定性。理论分析与仿真也证明了该控制方法的跟踪性与透明性。

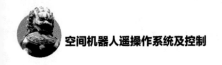

遥操作机器人进行在轨维修和操作时往往会经历多种工况和运动状态，而目前已有的双边控制方法往往只能保证系统在单一状态下的操作性能。本章结合各个操作模态的特点和性能需求，设计了相应的变增益控制集，并提出基于变增益切换的双边控制算法。相比固定增益的双边控制，该算法在各个状态下都具有更好的透明性和跟踪性。而临界模态的引入，也保证了双边控制器在切换过程中（尤其是碰撞发生时）的全局稳定性。通过自由空间、碰撞、约束空间、自由空间这样一个典型遥操作任务的仿真，变增益切换双边控制算法的有效性得到了验证。几组代表性的对比仿真也展现了该算法相对于传统无源双边控制方法在综合性能上的优势。

## 参考文献

[1] WANG H L, XIE Y C. Passivity based task-space bilateral teleoperation with time delays[C]//IEEE International Conference on Robotics and Automation. Piscataway, USA: IEEE, 2011: 2098-2103.

[2] NUNO E, BASANEZ L, ORTEGA R, et al. Position tracking for non-linear teleoperators with variable time delay[J]. The International Journal of Robotics Research, 2009, 28(7): 895-910.

[3] SLOTINE J E, LI W P. 应用非线性控制[M]. 北京: 机械工业出版社, 2006.

[4] CORKE P. A robotics toolbox for MATLAB[J]. IEEE Robotics & Automation Magazine, 1996, 3(1): 24-32.

[5] NI L, WANG D W L. A gain-switching control scheme for position-error-based bilateral teleoperation: contact stability analysis and controller design[J]. The International Journal of Robotics Research, 2004, 23(3):255-274.

# 第7章 具有确定暂态性能的自适应双边控制方法研究

空间机器人在地面装配、发射、在轨展开、执行任务等过程中都会受到各种外界因素的干扰，因此进行在轨服务时与地面标定的动力学状态也可能会存在差异。同时由于空间机器人的任务和工作环境的特殊性，例如对未知负载进行操作时，其动力学参数会存在不确定性和扰动，故进行双边控制器设计时，需要考虑这些动力学不确定性的影响。这在基于模型的控制（如反馈线性化等方法）中尤为重要。针对这一问题，本章介绍一种对动力学参数不确定性具有鲁棒性的自适应双边控制方法。

本章考虑的另外一个问题是如何提高双边控制器的动态性能。目前为止，大多数双边控制的研究对跟踪性的分析仅仅局限于稳态跟踪误差这一指标上。在实际作业过程中，从端机器人对操作员动作的动态响应能力也是跟踪性能的一个重要体现。只有当从端机器人具备良好的动态跟踪性能时，遥操作的工作效率才能得到保障。在传统的双边控制方法中，通常依靠增大控制增益来提高动态响应速度，然而回路增益的增加会影响时延下控制系统的稳定性。为了解决这个问题，本章设计了一种具有确定暂态性能的自适应双边控制方法，通过提高自适应过程的准确性和快速性这一途径，达到了提高双边控制暂态性能的目的。

## 7.1 自适应双边控制方法

本节首先考虑双边机器人在关节空间内的同步问题，主要目标是消除主从手间的同步误差，定义同步误差为：

$$\begin{cases} \boldsymbol{e}_{\mathrm{s}}(t)=\boldsymbol{q}_{\mathrm{s}}(t)-\boldsymbol{q}_{\mathrm{s}}^{\mathrm{d}}(t)=\boldsymbol{q}_{\mathrm{s}}(t)-\boldsymbol{q}_{\mathrm{m}}(t-\Delta T) \\ \boldsymbol{e}_{\mathrm{m}}(t)=\boldsymbol{q}_{\mathrm{m}}(t)-\boldsymbol{q}_{\mathrm{m}}^{\mathrm{d}}(t)=\boldsymbol{q}_{\mathrm{m}}(t)-\boldsymbol{q}_{\mathrm{s}}(t-\Delta T) \end{cases} \tag{7-1}$$

此外，在遥操作过程中还需要保证系统的稳定性，这意味着 $t\to\infty$ 时，$\dot{\boldsymbol{q}}_i\to\boldsymbol{0}\left(i=\mathrm{s},\mathrm{m}\right)$。因此定义辅助变量 $\boldsymbol{s}_i$：

$$\boldsymbol{s}_i=\dot{\boldsymbol{q}}_i+\boldsymbol{\lambda}\boldsymbol{e}_i,\ i=\mathrm{m},\mathrm{s} \tag{7-2}$$

式中，$\boldsymbol{\lambda}$表示同步误差的权重矩阵。那么控制目标为：$t\to\infty$时，$\boldsymbol{s}_i\to\boldsymbol{0}$。

早在二十多年前，麻省理工学院的学者 Slotine 等人就提出了一种适用于欧拉-拉格朗日模型的自适应控制器[1]，并且一直以来都被视作机器人自适应控制的经典方法：

$$\boldsymbol{\tau}=\hat{\boldsymbol{M}}(\boldsymbol{q})\ddot{\boldsymbol{q}}_{\mathrm{r}}+\hat{\boldsymbol{C}}(\boldsymbol{q},\dot{\boldsymbol{q}})\dot{\boldsymbol{q}}_{\mathrm{r}}+\hat{\boldsymbol{G}}(\boldsymbol{q})-\boldsymbol{K}_{\mathrm{D}}(\dot{\tilde{\boldsymbol{q}}}+\boldsymbol{\Lambda}\tilde{\boldsymbol{q}}) \tag{7-3}$$

在传统的机器人控制中，加速度等指令一般能提前得到规划，但在遥操作中，却很难直接测得主、从端的加速度信号。虽然利用关节角速度差分可以间

接得到加速度指令，但其中往往包含大量的噪声。因此在设计双边控制器时，需要尽量避免使用加速度指令信号。

针对双边控制的这种要求，Chopra 等人[2]提出了一种不需要加速度信号的控制算法：

$$\boldsymbol{\tau}_i = \overline{\boldsymbol{\tau}}_i - \hat{\boldsymbol{M}}_i(\boldsymbol{q}_i)\boldsymbol{\lambda}\dot{\boldsymbol{q}}_i(t) - \hat{\boldsymbol{C}}_i(\boldsymbol{q}_i,\dot{\boldsymbol{q}}_i)\boldsymbol{\lambda}\boldsymbol{q}_i(t) + \hat{\boldsymbol{g}}_i(\boldsymbol{q}_i), i = \mathrm{m,s} \tag{7-4}$$

式中，$\hat{\boldsymbol{M}}_i$、$\hat{\boldsymbol{C}}_i$与$\hat{\boldsymbol{D}}_i$为机器人估计参数矩阵，该算法能保证双端机器人在时延通道下的同步，然而，式（7-4）的控制器存在应用局限性——存在重力项时，这有将关节角度向零位控制的趋势。在此基础上，本节采用以下形式的双边控制算法（由于重力项可以直接进行补偿，简便起见，本章不考虑模型中的重力项）：

$$\boldsymbol{\tau}_i = \underbrace{-\hat{\boldsymbol{M}}_i(\boldsymbol{q}_i)\boldsymbol{\lambda}\dot{\boldsymbol{e}}_i - \hat{\boldsymbol{C}}_i(\boldsymbol{q}_i,\dot{\boldsymbol{q}}_i)\boldsymbol{\lambda}\boldsymbol{e}_i - \hat{\boldsymbol{D}}_i(\dot{\boldsymbol{q}}_i)\boldsymbol{\lambda}\boldsymbol{e}_i}_{\Delta_1} + \boldsymbol{\tau}_{\mathrm{e}} + \boldsymbol{\tau}_{\mathrm{d}}, i = \mathrm{m,s} \tag{7-5}$$

将双边控制算法（7-5）代入遥操作系统动力学模型，可得系统闭环动力学方程：

$$\begin{aligned} &\boldsymbol{M}_i(\boldsymbol{q}_i)(\ddot{\boldsymbol{q}}_i + \boldsymbol{\lambda}\dot{\boldsymbol{e}}_i) + \boldsymbol{C}_i(\boldsymbol{q}_i,\dot{\boldsymbol{q}}_i)(\dot{\boldsymbol{q}}_i + \boldsymbol{\lambda}\boldsymbol{e}_i) + \boldsymbol{D}(\dot{\boldsymbol{q}}_i)(\dot{\boldsymbol{q}}_i + \boldsymbol{\lambda}\boldsymbol{e}_i) \\ &= \tilde{\boldsymbol{M}}_i(\boldsymbol{q}_i)\boldsymbol{\lambda}\dot{\boldsymbol{e}}_i + \tilde{\boldsymbol{C}}_i(\boldsymbol{q}_i,\dot{\boldsymbol{q}}_i)\boldsymbol{\lambda}\boldsymbol{e}_i + \tilde{\boldsymbol{D}}_i(\dot{\boldsymbol{q}}_i)\boldsymbol{\lambda}\boldsymbol{e}_i + \boldsymbol{\tau}_{\mathrm{e}} + \boldsymbol{\tau}_{\mathrm{d}} \quad , i = \mathrm{m,s} \end{aligned} \tag{7-6}$$

式中，$\tilde{\boldsymbol{M}}_i$、$\tilde{\boldsymbol{C}}_i$与$\tilde{\boldsymbol{D}}_i$为机器人动力学模型误差参数矩阵。在动力学模型不存在误差的情况下，$\tilde{\boldsymbol{M}}_i = \boldsymbol{0}$，$\tilde{\boldsymbol{C}}_i = \boldsymbol{0}$，$\tilde{\boldsymbol{D}}_i = \boldsymbol{0}$，那么$\boldsymbol{s}_i = \boldsymbol{0}$意味着$\boldsymbol{\tau}_{\mathrm{e}} + \boldsymbol{\tau}_{\mathrm{d}} = \boldsymbol{0}$。$\boldsymbol{\tau}_{\mathrm{e}}$项作为一个反馈控制环节，作用是对双边同步误差进行补偿，使$\boldsymbol{s}_i \to \boldsymbol{0}$，设计$\boldsymbol{\tau}_{\mathrm{e}}$为

$$\boldsymbol{\tau}_{\mathrm{e}} = -\boldsymbol{k}_i\boldsymbol{\lambda}\boldsymbol{e}_i - \boldsymbol{k}_i\dot{\boldsymbol{q}}_i, i = \mathrm{m,s} \tag{7-7}$$

$\boldsymbol{\tau}_{\mathrm{d}}$项是阻尼项，其作用是对时延带来的能量进行耗散，以保持系统无源性，从而维持遥操作的稳定。其表达式为：

$$\boldsymbol{\tau}_{\mathrm{d}} = -\boldsymbol{k}_i\boldsymbol{\beta}_i\dot{\boldsymbol{e}}_i \quad , i = \mathrm{m,s} \tag{7-8}$$

综上所述，双边控制律可以写为：

$$\begin{cases} \boldsymbol{\tau}_{\mathrm{m}} = -\hat{\boldsymbol{M}}_{\mathrm{m}}(\boldsymbol{q}_{\mathrm{m}})\boldsymbol{\lambda}\dot{\boldsymbol{e}}_{\mathrm{m}} - \hat{\boldsymbol{C}}_{\mathrm{m}}(\boldsymbol{q}_{\mathrm{m}},\dot{\boldsymbol{q}}_{\mathrm{m}})\boldsymbol{\lambda}\boldsymbol{e}_{\mathrm{m}} - \hat{\boldsymbol{D}}_{\mathrm{m}}(\dot{\boldsymbol{q}}_{\mathrm{m}})\boldsymbol{\lambda}\boldsymbol{e}_{\mathrm{m}} - \boldsymbol{k}_{\mathrm{m}}(\boldsymbol{\lambda}\boldsymbol{e}_{\mathrm{m}} + \boldsymbol{\beta}_{\mathrm{m}}\dot{\boldsymbol{e}}_{\mathrm{m}}) - \boldsymbol{k}_{\mathrm{m}}\dot{\boldsymbol{q}}_{\mathrm{m}} \\ \boldsymbol{\tau}_{\mathrm{s}} = -\hat{\boldsymbol{M}}_{\mathrm{s}}(\boldsymbol{q}_{\mathrm{s}})\boldsymbol{\lambda}\dot{\boldsymbol{e}}_{\mathrm{s}} - \hat{\boldsymbol{C}}_{\mathrm{s}}(\boldsymbol{q}_{\mathrm{s}},\dot{\boldsymbol{q}}_{\mathrm{s}})\boldsymbol{\lambda}\boldsymbol{e}_{\mathrm{s}} - \hat{\boldsymbol{D}}_{\mathrm{s}}(\dot{\boldsymbol{q}}_{\mathrm{s}})\boldsymbol{\lambda}\boldsymbol{e}_{\mathrm{s}} - \boldsymbol{k}_{\mathrm{s}}(\boldsymbol{\lambda}\boldsymbol{e}_{\mathrm{s}} + \boldsymbol{\beta}_{\mathrm{s}}\dot{\boldsymbol{e}}_{\mathrm{s}}) - \boldsymbol{k}_{\mathrm{s}}\dot{\boldsymbol{q}}_{\mathrm{s}} \end{cases} \tag{7-9}$$

式中，$\boldsymbol{k}_i$、$\boldsymbol{\beta}_i\,(i = \mathrm{m,s})$为控制增益矩阵，在前面已经说明。

自适应律对系统参数的更新需要利用第 3 章的系统线性参数化模型（3-8），考虑到系统在没有加速度指令信号的情况下，重新定义线性化回归阵$\overline{\boldsymbol{Y}}(\cdot)$：

$$\boldsymbol{M}_i(\boldsymbol{q}_i)\boldsymbol{\lambda}\dot{\boldsymbol{e}}_i + \boldsymbol{C}_i(\boldsymbol{q}_i,\dot{\boldsymbol{q}}_i)\boldsymbol{\lambda}\boldsymbol{e}_i + \boldsymbol{D}(\dot{\boldsymbol{q}}_i)\boldsymbol{\lambda}\boldsymbol{e}_i = \overline{\boldsymbol{Y}}_i(\boldsymbol{q}_i,\dot{\boldsymbol{q}}_i,\boldsymbol{e}_i,\dot{\boldsymbol{e}}_i)\boldsymbol{\theta}_i \text{ , } i = \mathrm{m,s} \tag{7-10}$$

联合式（7-6）与式（7-10）可以看出，当同步误差为零时，有

$$\bar{\boldsymbol{Y}}_i(\boldsymbol{q}_i,\dot{\boldsymbol{q}}_i,\boldsymbol{e}_i,\dot{\boldsymbol{e}}_i)\boldsymbol{\theta}_i=\boldsymbol{0}, i=\mathrm{m,s} \tag{7-11}$$

且系统闭环动力学模型可以写为如下形式：

$$\boldsymbol{M}_i(\boldsymbol{q}_i)\dot{\boldsymbol{s}}_i+\boldsymbol{C}_i(\boldsymbol{q}_i,\dot{\boldsymbol{q}}_i)\boldsymbol{s}_i+\boldsymbol{D}_i\boldsymbol{s}_i=\bar{\boldsymbol{Y}}_i(\boldsymbol{q}_i,\dot{\boldsymbol{q}}_i)\tilde{\boldsymbol{\theta}}_i-\boldsymbol{k}_i(\boldsymbol{\lambda}\boldsymbol{e}_i+\boldsymbol{\beta}_i\dot{\boldsymbol{e}}_i)-\boldsymbol{k}_i\dot{\boldsymbol{q}}_i\text{ , } i=\mathrm{m,s} \tag{7-12}$$

式中，$\tilde{\boldsymbol{\theta}}_i(i=\mathrm{m,s})$表示参数估计误差，即$\tilde{\boldsymbol{\theta}}_i=\boldsymbol{\theta}_i-\hat{\boldsymbol{\theta}}_i(i=\mathrm{m,s})$。

最后，自适应律选为如下形式：

$$\dot{\hat{\boldsymbol{\theta}}}_i(t)=\boldsymbol{\Gamma}^{-1}\bar{\boldsymbol{Y}}_i^{\mathrm{T}}\cdot\boldsymbol{s}_i \tag{7-13}$$

式中，$\boldsymbol{\Gamma}^{-1}$为正定自适应增益矩阵。

可以证明，对于自适应双边控制律（7-9）和自适应律（7-13），有以下性质：

**定理 7-1** 自由运动时，由控制律（7-9）以及自适应律（7-13）组成的双边控制器在任意时延$\Delta T$下，系统状态有界，且$t\to\infty$时，双边控制的位置跟踪误差与速度渐近收敛到零，即$|\boldsymbol{e}_i|\to 0$，$|\dot{\boldsymbol{q}}_i|\to 0$。

**证明：**选择李雅普诺夫-克拉索夫斯基函数为

$$V=V_1(t)+V_2(t)+V_3(t)+V_4(t) \tag{7-14}$$

式中，

$$\begin{cases}V_1(t)=\dfrac{1}{2}\sum\limits_{i=\mathrm{m,s}}\boldsymbol{s}_i^{\mathrm{T}}\boldsymbol{M}_i(t)\boldsymbol{s}_i\\ V_2(t)=\dfrac{1}{2}\sum\limits_{i=\mathrm{m,s}}\tilde{\boldsymbol{\theta}}_i^{\mathrm{T}}\boldsymbol{\Gamma}(t)\tilde{\boldsymbol{\theta}}_i\\ V_3(t)=\dfrac{1}{2}\sum\limits_{i=\mathrm{m,s}}\boldsymbol{e}_i^{\mathrm{T}}\boldsymbol{\lambda}^{\mathrm{T}}\boldsymbol{k}_i\boldsymbol{\beta}_i\boldsymbol{e}_i\\ V_4(t)=\dfrac{1}{2}\sum\limits_{i=\mathrm{m,s}}\int_{t-\Delta T}^{t}\dot{\boldsymbol{q}}_i^{\mathrm{T}}(\sigma)\boldsymbol{k}_i\boldsymbol{\beta}_i\dot{\boldsymbol{q}}_i(\sigma)\mathrm{d}\sigma\end{cases} \tag{7-15}$$

可以看出，$V(t)$关于$\boldsymbol{s}_i$、$\tilde{\boldsymbol{\theta}}_i$、$\boldsymbol{e}_i$以及$\dot{\boldsymbol{q}}_i$是径向无界的。

根据性质 3-5，可以得出

$$\frac{1}{2}\boldsymbol{s}_i^{\mathrm{T}}\dot{\boldsymbol{M}}(\boldsymbol{q})\boldsymbol{s}_i=\boldsymbol{s}_i^{\mathrm{T}}\boldsymbol{C}(\boldsymbol{q}_i,\dot{\boldsymbol{q}}_i)\boldsymbol{s}_i \tag{7-16}$$

注意到$\tilde{\boldsymbol{\theta}}_i=\boldsymbol{\theta}_i-\hat{\boldsymbol{\theta}}_i$，因此有

$$\dot{\tilde{\boldsymbol{\theta}}}_i=-\dot{\hat{\boldsymbol{\theta}}}_i \tag{7-17}$$

联合式（7-9）、式（7-12）以及式（7-13），可以计算得出 $V(t)$ 对于时间的导数：

$$\begin{aligned}\dot{V}(t)&=\dot{V}_1(t)+\dot{V}_2(t)+\dot{V}_3(t)+\dot{V}_4(t)\\&=-\sum_{i=\mathrm{m,s}}\left[\boldsymbol{s}_i^{\mathrm{T}}(\boldsymbol{D}_i+\boldsymbol{k}_i)\boldsymbol{s}_i+\frac{1}{2}\dot{\boldsymbol{q}}_i^{\mathrm{T}}(t-\Delta T)\boldsymbol{k}_i\boldsymbol{\beta}_i\dot{\boldsymbol{q}}_i(t-\Delta T)+\dot{\boldsymbol{q}}_i^{\mathrm{T}}\boldsymbol{k}_i\boldsymbol{\beta}_i\dot{\boldsymbol{e}}_i-\frac{1}{2}\dot{\boldsymbol{q}}_i^{\mathrm{T}}\boldsymbol{k}_i\boldsymbol{\beta}_i\dot{\boldsymbol{q}}_i\right]\end{aligned}\tag{7-18}$$

注意到 $\dot{\boldsymbol{e}}_{\mathrm{s}}(t)=\dot{\boldsymbol{q}}_{\mathrm{s}}(t)-\dot{\boldsymbol{q}}_{\mathrm{m}}(t-\Delta T)$，$\dot{\boldsymbol{e}}_{\mathrm{m}}(t)=\dot{\boldsymbol{q}}_{\mathrm{m}}(t)-\dot{\boldsymbol{q}}_{\mathrm{s}}(t-\Delta T)$，代入式（7-18），可以得到

$$\dot{V}(t)\leqslant-\sum_{i=\mathrm{m,s}}\left[\boldsymbol{s}_i^{\mathrm{T}}(\boldsymbol{D}_i+\boldsymbol{k}_i)\boldsymbol{s}_i+\frac{1}{2}\dot{\boldsymbol{e}}_i^{\mathrm{T}}\boldsymbol{k}_i\boldsymbol{\beta}_i\dot{\boldsymbol{e}}_i\right]\tag{7-19}$$

由于 $V(t)\geqslant0$ 且 $\dot{V}(t)\leqslant0$，因此可知 $\boldsymbol{s}_i,\boldsymbol{e}_i,\tilde{\boldsymbol{\theta}}_i\in\mathcal{L}_\infty$，并且 $\boldsymbol{s}_i,\boldsymbol{e}_i\in\mathcal{L}_2$。考虑到 $\boldsymbol{s}_i$ 是 $\boldsymbol{e}_i$ 与 $\dot{\boldsymbol{q}}_i$ 的线性组合，可以推导出 $\dot{\boldsymbol{q}}_i\,(i=\mathrm{m,s})$ 也满足 $\dot{\boldsymbol{q}}_i\in\mathcal{L}_\infty$，这意味着 $\dot{\boldsymbol{e}}_i\in\mathcal{L}_\infty$。根据 $\bar{\boldsymbol{Y}}_i(\boldsymbol{q}_i,\dot{\boldsymbol{q}}_i,\boldsymbol{e}_i,\dot{\boldsymbol{e}}_i)$ 的定义，以及性质 3-1、性质 3-6，可以得出 $\bar{\boldsymbol{Y}}_i$ 的有界性：$\bar{\boldsymbol{Y}}_i\in\mathcal{L}_\infty$，则式（7-12）意味着 $\dot{\boldsymbol{s}}_i\in\mathcal{L}_\infty$。因此 $\boldsymbol{s}_i\in\mathcal{L}_\infty\cap\mathcal{L}_2$，同时 $\dot{\boldsymbol{s}}_i\in\mathcal{L}_\infty$ 说明 $|\boldsymbol{s}_i|\to0$，而且 $\dot{\boldsymbol{s}}_i,\dot{\boldsymbol{e}}_i\in\mathcal{L}_\infty$ 也说明了 $\ddot{\boldsymbol{q}}_i\in\mathcal{L}_\infty$，因此 $\ddot{\boldsymbol{s}}_i\in\mathcal{L}_\infty$，那么 $\dot{\boldsymbol{e}}_i\in\mathcal{L}_\infty\cap\mathcal{L}_2$ 表明了 $|\dot{\boldsymbol{e}}_i|\to0$。

$|\dot{\boldsymbol{e}}_i|\to0$ 以及 $\boldsymbol{e}_i,\dot{\boldsymbol{e}}_i,\ddot{\boldsymbol{e}}_i\in\mathcal{L}_\infty$ 可以推导出：

$$\lim_{t\to\infty}\int_0^t\dot{\boldsymbol{e}}_i\mathrm{d}t=\boldsymbol{e}_i-\boldsymbol{e}_i(0)=\boldsymbol{k}_i,|\boldsymbol{k}_i|<\infty,i=\mathrm{m,s}\tag{7-20}$$

而由 $|\boldsymbol{s}_i|\to0$ 也可得出：

$$\lim_{t\to\infty}|\boldsymbol{s}_i|=\lim_{t\to\infty}|\dot{\boldsymbol{q}}_i+\boldsymbol{\lambda}\boldsymbol{e}_i|=\lim_{t\to\infty}|\dot{\boldsymbol{q}}_i+\boldsymbol{\lambda}(\boldsymbol{k}_i+\boldsymbol{e}_i(0))|=0\tag{7-21}$$

即 $t\to\infty$ 时，$\dot{\boldsymbol{q}}_i\to-\boldsymbol{\lambda}(\boldsymbol{k}_i+\boldsymbol{e}_i(0))$ 为常数向量。考虑到 $|\dot{\boldsymbol{e}}_i|\to0$ 意味着 $|\dot{\boldsymbol{q}}_i|\to|\dot{\boldsymbol{q}}_{\mathrm{c}}|$。式中，$|\dot{\boldsymbol{q}}_{\mathrm{c}}|$ 为常数向量。因此，$\boldsymbol{q}_{\mathrm{m}}(t)-\boldsymbol{q}_{\mathrm{s}}(t-\Delta T)\to\boldsymbol{q}_{\mathrm{m}}(t)-\boldsymbol{q}_{\mathrm{s}}(t)$，$\boldsymbol{q}_{\mathrm{s}}(t)-\boldsymbol{q}_{\mathrm{m}}(t-\Delta T)\to\boldsymbol{q}_{\mathrm{s}}(t)-\boldsymbol{q}_{\mathrm{m}}(t)$。当 $t\to\infty$ 时，有 $\boldsymbol{s}_{\mathrm{m}}+\boldsymbol{s}_{\mathrm{s}}=2\dot{\boldsymbol{q}}_{\mathrm{c}}$，而前面已经证明 $|\boldsymbol{s}_i|\to0$，所以有 $|\dot{\boldsymbol{q}}_{\mathrm{c}}|\to0$，最后可以得到 $|\boldsymbol{e}_i|$ 与 $|\dot{\boldsymbol{q}}_i|$ 的收敛性，即 $|\boldsymbol{e}_i|\to0$，$|\dot{\boldsymbol{q}}_i|\to0$。

证毕。

定理 7-1 说明了本节所提出的自适应双边控制律（7-9）和自适应律（7-13）能保证双边操作系统在任意时延下的稳定性，同时也能消除系统在自由运动状态下的同步误差。然而，该控制器还存在下面三个有待改进的地方：

（1）该双边控制器没有明确的暂态响应速度。虽然理论上能证明 $t\to\infty$ 时，同步误差能得到消除。然而从实际工程的角度考虑，如果这个过程过长，将会严重影响遥操作的效率。因此在设计双边控制器时，如果能考虑系统的暂态性能，将会比单一的稳态误差收敛有更实际的应用价值。

（2）自适应律（7-13）进行参数估计和更新时，难以保证估计参数的准确性。定理 7-1 只能表明 $\tilde{\boldsymbol{\theta}}$ 是有界的。事实上，若要求估计误差收敛到零，则参考轨迹需满足如下条件：

$$\exists\boldsymbol{\sigma},\ \forall t>0,\ \int_t^{t+\Delta T}\boldsymbol{Y}_i^{\mathrm{T}}(\boldsymbol{\sigma})\boldsymbol{Y}_i(\boldsymbol{\sigma})\mathrm{d}\sigma\geqslant\sigma I \tag{7-22}$$

式（7-22）又称为持续激励（persistent excitation, PE）[3]。持续激励在遥操作中是一个比较难以满足的条件。由于操作员的参考指令在操作过程中具有很强的随意性，且很大程度上取决于任务类型，因此很难保证式（7-22）对任意 $t$ 总是成立。虽然不准确的估计参数也能消除双边机器人的位置同步误差，但如果参数估计准确，一方面能加快控制的跟踪速度；另一方面，遥操作往往依靠多种反馈形式，其中一些反馈信息对机器人的模型参数依赖性很强（例如虚拟图像预测遥操作），准确的参数估计信息也增强了双边控制器的可扩展性。

（3）控制律（7-9）和自适应控制律（7-13）的设计没有考虑约束空间的情况。定理 7-1 也只体现了控制系统在自由运动时的性能表现，但在约束空间中进行双边控制时，由于有接触力的存在，情况会更复杂。

为了解决以上问题，下节对所设计的自适应控制器进行改进，提出一种新的自适应双边控制方法。

## 7.2 具有确定暂态性能的自适应双边控制

本节在 7.2 节所设计控制器的基础上，提出一种具有确定暂态性能的双边自适应控制方法。为利于说明问题，依旧从自由运动状态开始进行设计。

### 7.2.1 自由运动状态下的自适应双边控制

沿用辅助变量 $\boldsymbol{s}_i$，

$$\boldsymbol{s}_i=\dot{\boldsymbol{q}}_i+\boldsymbol{\lambda}\boldsymbol{e}_i,\ i=\mathrm{m,s} \tag{7-23}$$

系统在自由运动时，双边控制的目标依然是使辅助变量 $\boldsymbol{s}_i$ 满足 $\boldsymbol{s}_i\to\boldsymbol{0}$ $(t\to\infty)$。若考虑暂态性能，则要求在给定时间 $T_{\mathrm{d}}$ 内，$\boldsymbol{s}_i$ 收敛到某一指定范围。

由于控制目标没变，自由运动时控制律选为：

$$\begin{cases}\boldsymbol{\tau}_{\mathrm{m}}=-\hat{\boldsymbol{M}}_{\mathrm{m}}(\boldsymbol{q}_{\mathrm{m}})\boldsymbol{\lambda}\dot{\boldsymbol{e}}_{\mathrm{m}}-\hat{\boldsymbol{C}}_{\mathrm{m}}(\boldsymbol{q}_{\mathrm{m}},\dot{\boldsymbol{q}}_{\mathrm{m}})\boldsymbol{\lambda}\boldsymbol{e}_{\mathrm{m}}-\hat{\boldsymbol{D}}_{\mathrm{m}}(\dot{\boldsymbol{q}}_{\mathrm{m}})\boldsymbol{\lambda}\boldsymbol{e}_{\mathrm{m}}-\boldsymbol{k}_{\mathrm{m}}(\boldsymbol{\lambda}\boldsymbol{e}_{\mathrm{m}}+\boldsymbol{\beta}_{\mathrm{m}}\dot{\boldsymbol{e}}_{\mathrm{m}})-\boldsymbol{k}_{\mathrm{m}}\dot{\boldsymbol{q}}_{\mathrm{m}}\\ \boldsymbol{\tau}_{\mathrm{s}}=-\hat{\boldsymbol{M}}_{\mathrm{s}}(\boldsymbol{q}_{\mathrm{s}})\boldsymbol{\lambda}\dot{\boldsymbol{e}}_{\mathrm{s}}-\hat{\boldsymbol{C}}_{\mathrm{s}}(\boldsymbol{q}_{\mathrm{s}},\dot{\boldsymbol{q}}_{\mathrm{s}})\boldsymbol{\lambda}\boldsymbol{e}_{\mathrm{s}}-\hat{\boldsymbol{D}}_{\mathrm{s}}(\dot{\boldsymbol{q}}_{\mathrm{s}})\boldsymbol{\lambda}\boldsymbol{e}_{\mathrm{s}}-\boldsymbol{k}_{\mathrm{s}}(\boldsymbol{\lambda}\boldsymbol{e}_{\mathrm{s}}+\boldsymbol{\beta}_{\mathrm{s}}\dot{\boldsymbol{e}}_{\mathrm{s}})-\boldsymbol{k}_{\mathrm{s}}\dot{\boldsymbol{q}}_{\mathrm{s}}\end{cases} \tag{7-24}$$

同样，$\hat{\boldsymbol{M}}_i$、$\hat{\boldsymbol{C}}_i$ 与 $\hat{\boldsymbol{D}}_i\left(i=\mathrm{m,s}\right)$ 都是估计参数阵；$\boldsymbol{k}_i$ 为控制增益；$\boldsymbol{\beta}_i$ 为耗散阻抗系数。系统闭环动力学可以用 $\bar{\boldsymbol{Y}}_i=\bar{\boldsymbol{Y}}_i(\boldsymbol{q}_i,\dot{\boldsymbol{q}}_i,\boldsymbol{e}_i,\dot{\boldsymbol{e}}_i)\left(i=\mathrm{m,s}\right)$ 进行表示：

$$\boldsymbol{M}_i(\boldsymbol{q}_i)\dot{\boldsymbol{s}}_i+\boldsymbol{C}_i(\boldsymbol{q}_i,\dot{\boldsymbol{q}}_i)\boldsymbol{s}_i+\boldsymbol{D}_i\boldsymbol{s}_i=\bar{\boldsymbol{Y}}_i\tilde{\boldsymbol{\theta}}_i-\boldsymbol{k}_i(\boldsymbol{\lambda}\boldsymbol{e}_i+\boldsymbol{\beta}_i\dot{\boldsymbol{e}}_i)-\boldsymbol{k}_i\dot{\boldsymbol{q}}_i\ ,\ i=\mathrm{m,s} \tag{7-25}$$

前面已经指出了自适应律（7-13）的局限，即无法保证估计参数的准确性。为了提高估计准确度，本节对自适应律（7-13）进行一定的改进，在更新中利用计算力矩信息。定义基于估计参数的力矩预测误差为：

$$\boldsymbol{\epsilon}_i=\boldsymbol{\tau}_i-\boldsymbol{Y}_i\hat{\boldsymbol{\theta}}_i=\boldsymbol{Y}_i\tilde{\boldsymbol{\theta}}_i \tag{7-26}$$

此外，为了加快自适应速度，将估计误差相关项也添加到自适应律中，最终选择以下形式的自适应律：

$$\begin{cases}\dot{\hat{\boldsymbol{\theta}}}_i(t)=\boldsymbol{\Gamma}^{-1}(t)\left[\bar{\boldsymbol{Y}}_i^{\mathrm{T}}\boldsymbol{s}_i+(\xi_1+\xi_2)\boldsymbol{z}_i+\xi_1\boldsymbol{Y}_i^{\mathrm{T}}\boldsymbol{\epsilon}_i\right]\\ \dot{\boldsymbol{z}}_i(t)=-\eta\boldsymbol{z}_i(t)+\mu\boldsymbol{Y}_i^{\mathrm{T}}\boldsymbol{\epsilon}_i-\boldsymbol{P}_i(t)\dot{\hat{\boldsymbol{\theta}}}_i(t)\end{cases} \tag{7-27}$$

式中，$\boldsymbol{P}_i(t)$ 为 $\boldsymbol{Y}_i^{\mathrm{T}}\boldsymbol{Y}_i$ 的低通滤波信号，即，

$$\boldsymbol{P}_i(t)=\mu\int_0^t \mathrm{e}^{-\eta(t-\sigma)}\boldsymbol{Y}_i^{\mathrm{T}}(\sigma)\boldsymbol{Y}_i(\sigma)\mathrm{d}\sigma \tag{7-28}$$

式中，$\mu$ 与 $\eta$ 为与滤波器相关的参数。系数 $\xi_1$ 与 $\xi_2$ 为大于零的常数，它们决定了自适应律的收敛速度和误差界（它们之间的关系在后面将会分析）。

定义 $\boldsymbol{Q}_i(t)=\boldsymbol{Y}_i^{\mathrm{T}}\boldsymbol{Y}_i$，利用鲁棒控制技术[4]，令系数 $\xi_1$ 为

$$\xi_1=\alpha\frac{\left\|\bar{\boldsymbol{Y}}_i^{\mathrm{T}}\boldsymbol{s}\right\|}{\lambda_{\min}\left(\boldsymbol{Q}_i(t)\right)+\delta} \tag{7-29}$$

式中，$\alpha$ 与 $\delta$ 为正常数。自适应增益矩阵 $\boldsymbol{\Gamma}(t)$ 需要满足 $\boldsymbol{\Gamma}(t)>\mathbf{0}$ 且 $\dot{\boldsymbol{\Gamma}}(t)<\mathbf{0}$，因此选择 $\boldsymbol{\Gamma}(t)$ 为如下形式：

$$\boldsymbol{\Gamma}(t)=\mathrm{diag}\left\{\gamma_1(t),\gamma_2(t),\cdots,\gamma_p(t)\right\} \tag{7-30}$$

式中，$\gamma_i(t)$ 的表达式为

$$\gamma_i(t)=a_i\mathrm{e}^{-\int_0^t f_i(\vartheta)\mathrm{d}\vartheta}+b_i \tag{7-31}$$

而 $a_i$，$b_i$ 均为正实数，故 $f_i(\vartheta)$ 满足 $f_i(\vartheta)\geqslant 0$。

由于在自适应律中引入了计算力矩预测误差并利用了相关的鲁棒控制技术，本节所提出来的自适应双边控制律（7-24）和自适应（7-27）具有更好的参数估计和暂态跟踪性能。

**定理 7-2**　自由运动状态中的双边控制系统在控制律（7-24）和自适应律（7-27）的作用下，具有以下性质：

（Ⅰ）**渐近稳定性** 关节角速度 $\dot{\boldsymbol{q}}_i$，同步误差 $\boldsymbol{e}_i$ 以及参数估计误差 $\tilde{\boldsymbol{\theta}}_i$ 满足 $\boldsymbol{s}_i,\boldsymbol{e}_i,\tilde{\boldsymbol{\theta}}_i \in \mathcal{L}_\infty$，且

$$\dot{\boldsymbol{q}}_i,\boldsymbol{e}_i \to \boldsymbol{0}\ ,\text{当}\ t\to\infty,\ \ i=\mathrm{m,s} \tag{7-32}$$

（Ⅱ）**暂态性能** 如果对于任意的 $t>t_0$，以下不等式成立：

$$\mu\int_0^t \mathrm{e}^{-\eta(t-\sigma)}\boldsymbol{Y}_i^{\mathrm{T}}(\sigma)\boldsymbol{Y}_i(\sigma)\mathrm{d}\sigma \geqslant \boldsymbol{\delta I} \tag{7-33}$$

那么双边控制系统的状态量 $x_i=[\dot{\boldsymbol{q}}_i^{\mathrm{T}}\quad \boldsymbol{e}_i^{\mathrm{T}}\quad \tilde{\boldsymbol{\theta}}_i^{\mathrm{T}}]^{\mathrm{T}}$ 指数收敛到零，估计误差在规定时间内收敛到指定区域。

**证明：**（Ⅰ）选择李雅普诺夫-克拉索夫斯基函数为

$$V(t)=V_1(t)+V_2(t)+V_3(t)+V_4(t) \tag{7-34}$$

式中，$V_1(t)$、$V_2(t)$、$V_3(t)$ 与 $V_4(t)$ 的表达式如式（7-15）所示。同样，$V(t)$ 也是关于 $\boldsymbol{s}_i$、$\tilde{\boldsymbol{\theta}}_i$、$\boldsymbol{e}_i$ 以及 $\dot{\boldsymbol{q}}_i$ 径向无界的。

计算 $V(t)$ 对时间的导数，利用关系式（7-16）和式（7-17），并将自适应律（7-18）代入，可得，

$$\begin{aligned}\dot{V}(t)&=\dot{V}_1(t)+\dot{V}_2(t)+\dot{V}_3(t)+\dot{V}_4(t)\\&=-\sum_{i=\mathrm{m,s}}\left[\boldsymbol{s}_i^{\mathrm{T}}(\boldsymbol{D}_i+\boldsymbol{k}_i)\boldsymbol{s}_i+\frac{1}{2}\dot{\boldsymbol{e}}_i^{\mathrm{T}}\boldsymbol{k}_i\boldsymbol{\beta}_i\dot{\boldsymbol{e}}_i+\tilde{\boldsymbol{\theta}}_i^{\mathrm{T}}\left((\xi_1+\xi_2)\boldsymbol{P}_i+\xi_1\boldsymbol{Q}_i\right)\tilde{\boldsymbol{\theta}}_i-\frac{1}{2}\tilde{\boldsymbol{\theta}}_i^{\mathrm{T}}\dot{\boldsymbol{\Gamma}}\tilde{\boldsymbol{\theta}}_i\right]\end{aligned} \tag{7-35}$$

式（7-31）说明 $\dot{\boldsymbol{\Gamma}}$ 是半负定的，因此如下不等式成立：

$$\dot{V}(t)\leqslant-\sum_{i=\mathrm{m,s}}\left[\boldsymbol{s}_i^{\mathrm{T}}(\boldsymbol{D}_i+\boldsymbol{k}_i)\boldsymbol{s}_i+\frac{1}{2}\dot{\boldsymbol{e}}_i^{\mathrm{T}}\boldsymbol{k}_i\boldsymbol{\beta}_i\dot{\boldsymbol{e}}_i+\tilde{\boldsymbol{\theta}}_i^{\mathrm{T}}\left((\xi_1+\xi_2)\boldsymbol{P}_i+\xi_1\boldsymbol{Q}_i\right)\tilde{\boldsymbol{\theta}}_i\right] \tag{7-36}$$

矩阵 $\boldsymbol{D}_i+\boldsymbol{k}_i$ 与 $\boldsymbol{k}_i\boldsymbol{\beta}_i$ 是正定的，而且 $(\xi_1+\xi_2)\boldsymbol{P}_i+\xi_1\boldsymbol{Q}_i$ 也是半正定的，因此可以得出 $\dot{V}(t)\leqslant 0$。由于 $V(t)\geqslant 0$，因此 $\boldsymbol{s}_i,\boldsymbol{e}_i,\tilde{\boldsymbol{\theta}}_i\in\mathcal{L}_\infty$。利用 Barlalat 引理，可知 $\dot{V}(t)$ 渐近收敛至零点，所以 $\boldsymbol{s}_i$ 与 $\dot{\boldsymbol{e}}_i$ 满足当 $t\to\infty$ 时，$\boldsymbol{s}_i,\dot{\boldsymbol{e}}_i\to\boldsymbol{0}$。

定义中间变量 $\boldsymbol{r}(t)=\boldsymbol{q}_{\mathrm{m}}(t)+\boldsymbol{q}_{\mathrm{s}}(t)$，计算 $\boldsymbol{s}_{\mathrm{m}}+\boldsymbol{s}_{\mathrm{s}}$，可以得到：

$$\lim_{t\to\infty}\dot{\boldsymbol{r}}(t)+\boldsymbol{\lambda}[\boldsymbol{r}(t)-\boldsymbol{r}(t-\Delta T)]=\boldsymbol{0} \tag{7-37}$$

将 $\boldsymbol{r}(t)$ 的拉普拉斯变换记为 $\boldsymbol{R}(\boldsymbol{s})$，$\boldsymbol{s}$ 是拉普拉斯算子，根据拉普拉斯变换终值定理，式（7-37）可以重新表示为：

$$\lim_{s\to0}\boldsymbol{s}\left[\boldsymbol{sR}(\boldsymbol{s})-\boldsymbol{r}(0)+\boldsymbol{\lambda}\left(\boldsymbol{R}(\boldsymbol{s})-\mathrm{e}^{-s\Delta T}\boldsymbol{R}(\boldsymbol{s})\right)\right]=\boldsymbol{0} \tag{7-38}$$

根据式（7-38），可以推导出 $\boldsymbol{R}(\boldsymbol{s})$ 满足 $\lim\limits_{s\to0}\boldsymbol{s}^2\boldsymbol{R}(\boldsymbol{s})=\boldsymbol{0}$，这意味着 $t\to\infty$ 时，有 $\dot{\boldsymbol{q}}_{\mathrm{m}}(t)+\dot{\boldsymbol{q}}_{\mathrm{s}}(t)\to\boldsymbol{0}$。

另外，定义 $\bar{\boldsymbol{r}}(t)=\boldsymbol{q}_{\mathrm{s}}(t)-\boldsymbol{q}_{\mathrm{m}}(t)$，同时对 $\boldsymbol{s}_{\mathrm{s}}-\boldsymbol{s}_{\mathrm{m}}$ 进行拉普拉斯变换，沿着前面

相同的证明思路，可以得出$t \to \infty$时，有$\dot{\boldsymbol{q}}_{\mathrm{s}}(t)-\dot{\boldsymbol{q}}_{\mathrm{m}}(t) \to \mathbf{0}$。因此$\dot{\boldsymbol{q}}_{\mathrm{m}}(t)$与$\dot{\boldsymbol{q}}_{\mathrm{s}}(t)$都渐近收敛到零。考虑$\boldsymbol{s}_i$也满足$\boldsymbol{s}_i=\dot{\boldsymbol{q}}_i(t)+\boldsymbol{\lambda}\boldsymbol{e}_i(t) \to \mathbf{0}$，那么可以得出位置同步误差的收敛性，即$t \to \infty$时，$\boldsymbol{e}_i(t) \to \mathbf{0}, i=\mathrm{m,s}$。

（II）如果条件（7-33）成立，则式（7-36）中的矩阵$(\xi_1+\xi_2)\boldsymbol{P}_i+\xi_1\boldsymbol{Q}_i$为正定，因此有$t \to \infty$时，$\boldsymbol{s}_i, \dot{\boldsymbol{e}}_i, \tilde{\boldsymbol{\theta}}_i \to \mathbf{0}$，即$\dot{\boldsymbol{q}}_i$、$\boldsymbol{e}_i$以及参数估计误差$\tilde{\boldsymbol{\theta}}_i$都会渐进收敛到零。

为了说明系统的暂态性能，首先分析估计误差$\tilde{\boldsymbol{\theta}}$的收敛性。关于$\tilde{\boldsymbol{\theta}}$的李雅普诺夫函数$V_\theta(t)$定义如下：

$$V_\theta(t)=\frac{1}{2}\tilde{\boldsymbol{\theta}}^{\mathrm{T}}\boldsymbol{\Gamma}(t)\tilde{\boldsymbol{\theta}} \tag{7-39}$$

它对于时间的导数为：

$$\begin{aligned}\dot{V}_\theta(t)&=\tilde{\boldsymbol{\theta}}_i^{\mathrm{T}}\boldsymbol{\Gamma}(t)\dot{\tilde{\boldsymbol{\theta}}}_i+\frac{1}{2}\tilde{\boldsymbol{\theta}}_i^{\mathrm{T}}\dot{\boldsymbol{\Gamma}}(t)\tilde{\boldsymbol{\theta}}_i\\&\leqslant-\tilde{\boldsymbol{\theta}}_i^{\mathrm{T}}\bar{\boldsymbol{Y}}_i^{\mathrm{T}}\boldsymbol{s}_i-\tilde{\boldsymbol{\theta}}_i^{\mathrm{T}}(\xi_1+\xi_2)\boldsymbol{z}_i-\tilde{\boldsymbol{\theta}}_i^{\mathrm{T}}\xi_1\boldsymbol{Y}_i^{\mathrm{T}}\boldsymbol{\epsilon}_i\\&\leqslant-\tilde{\boldsymbol{\theta}}_i^{\mathrm{T}}\bar{\boldsymbol{Y}}_i^{\mathrm{T}}\boldsymbol{s}_i-\tilde{\boldsymbol{\theta}}_i^{\mathrm{T}}\left(\alpha\frac{\left\|\bar{\boldsymbol{Y}}_i^{\mathrm{T}}\boldsymbol{s}\right\|}{\lambda_{\min}(\boldsymbol{Q}_i(t))+\delta}+\xi_2\right)\boldsymbol{P}_i\tilde{\boldsymbol{\theta}}-\tilde{\boldsymbol{\theta}}_i^{\mathrm{T}}\alpha\frac{\left\|\bar{\boldsymbol{Y}}_i^{\mathrm{T}}\boldsymbol{s}\right\|}{\lambda_{\min}(\boldsymbol{Q}_i(t))+\delta}\boldsymbol{Y}_i^{\mathrm{T}}\boldsymbol{\epsilon}_i\end{aligned} \tag{7-40}$$

根据式（7-33），并利用不等式$\alpha\beta\leqslant\|\alpha\|\|\beta\|$，可以得出：

$$\dot{V}_\theta(t)\leqslant(1-\alpha\|\tilde{\boldsymbol{\theta}}\|)\left\|\bar{\boldsymbol{Y}}_i^{\mathrm{T}}\boldsymbol{s}_i\right\|\|\tilde{\boldsymbol{\theta}}\|-\xi_2\delta\|\tilde{\boldsymbol{\theta}}\|^2 \tag{7-41}$$

当$\|\tilde{\boldsymbol{\theta}}\|\geqslant 1/\alpha$时，有$\dot{V}_\theta(t)\leqslant-\xi_2\delta\|\tilde{\boldsymbol{\theta}}\|^2$。由于$V_\theta(t)$有界，即，

$$\lambda_{\mathrm{m}}^\theta\|\boldsymbol{\theta}\|^2\leqslant V_\theta(t)\leqslant\lambda_{\mathrm{M}}^\theta\|\boldsymbol{\theta}\|^2 \tag{7-42}$$

式中，$\lambda_{\mathrm{m}}^\theta=\lambda_{\min}(\boldsymbol{\Gamma}(t))=\min\{\gamma_i(t)\}$，$\lambda_{\mathrm{M}}^\theta=\lambda_{\max}(\boldsymbol{\Gamma}(t))=\max\{\gamma_i(t)\}$分别表示$\boldsymbol{\Gamma}(t)$的最小特征值及最大特征值，则$V_\theta(t)$满足：

$$V_\theta(t)\leqslant-V_\theta(t_0)\mathrm{e}^{-\xi_2\delta(t-t_0)/\lambda_{\mathrm{M}}^\theta} \tag{7-43}$$

因此可以得到，

$$\|\tilde{\boldsymbol{\theta}}(t)\|\leqslant\sqrt{\frac{\lambda_{\mathrm{M}}^\theta}{\lambda_{\mathrm{m}}^\theta}}\|\tilde{\boldsymbol{\theta}}(t_0)\|\mathrm{e}^{-\frac{1}{2\lambda_{\mathrm{M}}^\theta}\xi_2\delta(t-t_0)} \tag{7-44}$$

从$t_0$时刻开始，假设参数估计初始误差为$\tilde{\boldsymbol{\theta}}(t_0)$，那么在给定时间$T_{\mathrm{d}}$内，参数估计误差$\tilde{\boldsymbol{\theta}}(t)$将收敛到区域：

$$\varXi_\theta=\left\{\tilde{\boldsymbol{\theta}}:\|\tilde{\boldsymbol{\theta}}\|\leqslant\frac{1}{\alpha}\sqrt{\lambda_{\mathrm{M}}^\theta/\lambda_{\mathrm{m}}^\theta}\right\} \tag{7-45}$$

而$T_{\mathrm{d}}$的上界可以通过式（7-44）得到：

$$T_{\mathrm{d}}=\begin{cases}0, & \|\tilde{\boldsymbol{\theta}}(t_0)\|<1/\alpha \\ \dfrac{2\lambda_{\mathrm{M}}^{\theta}}{\xi_2\delta}\ln\|\alpha\tilde{\boldsymbol{\theta}}(t_0)\|, & \|\tilde{\boldsymbol{\theta}}(t_0)\|\geqslant 1/\alpha\end{cases} \tag{7-46}$$

在确定了参数估计的收敛速度后，就可以对双边控制器的暂态性能进行分析。如果定义遥操作系统的状态量为 $\boldsymbol{x}_i=[\dot{\boldsymbol{q}}_i^{\mathrm{T}}\quad \boldsymbol{e}_i^{\mathrm{T}}\quad \tilde{\boldsymbol{\theta}}_i^{\mathrm{T}}]^{\mathrm{T}}$，并选择以下李雅普诺夫函数：

$$V_x(t)=\sum_{i=\mathrm{m,s}}\frac{1}{2}\boldsymbol{x}_i^{\mathrm{T}}\boldsymbol{H}_i\boldsymbol{x}_i \tag{7-47}$$

式中，$\boldsymbol{H}_i$ 为以下形式的对角块矩阵：

$$\boldsymbol{H}_i=\mathrm{diag}\left\{\boldsymbol{M}_i(t)\quad \boldsymbol{\lambda}^{\mathrm{T}}\boldsymbol{M}_i(t)\boldsymbol{\lambda}+\boldsymbol{\lambda}^{\mathrm{T}}\boldsymbol{k}_i\boldsymbol{\beta}_i\quad \boldsymbol{\Gamma}(t)\right\} \tag{7-48}$$

可以求出 $V_x(t)$ 对时间的导数：

$$\dot{V}_x(t)=\sum_{i=\mathrm{m,s}}\left\{-\boldsymbol{s}_i(\boldsymbol{D}_i+\boldsymbol{k}_i)\boldsymbol{s}_i-\dot{\boldsymbol{q}}_i^{\mathrm{T}}\boldsymbol{k}_i\boldsymbol{\beta}_i\dot{\boldsymbol{e}}_i-\tilde{\boldsymbol{\theta}}_i^{\mathrm{T}}\left((\xi_1+\xi_2)\boldsymbol{P}_i+\xi_1\boldsymbol{Q}_i\right)\tilde{\boldsymbol{\theta}}_i+\frac{1}{2}\tilde{\boldsymbol{\theta}}_i^{\mathrm{T}}\dot{\boldsymbol{\Gamma}}\tilde{\boldsymbol{\theta}}_i\right\} \tag{7-49}$$

由定理 7-2 的性质（I）可知，自由运动状态 $\dot{\boldsymbol{q}}_i^{\mathrm{d}}\to\boldsymbol{0}$，那么根据式（7-49）有

$$\dot{V}_x(t)\leqslant-\gamma\|\boldsymbol{x}\|^2 \tag{7-50}$$

式中，$\gamma$ 定义为如下：

$$\gamma=\min\left\{\lambda_{\min}\left(\boldsymbol{D}_i+\boldsymbol{k}_i(\boldsymbol{I}+\boldsymbol{\beta}_i)\right),\lambda_{\min}\left(\boldsymbol{\lambda}^{\mathrm{T}}(\boldsymbol{D}_i+\boldsymbol{k}_i(\boldsymbol{I}+\boldsymbol{\beta}_i))\boldsymbol{\lambda}\right),\xi_2\delta\right\} \tag{7-51}$$

定义 $\boldsymbol{H}_i$ 的最小和最大特征值分别为 $\lambda_{\mathrm{m}}^H$，$\lambda_{\mathrm{M}}^H$。从不等式（7-50）以及 $\lambda_{\mathrm{m}}^H\|\boldsymbol{x}\|^2\leqslant V_x(t)\leqslant\lambda_{\mathrm{M}}^H\|\boldsymbol{x}\|^2$ 可以得出，系统状态 $\boldsymbol{x}_i=[\dot{\boldsymbol{q}}_i^{\mathrm{T}}\quad \boldsymbol{e}_i^{\mathrm{T}}\quad \tilde{\boldsymbol{\theta}}_i^{\mathrm{T}}]^{\mathrm{T}}$ 将指数收敛至零。

具体有以下结论：

$$\|\boldsymbol{x}_i(t)\|^2\leqslant\frac{\lambda_{\mathrm{M}}^H}{\lambda_{\mathrm{m}}^H}\|\boldsymbol{x}_i(t_0)\|^2\,\mathrm{e}^{-\frac{\mu}{\lambda_{\mathrm{M}}^H}(t-t_0)} \tag{7-52}$$

定理 7-2 证明完毕。

**注 7-1** 条件（7-33）又称为充分激励，与持续激励条件（7-22）相比，充分激励的条件更宽松。遥操作过程中操作员的动作和参考轨迹都有相当的随意性和自由性，在任务过程中一直满足持续激励的条件是很难的，而充分激励则相对容易实现，带来的优点是进行参数估计时能得到更准确的估计结果。

**注 7-2** 在本节所提的双边控制方法中，控制器的暂态性能通过加快动力学参数辨识过程进行提高，而不用增加系统的回路控制增益，这对保持遥操作

系统在时延下的稳定性起到了积极的作用。

**注 7-3**　在自适应律（7-27）中，预测误差 $\boldsymbol{\epsilon}_i$ 的计算要用到回归阵 $\boldsymbol{Y}_i$，为了避免需要用到关节角加速度信息，可以用滤波后的信号 $\hat{\boldsymbol{\tau}}_i$ 来替代 $\boldsymbol{\tau}_i$，相应地，可以用等效回归阵 $\boldsymbol{W}_i(\boldsymbol{q},\dot{\boldsymbol{q}})$ 来替代 $\boldsymbol{Y}_i$。这种情况下，滤波后的动力学方程可以写为 $\hat{\boldsymbol{\tau}}_i=\boldsymbol{W}_i(\boldsymbol{q},\hat{\boldsymbol{q}})\boldsymbol{\theta}_i$，这种变换不会影响到参数自适应过程。关于这种变换的更多细节，可以参阅文献[3]。

### 7.2.2　约束空间中的自适应双边控制

当空间机器人与环境或对象发生接触而处于约束状态时，通常会降低主从同步性的要求，另一方面，此时会需要采取力控策略对从端机器人的接触力进行调整。在空间机器人遥操作中，受硬件和带宽等因素的限制，地面站与空间机器人之间的信号传输频率较低（ETS-Ⅶ机器人的天地通信频率为 4Hz）。考虑到力控需要较高的控制带宽和频率，因此精细的空间机器人力控任务无法以直接的天地双边控制方式来完成。一个比较现实的方法是，通过双边控制器进行主、从端机器人的位置同步，实现接触力的粗调（例如，通过控制保证其有界性）；而在空间机器人端，则利用本地力控回路实现对接触力的精细控制。本节首先设计双边控制方法，实现其前一个功能。

根据本节所研究的问题，首先对环境及接触力作以下假设：

**假设 7-1**　空间机器人交互的环境（或对象）具有很高的刚度，即机器人与环境发生接触时的形变可以忽略不计。

**假设 7-2**　当空间机器人与环境发生接触并具有相对运动时，摩擦力 $\boldsymbol{F}_{\mathrm{f}}$ 与压力 $\boldsymbol{F}_{\mathrm{p}}$ 相互垂直，即，

$$\boldsymbol{F}_{\mathrm{e}}=\boldsymbol{F}_{\mathrm{f}}+\boldsymbol{F}_{\mathrm{p}},\ \boldsymbol{F}_{\mathrm{f}}^{\mathrm{T}}\boldsymbol{F}_{\mathrm{p}}=0 \tag{7-53}$$

自适应双边控制中需要对机器人动力学参数进行辨识。然而当接触或碰撞事件发生时，机器人的等效动力学参数可能会发生较大的变化（例如，在压力方向，相应的等效质量会迅速增大）。根据控制律（7-24）与自适应律（7-27），此时控制器会产生很大的控制力矩指令，从而导致过高的接触力或碰撞力，在遥操作中这是应当尽量避免的。本节所设计的双边控制算法，其目的就是在实现主、从端空间位置同步的同时，保证空间机器人与对象发生接触时力的有界性，以便于操作员进行控制。

令从端的等效接触力矩为 $\boldsymbol{\tau}_{\mathrm{e}}$，即

$$\boldsymbol{\tau}_{\mathrm{e}}=\boldsymbol{J}_{\mathrm{s}}^{\mathrm{T}}(\boldsymbol{q}_{\mathrm{s}})\boldsymbol{F}_{\mathrm{e}} \tag{7-54}$$

定义 $\boldsymbol{s}_{\mathrm{s}}$ 到关节运动子空间的投影为：

$$\overline{\boldsymbol{s}}_{\mathrm{s}}=\begin{cases}\operatorname{proj}(\boldsymbol{s}_{\mathrm{s}},|\boldsymbol{\tau}_{\mathrm{e}}|\dot{\boldsymbol{q}}_{\mathrm{s}}), & |\boldsymbol{\tau}_{\mathrm{e}}|\geqslant\rho\\ \boldsymbol{s}_{\mathrm{s}}, & |\boldsymbol{\tau}_{\mathrm{e}}|<\rho\end{cases}\tag{7-55}$$

式中，$\rho$ 为正的常数，是对接触力进行判断的阈值。

另外，用符号 $\boldsymbol{s}_{\mathrm{s}}^{\perp}$ 表示 $\overline{\boldsymbol{s}}_{\mathrm{s}}$ 的正交补，符号 $\overline{\boldsymbol{e}}_{\mathrm{s}}$ 与 $\boldsymbol{e}_{\mathrm{s}}^{\perp}$ 的定义也与之类似。

在约束状态，误差 $\boldsymbol{s}_{\mathrm{s}}^{\perp}$ 与空间机器人及环境的联合动力学状态有关，因此利用非约束子空间的误差进行机器人动力学参数的更新，自适应律可选为：

$$\begin{cases}\dot{\hat{\boldsymbol{\theta}}}_i(t)=\boldsymbol{\Gamma}^{-1}(t)\left(\overline{\boldsymbol{Y}}_i^{\mathrm{T}}(\boldsymbol{q}_i,\dot{\boldsymbol{q}}_i,\overline{\boldsymbol{e}}_i,\dot{\overline{\boldsymbol{e}}}_i)\cdot\overline{\boldsymbol{s}}_i+(\xi_1+\xi_2)\boldsymbol{z}_i+\xi_1\boldsymbol{Y}_i^{\mathrm{T}}\boldsymbol{\epsilon}_i\right)\\ \dot{\boldsymbol{z}}_i(t)=-\eta\boldsymbol{z}_i(t)+\mu\boldsymbol{Y}_i^{\mathrm{T}}\boldsymbol{\epsilon}_i-\boldsymbol{P}_i(t)\dot{\hat{\boldsymbol{\theta}}}_i(t)\end{cases}\tag{7-56}$$

控制律依然选为式（7-24）的形式，那么对于此双边控制器，有以下结论：

**定理 7-3** 在约束状态时，双边控制律（7-24）和自适应律（7-56）依旧能保证系统的稳定，参数估计误差 $\tilde{\boldsymbol{\theta}}_i$ 以及在非约束子空间的误差 $\overline{\boldsymbol{e}}_i$ 渐近收敛至零，且从端接触力有界。

**证明：** 由于跟踪误差只在非约束子空间进行讨论，因此选择李雅普诺夫-克拉索夫斯基函数为：

$$\overline{V}(t)=\frac{1}{2}\sum_{i=\mathrm{m,s}}\left[\overline{\boldsymbol{s}}_i^{\mathrm{T}}\boldsymbol{M}_i(t)\overline{\boldsymbol{s}}_i+\tilde{\theta}_i^{\mathrm{T}}\boldsymbol{\Gamma}(t)\tilde{\boldsymbol{\theta}}_i+\overline{\boldsymbol{e}}_i^{\mathrm{T}}\boldsymbol{\lambda}^{\mathrm{T}}\boldsymbol{k}_i\boldsymbol{\beta}_i\overline{\boldsymbol{e}}_i+\int_{t-\Delta T}^{t}\dot{\boldsymbol{q}}_i^{\mathrm{T}}(\sigma)\boldsymbol{k}_i\boldsymbol{\beta}_i\dot{\boldsymbol{q}}_i(\sigma)\mathrm{d}\sigma\right]\tag{7-57}$$

由于 $\boldsymbol{s}=\overline{\boldsymbol{s}}+\boldsymbol{s}^{\perp}$，且 $\boldsymbol{e}=\overline{\boldsymbol{e}}+\boldsymbol{e}^{\perp}$，所以 $\overline{V}(t)$ 的导数可以写为

$$\begin{aligned}\dot{\overline{V}}(t)=&\underbrace{-\overline{\boldsymbol{s}}_{\mathrm{s}}^{\mathrm{T}}\boldsymbol{M}_{\mathrm{s}}(t)\dot{\overline{\boldsymbol{s}}}_{\mathrm{s}}-\overline{\boldsymbol{s}}_{\mathrm{s}}^{\mathrm{T}}\boldsymbol{C}_{\mathrm{s}}(t)\overline{\boldsymbol{s}}_{\mathrm{s}}-\overline{\boldsymbol{s}}_{\mathrm{s}}^{\mathrm{T}}\boldsymbol{D}_{\mathrm{s}}\overline{\boldsymbol{s}}_{\mathrm{s}}-\overline{\boldsymbol{s}}_{\mathrm{s}}^{\mathrm{T}}\boldsymbol{k}(\boldsymbol{\lambda}\overline{\boldsymbol{e}}_{\mathrm{s}}+\boldsymbol{\beta}\dot{\overline{\boldsymbol{e}}}_{\mathrm{s}})-\overline{\boldsymbol{s}}_{\mathrm{s}}^{\mathrm{T}}k\dot{\boldsymbol{q}}_{\mathrm{s}}}_{\Delta_1}-\\&\overline{\boldsymbol{s}}_{\mathrm{s}}^{\mathrm{T}}\left[\boldsymbol{M}_{\mathrm{s}}(t)\dot{\boldsymbol{s}}_{\mathrm{s}}^{\perp}+\boldsymbol{C}_{\mathrm{s}}(t)\boldsymbol{s}_{\mathrm{s}}^{\perp}+\boldsymbol{D}\boldsymbol{s}_{\mathrm{s}}^{\perp}+\boldsymbol{k}_{\mathrm{s}}(\boldsymbol{\lambda}\boldsymbol{e}_{\mathrm{s}}^{\perp}+\boldsymbol{\beta}_{\mathrm{s}}\dot{\boldsymbol{e}}_{\mathrm{s}}^{\perp})-\boldsymbol{\tau}_{\mathrm{e}}\right]+\\&\underbrace{\overline{\boldsymbol{s}}_{\mathrm{s}}^{\mathrm{T}}\boldsymbol{M}_{\mathrm{s}}(t)\dot{\overline{\boldsymbol{s}}}_{\mathrm{s}}+\frac{1}{2}\overline{\boldsymbol{s}}_{\mathrm{s}}^{\mathrm{T}}\dot{\boldsymbol{M}}_{\mathrm{s}}(t)\overline{\boldsymbol{s}}_{\mathrm{s}}+\overline{\boldsymbol{e}}_{\mathrm{s}}^{\mathrm{T}}\boldsymbol{\lambda}^{\mathrm{T}}\boldsymbol{k}_{\mathrm{s}}\boldsymbol{\beta}_{\mathrm{s}}\dot{\overline{\boldsymbol{e}}}_{\mathrm{s}}+\frac{\mathrm{d}}{\mathrm{d}t}\int_{t-\Delta T}^{t}\dot{\boldsymbol{q}}_{\mathrm{s}}^{\mathrm{T}}(\sigma)\boldsymbol{k}_{\mathrm{s}}\boldsymbol{\beta}_{\mathrm{s}}\dot{\boldsymbol{q}}_{\mathrm{s}}(\sigma)\mathrm{d}\sigma}_{\Delta_2}-\\&\tilde{\boldsymbol{\theta}}_{\mathrm{s}}^{\mathrm{T}}\left[(\xi_1+\xi_2)\boldsymbol{z}_{\mathrm{s}}+\xi_1\boldsymbol{Y}_{\mathrm{s}}^{\mathrm{T}}\boldsymbol{\epsilon}_{\mathrm{s}}\right]+\overline{\boldsymbol{s}}_{\mathrm{s}}^{\mathrm{T}}\overline{\boldsymbol{Y}}(\boldsymbol{q}_{\mathrm{s}},\dot{\boldsymbol{q}}_{\mathrm{s}},\boldsymbol{e}_{\mathrm{s}}^{\perp},\dot{\boldsymbol{e}}_{\mathrm{s}}^{\perp})\tilde{\boldsymbol{\theta}}_{\mathrm{s}}+\dot{V}_{\mathrm{m}}(t)\end{aligned}\tag{7-58}$$

式中，$\dot{V}_{\mathrm{m}}(t)$ 表示主端机器人部分的能量，与式（7-15）的相同。

根据假设 7-1，可知下式成立：

$$\boldsymbol{M}_{\mathrm{s}}(t)\ddot{\boldsymbol{q}}_{\mathrm{s}}^{\perp}+\boldsymbol{C}(t)\dot{\boldsymbol{q}}_{\mathrm{s}}^{\perp}+\boldsymbol{D}\dot{\boldsymbol{q}}_{\mathrm{s}}^{\perp}=\boldsymbol{0}\tag{7-59}$$

结合控制律（7-24），不难发现接触力满足以下等式：

$$\hat{\boldsymbol{M}}_{\rm s}(t)\boldsymbol{\lambda}\dot{\boldsymbol{e}}_{\rm s}^{\perp}+\hat{\boldsymbol{C}}_{\rm s}(t)\boldsymbol{\lambda}\boldsymbol{e}_{\rm s}^{\perp}+\hat{\boldsymbol{D}}\boldsymbol{\lambda}\boldsymbol{e}_{\rm s}^{\perp}+k(\boldsymbol{\lambda}\boldsymbol{e}_{s}^{\perp}+\boldsymbol{\beta}_{\rm s}\dot{\boldsymbol{e}}_{\rm s}^{\perp})=\boldsymbol{\tau}_{\rm e}^{\perp}=\boldsymbol{\tau}_{\rm p} \tag{7-60}$$

因此式（7-58）能重新表示为：

$$\begin{aligned}\dot{V}(t)=&\Delta_1-\overline{\boldsymbol{s}}_{\rm s}^{\rm T}\left[\tilde{\boldsymbol{M}}_{\rm s}(t)\boldsymbol{\lambda}\dot{\boldsymbol{e}}_{\rm s}^{\perp}+\tilde{\boldsymbol{C}}_{\rm s}(t)\boldsymbol{\lambda}\boldsymbol{e}_{\rm s}^{\perp}+\boldsymbol{D}\boldsymbol{\lambda}\boldsymbol{e}_{\rm s}^{\perp}-\boldsymbol{\tau}_{\rm f}\right]-\\&\tilde{\boldsymbol{\theta}}_{\rm s}^{\rm T}\left[(\xi_1+\xi_2)z_{\rm s}+\xi_1\boldsymbol{Y}_{\rm s}^{\rm T}\boldsymbol{\epsilon}_{\rm s}\right]+\Delta_2+\overline{\boldsymbol{s}}_{\rm s}^{\rm T}\overline{\boldsymbol{Y}}(\boldsymbol{q}_{\rm s},\dot{\boldsymbol{q}}_{\rm s},\boldsymbol{e}_{\rm s}^{\perp},\dot{\boldsymbol{e}}_{\rm s}^{\perp})\tilde{\boldsymbol{\theta}}_{\rm s}+\dot{V}_{\rm m}(t)\\=&\Delta_1-\overline{\boldsymbol{s}}_{\rm s}^{\rm T}\overline{\boldsymbol{Y}}(\boldsymbol{q}_{\rm s},\dot{\boldsymbol{q}}_{\rm s},\boldsymbol{e}_{\rm s}^{\perp},\dot{\boldsymbol{e}}_{\rm s}^{\perp})\tilde{\boldsymbol{\theta}}_{\rm s}+\overline{\boldsymbol{s}}_{\rm s}^{\rm T}\boldsymbol{\tau}_{\rm f}-\tilde{\boldsymbol{\theta}}_{\rm s}^{\rm T}\left[(\xi_1+\xi_2)z_{\rm s}+\xi_1\boldsymbol{Y}_{\rm s}^{\rm T}\boldsymbol{\epsilon}_{\rm s}\right]+\\&\Delta_2+\overline{\boldsymbol{s}}_{\rm s}^{\rm T}\overline{\boldsymbol{Y}}(\boldsymbol{q}_{\rm s},\dot{\boldsymbol{q}}_{\rm s},\boldsymbol{e}_{\rm s}^{\perp},\dot{\boldsymbol{e}}_{\rm s}^{\perp})\tilde{\boldsymbol{\theta}}_{\rm s}+\dot{V}_{\rm m}(t)\end{aligned} \tag{7-61}$$

式中，$\boldsymbol{\tau}_{\rm f}$ 是摩擦力所映射的关节力矩。若以 $\boldsymbol{\alpha}_{\rm f}$ 表示等效摩擦系数阵，则

$$\boldsymbol{\tau}_{\rm f}=-\boldsymbol{\alpha}_{\rm f}\dot{\boldsymbol{q}}_{\rm s} \tag{7-62}$$

联立式（7-61）与式（7-62），可以得到与式（7-63）类似的不等式：

$$\dot{V}(t)\leqslant-\sum_{i={\rm m,s}}\left[\overline{\boldsymbol{s}}_i^{\rm T}(\boldsymbol{D}_i+\boldsymbol{k}_i)\overline{\boldsymbol{s}}_i+\frac{1}{2}\dot{\overline{\boldsymbol{e}}}_i^{\rm T}\boldsymbol{k}_i\boldsymbol{\beta}_i\dot{\overline{\boldsymbol{e}}}_i+\tilde{\boldsymbol{\theta}}_i^{\rm T}\left((\xi_1+\xi_2)\boldsymbol{P}_i+\xi_1\boldsymbol{Q}_i\right)\tilde{\boldsymbol{\theta}}_i\right] \tag{7-63}$$

按照与定理 7-2 同样的证明过程，可以得到 $\tilde{\boldsymbol{\theta}}_i$ 与 $\overline{\boldsymbol{e}}_i$ 的收敛性。在接触面材料不变的情况下，摩擦力主要取决于机器人与对象之间的压力，因此下面主要分析从端与环境的压力特性。

前面已经提到，压力 $\boldsymbol{F}_{\rm p}$ 可以映射到关节力矩：

$$\boldsymbol{J}^{\rm T}(t)\boldsymbol{F}_{\rm p}=\boldsymbol{\tau}_{\rm p} \tag{7-64}$$

而 $\boldsymbol{\tau}_{\rm p}$ 已经在式（7-60）中给出，根据 $\tilde{\boldsymbol{\theta}},\overline{\boldsymbol{e}}_{\rm s}\in\mathcal{L}_\infty$ 以及 $\tilde{\boldsymbol{\theta}}$ 、$\overline{\boldsymbol{e}}_{\rm s}$ 的收敛性，同时结合性质 3-1 和性质 3-5，可以推导出 $\boldsymbol{\tau}_{\rm p}\in\mathcal{L}_\infty$，因此 $\boldsymbol{F}_{\rm p}\in\mathcal{L}_\infty$，即接触力有界。

定理 7-3 证明完毕。

实际上，当从端做自由运动时，本节所设计的自适应双边控制器转化为了 7.2.1 节所提出的方法，因此控制律（7-24）和自适应律（7-56）是一种更为通用的、同时适用于自由运动状态和约束状态的自适应双边控制方法。

需要注意的是，本节所提的方法只能保证接触力 $\boldsymbol{F}_{\rm p}$ 的有界性，这是因为压力的大小最终取决于操作员对手控器施加的作用力。从式（7-60）可以看出，$\boldsymbol{F}_{\rm p}$ 由 $\boldsymbol{e}_{\rm s}^{\perp}$ 与 $\dot{\boldsymbol{e}}_{\rm s}^{\perp}$ 决定，而它们与 $\boldsymbol{e}_{\rm m}$ 、$\dot{\boldsymbol{e}}_{\rm m}$ 具有相同的变化趋势。操作员感受到反馈力后，会相应地调节 $\boldsymbol{q}_{\rm m}$ 与 $\dot{\boldsymbol{q}}_{\rm m}$ 以达到期望的反馈力效果（同时也改变了 $\boldsymbol{e}_{\rm m}$ 及 $\dot{\boldsymbol{e}}_{\rm m}$），通过这种方式，接触力就得到了调节。

对从端机器人进行精确的力控或柔顺控制并不是本节的目标。在一个统一的双边控制框架下，本节所提的方法能保证在非约束子空间的位置跟踪，以及从端在约束子空间（发生碰撞或接触时）接触力的有界性。

# 7.3 仿真分析

为了验证所提方法的有效性，本节对 7-2 节所提出的自适应双边控制器进行仿真验证。仿真验证采用的遥操作系统包括一对两连杆机械臂，分别代表主、从端机器人。机器人的动力学方程已经在式（3-1）中给出。与前几章类似，在建模时不考虑重力项作用。动力学方程的其他项具体可以写为：

$$\begin{cases} \boldsymbol{M}(\boldsymbol{q}) = \begin{bmatrix} \alpha + 2\varepsilon\cos q_2 + 2\eta\sin q_2 & \beta + \varepsilon\cos q_2 + \varepsilon\sin q_2 \\ \beta + \varepsilon\cos q_2 + \varepsilon\sin q_2 & \beta \end{bmatrix} \\ \boldsymbol{C}(\dot{\boldsymbol{q}}, \boldsymbol{q}) = \begin{bmatrix} (-2\varepsilon\sin q_2 + 2\eta\cos q_2)\dot{q}_2 & (-\varepsilon\sin q_2 + \eta\cos q_2)\dot{q}_2 \\ (\varepsilon\sin q_2 - \eta\cos q_2)\dot{q}_1 & 0 \end{bmatrix} \end{cases} \tag{7-65}$$

式中，$\alpha = I_1 + m_1 l_{c1}^2 + I_e + m_e l_{ce}^2 + m_e l_1^2$；$\beta = I_e + m_e l_{ce}^2$；$\varepsilon = m_e l_1 l_{ce}\cos\delta_e$；$\eta = m_e l_1 l_{ce}\sin\delta_e$。机器人具体参数如表 7-1 所示。

表 7-1　机器人参数

| | 符号 | 值 | 单位 |
|---|---|---|---|
| 杆 1 长 | $l_1$ | 1 | m |
| 杆 2 长 | $l_e$ | 2 | m |
| 杆 1 质量 | $m_1$ | 1 | kg |
| 杆 2 质量 | $m_e$ | 3 | kg |
| 杆 1 重心位置 | $l_{c1}$ | 1/2 | m |
| 杆 2 重心位置 | $l_{ce}$ | 1 | m |
| 杆 1 惯量 | $I_1$ | 1/12 | Kg·m$^2$ |
| 杆 2 惯量 | $I_e$ | 2/5 | Kg·m$^2$ |
| 偏置角 | $\delta_e$ | 0 | ° |

利用线性参数化方程（3-8）表示机器人动力学模型时，未知参数 $\boldsymbol{\theta}$ 可以表示为 $\boldsymbol{\theta} = [\alpha \quad \beta \quad \varepsilon \quad \eta]^{\mathrm{T}}$。在仿真中，设定 $\delta_e = 0$，因此每个机器人剩下 $\alpha$、$\beta$ 和 $\varepsilon$ 共 3 个参数需要估计。

仿真在 MATLAB 7.10/Simulink 环境中进行，采用 SimMechanics 工具箱搭建系统平台。在试验中一共进行两组仿真：一组在自由状态下，另一组在约束状态下。

在第一组仿真中，主手和从手初始都处于自由状态。为了测试双边控制器的同步性能，两个机器人处于不同的初始姿态，分别为 $\boldsymbol{q}_{\mathrm{m}}(0)=[45° \quad 60°]^{\mathrm{T}}$，$\boldsymbol{q}_{\mathrm{s}}(0)=[0° \quad 0°]^{\mathrm{T}}$。前向及后向时延都设置为 0.5 s，即 $\Delta T=0.5$。考虑到动力学参数的不确定，随机选取一组估计参数的初值：

$$\hat{\boldsymbol{\theta}}_0=\begin{bmatrix}\hat{a}_0 & \hat{\beta}_0 & \hat{\varepsilon}_0\end{bmatrix}^{\mathrm{T}}=\begin{bmatrix}4.1 & 1.9 & 1.7\end{bmatrix}^{\mathrm{T}} \tag{7-66}$$

主、从端机器人的轨迹如图 7-1 和图 7-2 所示。

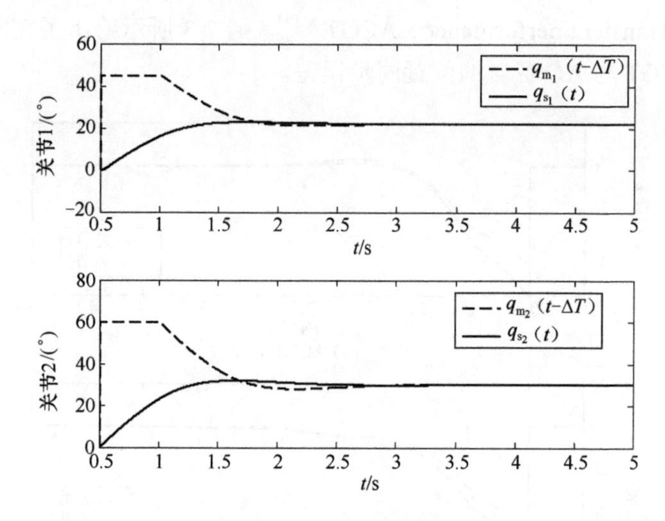


图 7-1　关节角同步曲线

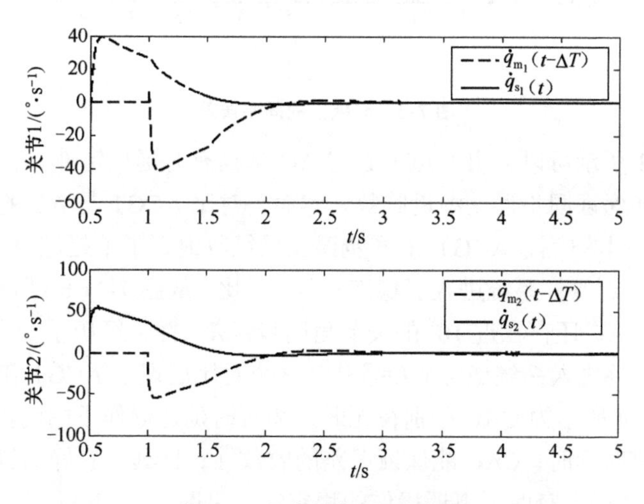


图 7-2　关节角速度同步曲线

从图 7-1 与图 7-2 所示可以看出，与定理 7-2 所阐述的一致，主、从端机器人的位置与速度同步误差都渐近收敛到零。图 7-2 所示的关节角速度曲线存在一些波动，这是通信时延造成的。

为了展示所设计的方法在性能上的优势，本节选取了两种自适应双边控制方法，通过同样的任务进行对比仿真。对比分别采用 Nuno 等人在 2010 年提出的自适应双边控制方法（Adaptive Controller，AC）[6]与 Kim 在 2013 年提出的复合自适应双边控制方法（Composite Adaptive Controller，CAC）[5]，本节所提的方法为保证暂态性能的自适应双边控制器（Adaptive bilateral Controller with Guaranteed Transient performance，ACGT）[5]。图 7-3 所示给出了在时延存在的情况下，ACGT 与 AC 各自的位置同步误差。

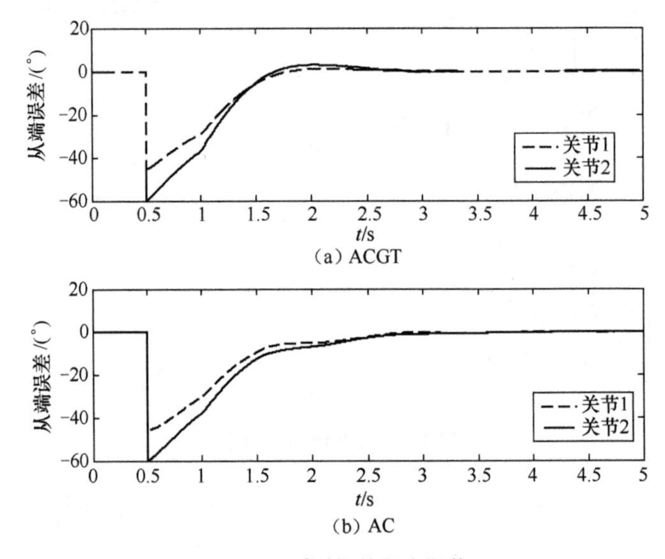


图 7-3　时延下的同步误差

从图 7-3 所示可以看出，ACGT 与 AC 都具有时延稳定性，在时延存在的情况下，均能保证同步误差渐近收敛。然而，对比 ACGT 与 AC 的曲线可以发现，在时刻 $t\approx1.8$ s 后，ACGT 的同步误差已经收敛到了不超过 2° 的范围内，在 $t=2.5$ s 时，遥操作系统进入了稳态；作为对比，从图 7-3（b）所示可以看出，在 $t=1.8$ s 时，AC 还存在近 10° 的关节角同步误差，并且经历了一个较长的“爬行”阶段才最终进入系统稳态（$t=3$ s）。这个对比展现了 ACGT 在暂态性能上的优势。图 7-4 所示为 CAC 分别在无时延和有时延遥操作下的同步误差。可以看出，在没有时延时，CAC 能保证误差的收敛性，且具有良好的暂态性能。然而，CAC 无法保证有时延下遥操作的稳定性［见图 7-4（b）］。这是由于 CAC 在设计时未使用本地阻尼环节造成的（本地阻尼可以提高系统对时延的鲁棒性，同时也降低了系统的动态性能）。

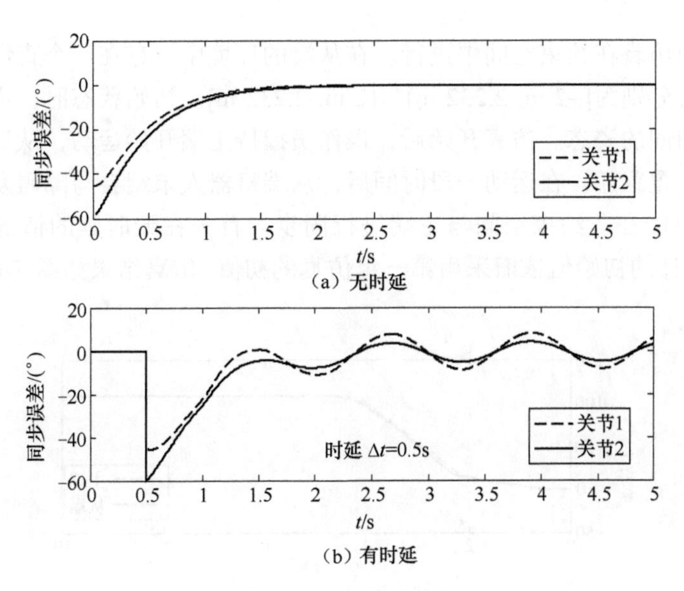


图 7-4　CAC 同步误差

图 7-5 所示为自适应控制过程中的参数估计曲线。根据表 7-1 所示可以计算出机器人的实际动力学参数：$\alpha = 6.733$，$\beta = 3.4$ 以及 $\varepsilon = 3$。从图 7-5（a）所示可以看出，ACGT 的估计参数在 2 s 内收敛到了系统真实值；而在图 7-5（b）中，虽然 AC 的参数也收敛到了固定值，但是与参数真实值之间存在静态误差，这是由于系统输入没有达到持续激励条件，其原因已经在注 7-1 中进行了阐述。

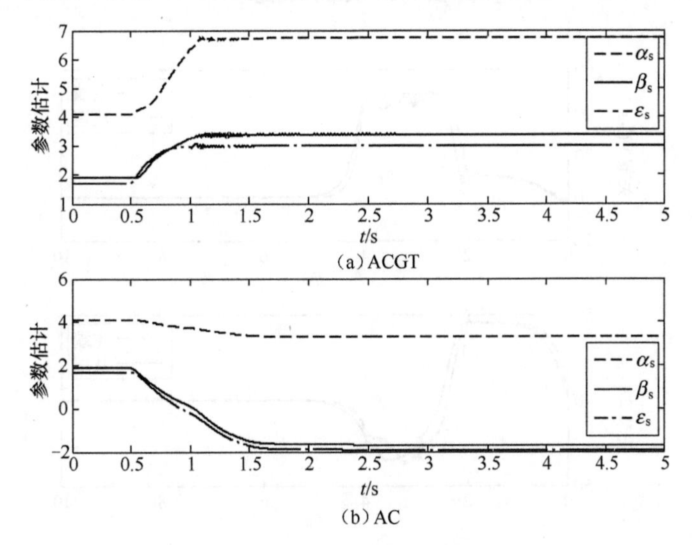


图 7-5　参数估计结果

第二组仿真在约束空间中进行。在从端的环境中，存在一个直线障碍物，其顶点位置分别为[−2 m, 2.232 m]与[2 m, 2.232 m]。初始状态时，主、从端机器人处于相同的姿态。仿真开始后，操作员握持主端开始运动，从端机器人对主端进行位置跟随。在运动一段时间后，从端机器人末端会与障碍发生接触，此时从端只能在非约束空间与主端进行同步。首先在无时延的情况下进行仿真。参数估计的初始值依旧采用第一组仿真的初值。仿真结果如图 7-6～图 7-10所示。

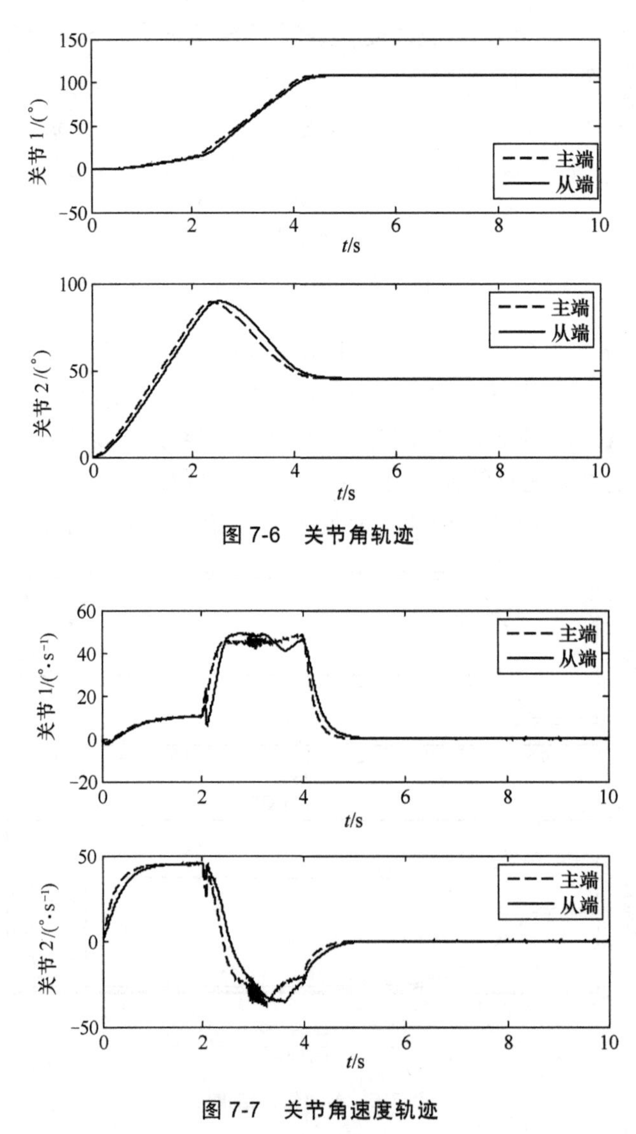


图 7-6　关节角轨迹

图 7-7　关节角速度轨迹

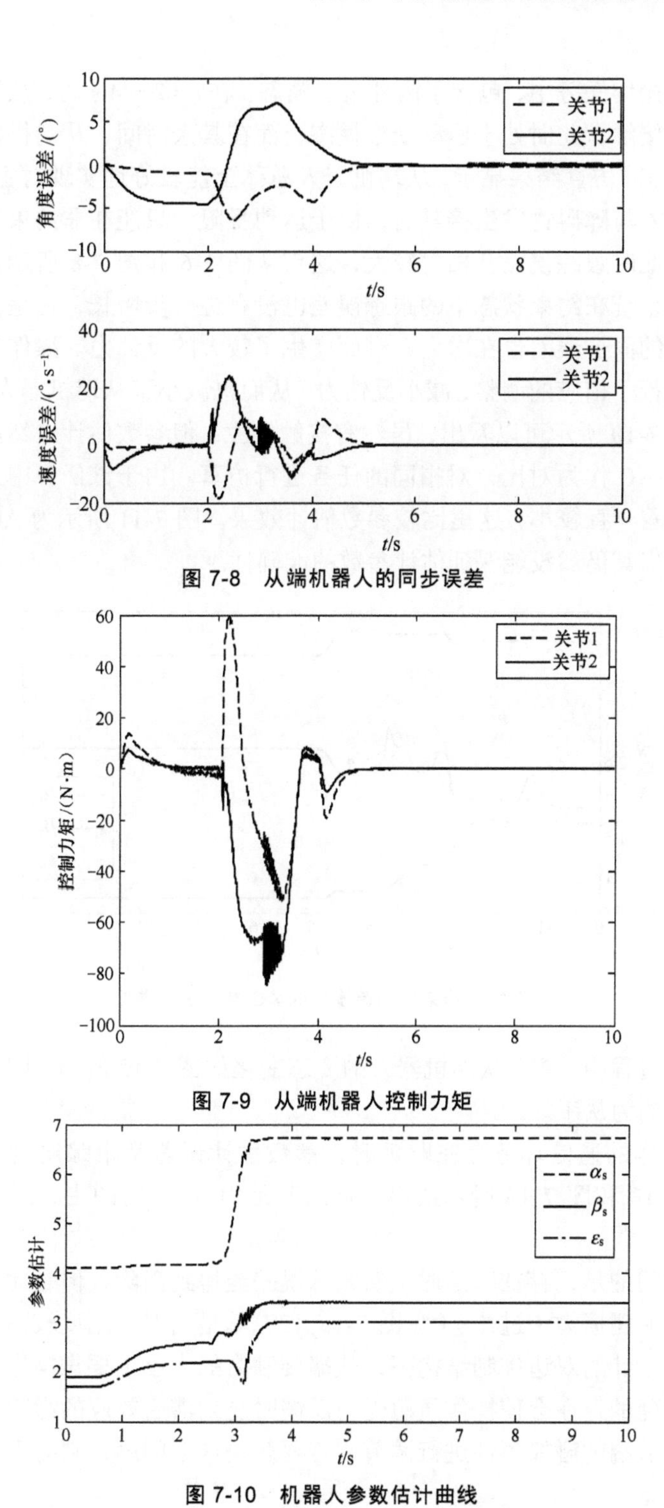


图 7-8　从端机器人的同步误差



图 7-9　从端机器人控制力矩



图 7-10　机器人参数估计曲线

在此遥操作任务中，包含了两种运动模态：在$t=2\sim4$ s时，从端机器人与障碍物发生接触，此时处于运动受限模态；而在其余时间，从端机器人都处于自由运动状态。仿真结果显示，从端机器人总体上能较好地实现对主端的跟踪。当从端机器人与障碍物发生接触时，由于运动受限，只能在非约束空间对主端进行跟随，此时跟踪误差会相对较大，这点从图 7-6 和图 7-8 所示可以看出。虽然如此，系统在约束状态下的跟踪误差也没有进一步增长，这是因为误差增加时，主端的同步误差也在增大，进而产生了较大的反馈力。操作员依此对主手的轨迹进行了相应的调整，减小反馈力，从而也减小了从端机器人的接触力。同时，从图 7-10 所示可以看出，虽然有接触发生，但参数估计依然能保持准确性。同样以 AC 作为对比，对相同的任务进行仿真。由于该任务中主端移动较慢，同步误差一直较小，这里比较参数估计效果。图 7-11 所示为 AC 的估计曲线，可以看出其仍然没能保证估计参数的准确性。

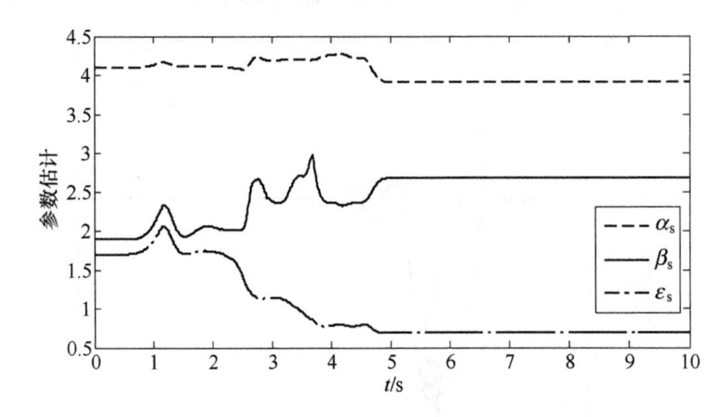


**图 7-11　约束空间遥操作的 AC 参数估计曲线**

在仿真过程中，主、从端机器人的姿态变化如图 7-12 所示，图中左边的为主手，右边的为从手。

当遥操作的通信环节存在时延时，参数估计误差及跟踪误差同样能收敛到零。图 7-13 和图 7-14 所示给出了通信时延为 0.5 s 时的主、从端机器人同步曲线。

值得说明的是，存在时延时虽然跟踪误差能得到消除，但是此时可能会产生较大的接触碰撞力（过冲）（见图 7-15），尤其是当对象刚度较高时。这是因为在本章所设计的双边控制结构下，从端接触力的大小主要靠操作员在主端进行粗调。时延的存在会使操作员感受力反馈时受到滞后效应的影响，从而无法及时地针对从端的碰撞事件进行调节。若要解决这个问题，则必须在从端加入本地力控策略。

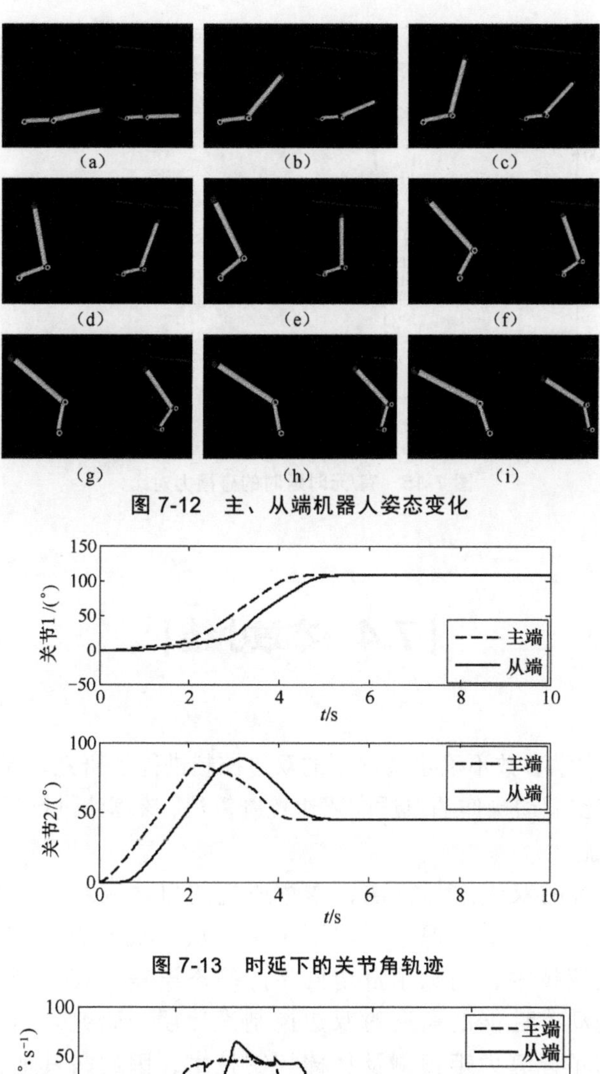


图 7-12　主、从端机器人姿态变化

图 7-13　时延下的关节角轨迹

图 7-14　时延下关节角速度曲线

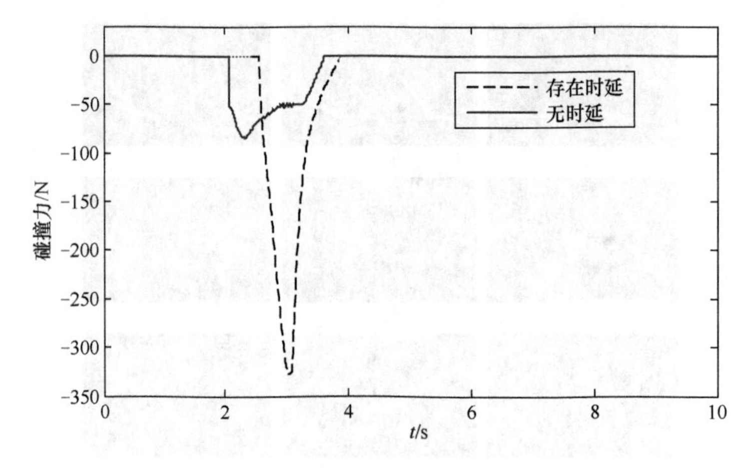


图 7-15　有/无时延时的碰撞力对比

# 7.4　本章小结

本章对动力学参数不确定情况下的双边控制进行了研究，提出了统一适用于约束/非约束空间遥操作的自适应双边控制算法，该算法进行双边同步时具有确定的暂态性能。

相比于传统的双边控制算法，本章所提的自适应双边控制在不采用散射变换或波变量变换的情况下，保证了主、从端状态的一致最终有界，且利用参数自适应技术，消除了双边同步的静态误差。在此基础上，本章首次从提高系统动态性能的角度对双边控制设计展开研究。由于在参数自适应过程中采用了计算力矩预测及鲁棒控制技术，因此与其他自适应遥操作方法相比，本章所设计的算法具有更快速的收敛速度和更准确的参数估计信息，从而提高了双边控制的暂态性能。该算法还可以在不提高回路控制增益的情况下，保证系统的暂态性能，这对于保持时延遥操作系统的稳定性具有重要的作用。

本章所提出的自适应双边控制算法能同时适用于非约束空间和约束空间的遥操作。然而需要注意的是，在约束空间内，该算法只能保证从端接触力的有界性。由于没有对从端进行力控制，在时延存在时可能产生较大的冲击力，这对遥操作机器人而言是非常不利的。如何解决这一问题，会在第 8 章进行讨论。

# 参考文献

[1] SLOTINE J E, LI W. On the adaptive control of robot manipulators[J]. The International Journal of Robotics Research, 1987, 6(3): 49-59.

[2] CHOPRA N, SPONG M W, LOZANO R. Synchronization of bilateral teleoperators with time delay[J]. Automatica, 2008, 44(8):2142-2148.

[3] SICILIANO B, VILLANI L. Adaptive compliant control of robot manipulators[J]. Control Engineering Practice, 1996, 4(5):705-712.

[4] ARTEAGA M A, TANG Y. Adaptive control of robots with an improved transient performance[J]. IEEE Transactions on Automatic Control, 2002, 47(7):1198-1202.

[5] KIM B Y, AHN H S. A design of bilateral teleoperation systems using composite adaptive controller[J]. Control Engineering Practice, 2013, 21(12): 1641-1652.

[6] NUNO E, ORTEGA R, BASANEZ L. An adaptive controller for nonlinear teleoperators[J]. Automatica, 2010, 46(1):155-159.

# 参考文献


[1] [illegible] On the adaptive control of robot manipulators [illegible] International Journal of Robotics Research [illegible]

[2] [illegible]

[3] [illegible]

[4] [illegible]

[5] [illegible]

[6] [illegible]

# 第8章 复杂约束空间中的半自主双边遥操作控制

第7章介绍了约束空间中的空间机器人自适应双边控制方法。机器人在进行精细操作时，接触作业对机器人与对象之间的作用力控制提出了更高的要求。因此，除了进行位置同步外，还需要对空间机器人的末端力进行调节。第7章已经指出，由于时延的存在，很难直接通过操作员对从端进行力控。此时要求处于从端的空间机器人要具备一定的局部自主能力，通过检测环境信息实时地在本地回路进行力控。半自主的遥操作方式还适用于非结构化环境或复杂约束环境中的空间机器人遥操作。在对从端环境或对象缺乏信息认知的情况下，操作员给出机器人的末端运动指令，从端机器人在完成操作员指令（主任务）的同时，依靠自身的冗余特性和局部自主能力，实现对复杂、非结构化环境的避障或进行其他子任务[1]。基于这种需求，本章对遥操作机器人的半自主双边控制方法进行了介绍。

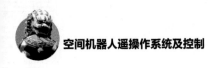

## | 8.1 约束空间自校正柔顺双边控制 |

### 8.1.1 混合柔顺遥操作框架

半自主柔顺遥操作的思路：将从端机器人的任务空间划分为位控子空间和力控子空间，双边控制器在位控子空间内通过主、从大回路实现双边机器人的同步；而在从端机器人的力控子空间内通过本地回路进行力的调节。位控与力控子空间的分解在笛卡儿空间进行，系统动力学可以写成如下形式[2]：

$$\begin{cases} \boldsymbol{H}_{\mathrm{m}}(\boldsymbol{x}_{\mathrm{m}})\ddot{\boldsymbol{x}}_{\mathrm{m}} + \boldsymbol{V}_{\mathrm{m}}(\boldsymbol{x}_{\mathrm{m}},\dot{\boldsymbol{x}}_{\mathrm{m}})\dot{\boldsymbol{x}}_{\mathrm{m}} + \boldsymbol{G}_{\mathrm{m}}(\boldsymbol{x}_{\mathrm{m}},\dot{\boldsymbol{x}}_{\mathrm{m}}) = \boldsymbol{u}_{\mathrm{m}} + \boldsymbol{F}_{\mathrm{h}} \\ \boldsymbol{H}_{\mathrm{s}}(\boldsymbol{x}_{\mathrm{s}})\ddot{\boldsymbol{x}}_{\mathrm{s}} + \boldsymbol{V}_{\mathrm{s}}(\boldsymbol{x}_{\mathrm{s}},\dot{\boldsymbol{x}}_{\mathrm{s}})\dot{\boldsymbol{x}}_{\mathrm{s}} + \boldsymbol{G}_{\mathrm{s}}(\boldsymbol{x}_{\mathrm{s}},\dot{\boldsymbol{x}}_{\mathrm{s}}) = \boldsymbol{u}_{\mathrm{s}} + \boldsymbol{F}_{\mathrm{e}} \end{cases} \tag{8-1}$$

本书考虑的均为非奇异构型下的机器人系统，因此式（8-1）与式（3-1）中动力学参数矩阵的关系为：$\boldsymbol{H}_i = \boldsymbol{J}_i^{-\mathrm{T}}\boldsymbol{M}(\boldsymbol{q}_i)\boldsymbol{J}_i^{-1}$，$\boldsymbol{V}_i = \boldsymbol{J}_i^{-\mathrm{T}}\left[\boldsymbol{C}_i - \boldsymbol{M}_i\boldsymbol{J}_i^{-1}\dot{\boldsymbol{J}}_i\right]\boldsymbol{J}_i^{-1}$，$\boldsymbol{G}_i = \boldsymbol{J}_i^{-\mathrm{T}}(\boldsymbol{D}_i\boldsymbol{J}_i^{-1}\dot{\boldsymbol{x}}_i + \boldsymbol{g}_i)$，这里下标 $i = \mathrm{m,s}$，分别表示主端和从端。任务空间的动力学参数矩阵仍然满足第 3 章所列出的性质[3]，令：

$$\boldsymbol{H}_i(\boldsymbol{x}_i)\ddot{\boldsymbol{x}}_i + \boldsymbol{V}_i(\boldsymbol{x}_i,\dot{\boldsymbol{x}}_i)\dot{\boldsymbol{x}}_i + \boldsymbol{G}_i(\boldsymbol{x}_i,\dot{\boldsymbol{x}}_i) = \boldsymbol{Y}_i(\boldsymbol{x}_i,\dot{\boldsymbol{x}}_i,\ddot{\boldsymbol{x}}_i)\boldsymbol{\theta}_i \tag{8-2}$$

前面已经说明，位控负责同步主、从端机器人的位置，存在于整个遥操作

回路，需要具备时延稳定性；为了达到期望的柔顺力控制，在空间机器人主端采用阻抗控制，阻抗控制在从端形成闭环回路，因此不受通信时延影响，对碰撞和力接触等事件具有更强的敏感度。这种结构可以称为混合柔顺遥操作，从端的动力学可以写为：

$$\boldsymbol{H}_{\mathrm{s}}(\boldsymbol{x}_{\mathrm{s}})\ddot{\boldsymbol{x}}_{\mathrm{s}}+\boldsymbol{V}_{\mathrm{s}}(\boldsymbol{x}_{\mathrm{s}},\dot{\boldsymbol{x}}_{\mathrm{s}})\dot{\boldsymbol{x}}_{\mathrm{s}}+\boldsymbol{G}_{\mathrm{s}}(\boldsymbol{x}_{\mathrm{s}},\dot{\boldsymbol{x}}_{\mathrm{s}})=\boldsymbol{u}^{\mathrm{p}}+\boldsymbol{u}^{\mathrm{f}}+\boldsymbol{F}_{\mathrm{e}} \tag{8-3}$$

式中，$\boldsymbol{u}^{\mathrm{p}}$ 是双边控制器的位控控制力；$\boldsymbol{u}^{\mathrm{f}}$ 是阻抗控制器的控制力。一般而言，$\boldsymbol{u}^{\mathrm{p}}$ 与 $\boldsymbol{u}^{\mathrm{f}}$ 分属于正交的子空间。混合柔顺遥操作框架如图 8-1 所示，图中 $\boldsymbol{S}$ 即为选择矩阵。

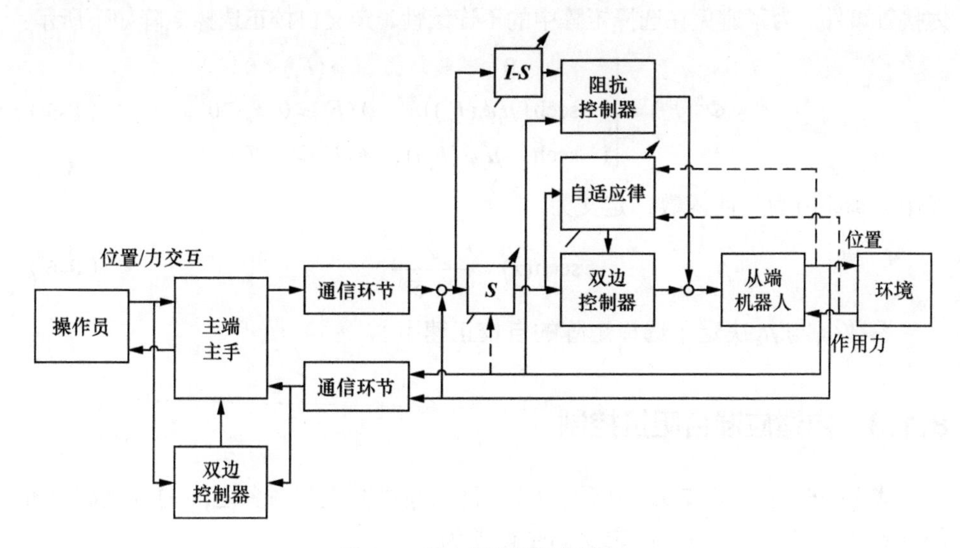


图 8-1 混合柔顺遥操作框架

对约束空间的信息不完全已知时，需要根据末端力/位置信息对子空间进行调节。因此在混合控制器中，采用一种自校正的调节技术。

## 8.1.2 自校正阻抗控制选择矩阵

为了进行混合控制，必须对约束子空间（力控子空间）和非约束子空间（位控子空间）进行辨识。一种传统而有效的方法是采用阻抗选择矩阵[4]。通常情况下，选择矩阵 $\boldsymbol{S}$ 为对角阵，即 $\boldsymbol{S}=\mathrm{diag}(s_i)\ (i=1,2,\cdots,n)$。其中，$n$ 是任务空间的维数；元素 $s_i$ 表征对应子空间的性质。一般 $s_i$ 选为 0 或 1，表示第 $i$ 个自由度采用力控或是位控方式。

若环境信息非精确已知，则需要在线对选择矩阵 $\boldsymbol{S}$ 进行自校正。假定力/

力矩传感器安装在机器人末端，碰撞或力接触发生时能检测到作用力 $\boldsymbol{F}_{\mathrm{e}}$ ，$\boldsymbol{S}$ 根据 $\boldsymbol{F}_{\mathrm{e}}$ 进行调节。

界定力接触事件时，首先引入一个关于 $F_{\mathrm{e}}$（为了简化表示，这里用标量表示）的切换函数。考虑到力传感器的测量误差和噪声，在切换时引入阈值进行判断。定义切换函数为：

$$\phi_i(F_{\mathrm{e}})=\begin{cases}F_{\mathrm{e}}-f_{\mathrm{th1}}, & F_{\mathrm{e}}\geqslant 0\\ f_{\mathrm{th2}}-F_{\mathrm{e}}, & F_{\mathrm{e}}<0\end{cases} \tag{8-4}$$

式中，$f_{\mathrm{th1}}>0$ 为上阈值；$f_{\mathrm{th2}}<0$ 为下阈值。当 $\phi_i\geqslant 0$ 时，认为第 $i$ 个维度上发生了力接触事件。为了避免在选择矩阵中的不连续性，定义自校正选择矩阵如下所示：

$$s_i=\Phi^2(F_{\mathrm{e}})=\begin{cases}0 & , \quad \phi_i(F_{\mathrm{e}})<0\\ 1-\mathrm{sech}\left(\mu_1\phi_i(F_{\mathrm{e}})\right) & , \quad \phi_i(F_{\mathrm{e}})\geqslant 0, F_{\mathrm{e}}\geqslant 0\\ 1-\mathrm{sech}\left(-\mu_2\phi_i(F_{\mathrm{e}})\right), & \quad \phi_i(F_{\mathrm{e}})\geqslant 0, F_{\mathrm{e}}<0\end{cases} \tag{8-5}$$

式中，$\mathrm{sech}(\cdot)$ 为双曲函数，定义为

$$\mathrm{sech}(x)=\frac{2}{\mathrm{e}^x+\mathrm{e}^{-x}} \tag{8-6}$$

系数 $\mu_1$ 与 $\mu_2$ 决定了选择矩阵的自校正速率。

### 8.1.3 自适应混合阻抗控制

本节依旧采用第 7 章的假设 7-1，且空间机器人与对象之间的接触满足准静稳态条件[5]。在任务空间定义同步误差为：

$$\begin{cases}\bar{\boldsymbol{e}}_{\mathrm{s}}(t)=\bar{\boldsymbol{x}}_{\mathrm{s}}(t)-\bar{\boldsymbol{x}}_{\mathrm{m}}(t-\Delta T)=\boldsymbol{S}\left[\boldsymbol{x}_{\mathrm{s}}(t)-\boldsymbol{x}_{\mathrm{sd}}(t)\right]=\boldsymbol{S}\left[\boldsymbol{x}_{\mathrm{s}}(t)-\boldsymbol{x}_{\mathrm{m}}(t-\Delta T)\right]\\ \bar{\boldsymbol{e}}_{\mathrm{m}}(t)=\bar{\boldsymbol{x}}_{\mathrm{m}}(t)-\bar{\boldsymbol{x}}_{\mathrm{s}}(t-\Delta T)=\boldsymbol{S}\left[\boldsymbol{x}_{\mathrm{m}}(t)-\boldsymbol{x}_{\mathrm{md}}(t)\right]=\boldsymbol{S}\left[\boldsymbol{x}_{\mathrm{m}}(t)-\boldsymbol{x}_{\mathrm{s}}(t-\Delta T)\right]\end{cases} \tag{8-7}$$

式中，符号“ - ”表示到位控子空间的投影。同样，定义如下回归阵 $\overline{\boldsymbol{Y}}(\boldsymbol{x}_i,\dot{\boldsymbol{x}}_i,\boldsymbol{e}_i,\dot{\boldsymbol{e}}_i)$：

$$\boldsymbol{H}_i(\boldsymbol{x}_i)\boldsymbol{\lambda}\dot{\boldsymbol{e}}_i+\boldsymbol{C}_i(\boldsymbol{x}_i,\dot{\boldsymbol{x}}_i)\boldsymbol{\lambda}\boldsymbol{e}_i+\boldsymbol{d}_i(\boldsymbol{x}_i,\dot{\boldsymbol{x}}_i)=\overline{\boldsymbol{Y}}_i(\boldsymbol{x}_i,\dot{\boldsymbol{x}}_i,\boldsymbol{e}_i,\dot{\boldsymbol{e}}_i)\boldsymbol{\theta}_i\,,\ i=\mathrm{m,s} \tag{8-8}$$

在位控子空间中，采用以下自适应双边控制算法：

$$\begin{cases}\boldsymbol{u}_{\mathrm{m}}^{\mathrm{p}}=-\hat{\boldsymbol{H}}_{\mathrm{m}}(\boldsymbol{x}_{\mathrm{m}})\boldsymbol{\lambda}\dot{\bar{\boldsymbol{e}}}_{\mathrm{m}}-\hat{\boldsymbol{V}}_{\mathrm{m}}(\boldsymbol{x}_{\mathrm{m}},\dot{\boldsymbol{x}}_{\mathrm{m}})\boldsymbol{\lambda}\bar{\boldsymbol{e}}_{\mathrm{m}}-\hat{\boldsymbol{G}}_{\mathrm{m}}(\boldsymbol{x}_{\mathrm{m}},\dot{\boldsymbol{x}}_{\mathrm{m}})\boldsymbol{\lambda}\bar{\boldsymbol{e}}_{\mathrm{m}}-\boldsymbol{k}_{\mathrm{m}}(\boldsymbol{\lambda}\bar{\boldsymbol{e}}_{\mathrm{m}}+\dot{\bar{\boldsymbol{e}}}_{\mathrm{m}})-\boldsymbol{k}_{\mathrm{m}}\dot{\bar{\boldsymbol{x}}}_{\mathrm{m}}\\ \boldsymbol{u}_{\mathrm{s}}^{\mathrm{p}}=-\hat{\boldsymbol{H}}_{\mathrm{s}}(\boldsymbol{x}_{\mathrm{s}})\boldsymbol{\lambda}\dot{\bar{\boldsymbol{e}}}_{\mathrm{s}}-\hat{\boldsymbol{V}}_{\mathrm{s}}(\boldsymbol{x}_{\mathrm{s}},\dot{\boldsymbol{x}}_{\mathrm{s}})\boldsymbol{\lambda}\bar{\boldsymbol{e}}_{\mathrm{s}}-\hat{\boldsymbol{G}}_{\mathrm{s}}(\boldsymbol{x}_{\mathrm{s}},\dot{\boldsymbol{x}}_{\mathrm{s}})\boldsymbol{\lambda}\bar{\boldsymbol{e}}_{\mathrm{s}}-\boldsymbol{k}_{\mathrm{s}}(\boldsymbol{\lambda}\bar{\boldsymbol{e}}_{\mathrm{s}}+\dot{\bar{\boldsymbol{e}}}_{\mathrm{s}})-\boldsymbol{k}_{\mathrm{s}}\dot{\bar{\boldsymbol{x}}}_{\mathrm{s}}\end{cases} \tag{8-9}$$

将式（8-9）代入动力学模型（8-1），得到系统闭环动力学方程：

$$\begin{aligned}&\boldsymbol{H}_i(\boldsymbol{x}_i)\ddot{\boldsymbol{x}}_i+\boldsymbol{V}_i(\boldsymbol{x}_i,\dot{\boldsymbol{x}}_i)\dot{\boldsymbol{x}}_i+\boldsymbol{G}_i\dot{\boldsymbol{x}}_i\\&=-\hat{\boldsymbol{H}}_i(\boldsymbol{x}_i)\boldsymbol{\lambda}\dot{\bar{\boldsymbol{e}}}_i-\hat{\boldsymbol{V}}_i(\boldsymbol{x}_i,\dot{\boldsymbol{x}}_i)\boldsymbol{\lambda}\bar{\boldsymbol{e}}_i-\hat{\boldsymbol{G}}_i\boldsymbol{\lambda}\bar{\boldsymbol{e}}_i-\boldsymbol{k}_i(\boldsymbol{\lambda}\bar{\boldsymbol{e}}_i+\dot{\bar{\boldsymbol{e}}}_i)-\boldsymbol{k}_i\dot{\bar{\boldsymbol{x}}}_i+\boldsymbol{u}_i^{\mathrm{f}}+\boldsymbol{F}_{\mathrm{h|e}}\end{aligned}\tag{8-10}$$

将式（8-10）在两个子空间中投影，可以得到：

$$\begin{aligned}&\boldsymbol{H}_i(\boldsymbol{x}_i)\ddot{\bar{\boldsymbol{x}}}_i+\boldsymbol{V}_i(\boldsymbol{x}_i,\dot{\boldsymbol{x}}_i)\dot{\bar{\boldsymbol{x}}}_i+\boldsymbol{G}_i\dot{\bar{\boldsymbol{x}}}_i+\boldsymbol{H}_i(\boldsymbol{x}_i)\ddot{\boldsymbol{x}}_i^{\perp}+\boldsymbol{V}_i(\boldsymbol{x}_i,\dot{\boldsymbol{x}}_i)\dot{\boldsymbol{x}}_i^{\perp}+\boldsymbol{G}_i\dot{\boldsymbol{x}}_i^{\perp}\\&=-\hat{\boldsymbol{H}}_i(\boldsymbol{x}_i)\boldsymbol{\lambda}\dot{\bar{\boldsymbol{e}}}_i-\hat{\boldsymbol{V}}_i(\boldsymbol{x}_i,\dot{\boldsymbol{x}}_i)\boldsymbol{\lambda}\bar{\boldsymbol{e}}_i-\hat{\boldsymbol{G}}_i\boldsymbol{\lambda}\bar{\boldsymbol{e}}_i-\boldsymbol{k}_i(\boldsymbol{\lambda}\bar{\boldsymbol{e}}_i+\dot{\bar{\boldsymbol{e}}}_i)-\boldsymbol{k}_i\dot{\bar{\boldsymbol{x}}}_i+\boldsymbol{u}_i^{\mathrm{f}}+\boldsymbol{F}_{\mathrm{h|e}}\end{aligned}\tag{8-11}$$

根据前面的假设有 $\boldsymbol{H}_i(\boldsymbol{x}_i)\ddot{\boldsymbol{x}}_i^{\perp}+\boldsymbol{V}_i(\boldsymbol{x}_i,\dot{\boldsymbol{x}}_i)\dot{\boldsymbol{x}}_i^{\perp}+\boldsymbol{G}_i\dot{\boldsymbol{x}}_i^{\perp}=\boldsymbol{0}$，因此式（8-11）可以进一步写为：

$$\begin{aligned}&\boldsymbol{H}_i(\boldsymbol{x}_i)\ddot{\bar{\boldsymbol{x}}}_i+\boldsymbol{C}_i(\boldsymbol{x}_i,\dot{\boldsymbol{x}}_i)\dot{\bar{\boldsymbol{x}}}_i+\boldsymbol{D}_i\dot{\bar{\boldsymbol{x}}}_i\\&=-\hat{\boldsymbol{H}}_i(\boldsymbol{x}_i)\boldsymbol{\lambda}\dot{\bar{\boldsymbol{e}}}_i-\hat{\boldsymbol{C}}_i(\boldsymbol{x}_i,\dot{\boldsymbol{x}}_i)\boldsymbol{\lambda}\bar{\boldsymbol{e}}_i-\hat{\boldsymbol{D}}_i\boldsymbol{\lambda}\bar{\boldsymbol{e}}_i-\boldsymbol{k}_i(\boldsymbol{\lambda}\bar{\boldsymbol{e}}_i+\dot{\bar{\boldsymbol{e}}}_i)-\boldsymbol{k}_i\dot{\bar{\boldsymbol{x}}}_i+\boldsymbol{u}_i^{\mathrm{f}}+\boldsymbol{F}_{\mathrm{h|e}}\end{aligned}\tag{8-12}$$

同样地，定义辅助变量 $\boldsymbol{\sigma}_i$ 为：

$$\boldsymbol{\sigma}_i=\dot{\bar{\boldsymbol{x}}}_i+\boldsymbol{\lambda}\bar{\boldsymbol{e}}_i,\ i=\mathrm{m,s}\tag{8-13}$$

则式（8-12）可以表示为：

$$\boldsymbol{H}_i\left(\boldsymbol{x}_i\right)\dot{\boldsymbol{\sigma}}_i+\boldsymbol{C}_i\left(\boldsymbol{x}_i,\dot{\boldsymbol{x}}_i\right)\boldsymbol{\sigma}_i+\boldsymbol{D}_i\boldsymbol{\sigma}_i=\bar{\boldsymbol{Y}}_i\left(\boldsymbol{x}_i,\dot{\boldsymbol{x}}_i,\bar{\boldsymbol{e}}_i,\dot{\bar{\boldsymbol{e}}}_i\right)\tilde{\boldsymbol{\theta}}_i-\boldsymbol{k}_i\left(\boldsymbol{\lambda}\bar{\boldsymbol{e}}_i+\dot{\bar{\boldsymbol{e}}}_i\right)-\boldsymbol{k}_i\dot{\bar{\boldsymbol{x}}}_i+\boldsymbol{u}_i^{\mathrm{f}}+\boldsymbol{F}_{\mathrm{h|e}}\tag{8-14}$$

令 $\epsilon_i=\boldsymbol{u}_i-\boldsymbol{Y}_i\hat{\boldsymbol{\theta}}_i=\boldsymbol{Y}_i\tilde{\boldsymbol{\theta}}_i$，自适应律依旧按以下形式：

$$\begin{cases}\dot{\hat{\boldsymbol{\theta}}}_i(t)=\boldsymbol{\Gamma}^{-1}(t)\left[\bar{\boldsymbol{Y}}_i^{\mathrm{T}}\boldsymbol{\sigma}_i+(\xi_1+\xi_2)z_i+\xi_1\boldsymbol{Y}_i^{\mathrm{T}}\epsilon_i)\right]\\\dot{z}_i(t)=-\eta z_i(t)+\mu\boldsymbol{Y}_i^{\mathrm{T}}\epsilon_i-P_i(t)\dot{\hat{\boldsymbol{\theta}}}_i(t)\end{cases}\tag{8-15}$$

自适应律中参数的选择为：

$$\begin{cases}\xi_1=\alpha\dfrac{\left\|\bar{\boldsymbol{Y}}_i^{\mathrm{T}}\boldsymbol{\sigma}\right\|}{\lambda_{\min}\left\|\boldsymbol{Q}_i(t)\right\|+\delta}\\\boldsymbol{\Gamma}(t)=\mathrm{diag}\left\{\gamma_1(t),\cdots,\gamma_p(t)\right\}\end{cases}\tag{8-16}$$

在静稳态时，一般不考虑惯性项，因此机器人在力控子空间的目标阻抗可以表示为以下弹簧-阻尼系统：

$$\boldsymbol{B}_t\left[\dot{\boldsymbol{x}}_{\mathrm{s}}^{\perp}(t)-\dot{\boldsymbol{x}}_{\mathrm{m}}^{\perp}(t-\Delta T)\right]+\boldsymbol{K}_t\left[\boldsymbol{x}_{\mathrm{s}}^{\perp}(t)-\boldsymbol{x}_{\mathrm{m}}^{\perp}(t-\Delta T)\right]=\boldsymbol{F}_{\mathrm{e}}\tag{8-17}$$

机器人在力控子空间的误差为：

$$\boldsymbol{e}^{\perp}=\boldsymbol{B}_t(\dot{\boldsymbol{x}}^{\perp}-\dot{\boldsymbol{x}}_{\mathrm{m}}^{\perp})+\boldsymbol{K}_t(\boldsymbol{x}^{\perp}-\boldsymbol{x}_{\mathrm{m}}^{\perp})-\boldsymbol{F}_{\mathrm{e}}\tag{8-18}$$

考虑到滑模控制技术在处理非线性系统时的有效性，在力控回路采用基于滑模的阻抗控制方法，定义滑模变量：

$$s = k_{sl} e^{\perp} \tag{8-19}$$

式中，$k_{sl}$为滑模增益。式（8-17）～式（8-19）表明，当滑模变量满足$\boldsymbol{s}=\boldsymbol{0}$时，将在力控子空间实现期望的阻抗特性，因此选用以下控制方法：

$$\boldsymbol{u}^{f} = -\boldsymbol{F}_{e} - k_{f}\boldsymbol{s} \tag{8-20}$$

分析控制律（8-20）可以发现，补偿项$k_f\boldsymbol{s}$会将系统控制到滑模面$\boldsymbol{s}=\boldsymbol{0}$。为了消除常值指令下的静态误差，受文献[6]的启发，在控制器中加入关于滑模误差的积分项：

$$\boldsymbol{u}^{f} = -\boldsymbol{F}_{e} - k_{f}\boldsymbol{s} - k_{int}\int_{t_0}^{t} s(\upsilon)\mathrm{d}\upsilon \tag{8-21}$$

这里的$t_0$可以选为碰撞开始的时间。注意到本节所针对的都为刚性环境或对象，因此在碰撞时很可能发生较剧烈的振动。为了减轻振动、降低碰撞力，一种有效的方法是在力控回路中加入速度惩罚项[7]。事实上在阻抗运动（8-17）中，$\boldsymbol{B}_t\left[\dot{\boldsymbol{x}}^{\perp}(t)-\dot{\boldsymbol{x}}_{m}^{\perp}(t-\Delta T)\right]$项起到了同样的作用，可以对冲击力以及高频振荡等进行衰减。

**注 8-1** 在实际应用时，在保证滑动变量$\boldsymbol{s}$收敛性的前提下，式（8-21）的控制增益可以灵活地进行选择。例如，当$\|\boldsymbol{s}\|$较小时，增益可以较大；反之，可以适当降低$k_f$来避免过大的冲击力。

### 8.1.4 性能分析

对双边混合阻抗控制器的性能依旧从稳定性和动态性能两方面进行分析。对于混合阻抗控制器的稳定性，有以下定理。

**定理 8-1** 对于时延为$\Delta T$的非奇异遥操作系统（8-1），在自校正机制（8-5）下，双边混合控制器（8-9）、（8-15）、（8-21）稳定，具体有：

（Ⅰ）同步误差在位控子空间的投影$\overline{\boldsymbol{e}}_i$、参数估计误差$\tilde{\boldsymbol{\theta}}_i$以及变量$\boldsymbol{\sigma}_i$满足：$\boldsymbol{\sigma}_i,\overline{\boldsymbol{e}}_i,\tilde{\boldsymbol{\theta}}_i \in \mathcal{L}_\infty$，且$t\to\infty$时，有$\dot{\boldsymbol{x}}_i,\overline{\boldsymbol{e}}_i,\tilde{\boldsymbol{\theta}}_i \to \boldsymbol{0}$；

（Ⅱ）系统能实现期望的阻抗运动，即$t\to\infty$时，力控子空间内的误差满足$\boldsymbol{e}^{\perp}\to\boldsymbol{0}$。

**证明**：思路与定理 7-3 类似，这里仅仅给出简略的证明过程。定义李雅普诺夫-克拉索夫斯基函数如下：

$$\begin{aligned} V_1(t) &= V_s(t) + V_m(t) \\ &= \frac{1}{2}\sum_{i=m,s}\left[\boldsymbol{\sigma}_i^{T}\boldsymbol{H}_i\boldsymbol{\sigma}_i + \tilde{\boldsymbol{\theta}}_i^{T}\boldsymbol{\Gamma}(t)\tilde{\boldsymbol{\theta}}_i + \overline{\boldsymbol{e}}_i^{T}\boldsymbol{\lambda}^{T}\boldsymbol{k}_i\overline{\boldsymbol{e}}_i + \int_{t-\Delta T}^{t}\dot{\boldsymbol{x}}_i^{T}(\upsilon)\boldsymbol{k}_i\dot{\boldsymbol{x}}_i(\upsilon)\mathrm{d}\upsilon\right] \end{aligned} \tag{8-22}$$

可以推导出其关于时间的导数满足：

$$\dot{V}_1(t) \leqslant -\sum_{i=\mathrm{m,s}}\left[\sigma_i^{\mathrm{T}}(\boldsymbol{D}_i+\boldsymbol{k}_i)\sigma_i+\frac{1}{2}\dot{\overline{\boldsymbol{e}}}_i^{\mathrm{T}}\boldsymbol{k}_i\dot{\overline{\boldsymbol{e}}}_i+\tilde{\boldsymbol{\theta}}_i^{\mathrm{T}}\left((\xi_1+\xi_2)\boldsymbol{P}_i+\xi_1\boldsymbol{Q}_i\right)\tilde{\boldsymbol{\theta}}_i\right] \tag{8-23}$$

利用 Barbalat 引理，可以证明 $t\to\infty$ 时，$\boldsymbol{\sigma}_i,\dot{\overline{\boldsymbol{e}}}_i\to\boldsymbol{0}$。结合拉普拉斯变换的相关性质，可以证明 $t\to\infty$ 时，$\overline{\boldsymbol{e}}_i(t)\to\boldsymbol{0}$。结论（I）得证。

回到闭环系统：

$$\begin{cases}\boldsymbol{H}_i(\boldsymbol{x}_i)\dot{\boldsymbol{\sigma}}_i+\boldsymbol{V}_i(\boldsymbol{x}_i,\dot{\boldsymbol{x}}_i)\boldsymbol{\sigma}_i+\boldsymbol{G}_i\boldsymbol{\sigma}_i=\overline{\boldsymbol{Y}}_i(\boldsymbol{x}_i,\dot{\boldsymbol{x}}_i,\overline{\boldsymbol{e}}_i,\dot{\overline{\boldsymbol{e}}}_i)\tilde{\boldsymbol{\theta}}_i-\boldsymbol{k}_i(\boldsymbol{\lambda}\overline{\boldsymbol{e}}_i+\dot{\overline{\boldsymbol{e}}}_i)-\boldsymbol{k}_i\dot{\overline{\boldsymbol{x}}}_i+\boldsymbol{u}_i^{\mathrm{f}}+\boldsymbol{F}_{\mathrm{h|e}}\\ \boldsymbol{u}^{\mathrm{f}}=-\boldsymbol{F}_{\mathrm{e}}-k_{\mathrm{f}}\boldsymbol{s}-k_{\mathrm{int}}\int_{t_0}^{t}\boldsymbol{s}(\upsilon)\mathrm{d}\upsilon\end{cases} \tag{8-24}$$

结合结论（I），不难得出 $\boldsymbol{s}\in\mathcal{L}_\infty$，且有 $t\to\infty$ 时，

$$-k_{\mathrm{f}}\boldsymbol{s}-k_{\mathrm{int}}\int_{t_0}^{t}\boldsymbol{s}(\upsilon)\mathrm{d}\upsilon\to\boldsymbol{0} \tag{8-25}$$

这意味着 $\boldsymbol{s}\to\boldsymbol{0}$，相应地，

$$\boldsymbol{e}^{\perp}=\boldsymbol{B}_t(\dot{\boldsymbol{x}}^{\perp}-\dot{\boldsymbol{x}}_{\mathrm{m}}^{\perp})+K_t(\boldsymbol{x}^{\perp}-\boldsymbol{x}_{\mathrm{m}}^{\perp})-\boldsymbol{F}_{\mathrm{e}}\to\boldsymbol{0} \tag{8-26}$$

因此系统渐近收敛到滑模面，结论（II）成立。

证毕。

本节同样对双边混合控制器的暂态性能进行分析，令遥操作系统的状态为 $\boldsymbol{X}_i=[\dot{\overline{\boldsymbol{x}}}_i^{\mathrm{T}}\quad \overline{\boldsymbol{e}}_i^{\mathrm{T}}\quad \tilde{\boldsymbol{\theta}}_i^{\mathrm{T}}\quad \boldsymbol{s}^{\mathrm{T}}]^{\mathrm{T}}$，初始时刻为 $t_0$，那么对于状态 $\boldsymbol{X}_i$ 的收敛速度，同样有以下定理：

**定理 8-2**　若对于任意时刻 $t>t_0$，满足以下条件：

$$\mu\int_{t_0}^{t}\mathrm{e}^{-\eta(t-\upsilon)}\boldsymbol{Y}_i^{\mathrm{T}}(\upsilon)\boldsymbol{Y}_i(\upsilon)\mathrm{d}\upsilon\geqslant\delta\boldsymbol{I} \tag{8-27}$$

则状态 $\boldsymbol{X}_i$ 指数收敛，且在时间 $T_{\mathrm{g}}$ 内，

$$T_{\mathrm{g}}=\begin{cases}0, & \left\|\tilde{\boldsymbol{\theta}}(t_0)\right\|<1/\alpha\\ \dfrac{2\lambda_{\mathrm{M}}^{\theta}}{\xi_2\delta}\ln\left\|\alpha\tilde{\boldsymbol{\theta}}(t_0)\right\|, & \left\|\tilde{\boldsymbol{\theta}}(t_0)\right\|\geqslant1/\alpha\end{cases} \tag{8-28}$$

误差 $\tilde{\boldsymbol{\theta}}$ 收敛到邻域 $\varXi$：

$$\varXi=\left\{\tilde{\boldsymbol{\theta}}:\left\|\tilde{\boldsymbol{\theta}}\right\|\leqslant\frac{1}{\alpha}\sqrt{\lambda_{\mathrm{M}}^{\theta}/\lambda_{\mathrm{m}}^{\theta}}\right\} \tag{8-29}$$

**证明：**略。

定理 8-2 的证明过程与定理 7-2 类似，注意根据式（8-12）及式（8-21）可以得知 $\boldsymbol{s}$ 与 $[\dot{\overline{\boldsymbol{x}}}_i\quad \overline{\boldsymbol{e}}_i\quad \tilde{\boldsymbol{\theta}}_i]$ 是线性相关的，证明过程中需要利用这一点。

值得说明的是，上述结论只阐述了双边混合控制在力控子空间收敛到指定滑模面（即实现期望阻抗运动）的时间，到达滑模面之后的运动状态并没有体

现，阻抗运动特性实际上由参数 $\boldsymbol{B}_t$ 以及 $\boldsymbol{K}_t$ 决定。

## |8.2 仿真分析|

本节仿真依旧采用第 7 章的两连杆机器人模型，从端机器人任务空间中障碍的方向未知。仿真开始时，主、从端机器人处于同一姿态。从端机器人在跟随主端运动的过程中，如果其末端与障碍发生了碰撞，那么要求其在接触过程中保持期望的柔顺性，这里规定期望阻抗为 $B_t = 10\ \text{Ns/m}$ ， $K_t = 200\ \text{N/m}$ 。设定系统时延 $\Delta T = 0.5\ \text{s}$ 。

图 8-2 所示为主、从端机器人在任务空间的轨迹，由于存在 0.5 s 的时延，因此跟踪过程中从端相对于主端机器人有一定的滞后。若指定误差为 $\overline{\boldsymbol{x}}_s(t) - \overline{\boldsymbol{x}}_m(t-0.5)$ , 则可以更直观地看出同步误差在位控子空间的投影，如图 8-3 所示。图 8-4 所示为力控子空间阻抗控制误差。可以看出，从 $t = 1.7\ \text{s}$ 到 $t = 2.8\ \text{s}$ 这段时间内，从端与障碍物发生了接触，并激活阻抗控制回路。在探测到碰撞事件后，混合控制器对末端接触力进行了调节。从仿真结果可以看出，力控误差在 0.4 s 内得到了消除，意味着碰撞发生后 0.4 s，从端机器人达到了期望的柔顺特性。仿真中，式（8-4）中的参数选择为 $f_{th1} = 1, f_{th2} = -1$ ，因此在阻抗控制器达到滑模面（ $t = 2.2\ \text{s}$ 时）后误差 $\boldsymbol{e}^{\perp}$ 也存在微小的波动。

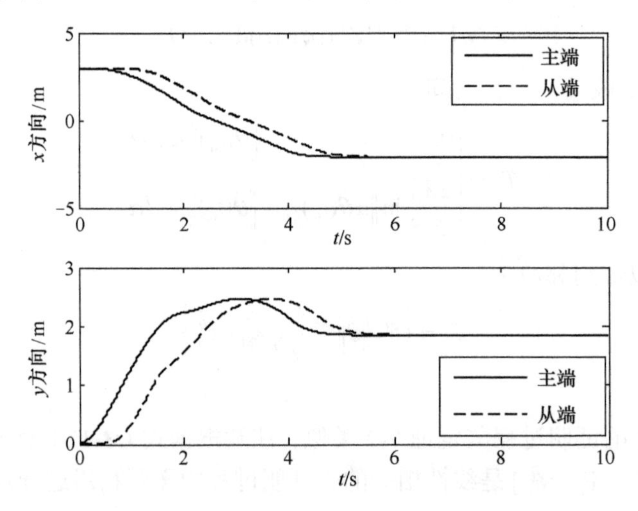


图 8-2 主、从端机器人在任务空间轨迹

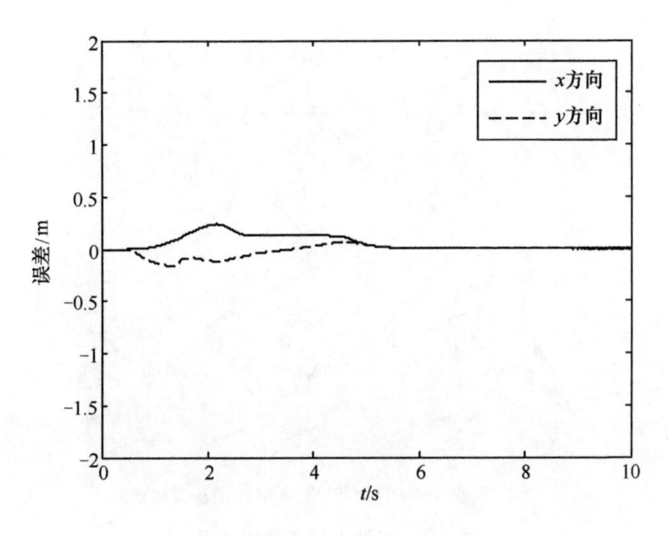


图 8-3　任务空间同步误差

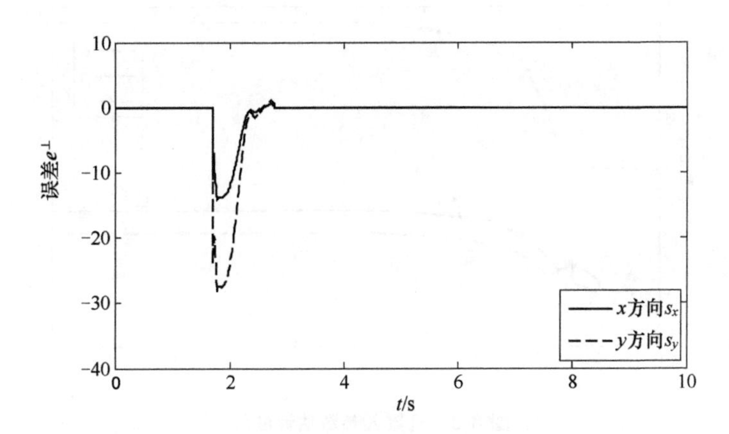


图 8-4　力控子空间阻抗控制误差

机器人的姿态变化过程如图 8-5 所示。

图 8-6 所示为机器人参数估计曲线，可以看出各参数的估计误差渐近收敛到零，这说明了对参数估计是准确的。

混合阻抗双边控制器的一个目标是解决在未知环境中的从端机器人与对象或环境碰撞时接触力过大的问题，尤其是当时延存在时，可能会产生很强的冲击力，对机器人造成损害。为了验证所提的方法在这种情况下的有效性，本节也通过同一个任务进行了对比仿真。分别采用 7.3 节的双边控制方法和本节所提的方法执行上述任务，其从端机器人末端的作用力对比如图 8-7 和图 8-8 所示。

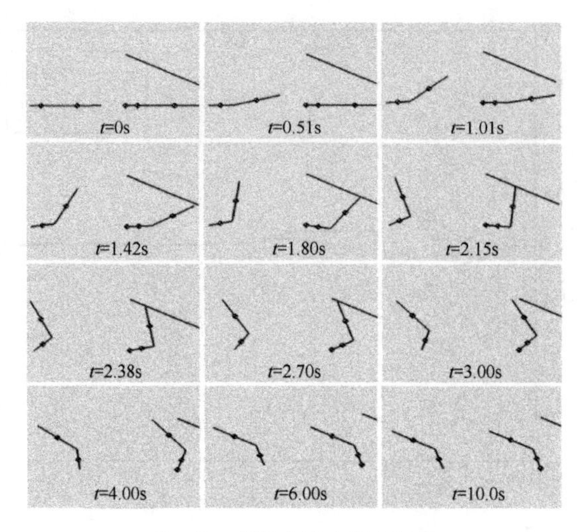


图 8-5　机器人姿态变化过程

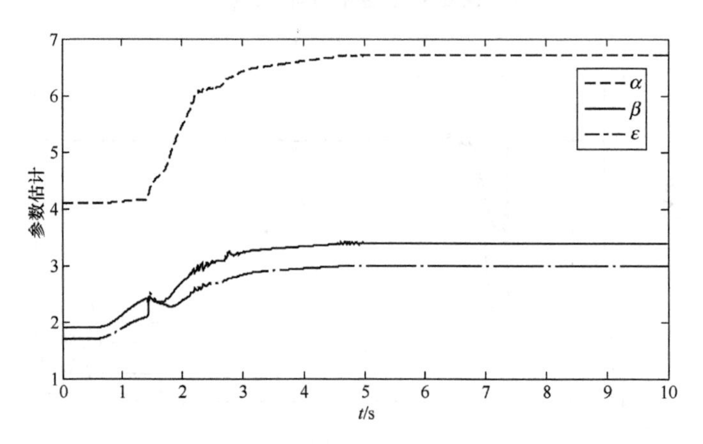


图 8-6　机器人参数估计曲线

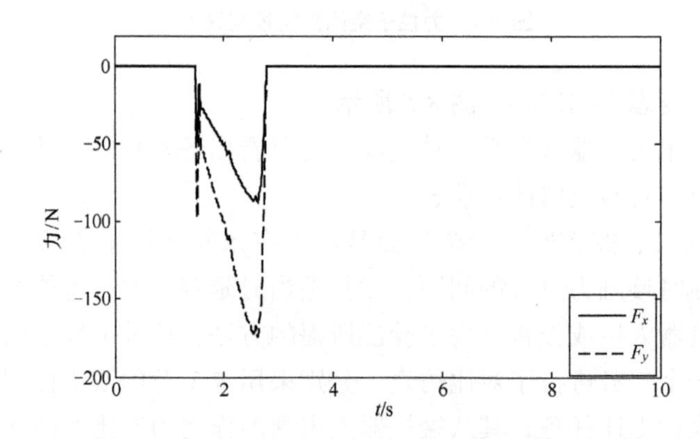


图 8-7　不带柔顺控制时的末端力

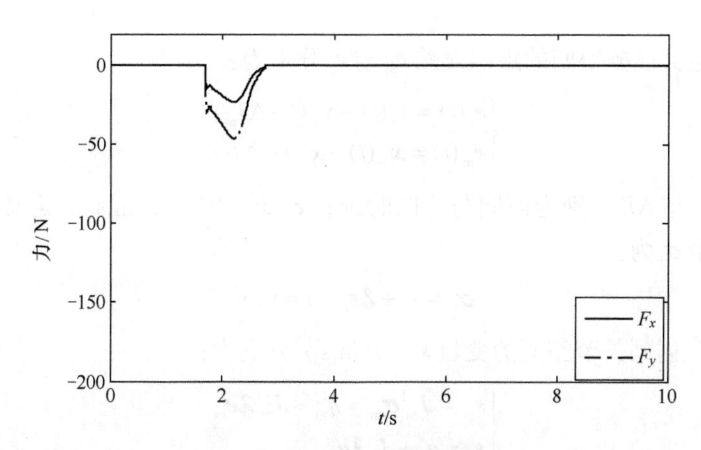


图 8-8　带柔顺控制时的末端力

从仿真结果可以看出本节所提出的方法在碰撞发生时具有良好的柔顺性，相比第 7 章所提设计的控制器，在减小冲击力方面具有明显的改进。

# 8.3　冗余机器人半自主遥操作控制

## 8.3.1　半自主遥操作控制律设计

在约束环境中，为了保证机器人安全作业，往往还需要执行一些子任务，比如规避障碍或奇异点、限制关节角速度等。冗余机器人由于拥有多余的自由度，因此便于在约束空间进行这一类灵巧操作。

冗余遥操作机器人系统依然可以由式（8-30）的模型进行表示（不考虑重力的情况下）：

$$\begin{cases}\boldsymbol{M}_{\mathrm{m}}(\boldsymbol{q}_{\mathrm{m}})\ddot{\boldsymbol{q}}_{\mathrm{m}}+\boldsymbol{C}_{\mathrm{m}}(\boldsymbol{q}_{\mathrm{m}},\dot{\boldsymbol{q}}_{\mathrm{m}})\dot{\boldsymbol{q}}_{\mathrm{m}}+\boldsymbol{D}_{\mathrm{m}}(\boldsymbol{q}_{\mathrm{m}},\dot{\boldsymbol{q}}_{\mathrm{m}})=\boldsymbol{\tau}_{\mathrm{m}}+\boldsymbol{J}_{\mathrm{m}}^{\mathrm{T}}\boldsymbol{F}_{\mathrm{h}}\\ \boldsymbol{M}_{\mathrm{s}}(\boldsymbol{q}_{\mathrm{s}})\ddot{\boldsymbol{q}}_{\mathrm{s}}+\boldsymbol{C}_{\mathrm{s}}(\boldsymbol{q}_{\mathrm{s}},\dot{\boldsymbol{q}}_{\mathrm{s}})\dot{\boldsymbol{q}}_{\mathrm{s}}+\boldsymbol{D}_{\mathrm{s}}(\boldsymbol{q}_{\mathrm{s}},\dot{\boldsymbol{q}}_{\mathrm{s}})=\boldsymbol{\tau}_{\mathrm{s}}+\boldsymbol{J}_{\mathrm{s}}^{\mathrm{T}}\boldsymbol{F}_{\mathrm{e}}\end{cases} \tag{8-30}$$

假设主端自由度为 $m$；从端冗余自由度为 $n$，且 $n>m$，则 $\boldsymbol{q}_{\mathrm{m}}$、$\boldsymbol{F}_{\mathrm{h}}$及$\boldsymbol{\tau}_{\mathrm{m}}\in\mathbb{R}^{m}$，$\boldsymbol{q}_{\mathrm{s}}$、$\boldsymbol{F}_{\mathrm{s}}$及$\boldsymbol{\tau}_{\mathrm{s}}\in\mathbb{R}^{n}$，从端机器人的冗余度为 $n-m$。主、从端的速度雅可比阵分别为 $\boldsymbol{J}_{\mathrm{m}}(\boldsymbol{q}_{\mathrm{m}})\in\mathbb{R}^{m\times m}$，$\boldsymbol{J}_{\mathrm{s}}(\boldsymbol{q}_{\mathrm{s}})\in\mathbb{R}^{m\times n}$。与上一节不同的是，双边同步控制在任务空间内完成，而子任务则在从端的关节空间（自运动子空间）内进行，因此设计控制算法时必须利用关节空间到任务空间的映射关系。

依旧定义任务空间的跟踪误差 $\boldsymbol{e}_{\mathrm{m}}$ 与 $\boldsymbol{e}_{\mathrm{s}}$ 分别为：

$$\begin{cases}\boldsymbol{e}_{\mathrm{s}}(t)=\boldsymbol{x}_{\mathrm{s}}(t)-\boldsymbol{x}_{\mathrm{m}}(t-\Delta T_{\mathrm{m}})\\ \boldsymbol{e}_{\mathrm{m}}(t)=\boldsymbol{x}_{\mathrm{m}}(t)-\boldsymbol{x}_{\mathrm{s}}(t-\Delta T_{\mathrm{s}})\end{cases} \tag{8-31}$$

式中，$\Delta T_{\mathrm{m}}$ 与 $\Delta T_{\mathrm{s}}$ 分别为前向与后向时延；$\boldsymbol{e}_i, \boldsymbol{x}_i \in \mathbb{R}^m$（$i$=m,s）。定义任务空间的辅助变量 $\boldsymbol{\sigma}_i$ 为：

$$\boldsymbol{\sigma}_i=\dot{\boldsymbol{x}}_i+\boldsymbol{\lambda}\boldsymbol{e}_i,\quad i=\mathrm{m,s} \tag{8-32}$$

则 $\boldsymbol{\sigma}_i$ 映射到关节空间的变量 $\boldsymbol{s}_i$（$i$=m,s）分别为：

$$\begin{cases}\boldsymbol{s}_{\mathrm{m}}=\boldsymbol{J}_{\mathrm{m}}^{-1}\boldsymbol{\sigma}_{\mathrm{m}}=\dot{\boldsymbol{q}}_{\mathrm{m}}+\boldsymbol{J}_{\mathrm{m}}^{-1}\boldsymbol{\lambda}\boldsymbol{e}_{\mathrm{m}}\\ \boldsymbol{s}_{\mathrm{s}}=\dot{\boldsymbol{q}}_{\mathrm{s}}+\boldsymbol{J}_{\mathrm{s}}^{+}\boldsymbol{\lambda}\boldsymbol{e}_{\mathrm{s}}\end{cases} \tag{8-33}$$

注意，$\boldsymbol{J}_{\mathrm{s}}^{+}\in\mathbb{R}^{n\times m}$ 表示 $\boldsymbol{J}_{\mathrm{s}}(\boldsymbol{q}_{\mathrm{s}})$ 的伪逆：$\boldsymbol{J}_{\mathrm{s}}^{+}=\boldsymbol{J}_{\mathrm{s}}^{\mathrm{T}}(\boldsymbol{J}_{\mathrm{s}}\boldsymbol{J}_{\mathrm{s}}^{\mathrm{T}})^{-1}$，且满足 $\boldsymbol{J}_{\mathrm{s}}\boldsymbol{J}_{\mathrm{s}}^{+}=\boldsymbol{I}_m$，其中，$\boldsymbol{I}_m$ 为 $m$ 维单位矩阵。

为了不影响末端在任务空间的状态，子任务需要在冗余机器人速度雅可比矩阵的零空间内完成。以 $\boldsymbol{\varUpsilon}_{\mathrm{s}}\in\mathbb{R}^n$ 表示子任务的代价函数，则从端的辅助变量 $\boldsymbol{s}_{\mathrm{s}}$ 可以改写为：

$$\boldsymbol{s}_{\mathrm{s}}=\dot{\boldsymbol{q}}_{\mathrm{s}}+\boldsymbol{J}_{\mathrm{s}}^{+}\boldsymbol{\lambda}\boldsymbol{e}_{\mathrm{s}}+(\boldsymbol{I}_n-\boldsymbol{J}_{\mathrm{s}}^{+}\boldsymbol{J}_{\mathrm{s}})\left(-\frac{\partial\boldsymbol{\varUpsilon}_{\mathrm{s}}}{\partial\boldsymbol{q}_{\mathrm{s}}}\right) \tag{8-34}$$

定义等效速度与等效加速度误差为

$$\begin{cases}\boldsymbol{v}_i=\boldsymbol{s}_i-\dot{\boldsymbol{q}}_i, i=\mathrm{m,s}\\ \boldsymbol{a}_i=\dot{\boldsymbol{s}}_i-\ddot{\boldsymbol{q}}_i, i=\mathrm{m,s}\end{cases} \tag{8-35}$$

则对于主从双端，分别有

$$\begin{cases}\boldsymbol{v}_{\mathrm{m}}=\boldsymbol{J}_{\mathrm{m}}^{-1}\boldsymbol{\lambda}\boldsymbol{e}_{\mathrm{m}}\\ \boldsymbol{a}_{\mathrm{m}}=\dot{\boldsymbol{J}}_{\mathrm{m}}^{-1}\boldsymbol{\lambda}\boldsymbol{e}_{\mathrm{m}}+\boldsymbol{J}_{\mathrm{m}}^{-1}\boldsymbol{\lambda}\dot{\boldsymbol{e}}_{\mathrm{m}}\end{cases} \tag{8-36}$$

以及

$$\begin{cases}\boldsymbol{v}_{\mathrm{s}}=\boldsymbol{J}_{\mathrm{s}}^{+}\boldsymbol{\lambda}\boldsymbol{e}_{\mathrm{s}}-(\boldsymbol{I}_n-\boldsymbol{J}_{\mathrm{s}}^{+}\boldsymbol{J}_{\mathrm{s}})(\partial\boldsymbol{\varUpsilon}_{\mathrm{s}}/\partial\boldsymbol{q}_{\mathrm{s}})\\ \boldsymbol{a}_{\mathrm{s}}=\dot{\boldsymbol{J}}_{\mathrm{s}}^{+}\boldsymbol{\lambda}\boldsymbol{e}_{\mathrm{s}}+\boldsymbol{J}_{\mathrm{s}}^{+}\boldsymbol{\lambda}\dot{\boldsymbol{e}}_{\mathrm{s}}-\dfrac{\mathrm{d}}{\mathrm{d}t}\left[(\boldsymbol{I}_n-\boldsymbol{J}_{\mathrm{s}}^{+}\boldsymbol{J}_{\mathrm{s}})(\partial\boldsymbol{\varUpsilon}_{\mathrm{s}}/\partial\boldsymbol{q}_{\mathrm{s}})\right]\end{cases} \tag{8-37}$$

重新定义回归矩阵 $\overline{\boldsymbol{Y}}_i(\boldsymbol{q}_i,\dot{\boldsymbol{q}}_i,\boldsymbol{v}_i,\boldsymbol{a}_i)$：

$$\boldsymbol{M}_i(\boldsymbol{q}_i)\boldsymbol{a}_i+\boldsymbol{C}_i(\boldsymbol{q}_i,\dot{\boldsymbol{q}}_i)\boldsymbol{v}_i+\boldsymbol{D}_i(\dot{\boldsymbol{q}}_i)\boldsymbol{v}_i=\overline{\boldsymbol{Y}}_i(\boldsymbol{q}_i,\dot{\boldsymbol{q}}_i,\boldsymbol{v}_i,\boldsymbol{a}_i)\boldsymbol{\theta}_i, i=\mathrm{m,s} \tag{8-38}$$

基于回归阵 $\overline{\boldsymbol{Y}}_i$，采用以下形式的控制律：

$$\boldsymbol{\tau}_i=-\overline{\boldsymbol{Y}}_i(\boldsymbol{q}_i,\dot{\boldsymbol{q}}_i,\boldsymbol{v}_i,\boldsymbol{a}_i)\hat{\boldsymbol{\theta}}_i-\boldsymbol{K}_i\boldsymbol{s}_i-\boldsymbol{J}_i^{\mathrm{T}}\boldsymbol{u}_i^{\mathrm{c}}, i=\mathrm{m,s} \tag{8-39}$$

式中，$-\bar{\boldsymbol{Y}}_i(\boldsymbol{q}_i,\dot{\boldsymbol{q}}_i,\boldsymbol{v}_i,\boldsymbol{a}_i)\hat{\boldsymbol{\theta}}_i$ 为基于模型参数的补偿项，$-\boldsymbol{K}_i\boldsymbol{s}_i$ 项的作用是消除关节空间的控制误差，而 $\boldsymbol{u}_i^{\mathrm{c}}$ 则为基于任务空间的同步误差，其作用是同步主从机器人的末端位姿。$\boldsymbol{u}_i^{\mathrm{c}}$ 的表达式如下：

$$\boldsymbol{u}_i^{\mathrm{c}}=\boldsymbol{k}_\sigma\boldsymbol{\sigma}_i+\boldsymbol{K}_{\mathrm{e}}\dot{\boldsymbol{e}}_i, i=\mathrm{m,s} \tag{8-40}$$

式中，$\boldsymbol{k}_\sigma>0$ 为控制增益矩阵；$\boldsymbol{K}_{\mathrm{e}}$ 为正定增益矩阵。

将控制律（8-40）代入动力学模型（8-30），可得系统闭环方程：

$$\begin{cases}\boldsymbol{M}_{\mathrm{m}}\dot{\boldsymbol{s}}_{\mathrm{m}}+\boldsymbol{C}_{\mathrm{m}}\boldsymbol{s}_{\mathrm{m}}+\boldsymbol{D}_{\mathrm{m}}\boldsymbol{s}_{\mathrm{m}}=\bar{\boldsymbol{Y}}_{\mathrm{m}}\tilde{\boldsymbol{\theta}}_{\mathrm{m}}-\boldsymbol{K}_{\mathrm{m}}\boldsymbol{s}_{\mathrm{m}}-\boldsymbol{J}_{\mathrm{m}}^{\mathrm{T}}\boldsymbol{u}_{\mathrm{m}}^{\mathrm{c}}+\boldsymbol{J}_{\mathrm{m}}^{\mathrm{T}}\boldsymbol{F}_{\mathrm{h}}\\ \boldsymbol{M}_{\mathrm{s}}\dot{\boldsymbol{s}}_{\mathrm{s}}+\boldsymbol{C}_{\mathrm{s}}\boldsymbol{s}_{\mathrm{s}}+\boldsymbol{D}_{\mathrm{s}}\boldsymbol{s}_{\mathrm{s}}=\bar{\boldsymbol{Y}}_{\mathrm{s}}\tilde{\boldsymbol{\theta}}_{\mathrm{s}}-\boldsymbol{K}_{\mathrm{s}}\boldsymbol{s}_{\mathrm{s}}-\boldsymbol{J}_{\mathrm{s}}^{\mathrm{T}}\boldsymbol{u}_{\mathrm{s}}^{\mathrm{c}}+\boldsymbol{J}_{\mathrm{s}}^{\mathrm{T}}\boldsymbol{F}_{\mathrm{e}}\end{cases} \tag{8-41}$$

同样，在这里，为了保证参数估计的准确性和收敛速度，自适应律采用如下形式：

$$\begin{cases}\dot{\hat{\boldsymbol{\theta}}}_i(t)=\boldsymbol{\Gamma}^{-1}(t)\left(\bar{\boldsymbol{Y}}_i^{\mathrm{T}}\boldsymbol{s}_i+(\xi_1+\xi_2)\boldsymbol{z}_i+\xi_1\boldsymbol{Y}_i^{\mathrm{T}}\boldsymbol{\epsilon}_i\right), i=\mathrm{m,s}\\ \dot{\boldsymbol{z}}_i(t)=-\eta\boldsymbol{z}_i(t)+\mu\boldsymbol{Y}_i^{\mathrm{T}}\boldsymbol{\epsilon}_i-\boldsymbol{P}_i(t)\dot{\hat{\boldsymbol{\theta}}}_i(t), i=\mathrm{m,s}\end{cases} \tag{8-42}$$

式中，$\boldsymbol{\Gamma}^{-1}(t)$、$\boldsymbol{\epsilon}_i$、$\xi_1$ 以及 $\xi_2$ 的定义已经在前面给出。

## 8.3.2 系统稳定性分析

下面对几种情况下系统的性能进行分析。首先研究自由运动（$\boldsymbol{F}_{\mathrm{h}}=\boldsymbol{F}_{\mathrm{e}}=\boldsymbol{0}$）时遥操作系统的稳定性。在不考虑子任务时，主要分析主、从端机器人在任务空间的同步误差和参数估计误差。那么有以下定理。

**定理 8-3** 对于冗余机器人（8-30）以及半自主双边控制律（8-39）和自适应律（8-42）组成的遥操作系统，若 $\boldsymbol{J}_{\mathrm{m}}$ 满秩，则当 $\boldsymbol{F}_{\mathrm{h}}=\boldsymbol{F}_{\mathrm{e}}=\boldsymbol{0}$ 时，在任务空间的同步误差满足 $\boldsymbol{e}_i,\dot{\boldsymbol{e}}_i\to\boldsymbol{0}$；若系统满足充分激励（7-33），则参数估计误差也收敛到零：$\tilde{\boldsymbol{\theta}}_i\to\boldsymbol{0}$。

**证明：** 定义李雅普诺夫函数 $V_1(t)$：

$$V_1(t)=\frac{1}{2}\sum_{i=\mathrm{m,s}}\left(\boldsymbol{s}_i^{\mathrm{T}}\boldsymbol{M}_i\boldsymbol{s}_i+\tilde{\boldsymbol{\theta}}_i^{\mathrm{T}}\boldsymbol{\Gamma}(t)\tilde{\boldsymbol{\theta}}_i+\lambda\boldsymbol{e}_i^{\mathrm{T}}\boldsymbol{K}_{\mathrm{e}}\boldsymbol{e}_i+\int_{t-\Delta T_i}^{t}\dot{\boldsymbol{x}}_i^{\mathrm{T}}(\sigma)\boldsymbol{K}_{\mathrm{e}}\dot{\boldsymbol{x}}_i(\sigma)\mathrm{d}\sigma\right) \tag{8-43}$$

对李雅普诺夫函数（8-43）关于时间求导，可得：

$$\begin{aligned}\dot{V}_1(t)=\sum_{i=\mathrm{m,s}}\Bigg(&\boldsymbol{s}_i^{\mathrm{T}}\boldsymbol{M}_i\dot{\boldsymbol{s}}_i+\frac{1}{2}\boldsymbol{s}_i^{\mathrm{T}}\dot{\boldsymbol{M}}_i\boldsymbol{s}_i+\tilde{\boldsymbol{\theta}}_i^{\mathrm{T}}\boldsymbol{\Gamma}(t)\dot{\tilde{\boldsymbol{\theta}}}+\frac{1}{2}\tilde{\boldsymbol{\theta}}_i^{\mathrm{T}}\dot{\boldsymbol{\Gamma}}(t)\tilde{\boldsymbol{\theta}}+\lambda\boldsymbol{e}_i^{\mathrm{T}}\boldsymbol{K}_{\mathrm{e}}\dot{\boldsymbol{e}}_i+\\&\frac{1}{2}\dot{\boldsymbol{x}}_i^{\mathrm{T}}(t)\boldsymbol{K}_{\mathrm{e}}\dot{\boldsymbol{x}}_i(t)-\frac{1}{2}\dot{\boldsymbol{x}}_i^{\mathrm{T}}(t-\Delta T_i)\boldsymbol{K}_{\mathrm{e}}\dot{\boldsymbol{x}}_i(t-\Delta T_i)\Bigg)\end{aligned} \tag{8-44}$$

结合系统闭环方程（8-41），并利用性质 3-5，可得到：

$$\dot{V}_1(t)=\sum_{i=\mathrm{m,s}}\left(-\boldsymbol{s}_i^{\mathrm{T}}(\boldsymbol{K}_i+\boldsymbol{D}_i)\boldsymbol{s}_i-\boldsymbol{s}_i^{\mathrm{T}}\boldsymbol{J}_i^{\mathrm{T}}u_i-\tilde{\boldsymbol{\theta}}_i^{\mathrm{T}}[(\xi_1+\xi_2)\boldsymbol{P}_i+\xi_1\boldsymbol{Q}_i]\tilde{\boldsymbol{\theta}}_i-\frac{1}{2}\tilde{\boldsymbol{\theta}}_i^{\mathrm{T}}\dot{\boldsymbol{\Gamma}}(t)\tilde{\boldsymbol{\theta}}_i+\right.$$
$$\left.\lambda\boldsymbol{e}_i^{\mathrm{T}}\boldsymbol{K}_{\mathrm{e}}\dot{\boldsymbol{e}}_i+\frac{1}{2}\dot{\boldsymbol{x}}_i^{\mathrm{T}}(t)\boldsymbol{K}_{\mathrm{e}}\dot{\boldsymbol{x}}_i(t)-\frac{1}{2}\dot{\boldsymbol{x}}_i^{\mathrm{T}}(t-\Delta T_i)\boldsymbol{K}_{\mathrm{e}}\dot{\boldsymbol{x}}_i(t-\Delta T_i)\right) \tag{8-45}$$

由于$\dot{\boldsymbol{\Gamma}}(t)\leqslant\boldsymbol{0}$，结合式（8-31）以及式（8-40），式（8-45）可简化为：

$$\begin{aligned}\dot{V}_1(t)=&\sum_{i=\mathrm{m,s}}\left(-\boldsymbol{s}_i^{\mathrm{T}}(\boldsymbol{K}_i+\boldsymbol{D}_i)\boldsymbol{s}_i-k_\sigma\boldsymbol{\sigma}_i^{\mathrm{T}}\boldsymbol{\sigma}_i-\right.\\&\left.\tilde{\boldsymbol{\theta}}_i^{\mathrm{T}}[(\xi_1+\xi_2)\boldsymbol{P}_i+\xi_1\boldsymbol{Q}_i]\tilde{\boldsymbol{\theta}}+\frac{1}{2}\tilde{\boldsymbol{\theta}}_i^{\mathrm{T}}\dot{\boldsymbol{\Gamma}}(t)\tilde{\boldsymbol{\theta}}_i-\frac{1}{2}\dot{\boldsymbol{e}}_i^{\mathrm{T}}\boldsymbol{K}_{\mathrm{e}}\dot{\boldsymbol{e}}_i\right)\\\leqslant&\sum_{i=\mathrm{m,s}}\left(-\boldsymbol{s}_i^{\mathrm{T}}(\boldsymbol{K}_i+\boldsymbol{D}_i)\boldsymbol{s}_i-k_\sigma\boldsymbol{\sigma}_i^{\mathrm{T}}\boldsymbol{\sigma}_i-\tilde{\boldsymbol{\theta}}_i^{\mathrm{T}}[(\xi_1+\xi_2)\boldsymbol{P}_i+\xi_1\boldsymbol{Q}_i]\tilde{\boldsymbol{\theta}}_i-\frac{1}{2}\dot{\boldsymbol{e}}_i^{\mathrm{T}}\boldsymbol{K}_{\mathrm{e}}\dot{\boldsymbol{e}}_i\right)\end{aligned} \tag{8-46}$$

由于$(\xi_1+\xi_2)\boldsymbol{P}_i+\xi_1\boldsymbol{Q}_i$半正定，因此$\dot{V}_1(t)\leqslant 0$。考虑到$V_1(t)$的正定性，可知$\lim V_1(t)$存在且有界。那么有$\boldsymbol{s}_i,\boldsymbol{\sigma}_i,\dot{\boldsymbol{e}}_i\in\mathcal{L}_2$，且$\boldsymbol{s}_i,\boldsymbol{\theta}_i,\boldsymbol{e}_i\in\mathcal{L}_\infty$。根据式（8-33），可知$\dot{\boldsymbol{q}}_i\in\mathcal{L}_\infty$，那么$\dot{\boldsymbol{e}}_i\in\mathcal{L}_\infty$，同时$\boldsymbol{s}_i\in\mathcal{L}_\infty$也暗示了$\boldsymbol{\sigma}_i\in\mathcal{L}_\infty$。另外也可以推导出$\bar{\boldsymbol{Y}}_i\in\mathcal{L}_\infty$，那么利用系统闭环动力学模型，可得出$\dot{\boldsymbol{s}}_i\in\mathcal{L}_\infty$。

既然$\boldsymbol{s}_i$满足$\boldsymbol{s}_i\in\mathcal{L}_2\cap\mathcal{L}_\infty$且$\dot{\boldsymbol{s}}_i\in\mathcal{L}_\infty$，因此$t\to\infty$时，$|\boldsymbol{s}_i|\to 0$。考虑$\boldsymbol{s}_i$与$\boldsymbol{\sigma}_i$的关系，可知$\boldsymbol{\sigma}_i$也满足$\dot{\boldsymbol{\sigma}}_i\in\mathcal{L}_\infty$，$\lim|\boldsymbol{\sigma}_i|\to 0$。根据式（8-38），可知$\ddot{\boldsymbol{x}}_i\in\mathcal{L}_\infty$，即$\ddot{\boldsymbol{e}}_i\in\mathcal{L}_\infty$，结合$\dot{\boldsymbol{e}}_i\in\mathcal{L}_2$，有$\lim\dot{\boldsymbol{e}}_i\to\boldsymbol{0}$。

下面证明$\dot{\boldsymbol{x}}_i$的收敛性。计算$\boldsymbol{\sigma}_{\mathrm{s}}(t-\Delta T_{\mathrm{s}})-\boldsymbol{\sigma}_{\mathrm{m}}(t)$，可得：

$$\begin{aligned}&\boldsymbol{\sigma}_{\mathrm{s}}(t-\Delta T_{\mathrm{s}})-\boldsymbol{\sigma}_{\mathrm{m}}(t)\\&=\dot{\boldsymbol{x}}_{\mathrm{s}}(t-\Delta T_{\mathrm{s}})-\dot{\boldsymbol{x}}_{\mathrm{m}}(t)+\lambda\left[2\boldsymbol{x}_{\mathrm{s}}(t-\Delta T_{\mathrm{s}})-\boldsymbol{x}_{\mathrm{m}}(t-\Delta T_{\mathrm{s}}-\Delta T_{\mathrm{m}})-\boldsymbol{x}_{\mathrm{m}}(t)\right]\\&=-\boldsymbol{e}_{\mathrm{m}}+\lambda\left[2\boldsymbol{x}_{\mathrm{s}}(t-\Delta T_{s})-\boldsymbol{x}_{\mathrm{m}}(t-\Delta T_{\mathrm{s}}-\Delta T_{\mathrm{m}})-\boldsymbol{x}_{\mathrm{m}}(t)\right]\end{aligned} \tag{8-47}$$

结合$t\to\infty$时$\boldsymbol{\sigma}_i$与$\boldsymbol{e}_i$的性质，可得：

$$\lim_{t\to\infty}[-2\boldsymbol{e}_{\mathrm{m}}(t)]=\lim_{t\to\infty}\left[2\boldsymbol{x}_{\mathrm{s}}(t-\Delta T_{s})-2\boldsymbol{x}_{\mathrm{m}}(t)\right]=\lim_{t\to\infty}\left[\boldsymbol{x}_{\mathrm{m}}(t)-\boldsymbol{x}_{\mathrm{m}}(t-\Delta T_{\mathrm{s}}-\Delta T_{\mathrm{m}})\right] \tag{8-48}$$

考虑$\boldsymbol{e}_{\mathrm{m}}$与$\dot{\boldsymbol{x}}_{\mathrm{m}}$的关系，式（8-48）可简化为：

$$\lim_{t\to\infty}\left[\frac{2}{\lambda}\dot{\boldsymbol{x}}_{\mathrm{m}}(t)\right]=\lim_{t\to\infty}\int_{t-\Delta T_{\mathrm{s}}-\Delta T_{\mathrm{m}}}^{t}\dot{\boldsymbol{x}}_{\mathrm{m}}(\upsilon)\mathrm{d}\upsilon \tag{8-49}$$

由于

$$\lim_{t\to\infty}\left[\dot{\boldsymbol{x}}_{\mathrm{m}}(t)-\dot{\boldsymbol{x}}_{\mathrm{m}}(t-\Delta T_{\mathrm{s}}-\Delta T_{\mathrm{m}})\right]=\boldsymbol{0} \tag{8-50}$$

因此 $\lim_{t\to\infty}\dot{\boldsymbol{x}}_{\mathrm{m}}(t)$ 只能为常数向量，且唯一解为 $\lim_{t\to\infty}\dot{\boldsymbol{x}}_{\mathrm{m}}(t)=\mathbf{0}$ 。

计算 $\boldsymbol{\sigma}_{\mathrm{m}}(t-\Delta T_{\mathrm{m}})-\boldsymbol{\sigma}_{\mathrm{s}}(t)$ ，并按照上述思路，同样可以得出 $t\to\infty$ 时，$\dot{\boldsymbol{x}}_{\mathrm{s}}\to\mathbf{0}$ 。最后由式（8-32）可知，$t\to\infty$ 时，任务空间的误差满足 $\boldsymbol{e}_i\to\mathbf{0}$ 。

若系统满足条件（7-33），则 $(\xi_1+\xi_2)\boldsymbol{P}_i+\xi_1\boldsymbol{Q}_i$ 正定。前面已经证明，当 $t\to\infty$ 时，$\boldsymbol{s}_i$ 、$\boldsymbol{\sigma}_i$ 与 $\dot{\boldsymbol{e}}_i$ 都收敛于零。即，

$$\lim_{t\to\infty}\left[\sum_{i=\mathrm{m,s}}\left(-\boldsymbol{s}_i^{\mathrm{T}}(K_i+D_i)\boldsymbol{s}_i-k_\sigma\boldsymbol{\sigma}_i^{\mathrm{T}}\boldsymbol{\sigma}_i-\tilde{\boldsymbol{\theta}}_i^{\mathrm{T}}((\xi_1+\xi_2)\boldsymbol{P}_i+\xi_1\boldsymbol{Q}_i)\tilde{\boldsymbol{\theta}}_i-\frac{1}{2}\dot{\boldsymbol{e}}_i^{\mathrm{T}}K_{\mathrm{e}}\dot{\boldsymbol{e}}_i\right)\right]$$
$$=-\tilde{\boldsymbol{\theta}}_i^{\mathrm{T}}\left[(\xi_1+\xi_2)\boldsymbol{P}_i+\xi_1\boldsymbol{Q}_i\right]\tilde{\boldsymbol{\theta}}_i<0 \tag{8-51}$$

根据式（8-43）以及式（8-46），可得 $\tilde{\boldsymbol{\theta}}_i$ 随时间渐近收敛于零。定理 8-3 得证。证毕。

下面对约束情况下的遥操作系统稳定性进行分析，考虑到机器人与操作员、环境的作用可能是非无源交互，本节并不对它们进行无源性假设。不失一般性，操作员及环境作用力由下式给出：

$$\begin{cases}\boldsymbol{F}_{\mathrm{h}}=\boldsymbol{K}_{\mathrm{fh}}-k_{\mathrm{h}}\boldsymbol{\sigma}_{\mathrm{m}}\\ \boldsymbol{F}_{\mathrm{e}}=\boldsymbol{K}_{\mathrm{fe}}-k_{\mathrm{e}}\boldsymbol{\sigma}_{\mathrm{s}}\end{cases} \tag{8-52}$$

同时，令系统闭环回路时延的上界为 $\Delta\bar{T}$ ，即 $\Delta T_{\mathrm{m}}+\Delta T_{\mathrm{s}}\leqslant\Delta\bar{T}$ 。那么可以证明双边遥操作系统在任务空间的稳定性。首先列出一条引理：

**引理 8-1**　对于给定的信号 $\boldsymbol{x},\boldsymbol{y}\in\mathbb{R}^n$ ，$\forall T>0$ 及正定矩阵 $\boldsymbol{\Lambda}$ ，以下不等式成立：

$$-2\boldsymbol{x}^{\mathrm{T}}(t)\int_{t-T}^{t}\boldsymbol{y}(\upsilon)\mathrm{d}\upsilon-\int_{t-T}^{t}\boldsymbol{y}^{\mathrm{T}}(\upsilon)\Lambda\boldsymbol{y}(\upsilon)\mathrm{d}\upsilon\leqslant T\boldsymbol{x}^{\mathrm{T}}(t)\boldsymbol{\Lambda}^{-1}\boldsymbol{x}(t) \tag{8-53}$$

**证明：**请参阅文献[8]。

**定理 8-4**　考虑式（8-41）和式（8-52）组成的闭环系统，若系统满足充分激励条件（7-33），且控制参数满足条件：

$$\begin{cases}\lambda\Delta\bar{T}\leqslant 1\\ k_\sigma\geqslant\dfrac{1}{2(1-\lambda\Delta\bar{T})}\end{cases} \tag{8-54}$$

则双边控制系统状态 $[\boldsymbol{s}_i,\boldsymbol{e}_i]^{\mathrm{T}}$ 有界。

**证明：**选定以下李雅普诺夫函数：

$$\begin{aligned}V_2(t)=\frac{1}{2}\sum_{i=\mathrm{m,s}}\Big(&\boldsymbol{s}_i^{\mathrm{T}}\boldsymbol{M}_i\boldsymbol{s}_i+\tilde{\boldsymbol{\theta}}_i^{\mathrm{T}}\boldsymbol{\Gamma}(t)\tilde{\boldsymbol{\theta}}_i+\lambda\boldsymbol{e}_i^{\mathrm{T}}\boldsymbol{K}_{\mathrm{e}}\boldsymbol{e}_i+\\ &\int_{t-\Delta T_i}^{t}\dot{\boldsymbol{x}}_i^{\mathrm{T}}(\upsilon)\big(\boldsymbol{K}_{\mathrm{e}}+2\lambda k_\sigma(\upsilon-t+\Delta T_i)\cdot\boldsymbol{I}\big)\dot{\boldsymbol{x}}_i(\upsilon)\mathrm{d}\upsilon\Big)+\\ &\lambda k_\sigma(\boldsymbol{x}_{\mathrm{m}}-\boldsymbol{x}_{\mathrm{s}})^{\mathrm{T}}(\boldsymbol{x}_{\mathrm{m}}-\boldsymbol{x}_{\mathrm{s}})\end{aligned} \tag{8-55}$$

对其关于时间 $t$ 求导可得：

$$\dot{V}_2(t)=\sum_{i=\mathrm{m,s}}\left[-\boldsymbol{s}_i^{\mathrm{T}}(\boldsymbol{K}_i+\boldsymbol{D}_i)\boldsymbol{s}_i-k_\sigma\boldsymbol{\sigma}_i^{\mathrm{T}}\boldsymbol{\sigma}_i-\frac{1}{2}\dot{\boldsymbol{e}}_i^{\mathrm{T}}\boldsymbol{K}_{\mathrm{e}}\dot{\boldsymbol{e}}_i+\lambda k_\sigma\Delta T_i\dot{\boldsymbol{x}}_i^{\mathrm{T}}(t)\dot{\boldsymbol{x}}_i(t)-\right.$$
$$\left.\lambda k_\sigma\int_{t-\Delta T_i}^{t}\dot{\boldsymbol{x}}_i^{\mathrm{T}}(\upsilon)\dot{\boldsymbol{x}}_i(\upsilon)\mathrm{d}\upsilon+\boldsymbol{s}_i^{\mathrm{T}}\bar{\boldsymbol{Y}}_i\tilde{\boldsymbol{\theta}}_i\right]+ \tag{8-56}$$
$$\boldsymbol{\sigma}_{\mathrm{m}}^{\mathrm{T}}\boldsymbol{F}_{\mathrm{h}}+\boldsymbol{\sigma}_{\mathrm{s}}^{\mathrm{T}}\boldsymbol{F}_{\mathrm{e}}+2\lambda k_\sigma(\boldsymbol{x}_{\mathrm{m}}-\boldsymbol{x}_{\mathrm{s}})^{\mathrm{T}}(\dot{\boldsymbol{x}}_{\mathrm{m}}-\dot{\boldsymbol{x}}_{\mathrm{s}})$$

将式（8-32）代入式（8-56），可得：

$$\dot{V}_2(t)=\sum_{i=\mathrm{m,s}}\left[-\boldsymbol{s}_i^{\mathrm{T}}(\boldsymbol{K}_i+\boldsymbol{D}_i)\boldsymbol{s}_i-k_\sigma\dot{\boldsymbol{x}}_i^{\mathrm{T}}\dot{\boldsymbol{x}}_i-\lambda^2k_\sigma\boldsymbol{e}_i^{\mathrm{T}}\boldsymbol{e}_i-\frac{1}{2}\dot{\boldsymbol{e}}_i^{\mathrm{T}}\boldsymbol{K}_{\mathrm{e}}\dot{\boldsymbol{e}}_i+\boldsymbol{s}_i^{\mathrm{T}}\bar{\boldsymbol{Y}}_i\tilde{\boldsymbol{\theta}}_i\right]-$$
$$2\lambda k_\sigma\dot{\boldsymbol{x}}_{\mathrm{m}}^{\mathrm{T}}\int_{t-\Delta T_{\mathrm{s}}}^{t}\dot{\boldsymbol{x}}_{\mathrm{s}}(\upsilon)\mathrm{d}\upsilon-2\lambda k_\sigma\dot{\boldsymbol{x}}_{\mathrm{s}}^{\mathrm{T}}\int_{t-\Delta T_{\mathrm{m}}}^{t}\dot{\boldsymbol{x}}_{\mathrm{m}}(\upsilon)\mathrm{d}\upsilon+\lambda k_\sigma\Delta T_{\mathrm{m}}\dot{\boldsymbol{x}}_{\mathrm{m}}^{\mathrm{T}}(t)\dot{\boldsymbol{x}}_{\mathrm{m}}(t)-$$
$$\lambda k_\sigma\int_{t-\Delta T_{\mathrm{m}}}^{t}\dot{\boldsymbol{x}}_{\mathrm{m}}^{\mathrm{T}}(\upsilon)\dot{\boldsymbol{x}}_{\mathrm{m}}(\upsilon)\mathrm{d}\upsilon+\lambda k_\sigma\Delta T_{\mathrm{s}}\dot{\boldsymbol{x}}_{\mathrm{s}}^{\mathrm{T}}(t)\dot{\boldsymbol{x}}_{\mathrm{s}}(t)-\lambda k_\sigma\int_{t-\Delta T_{\mathrm{s}}}^{t}\dot{\boldsymbol{x}}_{\mathrm{s}}^{\mathrm{T}}(\upsilon)\dot{\boldsymbol{x}}_{\mathrm{s}}(\upsilon)\mathrm{d}\upsilon+$$
$$\boldsymbol{\sigma}_{\mathrm{m}}^{\mathrm{T}}\boldsymbol{F}_{\mathrm{h}}+\boldsymbol{\sigma}_{\mathrm{s}}^{\mathrm{T}}\boldsymbol{F}_{\mathrm{e}} \tag{8-57}$$

利用引理 8-1，可知 $\dot{V}_2(t)$ 满足不等式：

$$\dot{V}_2(t)\leqslant\sum_{i=\mathrm{m,s}}\left[-\boldsymbol{s}_i^{\mathrm{T}}(K_i+D_i)\boldsymbol{s}_i-k_\sigma\dot{\boldsymbol{x}}_i^{\mathrm{T}}\dot{\boldsymbol{x}}_i-\lambda^2k_\sigma\boldsymbol{e}_i^{\mathrm{T}}\boldsymbol{e}_i-\frac{1}{2}\dot{\boldsymbol{e}}_i^{\mathrm{T}}\boldsymbol{K}_{\mathrm{e}}\dot{\boldsymbol{e}}_i+\boldsymbol{s}_i^{\mathrm{T}}\bar{\boldsymbol{Y}}_i\tilde{\boldsymbol{\theta}}_i\right]+$$
$$\lambda k_\sigma\left(\Delta T_{\mathrm{m}}\dot{\boldsymbol{x}}_{\mathrm{m}}^{\mathrm{T}}(t)\dot{\boldsymbol{x}}_{\mathrm{m}}(t)+\Delta T_{\mathrm{m}}\dot{\boldsymbol{x}}_{\mathrm{s}}^{\mathrm{T}}(t)\dot{\boldsymbol{x}}_{\mathrm{s}}(t)+\Delta T_{\mathrm{s}}\dot{\boldsymbol{x}}_{\mathrm{m}}^{\mathrm{T}}(t)\dot{\boldsymbol{x}}_{\mathrm{m}}(t)+\Delta T_{\mathrm{s}}\dot{\boldsymbol{x}}_{\mathrm{s}}^{\mathrm{T}}(t)\dot{\boldsymbol{x}}_{\mathrm{s}}(t)\right)+$$
$$\boldsymbol{\sigma}_{\mathrm{m}}^{\mathrm{T}}\boldsymbol{F}_{\mathrm{h}}+\boldsymbol{\sigma}_{\mathrm{s}}^{\mathrm{T}}\boldsymbol{F}_{\mathrm{e}} \tag{8-58}$$

根据式（8-52）并利用柯西不等式，可知：

$$\dot{V}_2(t)\leqslant\sum_{i=\mathrm{m,s}}\left[-\boldsymbol{s}_i^{\mathrm{T}}(\boldsymbol{K}_i+\boldsymbol{D}_i)\boldsymbol{s}_i-k_\sigma\dot{\boldsymbol{x}}_i^{\mathrm{T}}\dot{x}_i-\lambda^2k_\sigma\boldsymbol{e}_i^{\mathrm{T}}\boldsymbol{e}_i-\frac{1}{2}\dot{\boldsymbol{e}}_i^{\mathrm{T}}\boldsymbol{K}_{\mathrm{e}}\dot{\boldsymbol{e}}_i+\boldsymbol{s}_i^{\mathrm{T}}\bar{\boldsymbol{Y}}_i\tilde{\boldsymbol{\theta}}_i\right]+$$
$$\lambda k_\sigma\left[\Delta T_{\mathrm{m}}\dot{\boldsymbol{x}}_{\mathrm{m}}^{\mathrm{T}}(t)\dot{\boldsymbol{x}}_{\mathrm{m}}(t)+\Delta T_{\mathrm{m}}\dot{\boldsymbol{x}}_{\mathrm{s}}^{\mathrm{T}}(t)\dot{\boldsymbol{x}}_{\mathrm{s}}(t)+\Delta T_{\mathrm{s}}\dot{\boldsymbol{x}}_{\mathrm{m}}^{\mathrm{T}}(t)\dot{\boldsymbol{x}}_{\mathrm{m}}(t)+\Delta T_{\mathrm{s}}\dot{\boldsymbol{x}}_{\mathrm{s}}^{\mathrm{T}}(t)\dot{\boldsymbol{x}}_{\mathrm{s}}(t)\right]+$$
$$\boldsymbol{\sigma}_{\mathrm{m}}^{\mathrm{T}}\boldsymbol{K}_{\mathrm{fh}}-k_{\mathrm{h}}\boldsymbol{\sigma}_{\mathrm{m}}^{\mathrm{T}}\boldsymbol{\sigma}_{\mathrm{m}}+\boldsymbol{\sigma}_{\mathrm{s}}^{\mathrm{T}}\boldsymbol{K}_{\mathrm{fe}}-k_{\mathrm{e}}\boldsymbol{\sigma}_{\mathrm{s}}^{\mathrm{T}}\boldsymbol{\sigma}_{\mathrm{s}}$$
$$\leqslant\sum_{i=\mathrm{m,s}}\left[-\boldsymbol{s}_i^{\mathrm{T}}(\boldsymbol{K}_i+\boldsymbol{D}_i)\boldsymbol{s}_i-(k_\sigma-\frac{1}{2}-\lambda k_\sigma(\Delta T_{\mathrm{m}}+\Delta T_{\mathrm{s}}))\dot{\boldsymbol{x}}_i^{\mathrm{T}}\dot{\boldsymbol{x}}_i-\right.$$
$$\left.\lambda^2(k_\sigma-\frac{1}{2})\boldsymbol{e}_i^{\mathrm{T}}\boldsymbol{e}_i-\frac{1}{2}\dot{\boldsymbol{e}}_i^{\mathrm{T}}\boldsymbol{K}_{\mathrm{e}}\dot{\boldsymbol{e}}_i+\boldsymbol{s}_i^{\mathrm{T}}\bar{\boldsymbol{Y}}_i\tilde{\boldsymbol{\theta}}_i\right]+\boldsymbol{K}_{\mathrm{fh}}^{\mathrm{T}}\boldsymbol{K}_{\mathrm{fh}}+\boldsymbol{K}_{\mathrm{fe}}^{\mathrm{T}}\boldsymbol{K}_{\mathrm{fe}}-k_{\mathrm{h}}\boldsymbol{\sigma}_{\mathrm{m}}^{\mathrm{T}}\boldsymbol{\sigma}_{\mathrm{m}}-k_{\mathrm{e}}\boldsymbol{\sigma}_{\mathrm{s}}^{\mathrm{T}}\boldsymbol{\sigma}_{\mathrm{s}} \tag{8-59}$$

考虑到系统满足条件（7-33），则 $\tilde{\boldsymbol{\theta}}$ 指数收敛于零（定理 7-2）。那么当式（8-54）满足时，通过式（8-59）可进一步推导出：

$$\dot{V}_2(t) \leqslant \sum_{i=\mathrm{m,s}} \left[ -\boldsymbol{s}_i^{\mathrm{T}}(\boldsymbol{K}_i + \boldsymbol{D}_i)\boldsymbol{s}_i - \lambda^2 (k_\sigma - \frac{1}{2})\boldsymbol{e}_i^{\mathrm{T}}\boldsymbol{e}_i \right] + K_{\mathrm{fh}}^{\mathrm{T}}K_{\mathrm{fh}} + K_{\mathrm{fe}}^{\mathrm{T}}K_{\mathrm{fe}} \tag{8-60}$$

定义 $k_{\min}$ 为：

$$k_{\min} = \min\left\{ \lambda_{\min}(\boldsymbol{K}_i + \boldsymbol{D}_i), \lambda^2 (k_\sigma - \frac{1}{2}) \right\} \tag{8-61}$$

令系统状态 $\boldsymbol{\rho} = [\boldsymbol{s}_i, \boldsymbol{e}_i]^{\mathrm{T}}$，则 $\dot{V}_2(t)$ 满足：

$$\begin{aligned} \dot{V}_2 &\leqslant -k_{\min}(1-\beta)\|\boldsymbol{\rho}\|^2 - k_{\min}\beta\|\boldsymbol{\rho}\|^2 + \boldsymbol{K}_{\mathrm{fh}}^{\mathrm{T}}\boldsymbol{K}_{\mathrm{fh}} + \boldsymbol{K}_{\mathrm{fe}}^{\mathrm{T}}\boldsymbol{K}_{\mathrm{fe}} \\ &\leqslant -k_{\min}(1-\beta)\|\boldsymbol{\rho}\|^2, \forall \|\boldsymbol{\rho}\| \geqslant \sqrt{\frac{\boldsymbol{K}_{\mathrm{fh}}^{\mathrm{T}}\boldsymbol{K}_{\mathrm{fh}} + \boldsymbol{K}_{\mathrm{fe}}^{\mathrm{T}}\boldsymbol{K}_{\mathrm{fe}}}{k_{\min}\beta}} \end{aligned} \tag{8-62}$$

式中，$\beta \in (0,1)$。由于 $\boldsymbol{K}_{\mathrm{fh}}$、$\boldsymbol{K}_{\mathrm{fe}}$ 有界，且存在 $\boldsymbol{\rho}$ 的下界，使 $\dot{V}_2 < 0$，因此系统状态 $[\boldsymbol{s}_i, \boldsymbol{e}_i]^{\mathrm{T}}$ 的轨迹有界。

证毕。

下面分析冗余从端自运动（子任务）的误差及稳定性。在从端机器人雅可比矩阵的 $n-m$ 维零空间内，其关节运动不会对任务空间的位姿造成影响。定义子任务的跟踪误差为：

$$\boldsymbol{e}_{\mathrm{sub}} = (\boldsymbol{I}_n - \boldsymbol{J}_{\mathrm{s}}^{+}\boldsymbol{J}_{\mathrm{s}})(\dot{\boldsymbol{q}}_{\mathrm{s}} - \partial \boldsymbol{\Upsilon}_{\mathrm{s}} / \partial \boldsymbol{q}_{\mathrm{s}}) \tag{8-63}$$

式（8-34）左乘 $(\boldsymbol{I}_n - \boldsymbol{J}_{\mathrm{s}}^{+}\boldsymbol{J}_{\mathrm{s}})$，可得

$$\begin{aligned} (\boldsymbol{I}_n - \boldsymbol{J}_{\mathrm{s}}^{+}\boldsymbol{J}_{\mathrm{s}})\boldsymbol{s}_{\mathrm{s}} &= (\boldsymbol{I}_n - \boldsymbol{J}_{\mathrm{s}}^{+}\boldsymbol{J}_{\mathrm{s}})\left[ \dot{\boldsymbol{q}}_{\mathrm{s}} + \boldsymbol{J}_{\mathrm{s}}^{+}\lambda\boldsymbol{e}_{\mathrm{s}} - (\boldsymbol{I}_n - \boldsymbol{J}_{\mathrm{s}}^{+}\boldsymbol{J}_{\mathrm{s}})(\partial \boldsymbol{\Upsilon}_{\mathrm{s}} / \partial \boldsymbol{q}_{\mathrm{s}}) \right] \\ &= (\boldsymbol{I}_n - \boldsymbol{J}_{\mathrm{s}}^{+}\boldsymbol{J}_{\mathrm{s}})(\dot{\boldsymbol{q}}_{\mathrm{s}} - \partial \boldsymbol{\Upsilon}_{\mathrm{s}} / \partial \boldsymbol{q}_{\mathrm{s}}) = \boldsymbol{e}_{\mathrm{sub}} \end{aligned} \tag{8-64}$$

由于 $\boldsymbol{I}_n - \boldsymbol{J}_{\mathrm{s}}^{+}\boldsymbol{J}_{\mathrm{s}}$ 的有界性，因此当 $\boldsymbol{s}_{\mathrm{s}} \to \boldsymbol{0}$ 时，有 $\boldsymbol{e}_{\mathrm{sub}} \to \boldsymbol{0}$；同样，当 $\boldsymbol{s}_{\mathrm{s}}$ 有界时，也能保证 $\boldsymbol{e}_{\mathrm{sub}}$ 的有界性。结合定理 8-2 与定理 8-3，可证明从端冗余机器人自运动空间的稳定性。

### 8.3.3 子任务半自主控制方法

通过设置任务的代价函数 $\Upsilon_{\mathrm{s}}$（本书代价函数设置成为一个标量函数），可以控制从端在自运动空间内自主完成子任务。在冗余机器人的双边控制中，常见的子任务包括奇异点规避、关节限制、障碍物规避等[1]。

（1）奇异点规避

从端机器人处于奇异构型时，将损失某些自由度，其操作性也随之降低，因此在控制过程中，需要尽量远离奇异构型。速度雅可比矩阵可以反映构型的奇异性，其范数越小，则离奇异点越近。因此可以取任务的代价函数 $\Upsilon_{\mathrm{s}}$ 为[9]：

$$\Upsilon_{\mathrm{s}} = -\left| \boldsymbol{J}_{\mathrm{s}}\boldsymbol{J}_{\mathrm{s}}^{\mathrm{T}} \right| \tag{8-65}$$

在零空间中，使代价函数$\Upsilon_s$减小的方向即为$\boldsymbol{q}_s$的优化方向。

（2）关节限制

机构设计、工作环境等多个因素会对从端机器人的关节角活动范围产生限制。为了使各关节角不超限，可以将任务的代价函数$\Upsilon_s$取为：

$$\Upsilon_s = -\prod_{i=1}^{n}\left[\left(1-\frac{q_{si}}{q_{si}^{\max}}\right)\left(\frac{q_{si}}{q_{si}^{\min}}-1\right)\right] \tag{8-66}$$

式中，$q_{si}$表示第$i$个关节角的角度；$q_{si}^{\max}$与$q_{si}^{\min}$分别表示第$i$个关节角的最大与最小角度限制。

（3）碰撞规避

在非结构化或未知环境中，从端机器人工作时的一个重要任务就是规避可能的碰撞风险。作为一种路径规划技术，这方面的研究成果较多。然而，大多数碰撞规避算法都需要巨大的计算量，并不适合进行实时的在线规划。

考虑到操作员运动路径的随意性，为了减小计算量，在遥操作时进行实时的碰撞规避控制，这里可以采用一种基于有限点的碰撞检测与代价函数[1]：

$$\Upsilon_s = \left(\min\left\{0, \frac{\|\boldsymbol{x}_{sk}-\boldsymbol{x}_0\|^2 - R^2}{\|\boldsymbol{x}_{sk}-\boldsymbol{x}_0\|^2 - r^2}\right\}\right)^2 \tag{8-67}$$

式中，$\boldsymbol{x}_0$为障碍中心点；$\boldsymbol{x}_{sk}$为机械臂连杆上的第$k$个检测点；$r$、$R$为安全距离，当$\boldsymbol{x}_{sk}$与$\boldsymbol{x}_0$的距离处于区间$\left[r, R\right]$时，碰撞规避算法产生控制作用。

（4）非结构化障碍规避

需要注意的是，代价函数（8-67）需要准确的环境与障碍物信息。同时，采用有限个点进行检测虽然能减小计算量，但无法完全避免碰撞风险。因此式（8-67）适用于在已知环境中进行遥操作的情况。

在未知环境中进行遥操作时，无法提前获知障碍的信息，可能与障碍物发生碰撞。那么此时的算法就应该侧重于减小从端机器人与未知障碍间的接触力。可以取代价函数$\Upsilon_s$为：

$$\Upsilon_s = \boldsymbol{\tau}_s^{\mathrm{T}}\boldsymbol{\tau}_s \tag{8-68}$$

式中，$\boldsymbol{\tau}_s$是从端机器人的关节驱动力矩。注意到，仅根据式（8-68）无法求得$\partial\Upsilon_s/\partial\boldsymbol{q}_s$，因此在实际应用中需要对其进行改进。作为控制力矩，可以认为$\boldsymbol{\tau}_s$满足$\boldsymbol{\tau}_s \propto (\boldsymbol{q}_s^{\mathrm{d}}-\boldsymbol{q}_s)$，则$\Upsilon_s$可以改写为：

$$\Upsilon_s = \frac{1}{2}(\boldsymbol{q}_s^{\mathrm{d}}-\boldsymbol{q}_s)^{\mathrm{T}}(\boldsymbol{q}_s^{\mathrm{d}}-\boldsymbol{q}_s) \tag{8-69}$$

注意到，在式（8-68）中，$\Upsilon_s$是关于$\boldsymbol{q}_s^{\mathrm{d}}$与$\boldsymbol{q}_s$的代价函数，为了减小与未知

障碍之间的接触力，需要在自运动空间内调整 $\boldsymbol{q}_{\mathrm{s}}^{\mathrm{d}}$。重新定义辅助变量 $\boldsymbol{s}_{\mathrm{s}}$ 为：

$$\boldsymbol{s}_{\mathrm{s}}=\dot{\boldsymbol{q}}_{\mathrm{s}}+\boldsymbol{J}_{\mathrm{s}}^{+}\lambda\boldsymbol{e}_{\mathrm{s}}+(\boldsymbol{I}_{n}-\boldsymbol{J}_{\mathrm{s}}^{+}\boldsymbol{J}_{\mathrm{s}})\left(-k_{1}\frac{\partial\Upsilon_{\mathrm{s}}}{\partial\boldsymbol{q}_{\mathrm{s}}^{\mathrm{d}}}-k_{2}\frac{\partial\Upsilon_{\mathrm{s}}}{\partial\boldsymbol{q}_{\mathrm{s}}^{\mathrm{d}}}^{\mathrm{T}}\frac{\partial\Upsilon_{\mathrm{s}}}{\partial\boldsymbol{q}_{\mathrm{s}}^{\mathrm{d}}}(\dot{\boldsymbol{q}}_{\mathrm{s}}+\boldsymbol{J}_{\mathrm{s}}^{+}\lambda\boldsymbol{e}_{\mathrm{s}})\right) \tag{8-70}$$

式中，$k_1>0$，决定了代价函数的寻优步长；$k_2=\left\|(\partial\Upsilon_{\mathrm{s}}/\partial\boldsymbol{q}_{\mathrm{s}}^{\mathrm{d}})(I-\boldsymbol{J}_{\mathrm{s}}^{+}\boldsymbol{J}_{\mathrm{s}})\right\|^{-2}$。由于

$$\begin{aligned}
\frac{\partial\Upsilon_{\mathrm{s}}}{\partial\boldsymbol{q}_{\mathrm{s}}^{\mathrm{d}}}\dot{\boldsymbol{q}}_{\mathrm{s}}^{\mathrm{d}}&=\frac{\partial\Upsilon_{\mathrm{s}}}{\partial\boldsymbol{q}_{\mathrm{s}}^{\mathrm{d}}}\boldsymbol{s}_{\mathrm{s}}\\
&=\frac{\partial\Upsilon_{\mathrm{s}}}{\partial\boldsymbol{q}_{\mathrm{s}}^{\mathrm{d}}}\left\{\dot{\boldsymbol{q}}_{\mathrm{s}}+\boldsymbol{J}_{\mathrm{s}}^{+}\lambda\boldsymbol{e}_{\mathrm{s}}+(\boldsymbol{I}_{n}-\boldsymbol{J}_{\mathrm{s}}^{+}\boldsymbol{J}_{\mathrm{s}})\left(-k_{1}\frac{\partial\Upsilon_{\mathrm{s}}}{\partial\boldsymbol{q}_{\mathrm{s}}^{\mathrm{d}}}-k_{2}\frac{\partial\Upsilon_{\mathrm{s}}}{\partial\boldsymbol{q}_{\mathrm{s}}^{\mathrm{d}}}^{\mathrm{T}}\frac{\partial\Upsilon_{\mathrm{s}}}{\partial\boldsymbol{q}_{\mathrm{s}}^{\mathrm{d}}}(\dot{\boldsymbol{q}}_{\mathrm{s}}+\boldsymbol{J}_{\mathrm{s}}^{+}\lambda\boldsymbol{e}_{\mathrm{s}})\right)\right\}\\
&=-k_{1}\frac{\partial\Upsilon_{\mathrm{s}}}{\partial\boldsymbol{q}_{\mathrm{s}}^{\mathrm{d}}}(\boldsymbol{I}_{n}-\boldsymbol{J}_{\mathrm{s}}^{+}\boldsymbol{J}_{\mathrm{s}})\frac{\partial\Upsilon_{\mathrm{s}}}{\partial\boldsymbol{q}_{\mathrm{s}}^{\mathrm{d}}}^{\mathrm{T}}\\
&=-k_{1}\frac{\partial\Upsilon_{\mathrm{s}}}{\partial\boldsymbol{q}_{\mathrm{s}}^{\mathrm{d}}}(\boldsymbol{I}_{n}-\boldsymbol{J}_{\mathrm{s}}^{+}\boldsymbol{J}_{\mathrm{s}})(\boldsymbol{I}_{n}-\boldsymbol{J}_{\mathrm{s}}^{+}\boldsymbol{J}_{\mathrm{s}})^{\mathrm{T}}\frac{\partial\Upsilon_{\mathrm{s}}}{\partial\boldsymbol{q}_{\mathrm{s}}^{\mathrm{d}}}^{\mathrm{T}}\\
&\leqslant 0
\end{aligned} \tag{8-71}$$

因此，当 $(\partial\Upsilon_{\mathrm{s}}/\partial\boldsymbol{q}_{\mathrm{s}}^{\mathrm{d}})(\boldsymbol{I}-\boldsymbol{J}_{\mathrm{s}}^{+}\boldsymbol{J}_{\mathrm{s}})\neq\boldsymbol{0}$ 时，$\boldsymbol{s}_{\mathrm{s}}$ 能减小 $\Upsilon_{\mathrm{s}}$，即冗余机器人在零空间中通过自运动达到了对非结构化障碍的顺应。

（5）力矩优化

从端机器人进行接触作业时，需要对其末端采取力控或柔顺控制。在很多应用中，要求实现指定的压力 $\boldsymbol{F}_{\mathrm{e}}^{\mathrm{d}}$。在这种任务中，冗余机器人的各关节会对力矩进行分配，使总力矩最优（最小）。为了产生关于 $\boldsymbol{q}_{\mathrm{s}}$ 的梯度，考虑末端力与关节力矩之间的映射关系：$\boldsymbol{\tau}_{\mathrm{s}}=\boldsymbol{J}_{\mathrm{s}}^{\mathrm{T}}\boldsymbol{F}_{\mathrm{e}}$，取 $\Upsilon_{\mathrm{s}}$ 为：

$$\Upsilon_{\mathrm{s}}=\boldsymbol{F}_{\mathrm{e}}^{\mathrm{T}}\boldsymbol{J}_{\mathrm{s}}\boldsymbol{J}_{\mathrm{s}}^{\mathrm{T}}\boldsymbol{F}_{\mathrm{e}} \tag{8-72}$$

则 $\Upsilon_{\mathrm{s}}$ 关于 $\boldsymbol{q}_{\mathrm{s}}$ 的梯度为：

$$\frac{\partial\Upsilon_{\mathrm{s}}}{\partial\boldsymbol{q}_{\mathrm{s}}}=2\boldsymbol{F}_{\mathrm{e}}^{\mathrm{T}}\boldsymbol{J}_{\mathrm{s}}\frac{\partial\boldsymbol{J}_{\mathrm{s}}^{\mathrm{T}}}{\partial\boldsymbol{q}_{\mathrm{s}}}\boldsymbol{F}_{\mathrm{e}} \tag{8-73}$$

需要说明的是，力矩优化的子任务针对的为从端与对象发生接触且实现期望压力的情况，此时从端机器人的关节角速度和加速度一般较低，或满足力的准静稳态条件，因此根据作用力与反作用力的关系，关节的驱动力主要与 $\boldsymbol{F}_{\mathrm{e}}$ 相关。

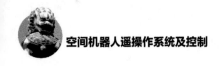

# |8.4 仿真分析|

本节对 8.3 节所提的冗余从端半自主式遥操作方法进行仿真验证。采用平面两连杆的主端机器人，平面三连杆作为从端机器人。仅进行平面跟踪时，从端具有 1 个冗余自由度。

主端机器人与从端机器人的参数如表 8-1 及表 8-2 所示。

**表 8-1 主端机器人参数**

| 主端机器人 | 符号 | 值 | 单位 |
|---|---|---|---|
| 杆 1 长 | $l_1^{\mathrm{m}}$ | 0.4 | m |
| 杆 2 长 | $l_2^{\mathrm{m}}$ | 0.3 | m |
| 杆 1 质量 | $m_1^{\mathrm{m}}$ | 1 | kg |
| 杆 2 质量 | $m_2^{\mathrm{m}}$ | 0.8 | kg |
| 杆 1 质心位置 | $r_1^{\mathrm{m}}$ | 0.2 | m |
| 杆 2 质心位置 | $r_2^{\mathrm{m}}$ | 0.15 | m |
| 偏置角 | $\delta_{\mathrm{e}}^{\mathrm{m}}$ | 0 | ° |
| 初始构型 | $q_0^{\mathrm{m}}$ | [0, −90] | ° |

**表 8-2 从端机器人参数**

| 从端机器人 | 符号 | 值 | 单位 |
|---|---|---|---|
| 杆 1 长 | $l_1$ | 0.2 | m |
| 杆 2 长 | $l_2$ | 0.3 | m |
| 杆 3 长 | $l_3$ | 0.2 | m |
| 杆 1 质量 | $m_1$ | 0.2 | kg |
| 杆 2 质量 | $m_2$ | 0.3 | kg |
| 杆 3 质量 | $m_3$ | 0.3 | kg |
| 杆 1 质心位置 | $r_1$ | 0.1 | m |

续表

| 从端机器人 | 符号 | 值 | 单位 |
|---|---|---|---|
| 杆 2 质心位置 | $r_2$ | 0.15 | m |
| 杆 3 质心位置 | $r_3$ | 0.1 | m |
| 偏置角 | $\delta_e$ | 0 | ° |
| 初始关节角 | $q_0^s$ | [0, -90, 90] | ° |

主端是平面两连杆，第 5 章已经给出了其动力学模型，这里不再赘述。从端平面三连杆的动力学模型可以由拉格朗日方程推导得出，本节略去复杂的推导过程，仅给出结论。

令从端机器人的关节角为 $\left[q_1, q_2, q_3\right]^{\mathrm{T}}$，且令：

$$\begin{cases} s_2 = \sin q_2, c_2 = \cos q_2 \\ s_3 = \sin q_3, c_3 = \cos q_3 \\ s_{23} = \sin(q_2 + q_3), c_{23} = \cos(q_2 + q_3) \end{cases} \tag{8-74}$$

在平面三连杆的动力学模型中，质量矩阵为：

$$\boldsymbol{M} = \begin{bmatrix} m_{11} & m_{12} & m_{13} \\ m_{21} & m_{22} & m_{23} \\ m_{31} & m_{32} & m_{33} \end{bmatrix} \tag{8-75}$$

式中，

$$\begin{cases} m_{11} = m_1 r_1^2 + m_2(l_1^2 + r_2^2 + 2l_1 r_2 c_2) + m_3(l_1^2 + l_2^2 + r_3^2 + 2l_1 l_2 c_2 + 2l_2 r_3 c_3 + 2l_1 r_3 c_{23}) \\ m_{12} = m_{21} = m_2(l_1 r_2 c_2 + r_2^2) + m_3(l_2^2 + r_3^2 + l_1 l_2 c_2 + 2l_2 r_3 c_3 + l_1 r_3 c_{23}) \\ m_{13} = m_{31} = m_3(l_2 r_3 c_3 + l_1 r_3 c_{23} + r_3^2) \\ m_{22} = m_2 r_2^2 + m_3(l_2^2 + r_3^2 + 2l_2 r_3 c_3) \\ m_{23} = m_{32} = m_3(r_3^2 + l_2 r_3 c_3) \\ m_{33} = m_3 r_3^2 \end{cases} \tag{8-76}$$

令待辨识的参数 $\boldsymbol{\theta} = \begin{bmatrix} \theta_1 & \theta_2 & \theta_3 & \theta_4 & \theta_5 & \theta_6 & \theta_7 \end{bmatrix}^{\mathrm{T}}$，具体为：

$$\begin{cases} \theta_1 = m_1 r_1^2 + m_2 l_1^2 + m_3 l_1^2,\ \theta_2 = m_2 r_1^2 + m_3 l_2^2 \\ \theta_3 = m_3 r_3^2,\ \theta_4 = m_2 l_1 r_2,\ \theta_5 = m_3 l_1 l_2 \\ \theta_6 = m_3 l_1 r_3,\ \theta_7 = m_3 l_2 r_3 \end{cases} \tag{8-77}$$

那么 $\boldsymbol{C}(\boldsymbol{q}, \dot{\boldsymbol{q}})\dot{\boldsymbol{q}} = \begin{bmatrix} \varDelta_1 & \varDelta_2 & \varDelta_3 \end{bmatrix}^{\mathrm{T}}$，其中

$$
\begin{cases}
\varDelta_1 = -\theta_4 s_2(2\dot{q}_1\dot{q}_2+\dot{q}_2^2)-\theta_5 s_2(2\dot{q}_1\dot{q}_2+\dot{q}_2^2)- \\
\qquad \theta_6 s_{23}(2\dot{q}_1\dot{q}_2+2\dot{q}_1\dot{q}_3+2\dot{q}_2\dot{q}_3+\dot{q}_2^2+\dot{q}_3^2)-\theta_7 s_3(2\dot{q}_1\dot{q}_3+2\dot{q}_2\dot{q}_3+\dot{q}_3^2) \\
\varDelta_2 = \theta_4 s_2\dot{q}_1^2+\theta_5 s_2\dot{q}_1^2+\theta_6 s_{23}\dot{q}_1^2+\theta_7 s_3(-2\dot{q}_1\dot{q}_3-2\dot{q}_2\dot{q}_3-\dot{q}_3^2) \\
\varDelta_3 = \theta_6 s_{23}\dot{q}_1^2+\theta_7 s_3(\dot{q}_1^2+\dot{q}_2^2+2\dot{q}_1\dot{q}_2)
\end{cases}
\tag{8-78}
$$

由 $\boldsymbol{\tau}=\boldsymbol{Y}(\boldsymbol{q},\dot{\boldsymbol{q}},\ddot{\boldsymbol{q}})\boldsymbol{\theta}$ ，并结合式（8-76）与式（8-78），就可以得出回归矩阵 $\boldsymbol{Y}(\boldsymbol{q},\dot{\boldsymbol{q}},\ddot{\boldsymbol{q}})=\begin{bmatrix}\boldsymbol{Y}_1 & \boldsymbol{Y}_2 & \boldsymbol{Y}_3\end{bmatrix}^{\mathrm{T}}$ 的表达式为：

$$
\boldsymbol{Y}_1=\begin{bmatrix}
\ddot{q}_1 \\
\ddot{q}_1+\ddot{q}_2 \\
\ddot{q}_1+\ddot{q}_2+\ddot{q}_3 \\
c_2(2\ddot{q}_1+\ddot{q}_2)-s_2(2\dot{q}_1\dot{q}_2+\dot{q}_2^2) \\
c_2(2\ddot{q}_1+\ddot{q}_2)-s_2(2\dot{q}_1\dot{q}_2+\dot{q}_2^2) \\
c_{23}(2\ddot{q}_1+\ddot{q}_2+\ddot{q}_3)-s_{23}(2\dot{q}_1\dot{q}_2+2\dot{q}_1\dot{q}_3+2\dot{q}_2\dot{q}_3+\dot{q}_2^2+\dot{q}_3^2) \\
c_3(2\ddot{q}_1+2\ddot{q}_2+\ddot{q}_3)-s_3(2\dot{q}_1\dot{q}_3+2\dot{q}_2\dot{q}_3+\dot{q}_3^2)
\end{bmatrix}^{\mathrm{T}}
\tag{8-79}
$$

$$
\boldsymbol{Y}_2=\begin{bmatrix}
0 \\
\ddot{q}_1+\ddot{q}_2 \\
\ddot{q}_1+\ddot{q}_2+\ddot{q}_3 \\
c_2\ddot{q}_1+s_2\dot{q}_2^2 \\
c_2\ddot{q}_1+s_2\dot{q}_2^2 \\
c_{23}\ddot{q}_1+s_{23}\dot{q}_1^2 \\
c_3(2\ddot{q}_1+2\ddot{q}_2+\ddot{q}_3)-s_3(2\dot{q}_2\dot{q}_3+2\dot{q}_1\dot{q}_3+\dot{q}_3^2)
\end{bmatrix}^{\mathrm{T}}
\tag{8-80}
$$

$$
\boldsymbol{Y}_3=\begin{bmatrix}
0 \\
0 \\
\ddot{q}_1+\ddot{q}_2+\ddot{q}_3 \\
0 \\
0 \\
c_{23}\ddot{q}_1+s_{23}\dot{q}_1^2 \\
c_3(\ddot{q}_1+\ddot{q}_2)+s_3(\dot{q}_1^2+\dot{q}_2^2+2\dot{q}_1\dot{q}_3)
\end{bmatrix}^{\mathrm{T}}
\tag{8-81}
$$

在仿真的初始状态，主、从端机器人在任务空间的坐标均为（0.4 m, –0.3 m）。为了模拟从端非结构化环境的特点，在其任务空间添加障碍点和挡板等作为未知约束，从端机器人利用自身的冗余性来适应非结构化约束并实现对主端的跟随。两个障碍点 $p_1$ 、 $p_2$ 的坐标分别为 (0.15 m, –0.03 m) 与 (0.45 m, –0.2 m) ，挡板的两端点 $a$ 、 $b$ 坐标分别为 (0.4 m, –0.15 m) 与 (0.9 m, –0.15 m) ，从端机器人的初始状

态如图 8-9 所示。

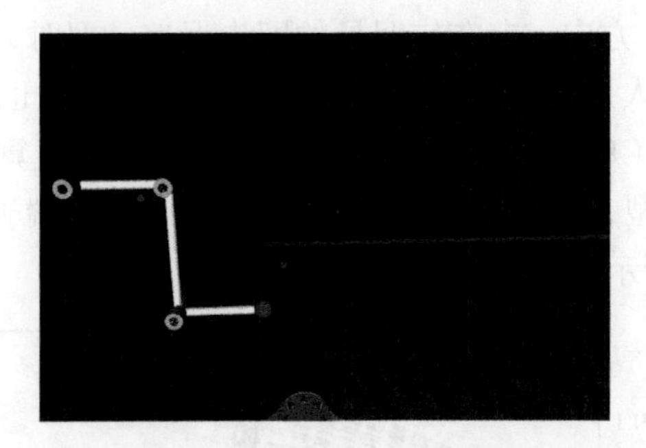

图 8-9　从端机器人初始状态

仿真开始后，操作员首先操纵主端沿着+$y$ 方向运动，从端在任务空间进行跟随。当从端机器人与挡板发生接触后，主端的操作员感受到了环境（挡板）的反馈力，引导从端机器人沿着挡板运动。

仿真过程中，从端机器人在任务空间的跟踪误差如图 8-10 和图 8-11 所示。

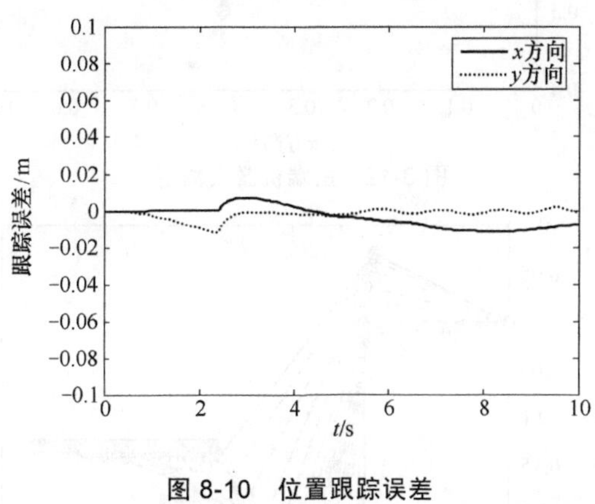


图 8-10　位置跟踪误差

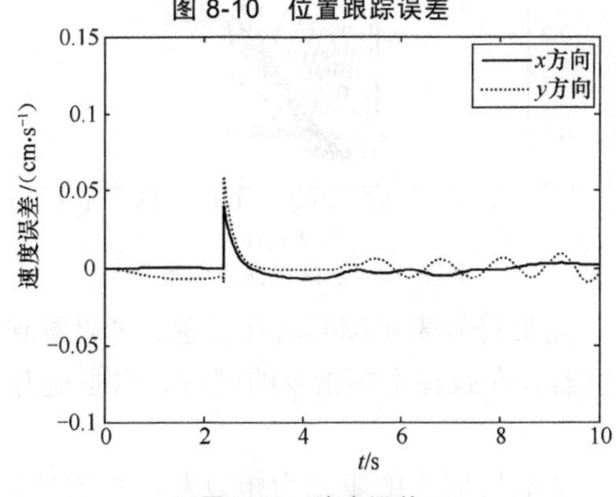


图 8-11　速度误差

从图 8-10 和图 8-11 所示可以看出，当从端机器人的运动受到挡板限制后，在运动受限方向（$y$ 方向）存在较明显的同步误差。同时，主、从端机器人同步误差在从端机器人连杆与障碍物发生接触的初始时刻也会有较为明显的增加；但随后利用式（8-69）、式（8-70）的自主障碍规避算法，从端机器人能通过自运动调整臂型，实现对未知障碍的规避。主、从端机器人的构型变化如图 8-12 和图 8-13 所示。

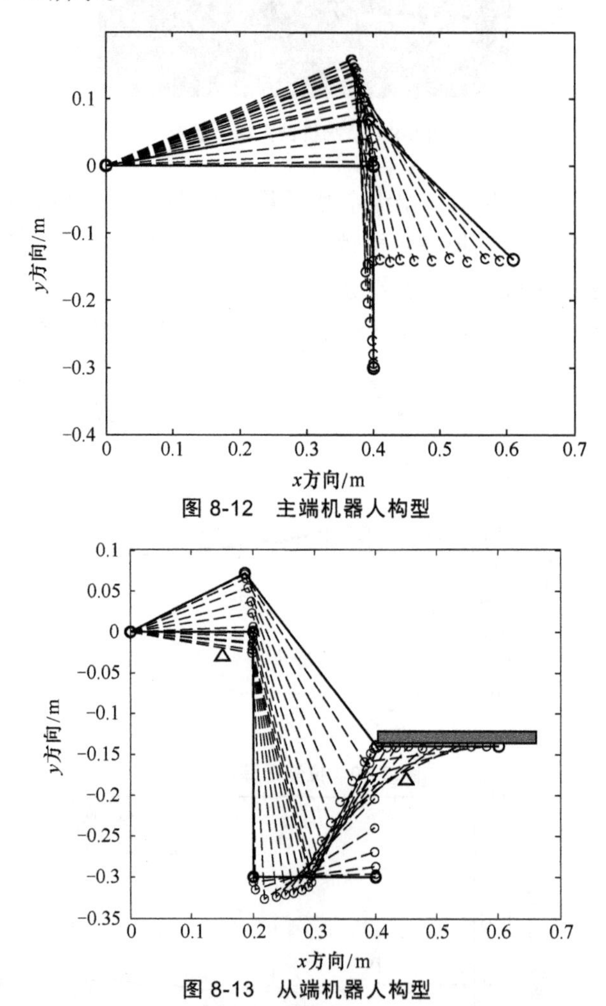


图 8-12　主端机器人构型

图 8-13　从端机器人构型

在图 8-13 中，三角形符号表示障碍所在位置，可以看到，在这种遥操作方式下，冗余的从端机器人在跟踪主端指令的同时，自主避开了未知障碍，保证了操作的安全性。

在操作过程中，从端机器人的驱动力矩以及参数自适应轨迹如图 8-14 和

图 8-15 所示。

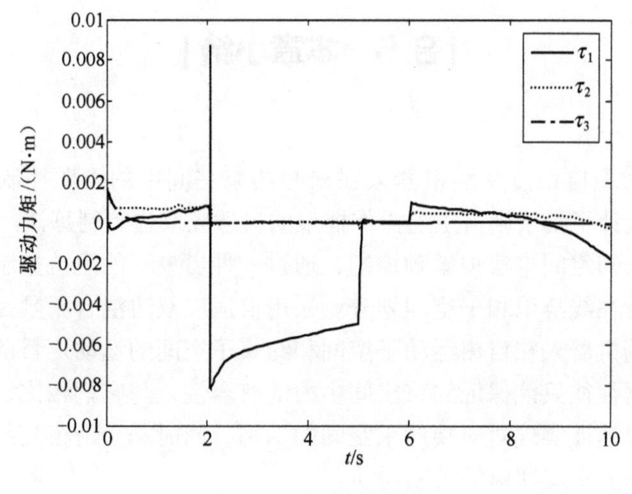


图 8-14　从端驱动力矩

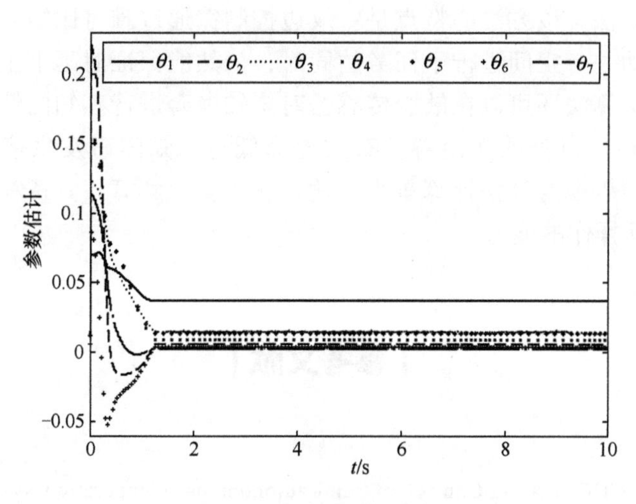


图 8-15　自适应参数估计

从图 8-14 所示的从端驱动力矩曲线可以更清楚地看到，从端机器人在 2 s 左右与障碍在点 $p_1$ 发生接触，关节角 1 的误差 $e(q_1)$ 增加，在双边控制器的作用下，驱动力矩 $\tau_1$ 增大。同时，由于 $\boldsymbol{q}_s^d-\boldsymbol{q}_s$ 增加，在 $\Upsilon_s$ 的作用下控制从端机器人调整构型，避免与障碍物之间的作用力进一步加大。仿真结果说明，冗余机器人在非结构化环境中进行遥操作时，具有一定的自主调节能力，能有效地在未知环境中完成操作任务。

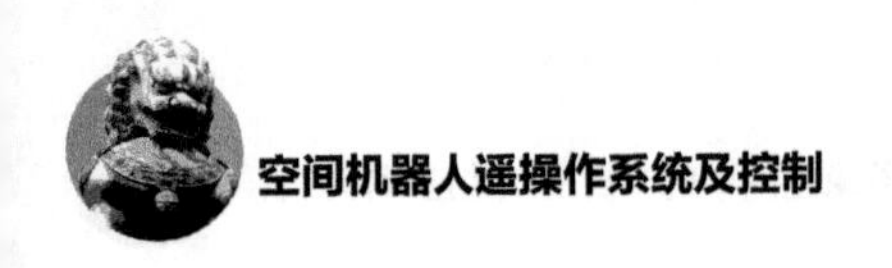


## 8.5 本章小结

本章针对多自由度从端机器人在未知约束空间中的柔顺控制和灵巧操作需求，分别设计了基于半自主遥操作框架的自适应双边控制算法。

为了在未知空间中实现柔顺控制，通过一种自校正的阻抗控制选择机制对任务空间进行在线辨识和子空间划分。采用自适应双边混合柔顺控制的结构，分别控制从端机器人在自由运动子空间和约束子空间的运动。目前已有的大部分双边控制器往往只能保证约束空间中力的有界性，与它们相比，本章提出的算法不仅能快速地实现对末端约束空间的识别，同时基于滑模变结构的本地阻抗控制回路也能实现期望的柔顺运动。

基于半自主式遥操作框架，本章也设计了适用于从端冗余机器人的自适应双边控制算法。该方法的特点是：双边控制律通过雅可比矩阵零空间的分解，在自运动关节空间进行子任务的同时，依然能保证时延下主、从端映射的无源性。该算法还可以在缺少传感器对未知障碍进行感知的情况下，让从端机器人能利用自身的冗余特性有效地降低与未知障碍发生接触时的作用力。同时，障碍规避算法计算量小，适合在线实时解算，具备在非结构化环境中进行灵活操作的能力。

## 参考文献

[1] LIU Y C, CHOPRA N. Control of semi-autonomous teleoperation system with time delays[J]. Automatica, 2013, 49(6):1553-1565.

[2] SICILIANO B, VILLANI L. Adaptive compliant control of robot manipulators[J]. Control Engineering Practice, 1996, 4(5):705-712.

[3] BHASIN S, DUPREE K, WILCOX Z D, et al. Adaptive control of a robotic system undergoing a non-contact to contact transition with a viscoelastic environment[C]// American Control Conference. Piscataway, USA: IEEE, 2009: 3506-3511.

[4] ZENG G, HEMAMI A. An overview of robot force control[J]. Robotica, 2000, 15(5): 473-482.

[5] 李二超. 未确知环境下机器人力控制技术研究[D]. 兰州: 兰州理工大学, 2011.

[6] LU Z, GOLDENBERG A A. Robust impedance control and force regulation: theory and experiments[J]. The International Journal of Robotics Research, 1995, 14(3): 225-254.

[7] RICHERT D, MACNAB C J B, PIEPER J K. Adaptive haptic control for telerobotics transitioning between free, soft, and hard environments[J]. IEEE Transactions on Systems, Man and Cybernetics, Part A: Systems and Humans, 2012, 42(3):558-570.

[8] HUA C C, LIU X P. Delay-dependent stability criteria of teleoperation systems with asymmetric time-varying delays[J]. IEEE Transactions on Robotics, 2010, 26(5): 925-932.

[9] YOSHIKAWA T. Manipulability of robotic mechanisms[J]. The International Journal of Robotics Research, 1985, 4(2):3-9.

# 第9章 空间机器人遥操作地面验证技术研究

本章提出了一种基于运动学等效及半物理仿真思想的混合空间机器人遥操作地面验证方法，并开发了空间机器人遥操作地面验证子系统，该子系统包括空间机器人中央控制器模拟器、关节模拟器及工业机器人等，可以对空间机器人的末端运动、遥操作指令的执行过程和空间遥操作中的通信状况进行充分的模拟和验证，以保证遥操作任务的成功执行。

# 9.1 空间机器人遥操作地面验证子系统的组成

空间机器人遥操作要求万无一失的安全性和可靠性，而计算机仿真过程中的近似处理以及没有考虑到的因素都可能造成空间机器人执行任务失败，甚至反过来损害机器人，因此必须先对遥操作进行地面验证。空间机器人遥操作地面验证方法分为两大类：一类是采用气浮、水浮、吊丝配重方式对真实的空间机器人进行重力补偿来实现验证；另一类是采用数学模型与实物相结合的混合方式来实现验证[1-2]。在第一类方法中，气浮方式技术成熟，重力补偿最彻底，但是只能实现平面的运动（二维的平动或一维的转动）；水浮方式可以进行三维空间的运动，但真实空间机器人不能直接在水浮系统上运行；吊丝配重方式的优点是可进行三维空间内的重力补偿，但重力补偿精度不高，且无法实现基座的自由飘浮。数学模型与实物相结合的混合地面实验系统通过动力学模型计算真实系统在三维空间的运动，然后通过工业机器人来模拟其运动。该实验系统结构简单，成本低，可采用商业产品实现，扩展性强。同时，空间机器人遥操作地面验证还包括对空间机器人中央控制器的验证，即对遥操作指令的执行过程以及运算能力的验证。

地面验证子系统由天地通信模拟器模块、星载验证模块、空间机器人动力学模拟模块、物理验证模块等组成[3]。天地通信模拟器模块用于模拟天地通信时延；星载验证模块用于验证遥操作指令的解析、执行时序以及星载计算机的

运算能力，其控制计算机的软、硬件均与星载设备一致；空间机器人动力学模拟模块用于提供空间机器人的反应结果；物理验证模块采用运动学等效原理，利用工业机器人来等效空间机器人末端的运动，可执行物理存在的操作任务。

## 9.2 天地通信模拟技术

空间机器人遥操作中的通信链路主要由空间机器人与地面站间的无线链路、遥操作支持平台与地面站间以及遥操作系统与遥操作支持平台间的地面通信链路组成，如图 9-1 所示。时延和带宽是空间通信链路的两大要素，带宽的影响可以反映到时延上，因此天地通信模拟主要是对遥操作回路中的时延进行分析和模拟。

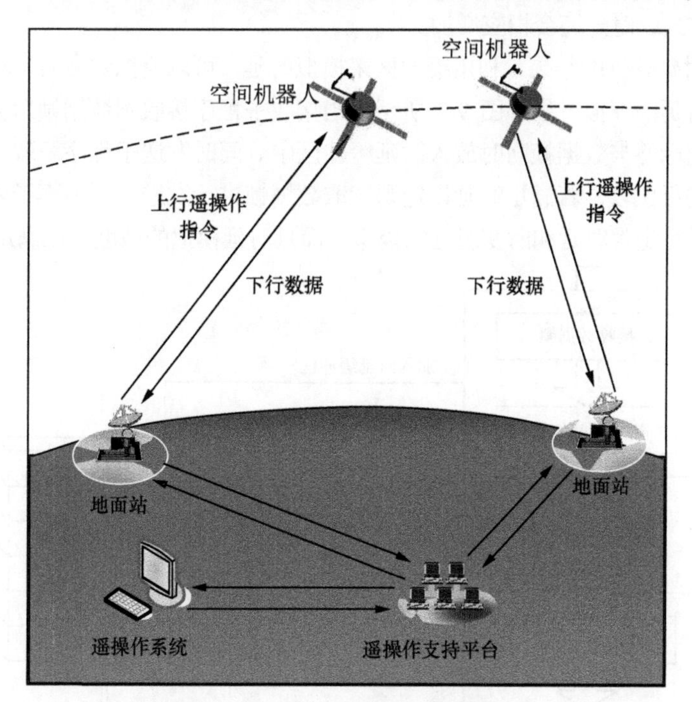


图 9-1　空间机器人遥操作通信链路

当对信号进行连续的数据传送时，通信时延主要由电波传播时间决定，但空间遥操作数据传输时常采用符合 CCSDS 协议的数据包方式进行传送，故设备/网络之间数据传送/接收所需的时间也不能忽略。遥操作通信链路中的时延分为上行时延和下行时延两部分。上行时延为空间机器人遥操作指令加工单元发出该指令的时刻与空间机器人执行该指令时刻之差。遥操作上行时延主要包括遥操作系统指令生成时延（250 ms）、遥操作系统与遥操作支持平台之间的通信时延（0 ms，局域网）、遥操作支持平台指令处理时延（250 ms）、遥操作支持平台与地面站之间的通信时延（320 ms）、地面站内设备时延（350 ms）、星地传输时延（133 ms）和星上执行时延（450 ms）。下行时延为空间机器人状态采集时刻与空间机器人遥操作系统计算机收到该状态采集时刻之差。遥操作下行时延主要包括星上数据采集时延（270 ms）、星地传输时延（250 ms）、地面站内设备时延（350 ms）、地面站与遥操作支持平台之间的通信时延（280 ms）、遥操作支持平台数据处理时延（250 ms）、遥操作支持平台与遥操作系统之间的通信时延（0 ms，局域网）、遥操作系统下行数据处理时延（200 ms）。天地通信链路时延合计约 3353 ms，与 ETS-Ⅶ机器人遥操作系统中 4～6 s 的时延相当（ETS-Ⅶ机器人遥操作系统采用了中继卫星，时延相对较大）。遥操作系统和遥操作支持平台间若为其他连接方式，时延还会相应增加。

依据时延分析的结果，利用缓冲区来模拟时延，可以模拟定常时延和随机变化的时延。时延的模拟过程如图 9-2 所示。当接收子程序接收到数据帧后会将接收时刻作为时间标签与数据帧同时放入时延缓冲区中。同时发送子程序获取当前时间与时间标签进行比较，若满足时延设定则读取数据帧进行发送，否则不予处理。通过设置可以进行定常时延和时变时延的模拟，而且时延模拟的精度可以满足需要。

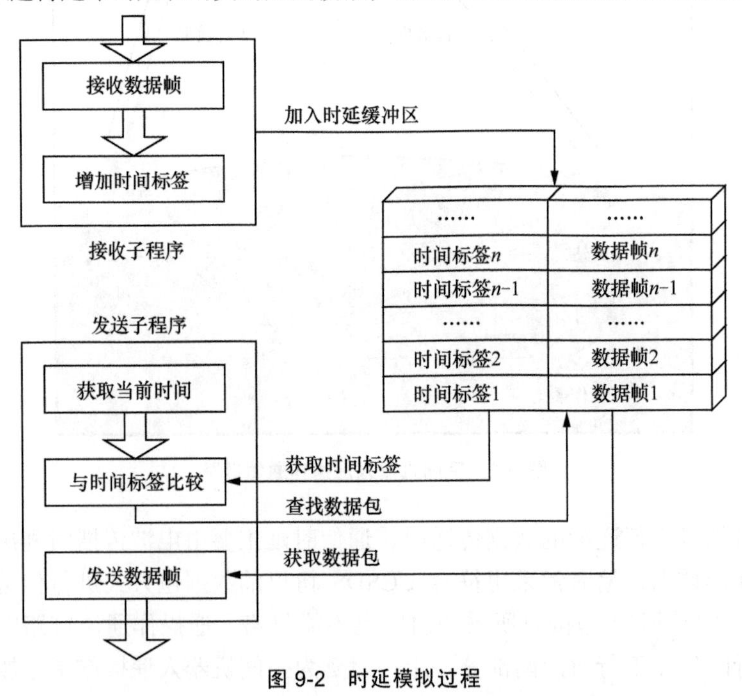


图 9-2　时延模拟过程

时延模拟的工作流程如下：

（1）从时间队列获得相应的数据包时间；

（2）比较数据包时间和当前时间的差值；

（3）比较差值是否符合时延；

（4）否，则结束；

（5）是，则获得数据帧；

（6）发送数据帧；

（7）将时间和数据在缓冲区中消除；

（8）结束。

## 9.3　星载验证实现

空间机器人系统中遥控遥测终端接收遥控指令和发送遥测数据，数据传输系统发送手眼相机、全局相机和交会相机的图像数据，数据管理计算机对整个系统进行管理协调。空间机器人中央控制器完成轨迹规划、运算等功能，关节控制器完成对关节的控制。星上数据通信采用 CAN 总线进行传输。空间机器人中央控制器及其周边设备组成如图 9-3 所示。

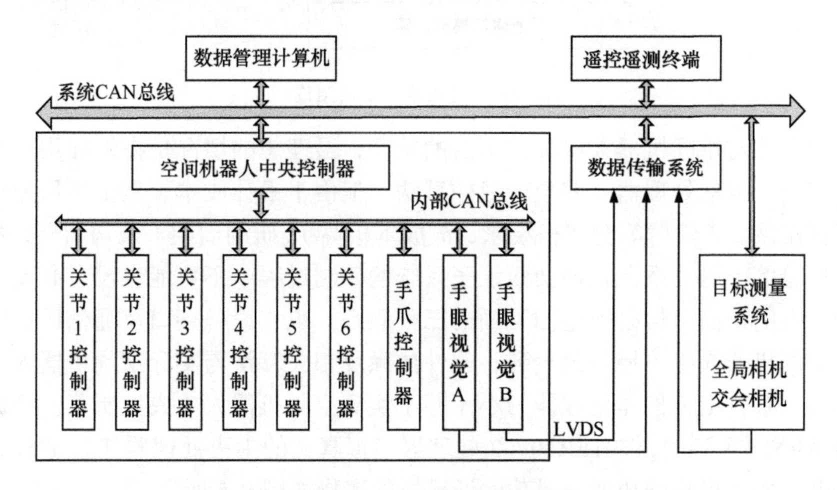


图 9-3　空间机器人中央控制器及其周边设备组成

本节针对实际空间机器人系统设计了星载验证模块，对空间机器人中央控制器的运算能力和执行时序进行验证，其具体组成如图 9-4 所示。空间机器人中央控制器采用真实部件，关节控制器和手眼视觉由电模拟器代替，数据管理及测控模拟计算机实现了遥控遥测终端、数据传输系统和数据管理计算机的功能和接口。

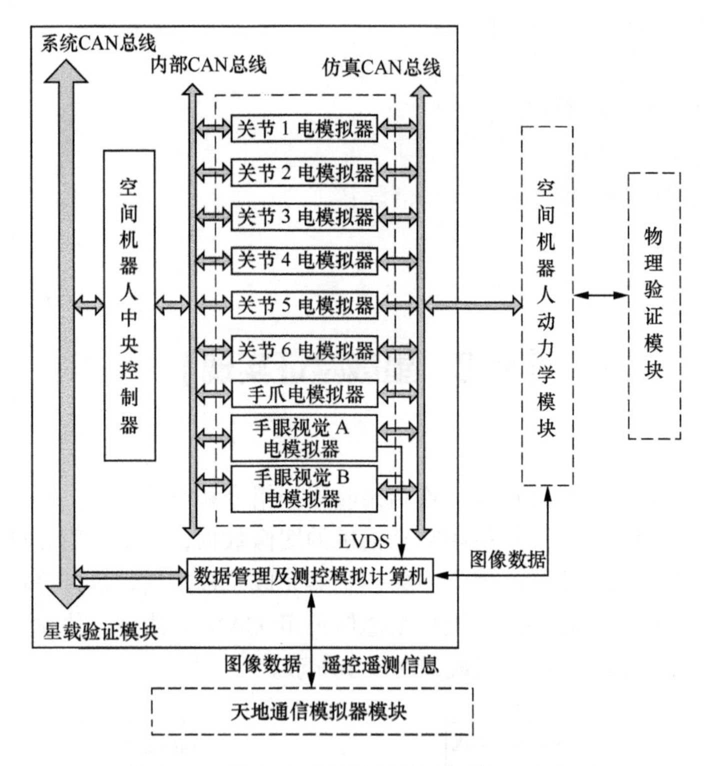


图 9-4　星载验证模块组成

为实现对空间机器人中央控制器的验证，最理想的情况是在地面用一套跟星上完全一致的处理器、完全一致的算法，但由于设计成本（星上所用处理器对工作温度、抗辐射等有严格要求，故成本极高）、研制周期（采购周期、各种环境试验等）的关系，在地面验证子系统的研制过程中不可能也没有必要采用完全一致的产品，但必须遵循下面的三个原则：电气设备接口及通信协议应与实际空间机器人中央控制器一致；软件体系及相关算法与实际空间机器人中央控制器一致；电模拟器处理能力小于等于实际空间机器人中央控制器。经调研利用 ARM7 系列的 AT91FR40162 处理器模拟真实的中央处理器 TSC695F，成本较低，能实现验证功能。星载验证模块的实物如图 9-5 所示。

关节、手爪和手眼视觉电模拟器使用的微处理器为 ATMEL 公司的 LPC2292，它是基于 ARM7 标准的 32 位的 RISC 处理器，具有 32 位的外部数据总线，其系统框图如图 9-6 所示。

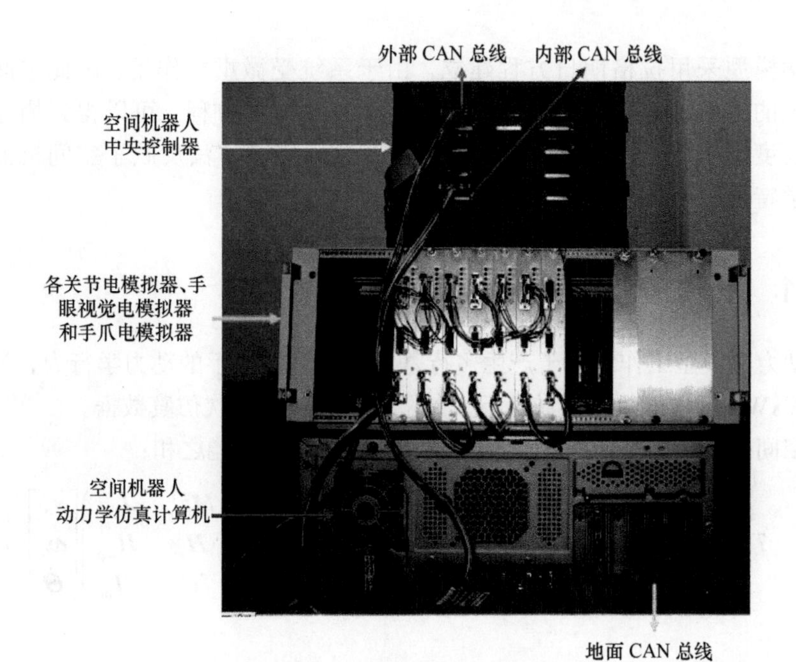


图 9-5　星载验证模块实物

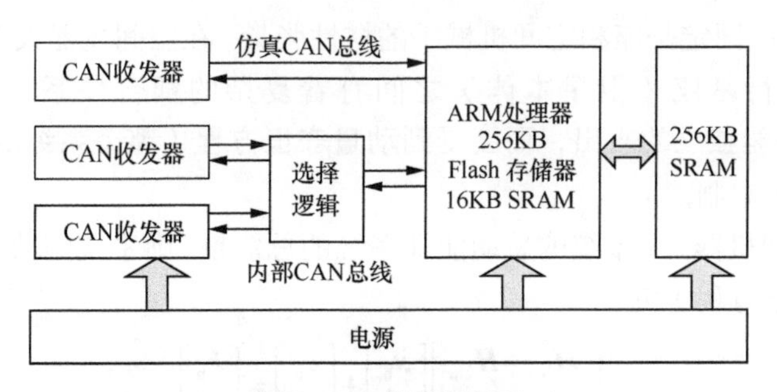


图 9-6　电模拟器框图

# 9.4　空间机器人动力学实现

空间机器人动力学模块包括动力学模型工作站和图形仿真计算机，动力学模型工作站由空间机器人多刚体动力学模型和姿态动力学模型组成，用于仿真空间机器人动力学[4]。空间机器人系统（包括飞行基座和空间机械手）在空间微重力环境下的运动可通过精确的动力学模型仿真得到，空间机器人动力学模型采用拉格朗日方程建立。由于系统受微重力作用，因此空间机器人系统的势能近似为零，结合动能定理和拉格朗日方程，可以得到描述系统运动速度、加速度和力矩的动力学模型，这种建模方法反映了空间机器人的动力学特性。

### 9.4.1 空间机器人动力学模型

动力学模型工作站用于产生飞行基座和空间机械手的动力学行为，计算机采用 VxWorks 实时操作系统运行，每隔 25 ms 输出一次仿真数据。

空间机器人整个系统的动能 $T$ 定义为各连杆的动能之和：

$$T=\frac{1}{2}\sum_{i=0}^{n}\left(\boldsymbol{\omega}_i^{\mathrm{T}}\boldsymbol{I}_i\boldsymbol{\omega}_i+m_i\dot{\boldsymbol{r}}_i^{\mathrm{T}}\dot{\boldsymbol{r}}_i\right)=\frac{1}{2}\left[\boldsymbol{v}_0^{\mathrm{T}},\boldsymbol{\omega}_0^{\mathrm{T}},\dot{\boldsymbol{\Theta}}^{\mathrm{T}}\right]\begin{pmatrix}\boldsymbol{ME} & \boldsymbol{M}\tilde{\boldsymbol{r}}_{0g}^{\mathrm{T}} & \boldsymbol{J}_{\mathrm{T}\omega}\\ \boldsymbol{M}\tilde{\boldsymbol{r}}_{0g} & \boldsymbol{H}_{\omega} & \boldsymbol{H}_{\omega\phi}\\ \boldsymbol{J}_{\mathrm{T}\omega}^{\mathrm{T}} & \boldsymbol{H}_{\omega\phi}^{\mathrm{T}} & \boldsymbol{H}_{\mathrm{m}}\end{pmatrix}\begin{bmatrix}\boldsymbol{v}_0\\ \boldsymbol{\omega}_0\\ \dot{\boldsymbol{\Theta}}\end{bmatrix} \quad (9\text{-}1)$$

式中，

$$\boldsymbol{H}_{\mathrm{m}}=\sum_{i=1}^{n}\left(\boldsymbol{J}_{\mathrm{R}i}^{\mathrm{T}}\boldsymbol{I}_i\boldsymbol{J}_{\mathrm{R}i}+m_i\boldsymbol{J}_{\mathrm{T}i}^{\mathrm{T}}\boldsymbol{J}_{\mathrm{T}i}\right)\ \in\mathbb{R}^{n\times n} \quad (9\text{-}2)$$

$\boldsymbol{H}_{\mathrm{m}}$即地面固定基座和空间机械手的惯性张量。在空间机器人系统中，空间机械手和飞行基座（卫星本体）之间有着复杂的耦合关系，即状态变量$\boldsymbol{v}_{\mathrm{o}}$、$\boldsymbol{\omega}_{\mathrm{o}}$和$\dot{\boldsymbol{\theta}}$不能独立的求出，而会受到动量守恒方程（整个系统的线动量和角动量守恒）的限制。

对于空间机器人，系统的总动能即系统的总能量，则系统的动力学方程（拉格朗日动力学方程）为：

$$\begin{bmatrix}\boldsymbol{H}_{\mathrm{b}} & \boldsymbol{H}_{\mathrm{bm}}\\ \boldsymbol{H}_{\mathrm{bm}}^{\mathrm{T}} & \boldsymbol{H}_{\mathrm{m}}\end{bmatrix}\begin{bmatrix}\ddot{\boldsymbol{x}}_{\mathrm{b}}\\ \ddot{\boldsymbol{\Theta}}\end{bmatrix}+\begin{bmatrix}\boldsymbol{c}_{\mathrm{b}}\\ \boldsymbol{c}_{\mathrm{m}}\end{bmatrix}=\begin{bmatrix}\boldsymbol{F}_{\mathrm{b}}\\ \boldsymbol{\tau}_{\mathrm{m}}\end{bmatrix} \quad (9\text{-}3)$$

式中，

$$\boldsymbol{H}_{\mathrm{b}}=\begin{pmatrix}\boldsymbol{ME} & \boldsymbol{M}\tilde{\boldsymbol{r}}_{0g}^{\mathrm{T}}\\ \boldsymbol{M}\tilde{\boldsymbol{r}}_{0g} & \boldsymbol{H}_{\omega}\end{pmatrix} \quad (9\text{-}4)$$

$$\boldsymbol{H}_{\mathrm{bm}}=\begin{bmatrix}\boldsymbol{J}_{T\omega}\\ \boldsymbol{H}_{\omega\phi}\end{bmatrix} \quad (9\text{-}5)$$

$$\ddot{\boldsymbol{x}}_{\mathrm{b}}=\begin{bmatrix}\dot{\boldsymbol{v}}_0\\ \dot{\boldsymbol{\omega}}_0\end{bmatrix} \quad (9\text{-}6)$$

$\boldsymbol{c}_{\mathrm{b}}$、$\boldsymbol{c}_{\mathrm{m}}\in\mathbb{R}^6$分别为与飞行基座运动和空间机械手运动相关的非线性力，包括向心力和哥氏力；$\boldsymbol{F}_{\mathrm{b}}\in\mathbb{R}^6$为作用于飞行基座的力和力矩；$\boldsymbol{\tau}_{\mathrm{m}}\in\mathbb{R}^6$为空间机械手关节的驱动力矩。当空间机械手末端与环境接触，即空间机械手末端受到外力、力矩$\boldsymbol{F}_{\mathrm{e}}\in\mathbb{R}^6$时，系统的动力学方程为：

$$\begin{bmatrix}\boldsymbol{H}_{\mathrm{b}} & \boldsymbol{H}_{\mathrm{bm}}\\ \boldsymbol{H}_{\mathrm{bm}}^{\mathrm{T}} & \boldsymbol{H}_{\mathrm{m}}\end{bmatrix}\begin{bmatrix}\ddot{\boldsymbol{x}}_0\\ \ddot{\boldsymbol{\Theta}}\end{bmatrix}+\begin{bmatrix}\boldsymbol{c}_{\mathrm{b}}\\ \boldsymbol{c}_{\mathrm{m}}\end{bmatrix}=\begin{bmatrix}\boldsymbol{F}_{\mathrm{b}}\\ \boldsymbol{\tau}_{\mathrm{m}}\end{bmatrix}+\begin{bmatrix}\boldsymbol{J}_{\mathrm{b}}^{\mathrm{T}}\\ \boldsymbol{J}_{\mathrm{m}}^{\mathrm{T}}\end{bmatrix}\boldsymbol{F}_{\mathrm{e}} \tag{9-7}$$

对于自由漂浮空间机器人，系统的动量守恒，可得此时的系统能量为：

$$T=\frac{1}{2}\dot{\boldsymbol{\Theta}}^{\mathrm{T}}\boldsymbol{H}^*(\boldsymbol{\Theta})\dot{\boldsymbol{\Theta}} \tag{9-8}$$

式中，

$$\boldsymbol{H}^*=\boldsymbol{H}_{\mathrm{m}}-\left[\boldsymbol{J}_{\mathrm{T}\omega}^{\mathrm{T}}\boldsymbol{H}_{\omega\phi}^{\mathrm{T}}\right](\boldsymbol{H}_{\mathrm{b}})^{-1}\begin{bmatrix}\boldsymbol{J}_{\mathrm{T}\omega}\\ \boldsymbol{H}_{\omega\phi}\end{bmatrix} \tag{9-9}$$

矩阵$\boldsymbol{H}^*\in\mathbb{R}^{n\times n}$为空间机器人的广义惯性张量，它是地面机器人惯性张量$\boldsymbol{H}_{\mathrm{m}}$的推广。根据拉格朗日方程可以进一步推导出自由漂浮空间机器人的动力学方程，其可表示成关于$\boldsymbol{\Theta},\dot{\boldsymbol{\Theta}},\ddot{\boldsymbol{\Theta}}$的方程：

$$\boldsymbol{\tau}_{\mathrm{m}}=\boldsymbol{H}^*\ddot{\boldsymbol{\Theta}}+\dot{\boldsymbol{H}}^*\dot{\boldsymbol{\Theta}}-\frac{\partial}{\partial\boldsymbol{\Theta}}\left(\frac{1}{2}\dot{\boldsymbol{\Theta}}^{\mathrm{T}}\boldsymbol{H}^*\dot{\boldsymbol{\Theta}}\right) \tag{9-10}$$

## 9.4.2　力学模型实现

动力学计算流程如图 9-7 所示。

动力学模型采用 C 语言实现，算法如下：

（1）在 $t$ 时刻，采用牛顿-欧拉法递推计算从飞行基座到空间机械手末端的位置/速度关系；

（2）计算系统的惯量矩阵$\boldsymbol{H}^*$；

（3）因为非线性项$\boldsymbol{C}(\boldsymbol{q},\dot{\boldsymbol{q}})$是关于$\boldsymbol{q}$、$\dot{\boldsymbol{q}}$的函数，所以令$\ddot{\boldsymbol{x}}_{\mathrm{b}}$、$\ddot{\boldsymbol{q}}_{\mathrm{m}}$和$\boldsymbol{F}_{\mathrm{e}}$均为零，逆动力学计算此时的飞行基座上作用力（从末端逆向递推至飞行基座），所得结果即为$\boldsymbol{q}$（即$\boldsymbol{x}_{\mathrm{b}}$、$\boldsymbol{q}_{\mathrm{m}}$）下的非线性项$\boldsymbol{c}_{\mathrm{b}}$、$\boldsymbol{c}_{\mathrm{m}}$；

（4）根据控制律确定关节力矩$\boldsymbol{\tau}_{\mathrm{m}}$及作用在飞行基座上的力/力矩$\boldsymbol{F}_{\mathrm{b}}$；

（5）计算系统加速度$\begin{bmatrix}\ddot{\boldsymbol{x}}_{\mathrm{b}}\\ \ddot{\boldsymbol{q}}_{\mathrm{m}}\end{bmatrix}=\boldsymbol{H}^{*-1}\left\{\begin{bmatrix}\boldsymbol{F}_{\mathrm{b}}\\ \boldsymbol{\tau}_{\mathrm{m}}\end{bmatrix}+\begin{bmatrix}\boldsymbol{J}_{\mathrm{b}}^{\mathrm{T}}\\ \boldsymbol{J}_{\mathrm{m}}^{\mathrm{T}}\end{bmatrix}\boldsymbol{F}_{\mathrm{e}}-\begin{bmatrix}\boldsymbol{c}_{\mathrm{b}}\\ \boldsymbol{c}_{\mathrm{m}}\end{bmatrix}\right\}$；

（6）加速度积分可得到速度，再次积分可得到位置；

（7）进入下一周期，返回至第（1）步，继续运算，至仿真结束。

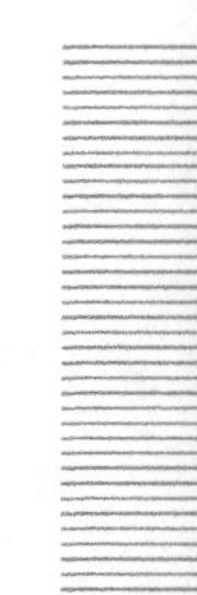

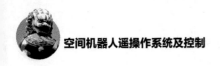

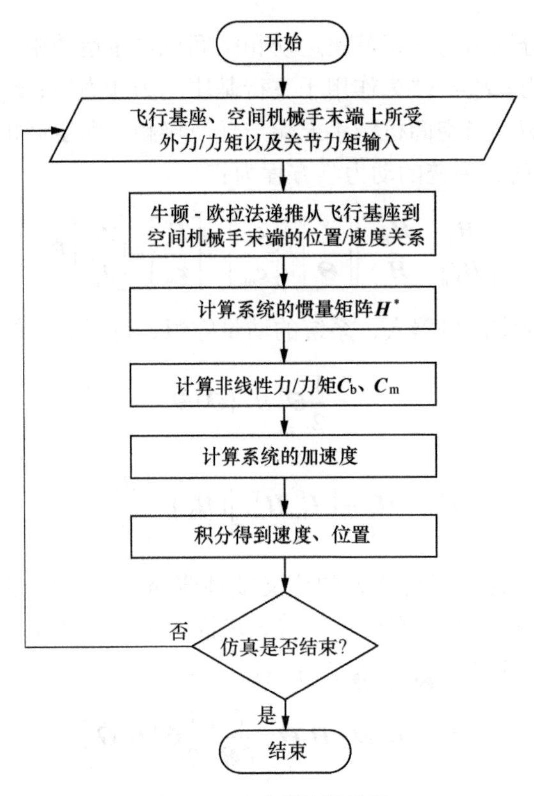


图 9-7　动力学计算流程

# 9.5　空间机器人基于运动学等效的物理验证

空间机器人工作在微重力的空间环境中，由于自重原因无法在地面环境中自由运动，故必须对其进行重力补偿。本节基于运动学等效原理建立了地面验证子系统的物理验证模块，实现了空间机器人末端的等效运动[5]。

## 9.5.1　运动学等效原理

运动学等效原理是指运动学构型上各不相同的机器人唯一能够等价的只有在操作空间坐标系中的六自由度位姿描述，这使得地面机器人末端运动可以等效为空间机器人末端运动。

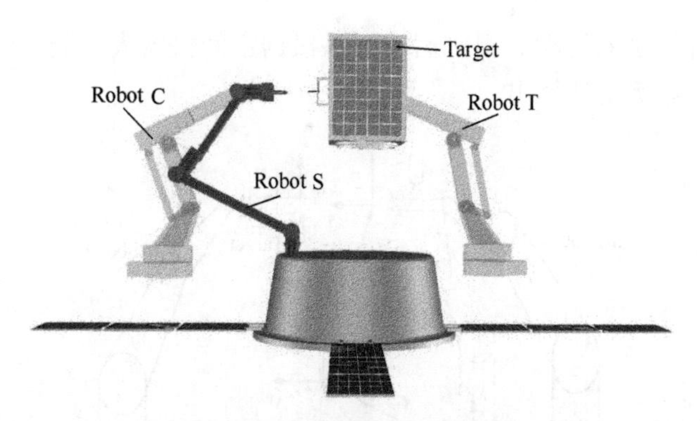


图 9-8　运动学等效三维效果

在地面验证子系统中，空间机器人系统的运动由两个工业机器人来实现，分别称为捕获机器人（capturing robot）Robot C 和目标机器人（target robot）Robot T。另外，以 Robot S 表示为空间机器人，其末端与 Robot C 末端重合，目标星（Target）的手柄坐标系与 Robot T 的末端重合。运动学等效三维效果如图 9-8 所示。

为了讨论的方便，针对图 9-9 所示机器人系统模型定义了以下坐标系和矢量符号。

$\Sigma_I$、$\Sigma_E$ 和 $\Sigma_H$：分别表示惯性系、空间机器人的末端坐标系以及空间目标的手柄坐标系；

$\Sigma_S$、$\Sigma_C$ 和 $\Sigma_T$：分别表示 Robot S、Robot C 及 Robot T 的基座坐标系；

${}^{i}\boldsymbol{T}_j$：表示连杆 $j$ 坐标系$\Sigma_j$相对于连杆 $i$ 坐标系$\Sigma_i$的齐次变换矩阵；

${}^{k}\boldsymbol{r}_{ij}$：表示从$\Sigma_i$ 原点指向$\Sigma_j$ 原点的矢量，在$\Sigma_k$ 中的表示，如果$\Sigma_i$ 或者$\Sigma_k$ 为惯性系，则可以省去相应的符号 $i$ 或者 $k$；

${}^{k}\boldsymbol{v}_i^j$，${}^{k}\boldsymbol{\omega}_i^j$：分别表示$\Sigma_i$ 相对于$\Sigma_j$ 的线速度和角速度，在$\Sigma_k$ 中的表示，如果$\Sigma_i$ 或者$\Sigma_k$ 为惯性系，则可以省去相应的符号 $i$ 或者 $k$。

根据观察者位于惯性系还是位于飞行基座，有两种运动学等效模式，分别如图 9-9 和图 9-10 所示（图中的虚线部分为真实的空间机器人系统）。对于等效模式 I，Robot C 和 Robot T 的基座固定在惯性空间，即$\Sigma_C$和$\Sigma_T$与$\Sigma_I$固连在一起，而$\Sigma_S$相对于$\Sigma_I$自由漂浮。在此模式中，Robot C 用来实现 Robot S 末端相对于惯性系的运动（即 $\dot{\boldsymbol{r}}_e$），而 Robot T 用来实现目标星相对于惯性系的运动（即 $\dot{\boldsymbol{r}}_h$）。其中，$\dot{\boldsymbol{r}}_e$ 根据 Robot S 末端的实际运动给出，而 $\dot{\boldsymbol{r}}_h$ 根据目标星的动力学模型计算得到。

运动学等效模式Ⅱ如图 9-10 所示。与等效模式 I 不同，$\Sigma_C$与$\Sigma_T$相对于$\Sigma_S$固定。也就是说，Robot C 和 Robot T 分别用于实现空间机器人末端以及空间目标相对于飞行基座的运动。相对运动可以根据空间机器人末端、空间目标以及飞行基座的绝对运动计算出。

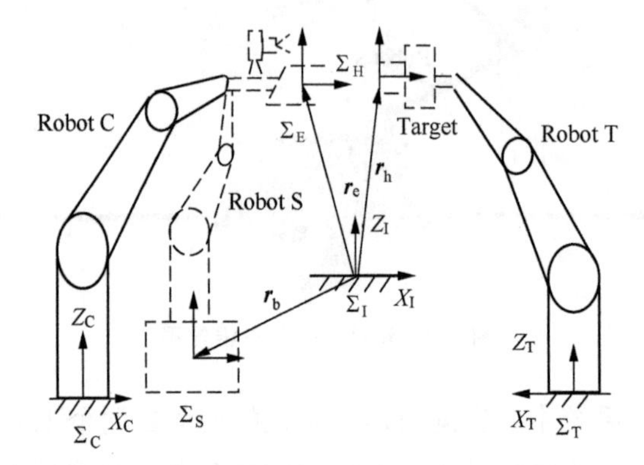


图 9-9 观察者位于惯性空间的运动学等效模式 I

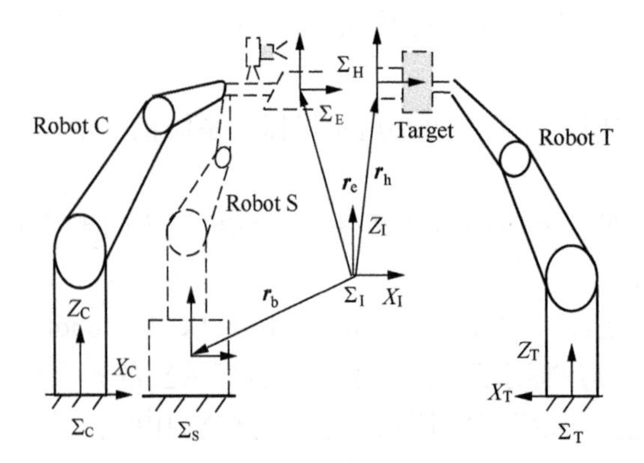


图 9-10 观察者位于飞行基座的运动学等效模式 II

## 9.5.2 位置级运动学等效

### 1. 等效模式 I 的位置级运动学等效

由于$\Sigma_C$与$\Sigma_T$相对固定，等效模式 I 的运动学等效相对简单，空间机器人末端以及空间目标的绝对运动可以直接通过 Robot C 和 Robot T 来实现。整个动力学模拟与运动学等效如图 9-11 所示。

遥操作指令处理模块接收到遥操作指令后根据指令类型进行相应处理，指令为期望关节角 $\boldsymbol{\Theta}_d$ 时直接发送到轨迹规划模块，为期望末端位姿 $\boldsymbol{x}_{ed}$ 时则需经

过空间机器人逆运动学模块先转换为关节角，然后再发送到轨迹规划模块。轨迹规划模块生成的轨迹序列 $\dot{\boldsymbol{\Theta}}_{\mathrm{d}}(k),\dot{\boldsymbol{\Theta}}_{\mathrm{d}}(k+1),\cdots,\dot{\boldsymbol{\Theta}}_{\mathrm{d}}(k+n)$ 经 PID 控制器生成关节控制力矩 $\boldsymbol{\tau}_{\mathrm{m}}$，作用于空间机器人的动力学模型后，输出控制后的实际关节角 $\hat{\boldsymbol{\Theta}}_{\mathrm{S}}$（区别于调用运动学等效模块 2 计算后的 $\boldsymbol{\Theta}_{\mathrm{S}}$）、基座的姿态 $\boldsymbol{\Psi}_{\mathrm{b}}$、质心位置 $\boldsymbol{r}_{\mathrm{b}}$，再调用空间机器人正运动学，计算控制后空间机器人的末端位姿（末端坐标系相对于惯性系的齐次变换矩阵）$\hat{\boldsymbol{T}}_{\mathrm{E}}$。

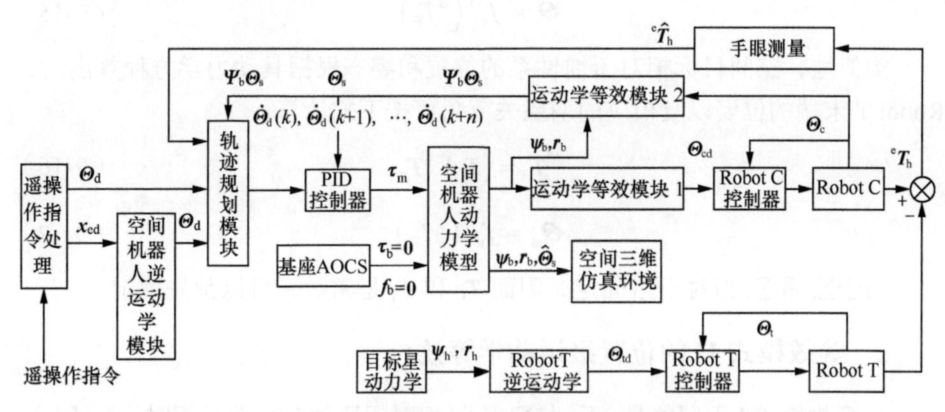


图 9-11　等效模式 I 的位置级运动学等效

然后，利用运动学等效原理（运动学等效模块 1），计算末端位姿为 $\boldsymbol{T}_{\mathrm{E}}$ 时的工业机器人 Robot C 对应的关节角，作为其控制器的期望值。$\Sigma_{\mathrm{E}}$ 相对于 $\Sigma_{\mathrm{C}}$ 的齐次变换矩阵可根据下式计算出：

$$^{\mathrm{C}}\hat{\boldsymbol{T}}_{\mathrm{E}}=\left(\boldsymbol{T}_{\mathrm{C}}\right)^{-1}\hat{\boldsymbol{T}}_{\mathrm{E}} \tag{9-11}$$

期望的 Robot C 的关节角根据其位置级逆运动学方程解出：

$$\boldsymbol{\Theta}_{\mathrm{cd}}=\boldsymbol{f}_{\mathrm{c}}^{-1}\left({}^{\mathrm{C}}\hat{\boldsymbol{T}}_{\mathrm{E}}\right) \tag{9-12}$$

式中，$\boldsymbol{f}_{\mathrm{c}}$ 表示 Robot C 的正运动学方程。在下面的章节中，Robot S 的正运动学方程表示为 $\boldsymbol{f}_{\mathrm{s}}$，Robot T 的正运动学方程表示为 $\boldsymbol{f}_{\mathrm{t}}$。由于 Robot C 本身的控制误差，使得控制后 Robot C 的末端与模型中空间机器人末端之间有一定的差别，若不采取措施，则此差别会越来越大，进而 Robot C 的末端与 Robot S 的末端将不再一致，最终根据 Robot C 上的视觉测量规划的 $\boldsymbol{\Theta}_{\mathrm{sd}}$ 将不再准确。因此，需要调用运动学等效模块 2，根据此时的 Robot C 的实际关节角 $\boldsymbol{\Theta}_{\mathrm{c}}$，计算 Robot C 的实际位姿：

$$^{\mathrm{C}}\boldsymbol{T}_{\mathrm{E}}=\boldsymbol{f}_{\mathrm{c}}\left(\boldsymbol{\Theta}_{\mathrm{c}}\right) \tag{9-13}$$

再根据当前的飞行基座位姿矩阵（根据基座姿态、质心位置算出）$\boldsymbol{T}_{\mathrm{B}}$，计算空间机器人末端相对于飞行基座坐标系的位姿矩阵 ${}^{\mathrm{B}}\boldsymbol{T}_{\mathrm{E}}$，并调用 Robot S 的逆运动学（由于得出了相对于飞行基座的位姿，可用 Puma 类型机械臂的逆运动学公式），计算空间机器人的当前关节角：

$$ {}^{\mathrm{B}}\boldsymbol{T}_{\mathrm{E}}=\left(\boldsymbol{T}_{\mathrm{B}}\right)^{-1}\boldsymbol{T}_{\mathrm{C}}{}^{\mathrm{C}}\boldsymbol{T}_{\mathrm{E}} \tag{9-14} $$

$$ \boldsymbol{\Theta}_{\mathrm{s}}=\boldsymbol{f}_{\mathrm{s}}^{-1}\left({}^{\mathrm{B}}\boldsymbol{T}_{\mathrm{E}}\right) \tag{9-15} $$

类似地，空间目标相对于惯性系的位置和姿态根据其动力学方程算出后，Robot T 末端的位姿以及相应的期望关节角可按下式计算：

$$ {}^{\mathrm{T}}\boldsymbol{T}_{\mathrm{H}}=\left(\boldsymbol{T}_{\mathrm{T}}\right)^{-1}\boldsymbol{T}_{\mathrm{H}} \tag{9-16} $$

$$ \boldsymbol{\Theta}_{\mathrm{td}}=\boldsymbol{f}_{\mathrm{t}}^{-1}\left({}^{\mathrm{T}}\boldsymbol{T}_{\mathrm{H}}\right) \tag{9-17} $$

由于$\Sigma_{\mathrm{C}}$和$\Sigma_{\mathrm{T}}$相对于$\Sigma_{\mathrm{I}}$固定，因而 $\boldsymbol{T}_{\mathrm{C}}$和 $\boldsymbol{T}_{\mathrm{T}}$是常数，可以预先确定。

## 2. 等效模式 II 的位置级运动学等效

与等效模式 I 不同的是，$\Sigma_{\mathrm{C}}$与$\Sigma_{\mathrm{T}}$不是相对于$\Sigma_{\mathrm{I}}$固定，而是相对于$\Sigma_{\mathrm{B}}$固定。换句话说，该模式用于模拟从飞行基座观察的目标捕获过程。整个动力学模拟与运动学等效如图 9-12 所示。

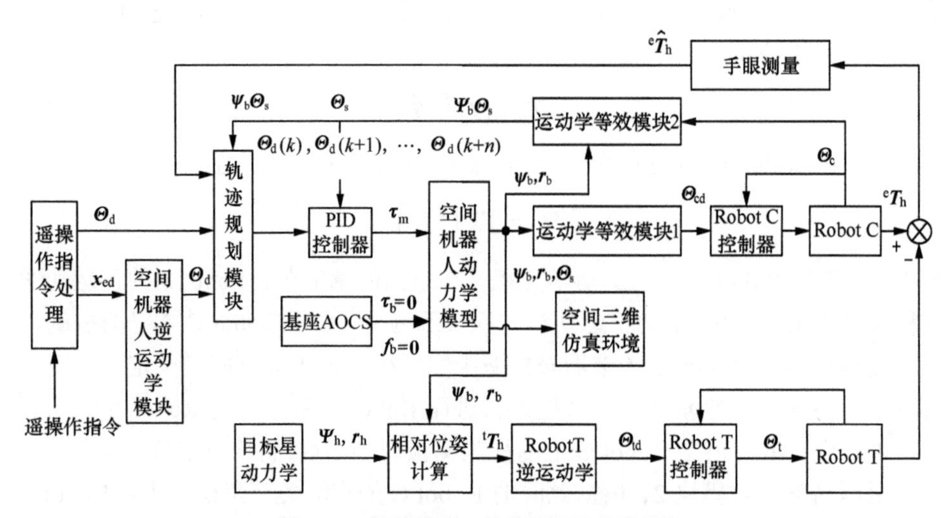


图 9-12　等效模式 II 的位置级运动学等效

飞行基座以及空间机器人末端相对于惯性系的位姿可使用与等效模式 I 相同的方法计算出，则空间机器人末端相对于$\Sigma_{\mathrm{C}}$的位姿为：

$$^{C}\hat{\boldsymbol{T}}_{E} = {}^{C}\boldsymbol{T}_{B}(\boldsymbol{T}_{B})^{-1}\hat{\boldsymbol{T}}_{E} \tag{9-18}$$

Robot C 的期望关节角由式（9-12）确定。同理，为保证 Robot S 与 Robot C 末端位姿始终一致，需要调用运动学等效模块 2，根据此时的 Robot C 的实际关节角$\boldsymbol{\Theta}_{c}$，按式（9-13）计算 Robot C 的实际位姿，再根据$\Sigma_C$和$\Sigma_B$之间的相对关系，计算空间机器人末端相对于其基座坐标系的位姿矩阵 $^{B}\boldsymbol{T}_{E}$：

$$^{B}\boldsymbol{T}_{E} = \left(^{C}\boldsymbol{T}_{B}\right)^{-1}{}^{C}\boldsymbol{T}_{E} \tag{9-19}$$

再根据式（9-15）计算空间机器人当前的关节角。目标相对于惯性系的位姿也通过其动力学方程计算出，则 Robot T 末端相对于其基座的位姿为：

$$^{T}\boldsymbol{T}_{H} = {}^{T}\boldsymbol{T}_{B}(\boldsymbol{T}_{B})^{-1}\boldsymbol{T}_{H} \tag{9-20}$$

Robot T 的期望关节角根据式（9-17）计算。对于此模式，$^{C}\boldsymbol{T}_{B}$和 $^{T}\boldsymbol{T}_{B}$是常数，可以预先确定。

## 9.5.3　速度级运动学等效

如果只需验证空间机器人的路径规划算法，则可以简化上述两种模式的实现方式。这种简化是基于空间机器人的微分运动学方程。不论对于哪种模式，假定空间机器人的控制非常理想，即：

$$\dot{\boldsymbol{\Theta}}_{s} \approx \dot{\boldsymbol{\Theta}}_{sd}, \quad \boldsymbol{\Theta}_{s} \approx \boldsymbol{\Theta}_{sd} \tag{9-21}$$

### 1. 等效模式 I 的速度级运动学等效

计算空间机器人末端及基座的运动速度，即：

$$\dot{\boldsymbol{x}}_{e} = \boldsymbol{J}_{g}\dot{\boldsymbol{\Theta}}_{s} \tag{9-22}$$

$$\dot{\boldsymbol{x}}_{b} = \boldsymbol{J}_{bm}\dot{\boldsymbol{\Theta}}_{s} \tag{9-23}$$

对于等效模式 I，$\Sigma_C$相对于$\Sigma_I$固定，Robot C 末端的运动速度与 Robot S 的末端相同，因而可以以 Robot C 的速度级逆运动学方程计算期望的 Robot C 关节运动速度：

$$\dot{\boldsymbol{\Theta}}_{cd} = (\boldsymbol{J}_{c})^{-1}\dot{\boldsymbol{x}}_{e} \tag{9-24}$$

式中，$\boldsymbol{J}_{c}$表示 Robot C 的雅可比矩阵。类似地，Robot T、Robot S 的雅可比矩阵分别表示为 $\boldsymbol{J}_{t}$和 $\boldsymbol{J}_{s}$（注：此处的 $\boldsymbol{J}_{s}$表示空间机器人的普通雅可比矩阵，其代表了机器人末端相对于其基座的运动速度与机器人关节角速度之间的关系）。同理，为保证 Robot S 与 Robot C 末端位姿始终一致，需要调用运动学等效模块 2。

Robot T 末端的运动（即 $\boldsymbol{v}_{\mathrm{h}}$ 和 $\boldsymbol{\omega}_{\mathrm{h}}$）可根据目标星的动力学模型计算出。最后根据其微分运动方程求解期望的 Robot T 关节角速度为：

$$\dot{\boldsymbol{\Theta}}_{\mathrm{td}}=\left(\boldsymbol{J}_{\mathrm{t}}\right)^{-1}\begin{bmatrix}\boldsymbol{v}_{\mathrm{h}}\\ \boldsymbol{\omega}_{\mathrm{h}}\end{bmatrix} \tag{9-25}$$

等效模式 I 的速度级运动学等效如图 9-13 所示。

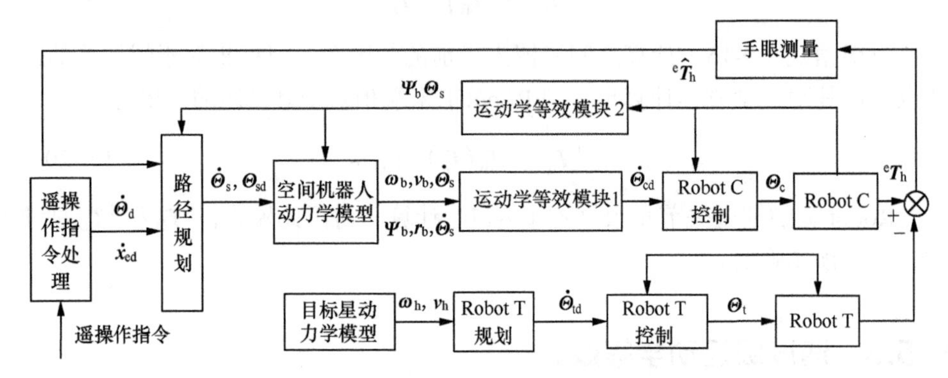


图 9-13　等效模式 I 的速度级运动学等效

## 2. 等效模式 II 的速度级运动学等效

由前面讨论可知，等效模式 II 用于模拟从飞行基座观察的目标捕获过程。首先，空间机器人末端相对于飞行基座的速度为：

$$\boldsymbol{v}_{\mathrm{e}}^{\mathrm{b}}=\boldsymbol{v}_{\mathrm{e}}-\boldsymbol{v}_{\mathrm{b}}-\boldsymbol{\omega}_{\mathrm{b}}\times\boldsymbol{r}_{\mathrm{be}} \tag{9-26}$$

$$\boldsymbol{\omega}_{\mathrm{e}}^{\mathrm{b}}=\boldsymbol{\omega}_{\mathrm{e}}-\boldsymbol{\omega}_{\mathrm{b}} \tag{9-27}$$

式中，$\boldsymbol{v}_{\mathrm{e}}^{\mathrm{b}}$ 和 $\boldsymbol{\omega}_{\mathrm{e}}^{\mathrm{b}}$ 分别表示$\Sigma_{\mathrm{E}}$ 相对于$\Sigma_{\mathrm{B}}$ 的线速度和角速度；$\boldsymbol{v}_{\mathrm{b}}$ 和 $\boldsymbol{\omega}_{\mathrm{b}}$ 分别为$\Sigma_{\mathrm{B}}$ 的线速度和角速度；$\boldsymbol{r}_{\mathrm{be}}$ 为从$\Sigma_{\mathrm{B}}$ 原点指向$\Sigma_{\mathrm{E}}$ 的矢量。由于$\Sigma_{\mathrm{B}}$ 与$\Sigma_{\mathrm{C}}$ 固连，则$\Sigma_{\mathrm{E}}$ 相对于$\Sigma_{\mathrm{B}}$ 的运动与$\Sigma_{\mathrm{E}}$ 相对于$\Sigma_{\mathrm{C}}$ 的运动相同，即：

$$\boldsymbol{v}_{\mathrm{e}}^{\mathrm{c}}=\boldsymbol{v}_{\mathrm{e}}^{\mathrm{b}},\quad \boldsymbol{\omega}_{\mathrm{e}}^{\mathrm{c}}=\boldsymbol{\omega}_{\mathrm{e}}^{\mathrm{b}} \tag{9-28}$$

则空间机器人的关节运动以及飞行基座的运动分别为：

$$\dot{\boldsymbol{\Theta}}_{\mathrm{s}}=\left(\boldsymbol{J}_{\mathrm{s}}\right)^{-1}\begin{bmatrix}\boldsymbol{v}_{\mathrm{e}}^{\mathrm{c}}\\ \boldsymbol{\omega}_{\mathrm{c}}^{\mathrm{e}}\end{bmatrix} \tag{9-29}$$

$$\dot{\boldsymbol{x}}_{\mathrm{b}}=\boldsymbol{J}_{\mathrm{bm}}\dot{\boldsymbol{\Theta}}_{\mathrm{s}} \tag{9-30}$$

期望的 Robot C 关节角速度根据其速度级逆运动学方程算出：

$$\dot{\boldsymbol{\Theta}}_{cd}=\left(\boldsymbol{J}_{c}\right)^{-1}\begin{bmatrix}\boldsymbol{v}_{e}^{c}\\ \boldsymbol{\omega}_{e}^{c}\end{bmatrix} \tag{9-31}$$

同理，为保证 Robot S 与 Robot C 末端位姿始终一致，需要调用运动学等效模块 2。

另外，目标星相对于飞行基座的运动速度为：

$$\boldsymbol{v}_{h}^{b}=\boldsymbol{v}_{h}-\boldsymbol{v}_{b}-\boldsymbol{\omega}_{b}\times\boldsymbol{r}_{bh} \tag{9-32}$$

$$\boldsymbol{\omega}_{h}^{b}=\boldsymbol{\omega}_{h}-\boldsymbol{\omega}_{b} \tag{9-33}$$

式中，$\boldsymbol{v}_{h}^{b}$ 和 $\boldsymbol{\omega}_{h}^{b}$ 分别表示$\Sigma_E$ 相对于$\Sigma_B$ 的线速度和角速度；$\boldsymbol{r}_{bh}$ 为从$\Sigma_B$ 原点指向$\Sigma_H$ 的矢量。由于$\Sigma_B$ 与$\Sigma_C$ 固连，则$\Sigma_H$ 相对于$\Sigma_B$ 的运动与$\Sigma_H$ 相对于$\Sigma_T$ 的运动相同，即：

$$\boldsymbol{v}_{h}^{t}=\boldsymbol{v}_{h}^{b},\quad \boldsymbol{\omega}_{h}^{t}=\boldsymbol{\omega}_{h}^{b} \tag{9-34}$$

最后，期望的 Robot T 关节角速度按下式确定：

$$\dot{\boldsymbol{\Theta}}_{td}=\left(\boldsymbol{J}_{t}\right)^{-1}\begin{bmatrix}\boldsymbol{v}_{h}^{t}\\ \boldsymbol{\omega}_{h}^{t}\end{bmatrix} \tag{9-35}$$

等效模式 II 的速度级运动学等效如图 9-14 所示。

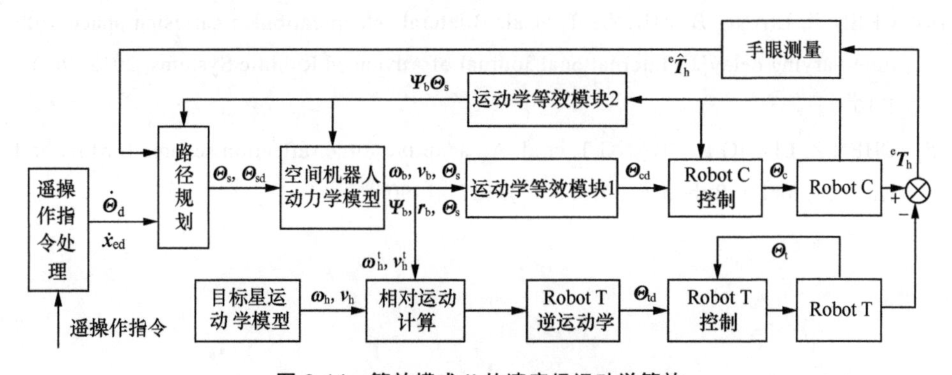


图 9-14　等效模式 II 的速度级运动学等效

## 9.6　本章小结

本章基于运动学等效和半物理仿真思想，建立了空间机器人遥操作地面验证子系统，该子系统由天地通信模拟器模块、星载验证模块、空间机器人动力学模拟模块、物理验证模块等组成。天地通信模拟器模块用于模拟天地通信时延；星载验证模块用于验证遥操作指令的解析、执行时序以及星载计算机的运算能力，其控制计算机的软、硬件均与星载设备一致；空间机器人动力学模拟模块用于提供空间机器人的反应结果；物理验证模块采用运动学等效原理，利用工业机器人来等效空间机器人末端的运动，可执行物理存在的操作任务。地面验证子系统可以在地面环境下对空间机器人的遥操作过程进行验证。

## | 参考文献 |


[1] 王学谦，徐文福，梁斌，等. 空间机器人遥操作系统设计及研制[J]. 哈尔滨工业大学学报. 2010, 42(3):337-342.

[2] 王学谦，梁斌，徐文福，等. 空间机器人遥操作地面验证技术研究[J]. 机器人. 2009, 31(1):8-14.

[3] WANG X Q, XU W F, LIANG B, et al. General scheme of teleoperation for space robot[C]//IEEE/ASME International Conference on Advanced Intelligent Mechatronics. Piscataway, USA: IEEE, 2008:341-346.

[4] CHEN Z, LIANG B, ZHANG T, et al. Bilateral teleoperation in cartesian space with time-varying delay[J]. International Journal of Advanced Robotic Systems, 2012, 9(4): 1-10.

[5] CHEN Z, LIANG B, ZHANG T, et al. An adaptive force reflection scheme for bilateral teleoperation[J]. Robotica. 2015, 33(7): 1471-1490.

# 第10章 空间机器人遥操作地面实验研究

为了验证遥操作系统的功能、性能，需要开展大量的地面演示实验，以对系统方案、关键算法、硬件等进行验证、改进和优化。现阶段由于我国空间机器人系统尚处于样机研制阶段，还不具备与遥操作子系统进行系统对接的条件，因此本章将地面验证子系统作为操作对象，其他子系统对其进行操作[1-3]。首先建立了以地面验证子系统作为操作对象的空间机器人遥操作地面实验系统，然后根据在轨演示任务要求，确定了空间机器人遥操作的实验条件，包括空间机器人的在轨服务过程、飞行轨道参数和测控弧段分析以及 Internet 通信链路时延的测量分析。最后，开展了主、从模式目标抓捕实验、共享模式目标抓捕实验、遥编程模式直线轨迹跟踪实验和基于手眼测量的自主模式目标抓捕实验，并对实验结果进行了分析。

## 10.1 空间机器人遥操作地面实验系统构成

空间机器人遥操作地面实验系统布局如图 10-1 所示。其中，地面验证子系统位于深圳，而其他子系统位于西安。

操作和显示界面由四个显示器实现，其中，预测仿真显示界面显示空间机器人运动的三维图形，刷新率不低于 20 帧/s；信息处理显示界面显示和备份遥操作指令数据、遥测数据和遥操作系统的状态信息，备份时间不低于 30 min；任务规划界面规划生成自主指令和遥编程指令，并选择合适的遥操作模式；主、从控制界面设置主手和双边控制的参数，主手的操作空间不小于 200 mm×200 mm×200 mm，力反馈精度为 0.3 N；地面验证子系统由对末端运动进行等效的机械臂，进行星载验证的中央控制器，关节、手爪电模拟器以及天地通信模拟设备组成，可以模拟 0～10 s 的定常时延和随机时延。

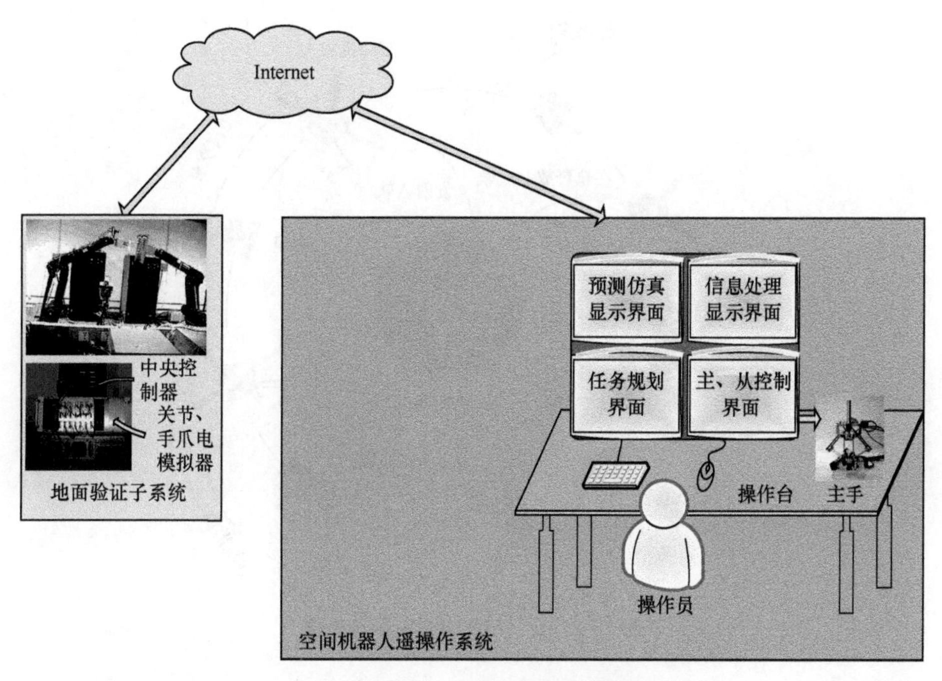


图 10-1 空间机器人遥操作地面实验系统布局

# 10.2 空间机器人遥操作的实验条件

## 10.2.1 空间机器人的在轨服务过程

空间机器人的在轨服务是一个任务组合，包括在轨监测、交会对接、在轨机动、在轨操作和在轨释放五个过程，如图 10-2 所示。空间机器人接收到指定任务后进行变轨，接近并在轨监测目标星，监测任务完成后返回到指定位置。为了完成更为复杂的在轨服务任务需要对目标星进行交会对接，包括接近、捕获和固定。对接完成后，目标星的再部署和轨道转移（在轨机动、在轨操作）是除在轨监测外最直接的在轨服务任务，包括对没有正确入轨的卫星进行再入轨和将寿命终结的卫星拖入“坟墓”轨道。更为复杂的任务，如燃料加注、ORU 更换和在轨维修则需要由空间机械手来完成。对于燃料加注、ORU 更换等常规任务可通过自主模式来完成，但对于随机发生的硬件故障，则需要遥操作在轨维修技术来完成。在完成任务后要对目标星进行在轨释放并脱轨，等待新的在轨服务任务[4-5]。

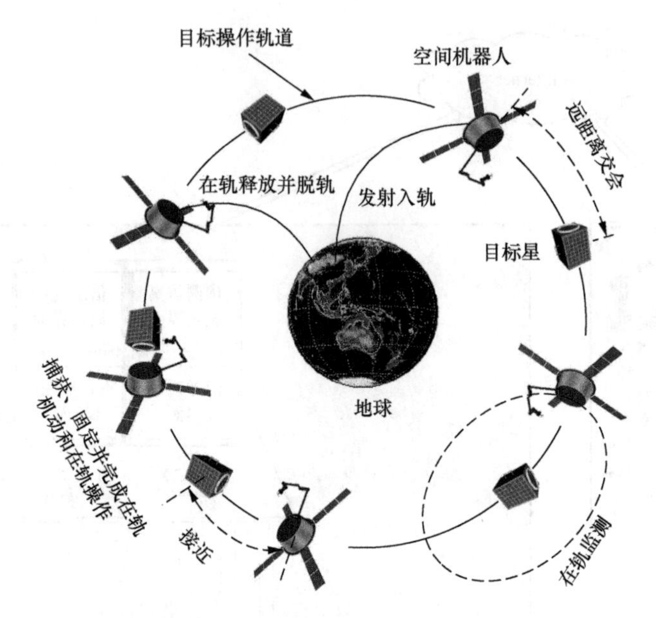


图 10-2　空间机器人在轨服务过程

## 10.2.2　空间机器人特征位姿

取空间机器人轨道质心坐标系为惯性坐标系，选择安全位置为遥操作的初始状态，仿真均从初始状态开始。此时空间机械手的关节角为：

$$\boldsymbol{\Theta}_{s0}=\left[0°,-129.007°,101.7452°,-0°,-242.7382°,15.0°\right] \tag{10-1}$$

飞行基座本体质心的位置以及飞行基座的姿态（相对于惯性坐标系，下同）为：

$$\boldsymbol{r}_{b0}^{T}=\left[-0.1156\ \text{m},0.0002\ \text{m},-0.1121\ \text{m}\right] \tag{10-2}$$

$$\boldsymbol{\Psi}_{b0}^{T}=\left[0°,0°,0°\right] \tag{10-3}$$

空间机械手末端在飞行基座本体坐标系下的初始位姿为：

$$\boldsymbol{r}_{e0}^{T}=\left[2.53\ \text{m},0.0\ \text{m},0.905\ \text{m}\right] \tag{10-4}$$

$$\boldsymbol{\Psi}_{e0}^{T}=\left[-15.0°,0.0°,180.0°\right] \tag{10-5}$$

以及目标星手柄坐标系在惯性坐标系下的初始位姿为：

$$\boldsymbol{r}_{h0}^{T}=\left[1.76\ \text{m},0.0\ \text{m},0.39\ \text{m}\right] \tag{10-6}$$

$$\boldsymbol{\Psi}_{h0}^{T}=\left[0°,0°,180°\right] \tag{10-7}$$

Robot C 基座的初始位姿和关节角分别为：

$$\boldsymbol{r}_{c0}^{\mathrm{T}} = \left[ 0.7400\ \mathrm{m}, -0.0000\ \mathrm{m}, 1.6600\ \mathrm{m} \right] \tag{10-8}$$

$$\boldsymbol{\Psi}_{c0}^{\mathrm{T}} = \left[ 0^\circ, 90^\circ, 0^\circ \right] \tag{10-9}$$

$$\boldsymbol{\Theta}_{C0} = \left[ -1.42^\circ, 36.49^\circ, -0.35^\circ, 2.41^\circ, -36.17^\circ, 13.06^\circ \right] \tag{10-10}$$

Robot T 基座的初始位姿和关节角分别为：

$$\boldsymbol{r}_{t0}^{\mathrm{T}} = \left[ 0.7749\ \mathrm{m}, 0.0191\ \mathrm{m}, -1.1890\ \mathrm{m} \right] \tag{10-11}$$

$$\boldsymbol{\Psi}_{t0}^{\mathrm{T}} = \left[ 180^\circ, -90^\circ, 0^\circ \right] \tag{10-12}$$

$$\boldsymbol{\Theta}_{T0} = \left[ 1.05^\circ, -17.29^\circ, 40.77^\circ, -2.64^\circ, -23.5^\circ, 2.42^\circ \right] \tag{10-13}$$

## 10.2.3　时延测量分析

时延是空间机器人遥操作中的一个重要问题。Internet 具有时延为秒级、带宽窄的特点，这与空间遥操作通信链路具有一定的相似性，因此地面实验中采用 Internet 为通信链路开展遥操作实验。通常采用基于 ping 的测试方法来测量 Internet 的时间延迟，为了更准确地反映真实的遥操作过程中的时延，本节采用时间戳的方式来测量时延，对西安与深圳之间的时延进行了大量的测试。图 10-3 所示为某一天的测试结果。

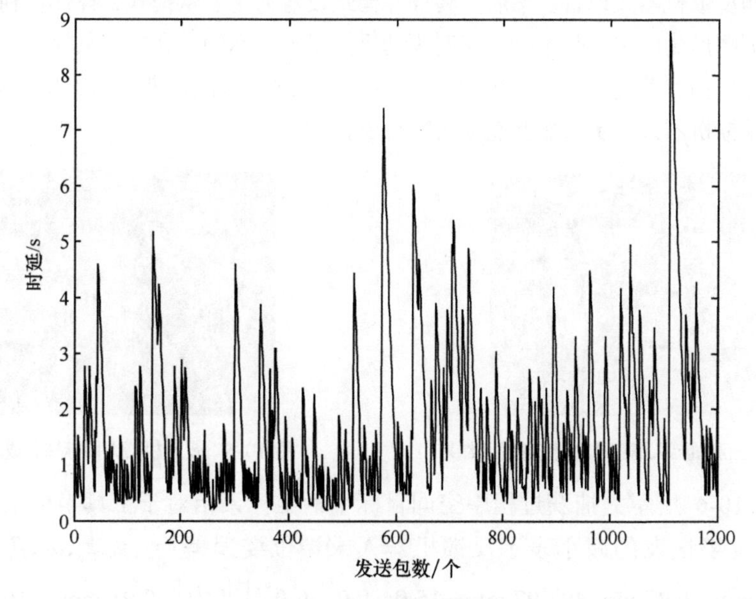


图 10-3　时延变化曲线

测试方法为从端在接收到遥控指令时立刻返回遥测信息，遥控指令为 21B 的数据包，遥测数据为 132B 的数据包，遥操作指令的发送间隔为 250 ms，遥控指令和遥测信息中均包含时间戳。时延的平均值为 1650.6 ms，最大值达到了 8823 ms，测试时间为 5 min。由于数据包比较大，因此时延比较大，并且变化比较剧烈。对于随机变化的时延采用了“虚拟时延”的方法来消除时延变化的影响，并通过动态缓冲将网络时延强制延长到网络的最大时延，从而将变时延转化为定长时延。

## 10.3 实验结果及分析

### 10.3.1 主、从模式目标抓捕实验

操作员在图形预测仿真的支持下进行操作实验，在三维仿真环境中，空间目标捕获成功后预测状态和反馈状态重合，如图 10-4 所示。工业机器人捕获成功，如图 10-5 所示。其中，线框模型为预测机器人，实体模型为反馈机器人（工业机器人），操作过程中反馈机器人跟随预测机器人运动，当操作结束后两个机器人重合。首先，设置遥操作模式为自主模式，发送初始化指令，反馈机器人运动到初始状态，预测机器人和反馈机器人重合。然后，将操作模式设置为主、从模式，操作员利用主手根据预测图形生成主、从指令，实时驱动反馈机器人运动。在主、从模式抓捕过程中，遥操作指令首先存入指令缓冲区，然后按照 250 ms 的周期发送给反馈机器人，以保证反馈机器人控制器能够连续执行指令。

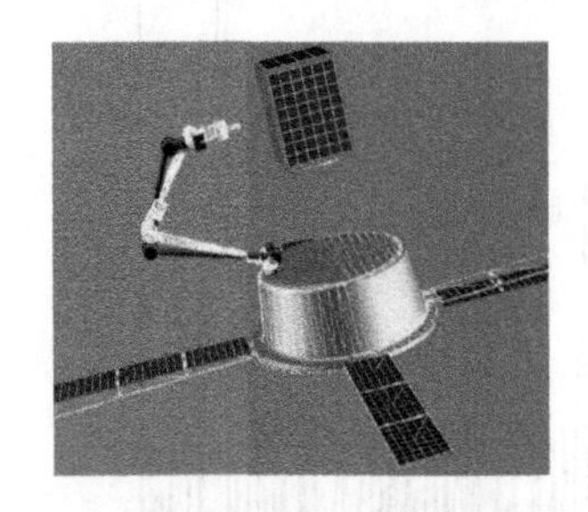

图 10-4　预测机器人捕获成功时三维显示结果

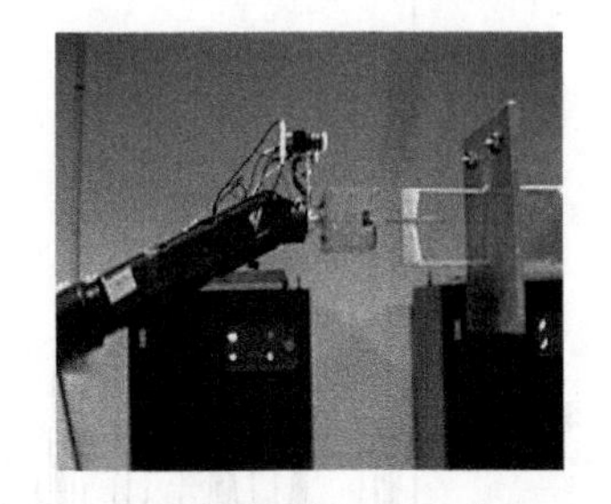

图 10-5　反馈机器人目标捕获成功

图 10-6 所示为捕获过程中空间目标手柄坐标系相对于工具坐标系的位姿变化，位姿误差的减小表示反馈机器人末端位姿误差 $\left[x_{\mathrm{h}}, y_{\mathrm{h}}, z_{\mathrm{h}}, \alpha_{\mathrm{h}}, \beta_{\mathrm{h}}, \gamma_{\mathrm{h}}\right]$ 由 $\left[-1.13\ \mathrm{mm}, -6.92\ \mathrm{mm}, 492.97\ \mathrm{mm}, -15.0^{\circ}, 0.0^{\circ}, 0.0^{\circ}\right]$ 变为 $\left[-0.91\ \mathrm{mm}, -10.99\ \mathrm{mm},\right.$

37.53 mm, 0.12°, 0.84°, 0.2°$]$，空间目标手柄进入到手爪的包络内，闭合手爪，抓捕任务完成。同时基座的位姿$[x_h, y_h, z_h, \alpha_h, \beta_h, \gamma_h]$由$[$−115.6 mm,0.16 mm, −112.06 mm, 0.0°, 0.0°, 0.0°$]$变为$[$−122.27 mm,1.66 mm,−145.73 mm,−0.11°, −4.74°,−0.11°$]$，如图 10-7 所示。整个抓捕过程共 47 s，基座的平均线速度小于 0.8 mm/s，平均角速度小于 0.5°/s，反馈机器人对基座的干扰非常小。

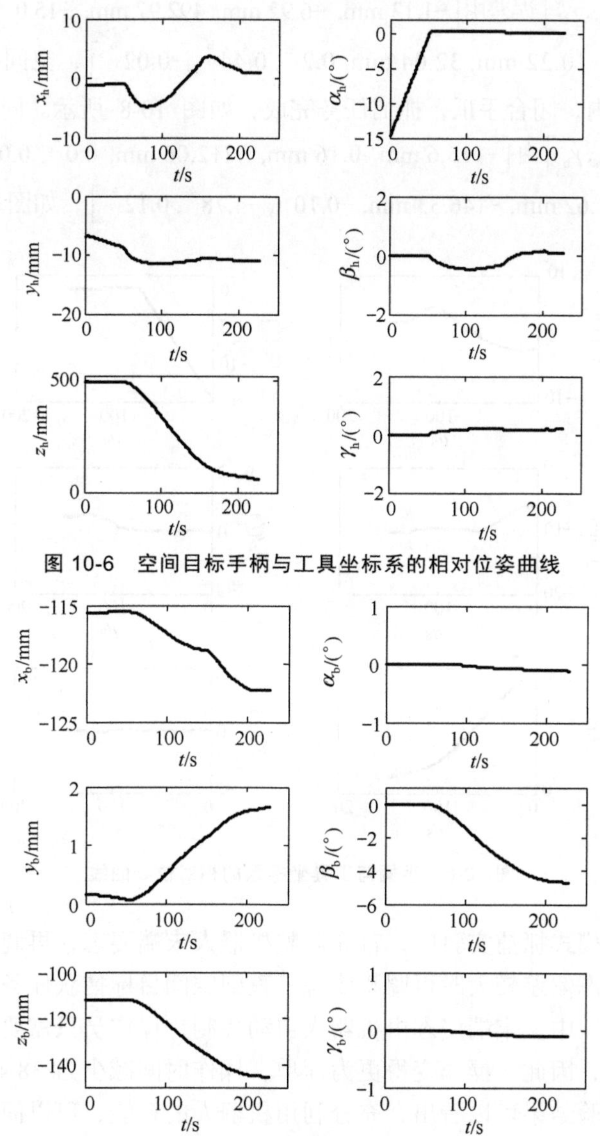


图 10-6　空间目标手柄与工具坐标系的相对位姿曲线



图 10-7　基座的位姿曲线

## 10.3.2 共享模式目标抓捕实验

与主、从模式抓捕实验相类似，采用共享模式进行抓捕实验时，由操作员控制机器人末端的位置，而由机器人控制末端的姿态。抓捕过程中空间目标手柄坐标系相对于工具坐标系的位姿变化，位姿误差的减小表示机器人末端位姿$\left[x_{\mathrm{h}},y_{\mathrm{h}},z_{\mathrm{h}},\alpha_{\mathrm{h}},\beta_{\mathrm{h}},\gamma_{\mathrm{h}}\right]$误差由$\left[-1.13\ \mathrm{mm}, -6.92\ \mathrm{mm}, 492.97\ \mathrm{mm}, -15.0^{\circ}, 0.0^{\circ}, 0.0^{\circ}\right]$变为$\left[-2.67\ \mathrm{mm}, -10.22\ \mathrm{mm}, 32.04\ \mathrm{mm}, 0.2^{\circ}, 0.44^{\circ}, -0.02^{\circ}\right]$，空间目标手柄进入到手爪的包络内，闭合手爪，抓捕任务完成，如图 10-8 所示。同时基座的位姿$\left[x_{\mathrm{b}},y_{\mathrm{b}},z_{\mathrm{b}},\alpha_{\mathrm{b}},\beta_{\mathrm{b}},\gamma_{\mathrm{b}}\right]$由$\left[-115.6\ \mathrm{mm}, 0.16\ \mathrm{mm}, -112.06\ \mathrm{mm}, 0.0^{\circ}, 0.0^{\circ}, 0.0^{\circ}\right]$变为$\left[-122.44\ \mathrm{mm}, 1.62\ \mathrm{mm}, -146.33\ \mathrm{mm}, -0.10^{\circ}, -4.78^{\circ}, 0.12^{\circ}\right]$，如图 10-9 所示。

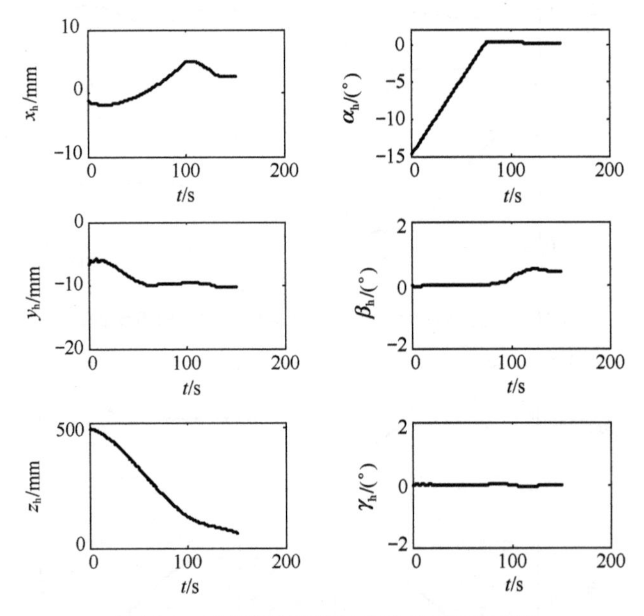


图 10-8　手柄与工具坐标系的相对位姿曲线

在主、从模式抓捕实验中，首先调整机器人末端姿态，再调整机器人末端的位置，当姿态偏差较大时再调整姿态，直到空间目标捕获任务完成。而在共享模式抓捕实验中，末端姿态由机器人自动控制，操作员只需要控制机器人末端的位置即可，因此，操作变得更为简单，操作时间减少为 38 s。对比这两种操作模式的实验结果可以看出，充分利用机器人的智能，可以简化操作，提高操作效率。

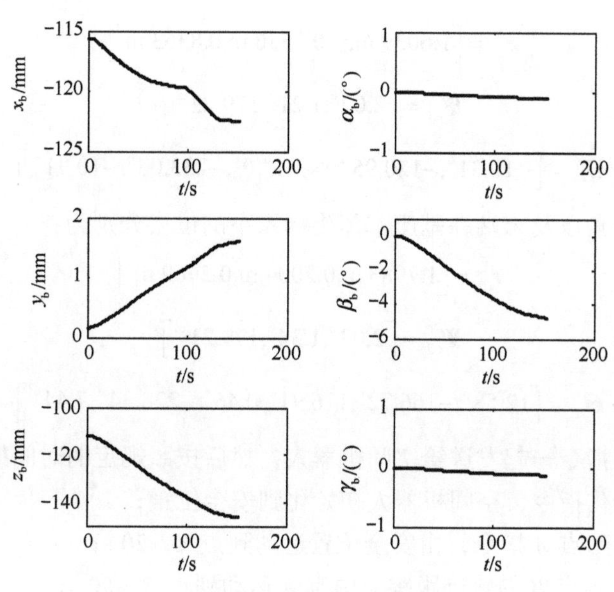


图 10-9　基座的位姿曲线

## 10.3.3　遥编程模式直线轨迹跟踪实验

遥编程模式下的直线轨迹跟踪实验，跟踪惯性坐标系下的一条直线，空间机器人基座处于自由漂浮模式，即基座不受控制，如图 10-10 所示。

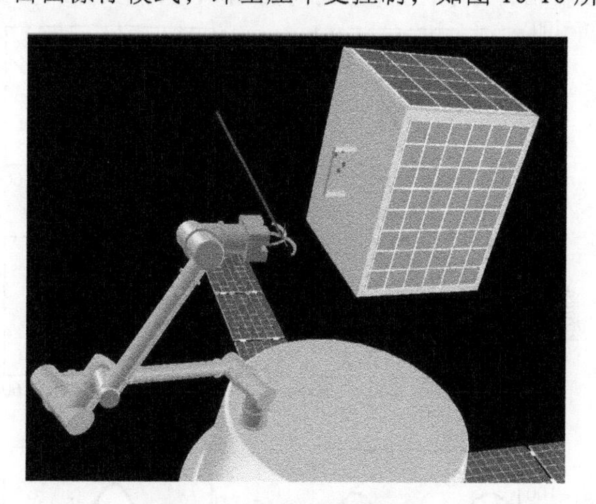

图 10-10　直线轨迹跟踪实验

点 $A$ 关节角以及末端在惯性坐标系下的位姿分别为：

$$\boldsymbol{r}_{eA}^{T}=\left[1.6039\ \text{m},-0.1536\ \text{m},0.8363\ \text{m}\right] \tag{10-14}$$

$$\boldsymbol{\Psi}_{eA}^{T}=\left[2.02°,1.21°,179.22°\right] \tag{10-15}$$

$$\boldsymbol{\Theta}_{sA}=\left[-10.31°,-120.95°,84.01°,0°,-233.06°,-10.31°\right] \tag{10-16}$$

点 $B$ 关节角以及末端在基座本体坐标系下的位姿分别为：

$$\boldsymbol{r}_{eB}^{T}=\left[1.7983\ \text{m},0.2004\ \text{m},0.2969\ \text{m}\right] \tag{10-17}$$

$$\boldsymbol{\Psi}_{eB}^{T}=\left[2.03°,1.34°,179.21°\right] \tag{10-18}$$

$$\boldsymbol{\Theta}_{sB}=\left[12.58°,-166.72°,116.91°,0.46°,-228.34°,7.44°\right] \tag{10-19}$$

将下面的指令一起发送给空间机器人，然后按照规定的时间执行。

（1）初始化指令，空间机器人初始化到安全位置；

（2）运动到点 $A$ 指令，由安全位置运动到点 $A$，20 s；

（3）点 $A$ 到点 $B$ 的轨迹跟踪，由点 $A$ 运动到点 $B$，50 s；

（4）点 $B$ 到点 $A$ 的轨迹跟踪，由点 $B$ 运动到点 $A$，50 s；

（5）返回到安全位置，由当前位置运动到安全位置 10 s。

在整个实验过程中，基座质心位姿$\left[x_b,y_b,z_b,\alpha_b,\beta_b,\gamma_b\right]$变化如图 10-11 所示。期望位姿和实际位姿曲线如图 10-12 所示，合成位置误差和合成姿态误差如图 10-13 所示。可以看出，合成位置误差小于 6 mm，合成姿态误差小于 0.5° 。

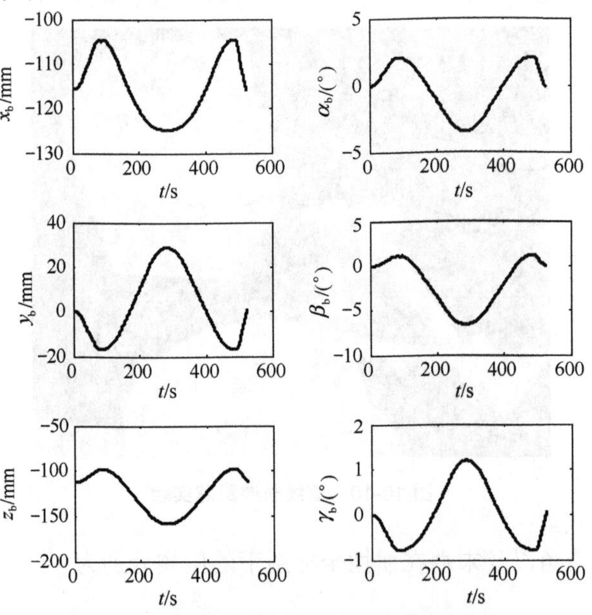

图 10-11 直线轨迹跟踪实验基座位姿的变化

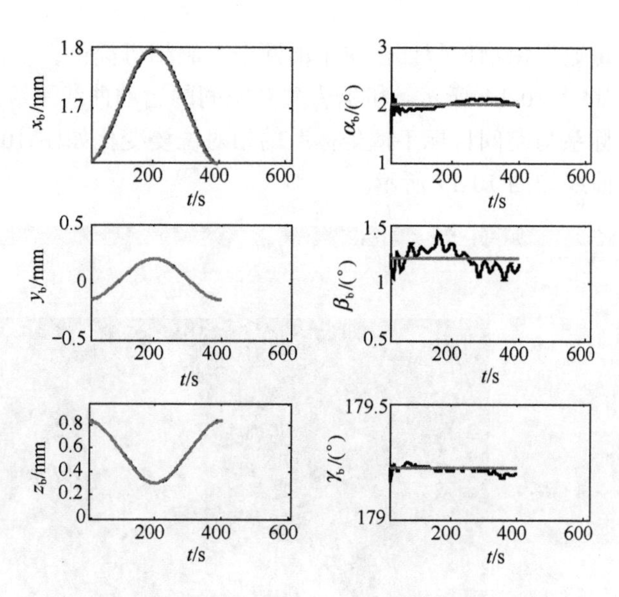


图 10-12　期望位姿（虚线）和跟踪位姿（实线）曲线

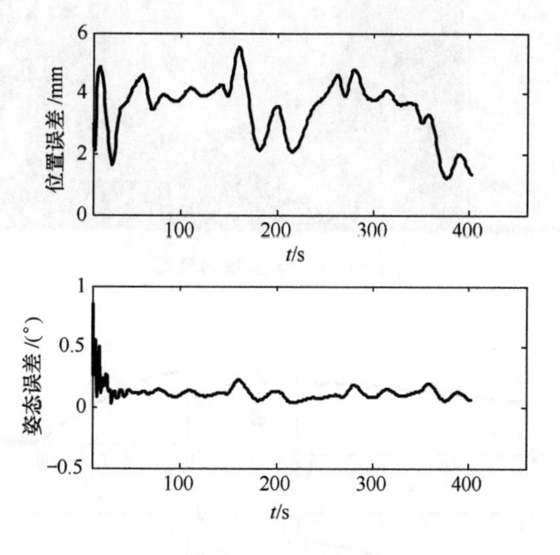


图 10-13　位姿误差曲线

## 10.3.4　基于手眼测量的自主模式目标抓捕实验

空间机器人具有一定的自主能力，可以根据手眼相机的测量数据自主规划机器人的运动，来完成目标抓捕任务。首先，将机器人初始化到安全位置，然后发送“抓捕目标”的自主指令，机器人自主完成规划、控制程序，最后完成抓捕任务。测量数据由物理验证模块中的两个手眼相机提供，根据遥测数据进行显示的界面如图 10-14 所示。机器人关节空间的运动曲线平滑，如图 10-15 所示。工具坐标系与空间目标手柄坐标系的相对位姿变化如图 10-16 所示，基座的位姿变化曲线如图 10-17 所示。

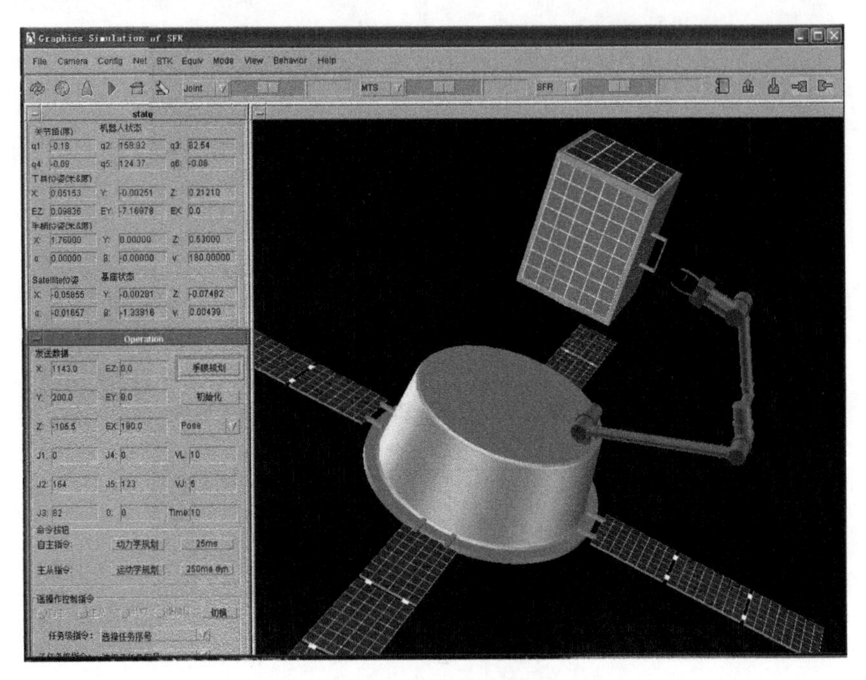


图 10-14　手眼规划界面

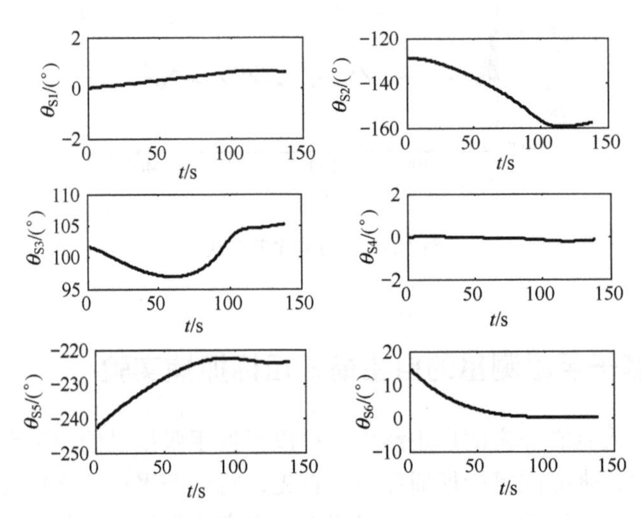


图 10-15　关节角变化

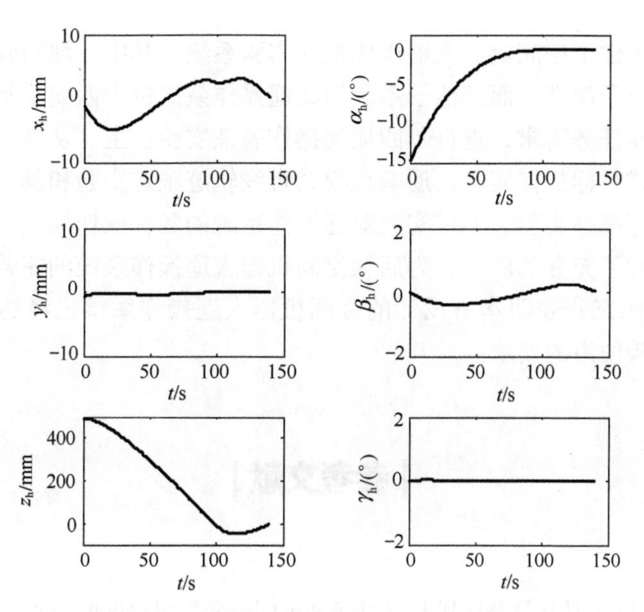


图 10-16　工具与空间目标手柄坐标系相对位姿

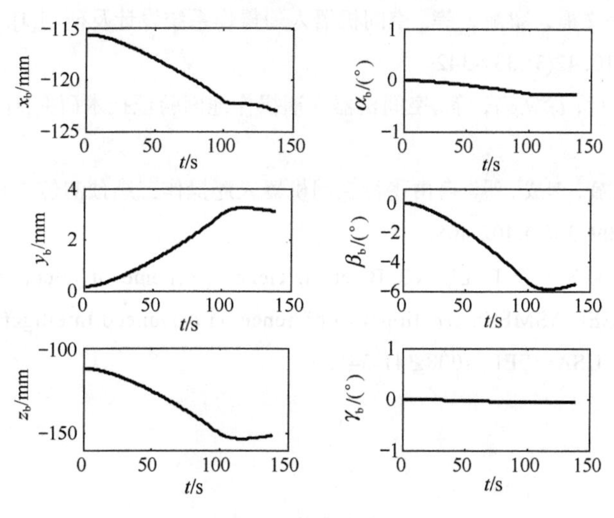


图 10-17　基座位姿变化

## 10.4　本章小结

为了验证空间机器人遥操作系统的功能和性能，本章在当前遥操作系统研制的基础上搭建了空间机器人遥操作地面实验系统。其中，地面验证子系统作为操作对象位于深圳，而其他子系统组成遥操作系统位于西安。基于空间机器人在轨遥操作任务需求，进行了四项遥操作验证实验：主、从模式目标抓捕实验、共享模式目标抓捕实验、遥编程模式直线轨迹跟踪实验和基于手眼测量的自主模式目标抓捕实验。通过实验对遥操作系统的各种操作模式、各模块的关键算法等进行了充分的验证，为后续空间机器人遥操作系统的完善打下基础。这些实验工作充分表明本书设计的空间机器人遥操作系统已经达到了稳定运行、在轨实验使用的要求。

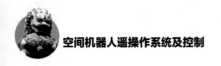

## | 参考文献 |

[1] WANG X Q, LIU H D, XU W F, et al. A ground-based validation system of teleoperation for a space robot[J]. International Journal of Advanced Robotic Systems. 2012, 9(4)：1-9.

[2] 王学谦，徐文福，梁斌，等. 空间机器人遥操作系统设计及研制[J]. 哈尔滨工业大学学报. 2010, 42(3):337-342.

[3] 王学谦，梁斌，徐文福，等. 空间机器人遥操作地面验证技术研究[J]. 机器人. 2009, 31(1):8-14.

[4] 王学谦，梁斌，李成，等. 自由飞行空间机器人遥操作三维预测仿真系统研究[J]. 宇航学报. 2009, 30(1):402-408.

[5] WANG X Q, XU W F, LIANG B, et al. General scheme of teleoperation for space robot[C]//IEEE/ASME International Conference on Advanced Intelligent Mechatronics. Piscataway, USA: IEEE, 2008:341-346.